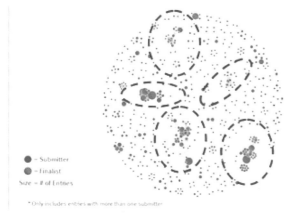

图 2.10　创新想法提交者和入围者的社交图谱 [27] 可视化

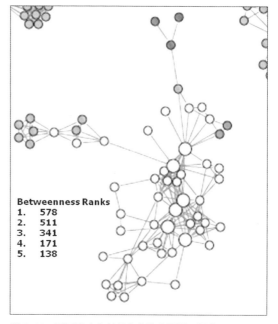

图 2.11　最具影响力创新者的社交图谱可视化

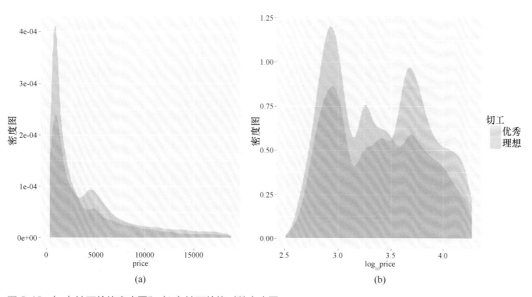

(a)　　　　　　　　　　　　　　(b)

图 3.12　（a）钻石价格密度图和（b）钻石价格对数密度图

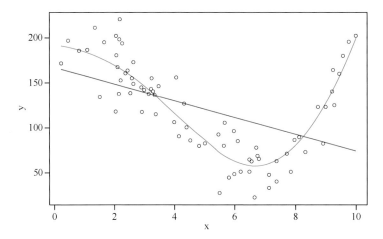

图 3.13　用回归研究二个变量

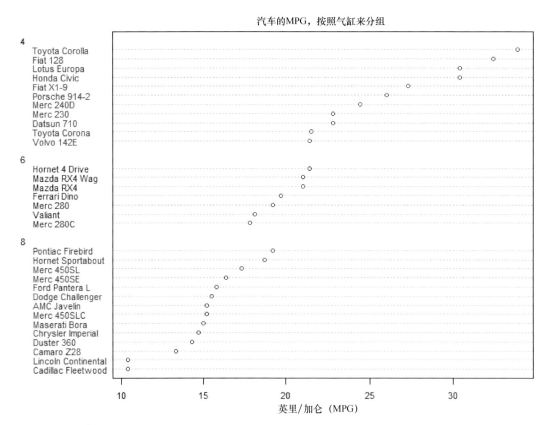

图 3.14　点图用于可视化多个变量

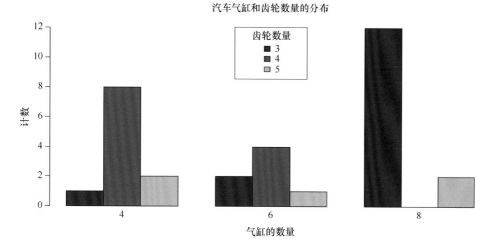

图 3.15　通过条状图来可视化多个变量

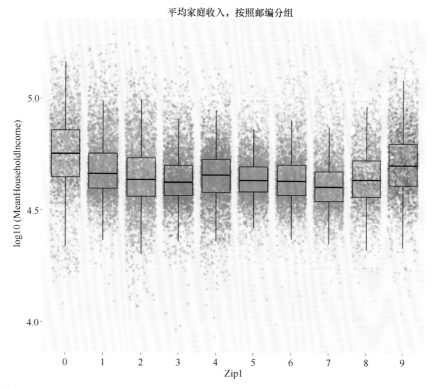

图 3.16　箱线图表示中位数家庭收入和地理区域的关系

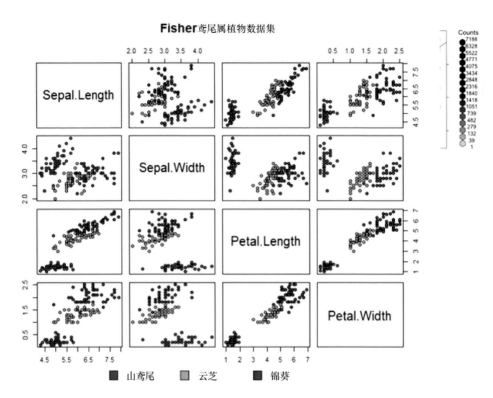

图 3.18　Fisher[13] 鸢尾属植物数据集的散点图矩阵

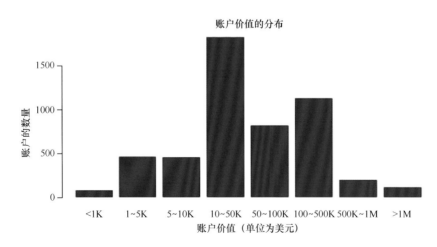

图 3.21　直方图更适合利益相关者查看

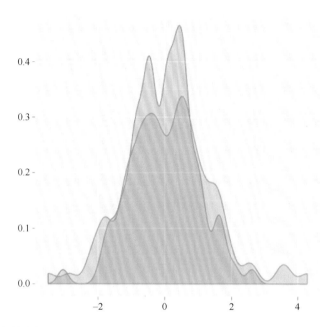

图 3.22　两个样本数据的分布

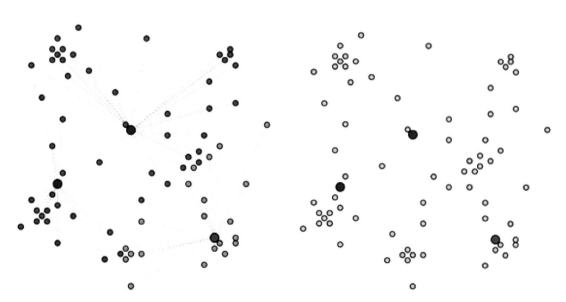

图 4.1　当 k=3 时可能的 k 均值聚类簇　　　　图 4.2　质心的初始起点

图 4.3 被关联到最近质心的点   图 4.4 计算每个簇的质心

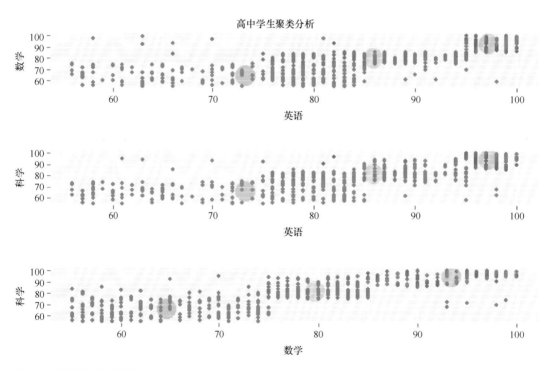

图 4.6 识别出的学生聚类图

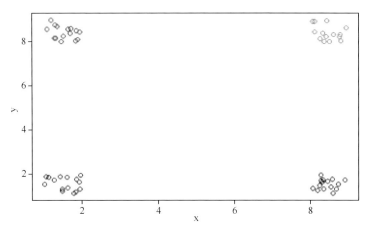

图 4.7　高度分离的簇示例

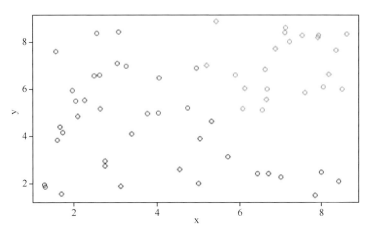

图 4.8　界限不那么明显的簇示例

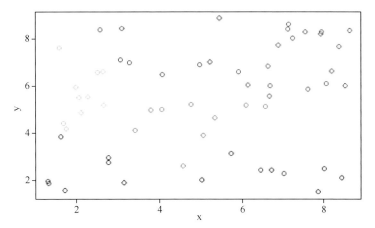

图 4.9　把图 4.8 的点划分成 6 个簇

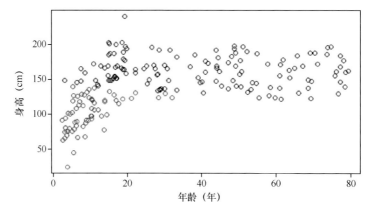

图 4.11　用厘米表示身高的聚类簇

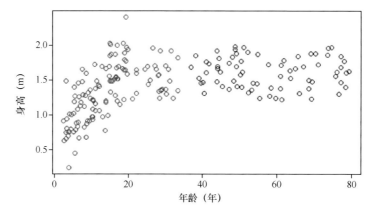

图 4.12　用米表示身高的聚类簇

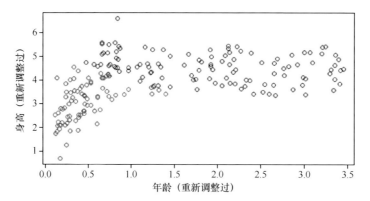

图 4.13　重新调整属性后的聚类簇

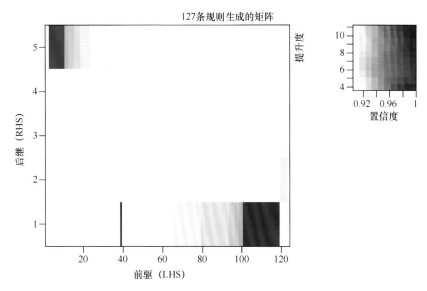

图 5.5　LHS 和 RHS 中的矩阵可视化，使用提升度和置信度进行了填色

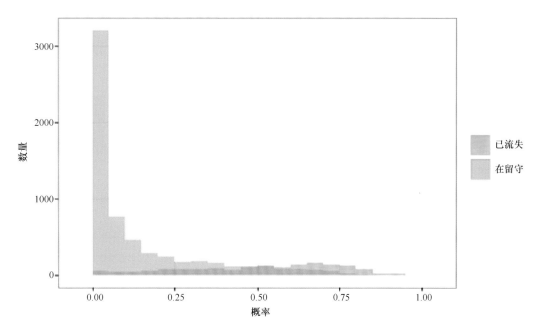

图 6.17　用户数与估计的流失率的对比

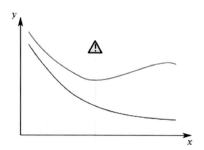

图 7.7　一个过度拟合的模型，它在训练集上运行良好，但是对未见过的数据则表现糟糕

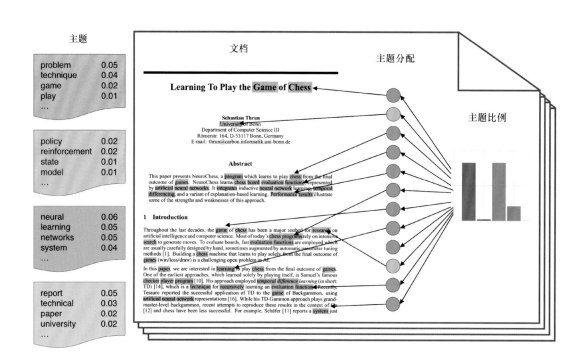

图 9.4　LDA 背后的直觉

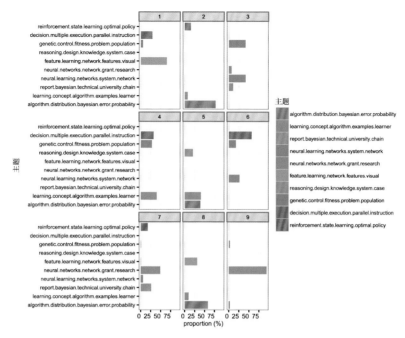

图 9.5　10 个主题在 Cora 数据集中 9 篇科学文档上的分布

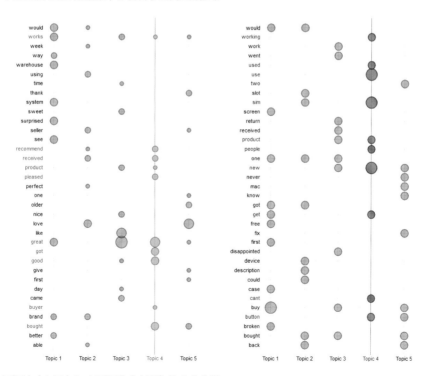

图 9.15　5 星评论（左图）和 1 星评论（右图）的 5 个主题

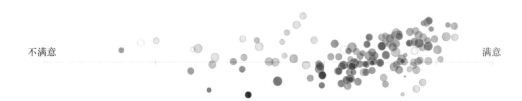

图 9.16　与 bPhone 相关的 tweet 的情感分析

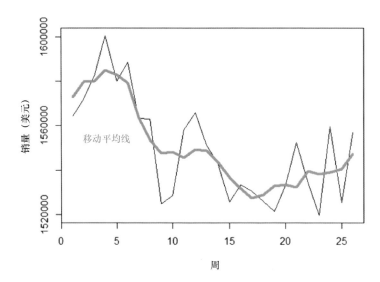

图 11.3　带有移动平均线的周销量

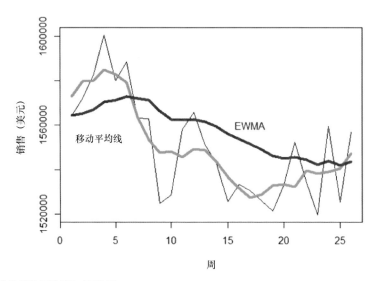

图 11.4　每周销售的移动平均线与 EWMA

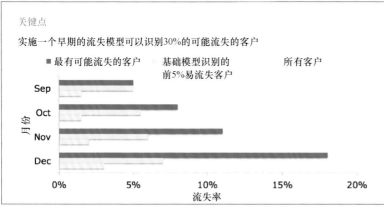

图 12.12　数据科学项目的关键论点示例，以条形图显示

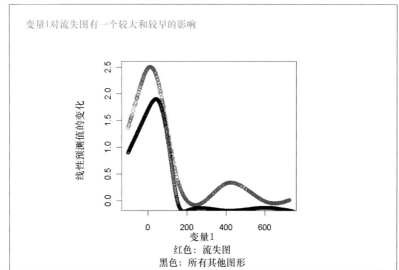

图 12.14　比较两个数据变量的模型细节

图 12.18　以地图形式显示的 45 年开店数据

Map based on Longitude (generated) and Latitude (generated). Color shows details about Store Type. Details are shown for ZIP.

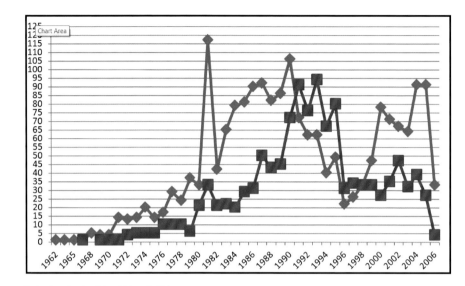

图 12.28　如何清理图形，例 1（清理之前）

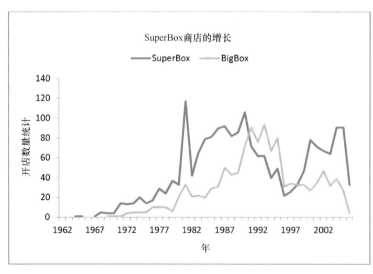

图 12.29　如何清理图形——例 1（清理之后）

图 12.30 如何清理图形——例 1（清理之后的另一个图）

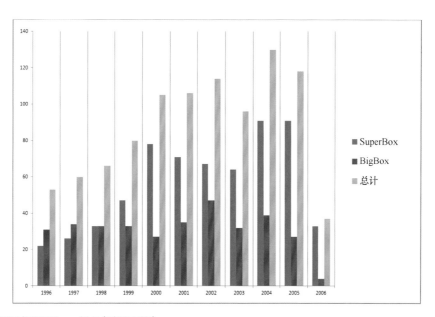

图 12.31 如何清理图形——例 2（清理之前）

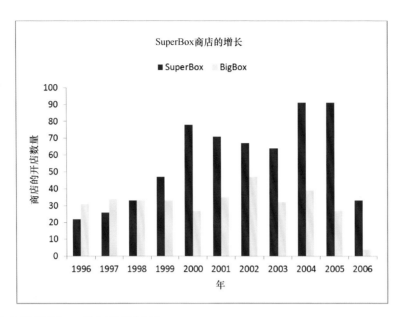

图 12.32　如何清理图形——例 2（清理之后）

图 12.33　如何清理图形——例 2（清理之后的另一个图）

Data Science and Big Data Analytics

Discovering, Analyzing, Visualizing and Presenting Data

EMC²

数据科学与大数据分析

数据的发现
分析 可视化与表示

[美] EMC Education Services 著

曹逾 刘文苗 李枫林 译

孙宇熙 主审

人民邮电出版社

北京

图书在版编目（CIP）数据

数据科学与大数据分析：数据的发现 分析 可视化与表示 / 美国EMC教育服务团队著；曹逾，刘文苗，李枫林译. -- 北京：人民邮电出版社，2016.7（2022.8重印）
ISBN 978-7-115-41637-7

Ⅰ．①数… Ⅱ．①美… ②曹… ③刘… ④李… Ⅲ．①数据处理 Ⅳ．①TP274

中国版本图书馆CIP数据核字(2016)第019027号

版权声明

- ♦ 著　　　[美] EMC Education Services
- 译　　　曹　逾　刘文苗　李枫林
- 主　审　孙宇熙
- 责任编辑　傅道坤
- 责任印制　焦志炜
- ♦ 人民邮电出版社出版发行　　北京市丰台区成寿寺路 11 号
  邮编　100164　电子邮件　315@ptpress.com.cn
  网址　https://www.ptpress.com.cn
  涿州市京南印刷厂印刷
- ♦ 开本：800×1000　1/16　　彩插：8
  印张：23.5　　　　　　　2016 年 7 月第 1 版
  字数：515 千字　　　　　 2022 年 8 月河北第 21 次印刷
  著作权合同登记号　图字：01-2015-2823 号

定价：89.80 元

读者服务热线：**(010)81055410**　印装质量热线：**(010)81055316**
反盗版热线：**(010)81055315**

内容提要

　　数据科学与大数据分析在当前是炙手可热的概念，关注的是如何通过分析海量数据来洞悉隐藏于数据背后的见解。本书是数据科学领域为数不多的实用性技术图书，它通过详细剖析数据分析生命周期的各个阶段来讲解用于发现、分析、可视化、表示数据的相关方法和技术。

　　本书总共分为 12 章，主要内容包括大数据分析的简单介绍，数据分析生命周期的各个阶段，使用 R 语言进行基本的数据分析，以及高级的分析理论和方法，主要涉及数据的聚类、关联规则、回归、分类、时间序列分析、文本分析等方法。此外，本书还涵盖了用来进行高级数据分析所使用的技术和工具，比如 MapReduce 和 Hadoop、数据库内分析等。

　　本书内容详细，示例丰富，侧重于理论与练习的结合，因此比较适合对大数据分析、数据科学感兴趣的人员阅读，有志于成为数据科学家的读者也可以从本书中获益。

序

　　技术的进步和因此产生的实际生活中的变化创造了一个迅速膨胀的、充斥着与我们息息相关的新内容、新数据和新信息源的"平行宇宙"。无论如何定义大数据，大数据现象都要比以往更无处不在、更普及、更重要。大数据具有巨大的价值潜力：创新性的见解、提升对问题的理解能力，以及无数预测（甚至塑造）未来的机会。数据科学是发现和挖掘这一潜力的主要手段。数据科学提供了处理大数据并从中受益的方法：查看模式、发现关系，以及搞明白极具多样化的图形和信息。

　　并非所有人都较深入地学习过统计分析。持有应用数学高等学位的人群并不普遍。几乎很少有组织机构曾出于探索性分析的主要目的而投入资源来收集大量数据。然而，尽管将数据科学的实践应用于大数据在当前是一个富有价值的差异化策略，但是在不太遥远的将来，这将成为一种标准的核心竞争力。

　　一个组织机构如何能够快速应变，以利用这个趋势呢？这就是我们写作本书的目的。

　　EMC Education Services 一直在聆听行业和组织的讯息，观察技术领域在各个方面的转变，并直接进行研究，旨在创建相关课程和内容，以帮助个人和组织"华丽转身"。就数据科学和大数据分析领域而言，我们的教育策略是在平衡三件事情：人（尤其是在数据科学团队里的人）、过程（例如本书中介绍的分析生命周期法）、工具和技术（这里指的是成熟的分析工具）。

　　所以，让我们来帮助您充分利用围绕在我们周围的这一新"平行宇宙"。我们邀请您通过本书来学习数据科学和大数据分析，并希望它能够加速您的转变过程。

主要贡献人

David Dietrich 是 EMC Education Services 的数据科学教育团队的负责人，他领导着大数据分析和数据科学相关的课程、策略和课程开发工作。他参与编写了 EMC 数据科学课程的第一门课程，以及两门额外的 EMC 课程（以向领导和管理人员讲授大数据和数据科学为主），而且还是本书的作者兼编辑。他在数据科学、数据隐私和云计算领域已经申请了 14 项专利。

David 曾指导若干所大学开设数据分析相关的课程项目，而且还经常在会议和行业活动中发表演讲。他还是波士顿地区几所大学的客座讲师。他的作品已被精选到包括福布斯杂志、哈佛商业评论以及由美国马萨诸塞州长 Deval Patrick 委托起草的 2014 马萨诸塞大数据报告等内在的主流出版物中。

David 在分析和技术领域已经浸淫了近 20 年。在其职业生涯中，他曾在多家财富 500 强公司工作过，出任多个与数据分析相关的职位，其中包括管理分析和运营团队，提供分析咨询服务，管理用于规范美国银行业的分析软件产品线，以及开发软件即服务（Software-as-a-Service）和 BI 即服务（BI-as-a-Service）的产品。此外，David 还曾与美联储一起合作开发用于监控房产抵押贷款的预测模型。

Barry Heller 是 EMC Education Services 的一名咨询技术教育顾问。Barry 是大数据和数据科学新兴技术领域的课程开发人员和课程顾问。在此之前，Barry 曾是一名顾问研究科学家，在 EMC 全面客户体验（Total Customer Experience）部门内发起并领导了许多与数据分析相关的项目。在其 EMC 职业生涯的早期，他负责管理统计工程团队，并负责企业资源企划（ERP）实施中的数据仓库工作。在加盟 EMC 之前，Barry 在医疗诊断和技术公司担任过可靠性工程功能（Reliability Engineering Functions）的管理和分析角色。在此期间，他将其数量分析技能应用到了客户服务、工程、制造、销售/营销、金融和法律领域内的无数商业应用中。他强调与客户管理人员深入互动的重要性，他的许多成功案例不仅源自对分析的技术细节的关注，也源自针对分析结果会做出的决策的关注。Barry 拥有罗彻斯特理工学院计算数学专业的本科学位，以及纽约州立大学新帕尔兹分校数学专业的硕士学位。

Beibei Yang 是 EMC Education Services 的一名技术教育顾问，在 EMC 负责开发若干与数据科学和大数据分析相关的公开课程。Bebei 在 IT 行业有 7 年的从业经验。在加盟 EMC 之前，她在一家财富 500 强公司先后担任过软件工程师、系统管理员和网络管理员等职位，并引入了多种提升效率和鼓励合作的新技术。Beibei 曾在著名会议上发表过学术论文，并申请了多项专利。她在马萨诸塞大学卢维尔分校获得了计算机科学专业的博士学位。她专注于自然语言处理和数据挖掘，尤其是使用各种工具和技术来发现数据中隐藏的模式，以及用数据来讲故事。数据科学和大数据分析是一个令人振奋的领域。在这个领域，数字信息的潜力可以最大程度地用来帮助做出明智的商业决策。我们相信，无论是短期、中期还是长期来看，这一领域都将会吸引越来越多有才华的学生和专业人士投身其中。

致谢

本着开发一门"公开"的课程和认证的目的，EMC Education Services 开始着手于数据科学与大数据分析这个领域。在人们对"怎样成为一名真正的数据学科学家"知之甚少的时代，开发这样一门课程注定充满挑战。经过初步研究（和努力）之后，我们找到了这个问题的答案，并吸引了非常有才华的专业人员来参与这一项目。至此，"数据科学和大数据分析"这门课程业已被学术界和工业界广泛接受和认可。

本书由 EMC Education Services 主导，是许多核心 EMC 部门共同付出和努力的产物，并得到了 Office of the CTO、IT、Global Services 和 Engineering 部门的支持。诚挚地感谢诸位主要的贡献人和相关专家：David Dietrich、Barry Heller 和 Beibei Yang，感谢你们为本书创作的内容和图片。特别感谢 John Cardente 和 Ganesh Rajaratnam，感谢你们积极审阅本书的众多章节，并提供了有价值的反馈意见。

我们还要感谢 EMC 和 Pivotal 公司的下述专家，谢谢你们在评审、优化本书内容方面所提供的支持。

Aidan O'Brien	Joe Kambourakis
Alexander Nunes	Joe Milardo
Bryan Miletich	John Sopka
Dan Baskette	Kathryn Stiles
Daniel Mepham	Ken Taylor
Dave Reiner	Lanette Wells
Deborah Stokes	Michael Hancock
Ellis Kriesberg	Michael Vander Donk
Frank Coleman	Narayanan Krishnakumar
Hisham Arafat	Richard Moore
Ira Schild	Ron Glick
Jack Harwood	Stephen Maloney
Jim McGroddy	Steve Todd
Jody Goncalves	Suresh Thankappan
Joe Dery	Tom McGowan

我们还要感谢 Ira Schild 和 Shane Goodrich 为本书所做的协调工作，感谢 MalleshGurram 设计的封面，感谢 Chris Conroy 和 Rob Bradley 提供的图片，感谢 John Wiley & Sons 出版社在将本书推向工业界方面所提供的及时的支持。

Nancy Gessler
总监，EMC 公司 Education Services 部门
Alok Shrivastava
高级总监，EMC 公司 Education Services 部门

译者简介

　　曹逾，于新加坡国立大学获得计算机博士学位，资深大数据与机器学习专家，当前供职于 EMC 中国卓越研发集团首席技术官办公室，同时担任 EMC 中国研究院数据科学实验室主任，主要负责 EMC 大中华区大数据与数据科学方向的应用型研究以及创新解决方案研发，同时也负责 EMC 在亚太特别是中国大陆地区的高校科研合作项目。曹博士在 SIGMOD、VLDB、ICDE、VLDB Journal 等顶级国际会议和期刊发表论文 20 余篇，并多次受邀担任国际会议和期刊审稿人，而且其相关研究成果在 EMC 内部产品及解决方案中得以广泛应用。曹博士拥有 60 余项美国及国际专利授权或申请。

　　刘文苗，现任 EMC IT 第三平台高级项目经理，对大数据、存储系统、网络系统以及文件系统具有一定研究，还具有国内顶尖金融行业多年从业经验。刘先生曾经参与过上海证券交易所新一代交易系统、海通期货核心交易系统的设计与建设工作。

　　李枫林，于上海交通大学获得软件工程硕士学位，曾在微软中国公司担任数据库工程师，现就职于 EMC 中国研发中心，担任 Senior Social Engagement Manager 一职，主要负责 EMC 中文技术社区的运营与后台数据处理工作，近年来潜心钻研数据存储与大数据相关技术，曾在 EMC 中文社区及社交媒体上发表多篇大数据技术相关的文章。

主审人员简介

　　孙宇熙（Ricky Sun），EMC 中国研究院院长，在 EMC 主要负责大数据、软件定义的数据中心、云计算、超融合架构、高性能计算、高效存储等领域的研发、战略合作与创新等工作。

　　Ricky 有在硅谷和国内近 20 年的学习、工作、生活和创业的经验。Ricky 既有在大型跨国公司（EMC、微软、Yahoo!）的工作经历，也有过往成功的创业经历，曾于 2001 年在美国加州硅谷地区创立 WL 科技公司并成功带领公司在 2004 年与香港 Telewave 集团合并。Ricky 在混合云架构、大数据快数据处理与分析、软件定义存储等领域有着多年的国际领先的工作经验业界的影响力，并持有多项专利。Ricky 在近年的专业著作有《程序员生存手册：面试篇》、《软件定义数据中心：技术与实践》等。

本书中文版审校人员

主审

孙宇熙　EMC 中国研究院院长

执行主审

王永康　EMC 首席技术官办公室，全球战略合作伙伴高级经理

审校

吴文磊　EMC 首席技术官办公室，全球战略合作伙伴项目经理
杨兴尧　EMC 首席技术官办公室，全球战略合作伙伴高级项目经理

前言

大数据可以帮助企业从他们最宝贵的信息资产中挖掘到新的商机，从而创造出新的价值并形成竞争优势。对于企业用户而言，大数据可以帮助提高生产效率、提升产品质量和提供个性化的产品和服务，从而帮助改进客户满意度并提升企业利润率。对于学术界而言，大数据分析提供了一种更加先进的分析手段，可以帮助获取更丰富的分析成果和更深入的洞察力。在许多情况下，大数据分析集合了结构化和非结构化数据的实时获取和查询，开拓了创新和洞察的新路径。

本书将介绍大数据分析中从业人员常用的一些关键技术和分析方法。通过掌握这些常用的大数据分析方法，将帮助您胜任大数据分析项目。书中内容会让不同的读者群体受益：业务和数据分析师通过阅读本书，可以学习到很多实用的大数据分析方法；数据库从业人员、商业智能经理、分析师和大数据从业者通过阅读本书可以丰富数据分析技能，大学毕业生通过阅读本书可以了解如何将数据科学做为职业发展领域。

本书包括 12 章。第 1 章主要向读者介绍大数据领域、高级数据分析的驱动力和数据科学家的角色作用。

第 2 章主要介绍根据假设驱动（Hypothesis-driven）的大数据分析的特点和挑战所设计的项目生命周期。

第 3 章将在开源 R 分析软件环境下探讨基础的统计方法和技术，此外还将介绍通过数据可视化进行探索性分析的重要性，并回顾基于假设的开发和测试等关键概念。

第 4～9 章主要介绍一系列先进的数据分析方法，包括：聚类、分类、回归分析、时间序列和文本分析。

第 10～11 章讲解支持大数据高级分析功能的几种特定技术和工具，特别是 MapReduce 和它在 Hadoop 生态系统中的应用实例，以及对 SQL 和数据库内建文本分析功能的深入讲解。

第 12 章将指导如何运作大数据分析项目。本章将重点讲解如何将一个分析项目转换成组织运作的资产，如何基于数据创建清晰有用的可视分析结果，完成最终的交付工作。

EMC 学院联盟

EMC 学院联盟就以下主题提供开放式的课程基础教育，我们诚挚邀请大专院校通过加入学院联盟项目的方式访问获取课程内容。

● 数据科学与大数据分析；

- 信息存储与管理；
- 云基础设施与服务；
- 备份恢复系统与体系结构。

该项目旨在为学生提供师资和课程资源，以应对当今 IT 行业不断变化。欲了解更多信息，请访问：http://education.EMC.com/academicalliance。

EMC 专家认证证书

EMC 专家认证是 IT 行业领先的教育和认证项目，涵盖了信息存储技术、虚拟化技术、云计算、数据科学与大数据分析等领域。

通过认证是一种很好的自我投资方式，同时也是对自己专业知识的正式验证。

本书可以作为准备数据科学专员（EMCDSA）认证的资料。欲了解更多信息，请访问：http://education.EMC.com。

目录

第1章

大数据分析介绍

关键概念

- 大数据概述
- 分析的实践状态
- 商业智能与数据科学的对比
- 新大数据生态系统中的关键角色
- 数据科学家
- 大数据分析案例

产业界、学术界和政府对大数据和高级数据分析的需求已有诸多讨论。随着新数据源的大量出现和更为复杂的分析需求的大量增加，人们开始反思现有的数据架构是否可以发挥大数据分析的优势。此外，对于大数据的定义以及需要什么技能来发挥大数据的最大优势，这在业界也一直存在着较多争论。本章将解释几个关键的概念，以便让您了解什么是大数据、为什么需要高级分析、数据科学和商业智能（Business Intelligence）的区别，以及新的大数据生态系统中需要哪些新角色。

1.1　大数据概述

数据在以越来越快的速度不断增长。移动电话、社交媒体和用于医疗诊断的影像技术等新业务，每天都会产生大量的新数据，这些数据都需要存储到起来供日后使用。此外，设备和传感器自动生成的诊断信息也需要得到实时存储和处理。应对如此庞大的数据涌入不是一件很容易的事情，更具挑战的是如何分析这些海量数据，尤其是当这些数据不是传统的结构化数据时，如何才能识别有意义的模式，并且提取有用的信息呢？这些海量数据带来了许多挑战，同时也为改变商业、政府、科学和人们的日常生活带来了可能。

下面几个行业在收集和利用数据方面做的非常出色。

- 信用卡公司监控其用户的每一笔交易，并使用从数十亿笔业务的处理中获得的规则，相当精准地识别欺诈交易。
- 移动运营商分析用户的呼叫模式，能够判断哪些用户经常和其他移动运营商的用户联系。为了避免竞争对手通过低价合同来吸引自己的用户，运营商可以预先为这些用户提供奖励，以防止用户流失。
- 对于 LinkedIn 和 Facebook 这类公司，数据本身就是其主要的产品。这些公司的估值很大部分源于他们收集和托管的数据，随着数据的增长，这些数据的内在价值也会越来越多。

具体来说，大数据具有 3 个基本特征。

- **数据体量巨大**：大数据的数据体量远不止成千上万行，而是动辄几十亿行，数百万列。
- **数据类型和结构复杂**：大数据反映了各种各样新的数据源、数据格式和数据结构，包括网页上留下的数字痕迹和可供后续分析的其他数字资料库。
- **新数据的创建和增长速度**：大数据能够描述高速数据，快速地采集数据和近乎实时地分析数据。

尽管大数据的体量最受人们关注，通常来讲，数据的种类和速度却能更贴切地定义大数据（业界将大数据归纳为 3 个 V：数量[Volume]、种类[Variety]和速度[Velocity]）。由于其数据结构和数据规模的特点，使用传统的数据库或方法已经很难有效地分析大数据了。因此，我们需要新的工具和技术来存储、管理和实现其商业价值。这些新的工具和技术能够创建、操纵、管理大型数据集和用来存储数据集的存储环境。2011 年，麦肯锡发布的全球报告给大数据下了一个定义：

> **大数据是具有大规模、分布式、多样性和/或时效性的数据，这些特点决定了必须采用新的技术架构和分析方法才能有效地挖掘这些新资源的商业价值。**
>
> 麦肯锡公司《Big Data: The Next Frontier for Innovation, Competition, and Productivity》[1]

麦肯锡对大数据的定义表明，公司需要新的数据架构和分析沙盘、新的工具、新的分析方法，以及将多种技能整合到数据科学家的新角色中（这将在 1.3 节将详细讲解）。图 1.1 列举了大数据洪流的几个主要来源。

大数据洪流的几个主要来源

| 移动传感器 | 社交媒体 | 视频监控 | 视频渲染 |
| 智能电网 | 地球物理勘探 | 医学影像 | 基因测序 |

图 1.1　大数据洪流的几个主要来源

从图 1.1 中所列的几个来源可见，数据创造的速度正在加快。

大数据中增长最快的数据源是社交媒体和基因测序，它们也是非传统的被用来分析的数据源。

例如，在 2012 年，Facebook 全球用户每秒钟会发布 700 条状态更新，通过分析这些状态更新信息就可以判断出用户的政治观点和潜在的兴趣产品，从而有针对性地向用户投放广告。比方说，如果某位 Facebook 女性用户将自己的感情状况从"单身"改为"定婚"，那么就可以有针对性地向这位用户投放婚纱礼服、婚礼策划或更改名称这类服务的广告。

Facebook 还可以通过构建社交图来分析用户彼此之间的互联关系。在 2013 年 3 月，Facebook 就发布了一项名叫"搜图"（Graph Search）的新功能，用户和开发人员可以使用该功能来搜索兴趣、爱好和共享位置相似的用户群。

基因组学也有成功利用大数据的例子。基因测序和人类基因图谱有助于科学家深入了解人类基因的构成和血统。此外，医疗保健行业也正在试图预测人的一生中容易生的疾病，然后使用个性化的医疗方法来预防这些疾病或减轻这些疾病的影响。这类测试也会标记不同药物和医疗用药的反应，以提高特殊药物治疗的风险意识。

虽然数据增长很快，但是执行数据分析的成本却在急剧下降。2001 年为人类基因测序的成本要 1 亿美金，到 2011 年该项费用只需 1 万美元，目前该费用还在持续下降。现在，在 23andme（见图 1.2）这样的网站上进行基因分型（genotyping）只需要不到 100 美元。虽然基因分型只是分析基因组的一小部分，并且没有基因测序那么细的分析粒度，但还是可以佐证一个事实，那就是数据和复杂的分析正在变得越来越普遍，而且越来越便宜。

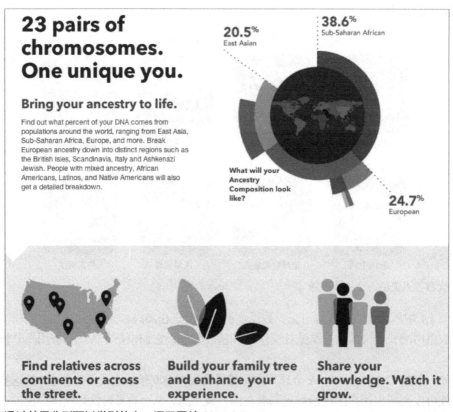

图 1.2　通过基因分型可以学到什么，源于网站 23andme.com

社交媒体和基因测序的例子表明，个人和组织都会从分析更为庞大和复杂的数据中受益，而分析这些数据则需要更加强大的分析性能。

1.1.1　数据结构

大数据可以有多种形式，包括结构化数据和类似财务数据、文本文件、多媒体文件和基因定位图这样的非结构化数据。不同于传统数据分析，绝大多数的大数据天生是非结构化数据或者半结构化的数据，因而需要被有别于传统的技术和工具来处理和分析[2]。分布式计算环境和大规模并行处理（MPP）架构让数据的并行化采集和分析成为处理这些复杂数据的首选方法。

鉴于此，本节将继续讲解数据的结构。

图 1.3 中列出了数据结构的 4 种类型，未来 80%～90%的增长数据都将是非结构化数据类型[2]。虽然从结构上看数据可以被分成四种类型，可是大部分的数据都是混合类型。例如，一个典型的关系型数据库管理系统（RDBMS）可能存储着软件支持呼叫中心的呼叫日志。RDMBS可能将呼叫的特征存储为典型的结构化数据，它具有时间戳、机器类型、问题类型和操作系统等属性。此外，该系统也可能存储着非结构化、准结构化或者半结构化数据，例如，从电子邮件故障单、客户聊天历史记录、用来描述技术问题和解决方案的通话记录，以及客户通话语音文件中提取出来的自由格式的呼叫日志信息。从呼叫中心的非结构化、准结构化或半结构化数据中可以提取甚多洞见。

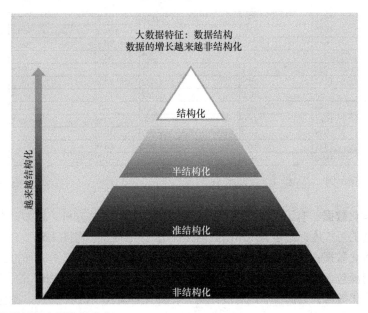

图 1.3　大数据的增长越来越非结构化

虽然结构化数据的分析技术已经非常成熟，但是我们还是需要不同的技术来应对半结构化数据（比如 XML 格式）、准结构化数据（比如点击流）和非结构化数据分析所带来的新挑战。

下面给出了 4 种主要数据结构类型的定义和例子。

- **结构化数据**：数据包括预定义的数据类型、数据格式和数据结构（例如交易数据、在线分析处理[OLAP]数据集、传统的 RDMBS、CSV 文件甚至电子表格）。详细信息参考图 1.4。

SUMMER FOOD SERVICE PROGRAM1]				
(Data as of August 01, 2011)				
Fiscal Year	Number of Sites	Peak (July) Participation	Meals Served	Total Federal Expenditures 2]
	------------Thousands------------		--Mil--	---Million $---
1969	1.2	99	2.2	0.3
1970	1.9	227	8.2	1.8
1971	3.2	569	29.0	8.2
1972	6.5	1,080	73.5	21.9
1973	11.2	1,437	65.4	26.6
1974	10.6	1,403	63.6	33.6
1975	12.0	1,785	84.3	50.3
1976	16.0	2,453	104.8	73.4
TQ 3]	22.4	3,455	198.0	88.9
1977	23.7	2,791	170.4	114.4
1978	22.4	2,333	120.3	100.3
1979	23.0	2,126	121.8	108.6
1980	21.6	1,922	108.2	110.1
1981	20.6	1,726	90.3	105.9
1982	14.4	1,397	68.2	87.1
1983	14.9	1,401	71.3	93.4
1984	15.1	1,422	73.8	96.2
1985	16.0	1,462	77.2	111.5
1986	16.1	1,509	77.1	114.7
1987	16.9	1,560	79.9	129.3
1988	17.2	1,577	80.3	133.3
1989	18.5	1,652	86.0	143.8
1990	19.2	1,692	91.2	163.3

图 1.4 结构化数据示例

- **半结构化数据**：有识别模式的文本数据文件，支持语法分析（例如，有模式定义的和自描述的可扩展标记语言[XML]数据文件）。详细信息参考图 1.5。
- **准结构化数据**：这类文本数据带有不规则的数据格式，但是可以通过工具规则化（例如，可能包含不一致的数据值和格式的网页点击流数据）。详细情况可参考图 1.6。
- **非结构化数据**：数据没有固有的结构，例如文本文件、PDF 文件、图像和视频。详细情况可参考图 1.7。

准结构化数据是一种被极大关注的常见数据类型。让我们看看下面这个示例。如果一位用户参加了一年一度的 EMC WORLD 大会，然后在网上使用谷歌搜索引擎来查找 EMC 与数据科学相关的信息。这样就产生了一个类似 https://www.google.com/#q=EMC+ data+science 的 URL 地址和结果列表，如图 1.5 中第 1 张图所示。

图 1.5 半结构化数据示例

在搜索之后，用户通过访问第 2 个链接地址，就可以获得更多"数据科学家——EMC 教育、培训和认证"的相关内容。这会将用户带到关注该主题的一个 emc.com 站点以及一个新的 URL：https://education.emc.com/guest/campaign/data_science.aspx，如图 1.6 中第 2 张图片所示。在该网站，用户还可以了解到数据科学认证的相关流程。通过点击认证页面顶部的链接，就可以访问一个新的 URL 地址：https://education.emc.com/guest/certification/framework/stf/data_science.aspx，如图 1.6 中第 3 张图所示。

访问上述 3 个网站就增加了 3 个 URL 地址到日志文件，该日志文件用于监控用户计算机或者网络的使用情况。这 3 个 URL 网址分别如下所示。

https://www.google.com/#q=EMC+data+science

https://education.emc.com/guest/campaign/data_science.aspx

https://education.emc.com/guest/certification/framework/stf/data_science.aspx

 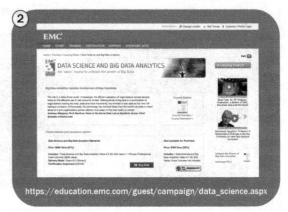

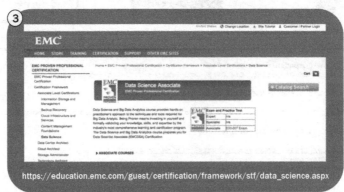

图 1.6　EMC 数据科学搜索结果的示例

图 1.7　非结构化数据示例：南极科考相关视频[3]

这 3 个 URL 组反映了查找 EMC 相关的数据科学信息的网站和操作。因此，数据科学家通过分析和挖掘相关的点击流，可以发现使用模式，揭开点击之间的关系，以及一个或一组网站上的热点区域。

　　本节介绍的四种数据类型有时被归纳为二类：结构化数据和非结构化数据。而大多数组织机构并不习惯处理大数据，特别是那些非结构化数据。因此，下一节将从大数据分析的角度介绍一些常用的技术架构。

1.1.2　数据存储的分析视角

　　电子表格赋予数据行和列的结构，使得商业用户可以在数据的行和列结构上创建简单的逻辑，从而创建针对业务问题的分析。创建电子表格非常方便快速，并不需要专门的数据库管理员培训。电子表格非常便于分享，用户可以控制所涉及的逻辑。然而，它们的扩散会导致"真相有许多版本"。换句话说，我们很难确定某个特定用户是否拥有最相关的电子表格版本（其中具有最新的数据和逻辑）。而且，笔记本丢失或者文件损坏都可能会造成电子表格内数据和逻辑的丢失。在世界上的许多计算机中都运行着电子表格程序（比如 Microsoft Excel），所以这个挑战将持续存在。随着数据岛的增加，数据集中化的需求比以往任何时候都要更加迫切。

　　随着数据需求的增长，更多可扩展的数据仓库解决方案出现了。这些技术使得数据可以被集中管理，可以提供安全性、故障切换和单一存储仓库，用户可以从中获取到"官方"数据用于财务报表或者其他关键任务。单一数据存储仓库也便于创建 OLAP 多维数据集和商业智能分析工具，可以用来快速访问关系型数据库管理系统内的一组数据维度。此外，更多的高级功能提供了高性能的深入分析技术，比如回归和神经网络。企业数据仓库（EDW）对于报表和商业智能任务都非常关键，能够解决电子表格增生（proliferating）所引起的许多问题，比如在具有多个版本的电子表格中，无法确定哪一个版本是正确的。EDW 和良好的商业智能战略从集中管理、备份和保护的数据源中提供了直接的数据提要（data feed）。

　　虽然企业数据存储库和商业智能有许多优点，但是它们都会限制在执行健壮的和探索性数据分析时所需的灵活性。在 EDW 模型中，IT 部门或者数据库管理员（DBA）管理和控制数据，数据分析员必须通过 IT 部门来访问和修改数据模式。这会导致分析员花费更长的时间来获得数据，大量的时间都浪费在等待审批这类没有意义的工作上。此外，大多数情况下，EDW 的规则都会限制分析员构建数据集。因此，经常会用到额外的系统，该系统包含用来构建分析数据集的关键数据，并且由用户在本地管理。一般情况下，IT 部门都不喜欢无法控制的数据源，因为不像 EDW，这些数据集是不受管理的，而且也没有保护和备份。在分析员看来，EDW 和商业智能解决了数据准确性和可用性的问题，但是也带来了灵活性和敏捷性相关的新问题，这些问题在处理电子表格的时候并不明显。

　　分析沙盘（analytic sandbox）是解决这个问题的一种方法，它试图解决分析员、数据科学家与 EDW、严格管理的企业数据之间的冲突。在此模式下，IT 部门仍然管理分析沙盘，但是沙盘将进行有针对性的设计，以启用强大的分析能力，同时还能被集中管理和保护。沙盘也被称为工作区，旨在使团队以一种受控的方式来探索更多数据集，通常不用于企业级的财务报表和销售报告。

很多时候，分析沙盘利用数据库内处理（in-database processing）式的高性能计算——分析都是在数据库内部进行。在数据库内部运行分析可以提供更好的分析性能，因为省去了将数据拷贝到位于其他某地的分析工具的步骤。数据库内分析（将在第 11 章进一步讨论）创建同一组织的多个数据源之间的关联，节省了以个体为基础创建这些数据提要的时间。用于深入分析的数据库处理加速了开发和执行一个新分析模型所用的周转时间，同时减少（但是没有消除）了与存放在本地"影子"文件系统中的数据相关的成本。此外，不同于 EDW 中典型的结构化数据，分析沙盘可以容纳更多样性的数据，比如，原始数据、文本数据和其他类型的非结构化数据，而且不会与关键的生产数据库形成干扰。表 1.1 简要地描述了本节提到的数据存储库的特征。

表 1.1　数据存储库的类型（站在分析员的角度）

数据仓库	特征
电子表格和数据集市（spreadmarts）	电子表格程序和低容量的数据库 分析依赖数据提取
数据仓库（Data Warehouse）	在专用空间中的集中式数据容器 支持商业智能和报表，但限制强大的分析功能 分析员依靠 IT 部门和 DBA 来访问和变更数据模式 分析师必须花费很长时间从多个数据源中抽取数据，然后整合和分解
分析沙盘（工作区）	从多个数据源收集的数据资产和用于分析的技术 支持在非生产环境中进行灵活的、高性能的分析；能够利用数据库内处理 降低数据复制到"影子"文件系统产生的成本和风险 "分析员拥有"而非"DBA 拥有"

在大数据分析项目中，需要考虑几件事情以确保方法与预期的目标相匹配。由于大数据所具有的特征，这些项目长常用于为高价值但是处理复杂度较高的战略决策提供支持。由于数据量相当大，结构较为复杂，所以在这种环境中使用的技术必须具备迭代性（iterative）和灵活性。快速且复杂的数据分析需要高吞吐量的网络连接，并考虑一个可接受的延迟量。例如，开发一款用于网站的实时产品推荐系统比开发一款近实时推荐系统需要更高的系统需求，因为近实时推荐系统在提供可接受的性能的同时，延迟只是稍大一点点，但是部署成本更低。我们需要使用不同的方法来应对分析中的挑战，下一节将继续讨论这个主题。

1.2　分析的实践状态

当前的商业问题为组织机构提供了很多机遇，使其更具分析能力和被数据驱动，如表 1.2 所示。

表 1.2　高级分析的商业驱动因素

商业驱动力	案例
优化业务操作	销售、报价、利润率、效率
识别业务风险	客户流失、欺诈、违约
预测新的商业机会	增值销售、追加销售、最佳的潜在新客户
遵守法律或法规要求	反洗钱、公平信贷、巴塞尔协议 II-III、塞班斯-奥克斯利法案（SOX）

表 1.2 列出了组织机构需要应对的 4 种常见的商业问题，在这 4 种问题中，组织机构有机会使用高级分析技术来创造竞争优势。在这些领域中，组织除了可以执行标准的报告，还可以使用高级的分析技术来优化流程，并且从这些常用的任务中获取更多的价值。前面 3 个案例都不是新的问题。组织机构多年来都一直在努力避免客户的流失、增加销售业绩和追加销售客户。融合大数据和高级分析技术是一种新的机遇，这样可以为这些传统问题找到更有效的解决途径。最后一个案例描述了新兴的监管需求。大部分法律和法规都已经存在了几十年，但每年都会增加新的需求，这表明组织机构有额外的复杂度和数据需求。反洗钱（AML）和预防欺诈的相关法律需要高级分析技术来妥善处理和管理。

1.2.1　商业智能 VS 数据科学

表 1.2 中列出的 4 种商业驱动力（Business driver）需要不同的分析技术来正确地解决。虽然有关分析的文章很多，但是区分商业智能和数据科学非常重要。如图 1.8 所示，有几种方法可以比较这两种数据分析类型。

一种用来评估所执行的分析类型的方法是，检查时间范围以及正在使用的分析方法的类型。商业智能（Business Intelligence）主要提供关于现在和过去时期的商业问题的报表、仪表板（Dashboard）和查询。商业智能系统使得用户可以轻易获取季初到现在（quarter-to-date）的收入、季度目标的完成情况，以及某一产品在某一季度或者某一年的销量数据。这些问题往往都是预设或者可预期的，用于解释当前或者过去的行为，通常用来整合历史数据并以某种方式进行分组。商业智能主要是提供一些事后见解和观点，一般用于解释事件发生的"时间"和"地点"。

相比之下，数据科学（Data Science）主要是用更有前瞻性和探索性的方式来使用分类数据，着重分析当前的情况，为未来的决策提供数据参考。数据科学不是简单地汇集历史数据来看上季度销售了多少产品，而是团队利用数据科学技术（例如时间序列分析，第 8 章将深入讲解）来预测未来产品的销售和收入情况，而这种预测较之简单地依靠趋势线更为精准。此外，数据科学本质上往往更具有探索性，可以使用场景优化来处理更开放式的问题。这种方法可以通过深度地分析当前活动，来预测未来的事件，一般用来研究事件是"如何"以及"为什么"发生的。

另外，商业智能需要以行和列组织的高度结构化数据才能获得准确的报表，而数据科学项目可以使用多种类型的数据源，包括大型或者非常规的数据集。根据不同的目标，组织机构可以自行选择相应的分析手段。比如，如果要生成报表、创建仪表盘（dashboard）或者执行简单的可视化，可以选择商业智能项目。如果需要用分类或者不同的数据集进行更为复杂的分析，可以选择数据科学项目。

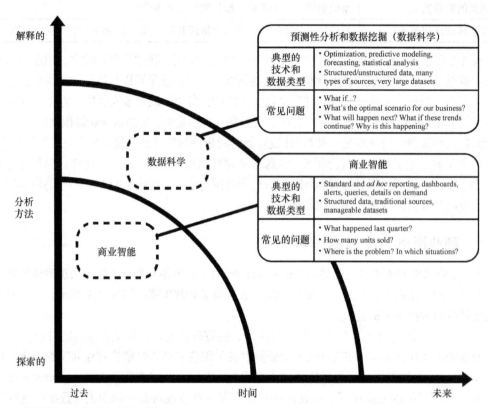

图 1.8 数据科学与商业智能的对比

1.2.2 当前分析架构

前面讲到，数据科学项目需要专门建立的工作台对数据做实验，该工作台应具有灵活和敏捷的数据架构。大多数组织机构都拥有数据仓库，用于为传统的报表和简单的数据分析行为提供良好的支持，但是不能支持强大的分析功能。本节将介绍一种企业中存在的典型的数据分析架构。

图 1.9 所示为一种典型的数据架构，以及数据科学家和试图进行高级分析的其他人员所面临的几种挑战。本节将讲解数据科学家所使用的数据，以及数据科学家如何融入获取数据以便在项目中进行分析的流程。

1. 为了将数据源加载到数据仓库，我们要先理解数据，然后结构化数据，再使用合适的数据类型定义来标准化数据。虽然这种集中化可以为关键数据提供安全、备份和故障转移功能,但是在数据进入这种受控环境之前,必须经过大量的预处理和检查点(checkpoint)处理,这样将导致数据不适合数据探索和迭代分析。

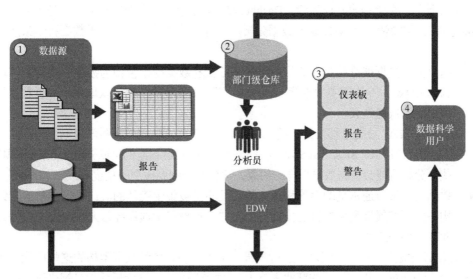

图 1.9 典型的分析架构

2. 由于 EDW 对数据的严格控制,商业用户往往为了适应灵活的分析需求而创建额外的部门仓库和本地数据集市。这些本地数据集市可能没有与主 EDW 一致的安全性和结构的约束,从而允许用户进行更深入的分析。但是,这些本地系统通常处于孤立状态,不会保持相互间的数据同步或者与其他数据存储进行集成,甚至可能没有进行备份。

3. 进入数据仓库后,数据将被企业中的应用程序读取,以便进行商业智能分析和报告。这些都是从数据仓库和储存库中获取关键数据的高优先级业务操作流程。

4. 在工作流结尾部分,分析员获得用于下游分析的数据。因为用户一般不能在生产数据库中进行自定义或者密集的数据分析,数据分析员会从 EDW 中提取数据,然后使用 R 或者其他本地分析工具进行离线数据分析。很多情况下,这些工具是对数据样本进行内存分析,而不是对整个数据集进行分析。因为这些分析是基于从 EDW 提取的数据并且在 EDW 外进行,所以分析的结果以及任何与数据质量和异常相关的洞察,都极少被反馈回主数据存储库。

由于严格的验证和数据格式化,导致 EDW 中新的数据源积累的速度很慢,数据移到 EDW 的速度也很慢,这样导致数据模式的变化也很慢。部门级数据仓库(Departmental data warehouses)在最初可能只是针对特定的目的和业务需求而设计,但随着时间的推移,部门数据仓库内的数据越来越多,其中一些数据可能被强制转换成现有的模式,以启用商业智能并创建 OLAP 数据库进行分析和报告。虽然 EDW 实现了生成报表的目标,有时还能创建仪表盘

（Dashboard），但大多数情况下 EDW 限制了分析员在一个独立的非生产环境中迭代地进行深入的数据分析或者对非结构化数据进行分析的能力。

上述的典型数据架构是为存储和处理关键任务数据，支持企业级应用程序，并可以生成公司报表而设计的。尽管报表和仪表盘（Dashboard）对于企业仍旧非常重要，但是大部分的传统数据架构抑制了数据探索和更复杂的数据分析。另外，传统数据架构对于数据科学家还有额外的影响。

- 高价值的数据很难被获取和使用，预测分析和数据挖掘被视为数据应用的末等环节。因为 EDW 是专为集中数据管理和报告而设计的，一般情况下获取用于分析数据的操作被冠以较低优先级。
- 数据从 EDW 被批量移动到本地分析工具。该流程意味着数据科学家只能进行内存分析（比如，使用 R、SRA、SPSS，或者 Excel），这将限制他们可以分析的数据集规模。因此，分析可能会受到数据采样的约束，这样将影响到模型的精度。
- 数据科学项目通常是即席的和孤立的，而不是被集中管理的。这种孤立意味着组织机构不能可扩展地利用先进的分析方法，并且数据科学项目经常无法与公司业务目标或战略保持一致性。

相比数据能被持续快速访问以及进行高级分析的环境，传统数据架构的这些症状导致了缓慢的从数据到洞见的过程和较低的商业影响力。之前提到，引进分析沙盘是解决这个问题的方法之一，它可以让数据科学家在受控和批准的方式下进行高级数据分析。同时，当前的数据仓库解决方案可以继续提供报表和商业智能服务，以支持管理和关键任务操作。

1.2.3 大数据的驱动力

为了能够更好地了解与大数据相关的的市场驱动力，我们首先需要了解数据存储的历史、各种存储库和管理数据存储的工具。

如图 1.10 所示，在 20 世纪 90 年代，信息量经常以 TB 为单位测量。大多数组织机构以行和列的方式结构化和分析数据，使用关系型数据库和数据仓库来存储管理大量的企业信息。在接下来的 10 年，我们看到各种类型的数据源的增长，数据量也激增到 PB 级别的规模，这些数据主要通过内容管理系统和网络存储系统等生产力工具进行管理。到 2010 年，每个人和每件事都会留下数字足迹，而组织机构需要管理许多其他类型的数据信息。图 1.10 概括了新应用所产生的大数据，以及数据增长的规模和速度。这些应用所产生的数据量都是 EB 量级，给企业带来了新的分析和挖掘数据新价值的机会。这些新的数据源包括：

- 医疗信息，如基因组测序和诊断影像；
- 上传到互联网上的照片和视频素材；
- 视频监控，如城市中分布的成千上万的摄像头；
- 移动设备，它会产生用户的地理位置数据，还有短信数据、电话记录，以及智能手机上应用程序的使用情况。

- 智能设备，包括智能电网、智能建筑等公共和基础设施中传感器采集的信息。
- 非传统 IT 设备，包括使用的无线电频率识别（RFID）阅读器、GPS 导航系统和地震信息处理。

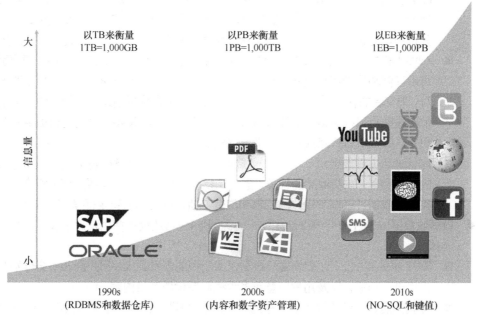

图 1.10　数据的演变和大数据源的增长

　　未来，大数据中越来越多的数据源将产生大量的信息，这些海量的数据都需要高级的分析方法，也需要新的市场玩家来利用这些机会和新的市场动态，下一节将详细讨论。

1.2.4　新的大数据生态系统和新的分析方法

　　由于组织机构和数据收集者意识到个人数据中蕴含着巨大的价值，所以就出现了一种新的经济。随着新兴数字经济不断的发展，市场就出现了数据厂商和数据清洁服务商。数据清洁服务商使用众包（比如，亚马逊 Mechanical Turk 平台和 GalaxyZoo 平台）的方式来测试机器学习技术的成果。此外，其他一些数据厂商对开源工具简单重新打包并增加附加价值，然后将这些工具拿到市场上销售。Cloudera、Hortonworks 和 Pivotal 这些厂商就是在开源框架 Hadoop 的基础上提供增值服务。

　　随着新的大数据生态系统初步成型，这其中有 4 种主要的生态参与者，如图 1.11 所示。

- **数据设备**[如图 1.11 中第 1 部分所示]和"传感器网络"从多个位置收集数据，并不断产生与这些数据相关的新数据。针对所收集的每 GB（gigabyte）数据，最终大约会额外产生 1 个 PB（petabyte）大小的关于这些数据的新数据[2]。

- 例如，当人们使用 PC、游戏机或智能手机玩在线视频游戏时，视频游戏提供商会抓取游戏玩家的技能和等级相关数据，并通过智能系统监控并记录用户玩游戏的时间和方式。通过利用这些用户数据，游戏提供商可以细调游戏难度，向用户推荐可能会感兴趣的其他相关游戏，以及根据用户的年龄、性别和兴趣为游戏角色提供额外的装备和优化。这些用户信息可以存储在本地或者上传游戏提供商的云上，用来分析用户的游戏习惯和识别特定用户属性，从而增大增值销售和追加销售的机会。
  - 智能手机提供了另一种丰富的数据源。除了基本的短信息和通话功能，智能手机还可以存储和传输用户上网、使用短信息和实时位置等元数据信息。当用于路况分析时，乘车者的智能手机产生的元数据信息可以用来分析追踪汽车的行驶速度或者繁忙路段的交通拥挤情况。通过这种方式，车载 GPS 设备可以为司机提供实时路况更新，并提供替代路线以躲过拥堵路段。
  - 零售商场办理的会员卡不只记录了消费者每次的消费金额，还会记录顾客每次访问的商店位置、购买商品的种类、最常购物的商店以及一起购买的商品组合。通过收集这些数据可以洞悉用户的购物和旅行习惯，以及判断特定促销广告是否会奏效。
- **数据收集器**[如图 1.11 中第 2 部分标记的椭圆形]包括从设备和用户那里收集数据的样本实体。
  - 有线电视供应商，他们收集的数据包括用户的观看记录、用户会和不会付费观看的点播电视频道，以及用户愿意花多少钱观看优质节目内容。
  - 零售商店，通过购物车中带有的 RFID 芯片追踪消费者的购物路线，利用 RFID 芯片中收集的地理空间数据可以分析出哪些商品吸引了最多人驻足关注。
- **数据整合者**（如图 1.11 中第 3 部分标记的椭圆形）利用"传感器网络"或"物联网"收集的数据创造价值。这些组织机构汇总和解析设备数据和由政府机构、零售商店和网站等收集的设备使用信息，然后将数据转换和打包成产品出售。比如可以出售给中间商，后者再利用这些数据锁定特定市场广告营销的目标受众。
- **数据使用者和购买者**（如图 1.11 中第 4 部分所示）直接受益于数据价值链中其他人收集和汇总的数据。
  - 零售银行会想要了解哪些客户群体最有可能申请二次抵押或者房屋净值信用额度。为此，零售银行可以从数据整合者手里购买相关数据用于上述分析。这类数据可能包括生活在特定区域的人口统计情况；负担一定债务的人群，这些人群拥有可靠的信用评分（或者其他特征，比如能够按时支付账单和拥有储蓄账户），可以确保放贷的安全；通过搜索网站查找清偿债务或者房屋改造项目等相关信息的人群。在大数据出现之前，上述精准市场营销行为由于缺乏信息和高性能技术而面临诸多挑战。而现在，一切变得可能。
  - 人们可以通过 Hadoop 这类技术对社交媒体网站上的非结构化和文本数据进行自然

语言分处理，来预测公众对总统竞选之类事件的反应。比如，人们可以通过分析相关博客和线上评论来了解公众对候选人的态度。类似地，人们可以通过分析社交媒体上的讨论来判断受飓风影响的区域和飓风的移动轨迹，以便追踪和防范自然灾害的发生。

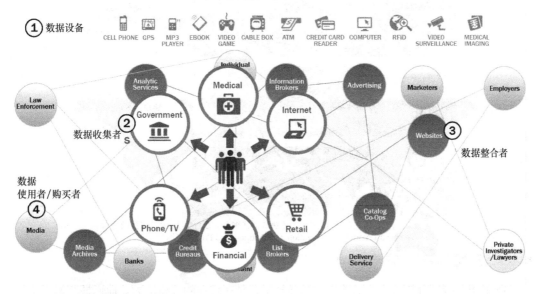

图 1.11　新兴的大数据生态系统

在这个新兴的大数据生态系统中，数据类型和相关的市场动态变动极大。这些数据集包括传感器数据、文本文件、结构化数据集和社交媒体数据。如果在传统 EDW 中，这些数据集将无法被处理，因为 EDW 主要用于简单报表、仪表盘和集中管理。因此，大数据相关的问题和项目需要使用不同的方法来处理。

分析员需要与 IT 部门、DBA 的配合才能获得分析沙盘需要的数据。一个典型的分析沙盘包括原始数据、聚合数据和多种结构类型的数据。沙盘使强大的数据勘探变得可能，但是需要有经验的用户来使用和发挥沙盘环境中的数据优势。

1.3　新的大数据生态系统中的关键角色

在 1.2.4 节介绍的大数据生态系统中，新的生态参与者已经涌现，进行数据的策划（curate）、存储、生产、清除和处理。此外，为了应对日益复杂的业务问题，就需要采用更先进的分析技术，这就推动了新角色、新技术平台和新分析方法的出现。本节将介绍可以解决这些需求的新角色，在后续章节还会介绍一些分析方法和技术平台。

如图 1.12 所示，大数据生态系统需要三类角色。在麦肯锡 2011 年 5 月发布的"大数据全球研究"报告中对这些新角色进行过描述。

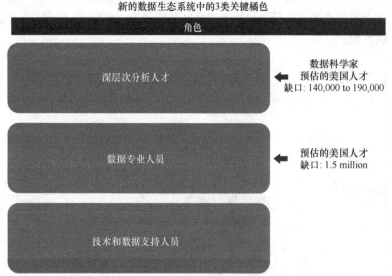

新的数据生态系统中的3类关键橘色

角色

深层次分析人才 ← 数据科学家
预估的美国人才
缺口: 140,000 to 190,000

数据专业人员 ← 预估的美国人才
缺口: 1.5 million

技术和数据支持人员

注: 该图反映的是美国在201年的预估人才缺口, 其来自于麦肯锡于2011年5月的文章
"Big Data: The Next Frontier for Innovation, Competition, and Productivity"

图 1.12 新大数据生态系统的关键角色

第 1 类: 深层分析人才。这类人才精通技术,具有较强的分析能力。他们拥有多项技能,具有处理原始数据和非结构化数据的能力,并且可以应用复杂的大规模分析技术。这类人深入学习过各种量化学科,比如数学、统计学和机器学习。这类人所做的工作一般是在一个强大的分析沙箱或者工作区中进行大规模的数据分析实验。符合这个群体的职业包括统计学家、经济学家、数学家和新兴的数据科学家。

麦肯锡研究报告预测,到 2018 年美国将会有 14 万到 19 万个深层分析人才的缺口。这并不是指市场所需要的深层分析人才的总量,而是表示市场人才需求量和市场可用人才的缺口。这个预测只是反映了美国人才的短缺,相信这个数字在全球范围内会更大。

第 2 类: 数据专业人员。这类人才技术深度较浅,但是具有统计学或机器学习的基本知识,能够定义那些使用高级分析可以回答的关键问题。该组成员通常具有处理数据的基本知识,而且了解一部分数据科学家和其他深层分析人员所做的工作。数据专业人员包括金融分析师、市场研究分析师、生命科学家、营运经理以及业务和职能部门的经理。

麦肯锡研究报告预测,到 2018 年美国将会有 150 万数据专业人员的缺口,这个数字是深层分析人才缺口的 10 倍。经理、董事和领导者们需要开始具备一定的数据专业专员的素质,这样他们才能拥有更宽阔的视野,知道哪些问题可以使用数据来解决。

第 3 类: 技术和数据支持人员。这类人才掌握的专业技术知识可以用于支持分析项目,例如,配置和管理分析沙箱,以及管理企业和其他组织内的大规模数据分析架构。这类人员需要具备计算机工程、编程和数据库管理相关的技能。

这三类人群只有紧密合作才能解决大数据所带来的复杂挑战。大多数组织机构对报告中提到的后两类人比较熟悉，但是对第一类人（深层分析人才）了解不多。关于深层分析人才，本节将重点介绍数据科学家这一新的角色，讲解数据科学家具体要做什么和所需要掌握的技能。

下面是数据科学家经常进行的 3 类任务。

- **将业务的挑战转化为分析的问题**。具体而言，就是剖析业务问题，考虑问题核心，并判断哪种分析方法可以用来解决问题。这个概念将在第 2 章中进一步讲解。
- **设计、实施、部署大数据的统计模型和数据挖掘技术**。这类任务也是通常人们理解中的数据科学家的职责：运用复杂或高级的分析方法和数据来解决各种业务问题。本书第 3 章到第 11 章将详细介绍业界流行的几种分析技术和工具。
- **产生能被用于指导实践的洞见**。需要注意的是，使用高级方法解决数据问题本身不一定会带来新的商业价值。重要的是要能够从数据中分析出有效见解并进行有效传播。第 12 章将简述如何实现这一点。

数据科学家通常应该具备以下 5 项主要技能和行为特征，如图 1.13 所示。

- **量化分析技能**：比如数学或者统计学。
- **技术能力**：比如软件工程、机器学习和编程技能。
- **怀疑性的和批判性的思维**：数据科学家需要以全面的方式仔细检查自己的工作，这一点非常重要。
- **好奇心和创造力**：数据科学家应该热衷于数据，寻求创造性的方式来解决和描述信息。
- **沟通和协作能力**：数据科学家必须能够清晰地阐述数据项目能带来的商业价值，并具备和他人（包括项目出资人和利益相关者）协作的能力。

图 1.13　数据科学家的形象

一般而言，数据科学家习惯于使用上述技能来获取、管理、分析和可视化数据，然后再就数据讲令人信服的故事。下节将讲解几个大数据分析案例，看看数据科学家如何利用大数据来创造新价值。

1.4 大数据分析案例

在介绍完大数据新兴生态系统和支持其发展需要的新角色后，本节将介绍大数据在不同领域中应用的 3 个例子：零售业、IT 基础设施和社交媒体。

前面提到，大数据带来了很多改进销售和市场分析的机会。美国零售商 Target 便是这样的例子。作者 Charles Duhigg 在他的 *The Power of Habit* 一书[4]中介绍了 Target 如何使用大数据和高级分析方法来提高销售收入。在分析了消费者的购买行为后，Target 公司的统计人员发现零售业很大的一块销售收入来源于下面的三大主要事件。

- 结婚，这时人们会倾向于购买很多新东西。
- 离婚，这时人们也会购买新产品，并且改变自己的消费习惯。
- 怀孕，这时人们会购买许多新东西，并且都是非常迫切地购买。

分析人员还发现在上述三大事件中，怀孕是最让商家赚钱的事件。通过从购物者身上收集的购物数据，Target 公司就可以预测哪些购物者可能已经怀孕。有一次，Target 公司甚至比一位女顾客的家人更早地判断出这位女顾客已经怀孕[5]。根据这类分析结果，Target 公司会对已经怀孕的顾客提供特定的优惠券和激励机制。事实上，Target 公司的分析机制不但可以判断某个顾客是否已经怀孕，还可以知道顾客已经怀孕几个月了。这样 Target 公司就可以更好地管理和调整自己的库存，因为他们知道在每 9～10 个月的周期中，每个月大致会有哪些特定孕期商品的需求。

另一个大数据创新的例子来自于 IT 基础设备领域中的 Hadoop[6]。Apache Hadoop 是一款开源框架，允许公司以高度并行的方式处理大量的信息。Hadoop 是由 Doug Cutting 和 Mike Cafarella 在 2005 年设计和实现的一种基于 MapReduce 计算范式的系统，被用于处理各种不同结构的数据。对于很多需要涉及大量或者难以操作的非传统结构数据的大数据项目来说，Hadoop 是一种理想的技术框架。Hadoop 的主要优点之一是采用分布式文件系统，这意味着它可以使用分布式集群服务器和商用硬件来处理大量数据。在社交媒体领域中 Hadoop 的应用案例很常见，在这里 Hadoop 可以管理事务、更新文字信息和生成数百万用户间的社交图谱。Twitter 和 Facebook 每天都会产生海量的非结构化数据，并通过 Hadoop 和其生态系统中的工具来管理这些海量数据。第 10 章将进一步讲解相关内容。

最后，通过社交媒体上的人际互动可以获取许多新的见解，而其中蕴含着巨大的商机。LinkedIn 是一家典型的数据即产品的公司。在公司创立初期，LinkedIn 创始人 Reid Hoffman 就意识到可以为职场专业人士创建一个社交网络。截至 2014 年，LinkedIn 拥有超过 2.5 亿的用户账户，并增加了很多额外的功能和数据相关的产品，例如，招聘、求职者工具、广告和社交图谱 InMaps。InMaps 可以显示用户的职业社交网络图谱。图 1.14 是一个 InMaps 可视化案例，使得 LinkedIn 用户可以对自己联系人之间的互联关系和脉络有一个更直观的认识。

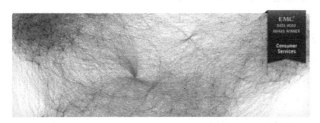

图 1.14　使用 InMaps 得到的用户社交网络数据可视化

1.5　总结

　　大数据的数据来源五花八门，包括社交媒体、传感器、物联网、视频监控等，许多数据源甚至在数年前都还未受关注。随着企业努力跟上不断变化的市场需求，一些公司正在努力寻求以创新的方式应用大数据，以满足不断增长的业务需求和解决日益复杂的问题。随着企业不断的发展以及看到大数据中蕴含的机会，他们试图从传统的商业智能分析（比如，产生数据报表和仪表盘），转变到以数据科学为驱动的新的分析模式，来解答更多开放且复杂的问题。

　　然而，企业需要使用新的数据架构才能挖掘大数据中蕴含的商机，这些新的数据架构包括分析沙盘（Analytic sandboxes）、新的工作方式，以及具备新技能的员工。这些驱动因素促使机构开始建立分析沙盘（Analytic sandboxes）和数据科学团队。虽然有些公司中已经拥有数据科学家，但是大多数公司缺乏这样的人才，因为数据科学家的人才缺口正变得越变越大，寻找并雇佣合适的数据科学家也变得越来越困难。尽管如此，在网络零售、医疗保健、基因科学、新 IT 基础设施以及社交媒体等领域的组织机构，已经开始以创新的方式利用大数据。

1.6　练习

1. 大数据有哪三个特点？在处理大数据时主要需要考虑哪些因素？
2. 什么是分析沙盘？为什么分析沙盘非常重要呢？
3. 解释商业智能（BI）和数据科学之间的区别。
4. 请描述当前分析架构在应对数据科学时面临的挑战。
5. 数据科学家有哪些关键的技能和行为特征？

参考书目

[1] C. B. B. D. Manyika, "Big Data: The Next Frontier for Innovation, Competition, and Productivity," McKinsey Global Institute, 2011.

[2] D. R. John Gantz, "The Digital Universe in 2020: Big Data, Bigger Digital Shadows, and Biggest Growth in the Far East," IDC, 2013.

[3] http://www.willisresilience.com/emc-datalab [Online].

[4] C. Duhigg, *The Power of Habit: Why We Do What We Do in Life and Business*, New York: Random House, 2012.

[5] K. Hill, "How Target Figured Out a Teen Girl Was Pregnant Before Her Father Did," Forbes, February 2012.

[6] http://hadoop.apache.org [Online].

第 2 章

数据分析生命周期

关键概念

- 发现
- 数据准备
- 模型规划
- 模型构建
- 沟通结果
- 实施

不同于许多传统的商业智能项目和数据分析项目，数据科学项目本身带有很强的探索性。正是由于这种原因，我们有必要对数据科学项目进行标准但是不僵化的流程管理，以确保项目参与者能以严谨和周全的方式运行项目，同时不阻碍项目的探索性。

许多问题乍看起来很庞大复杂和令人气馁，但事实上可以被分解成一系列更易解决的小问题或者分阶段解决。拥有良好的流程可以确保分析方法的全面性和可重复使用性。此外，在流程的早期阶段应集中精力和时间去明确需要被解决的业务问题。

在数据科学项目初期急于收集和分析数据是一种常见的错误，这容易导致没有足够的时间来计划和仔细检查所需要的工作量，不能很好地理解业务需求，甚至无法正确地制定需要解决的业务问题。因此，项目参与者在项目进展到中期阶段可能会惊讶地发现自己采集的数据无法用于实现项目发起人实际要达成的目标，或者发现自己正在解决的问题并不是项目发起人真正感兴趣的。如果发生这种情况，该项目可能面临需要返回项目流程初期阶段重新开始的尴尬局面，甚至可能被取消。

通过创建和记录流程可以让项目变得更加严谨，并使得数据科学团队的项目产出的可信度变得更高。此外，一套明确的流程可以便于他人借鉴和采用，而其中的方法和分析可以在将来或者新成员加入团队时被重复利用。

2.1 数据分析生命周期概述

本章描述的数据分析生命周期是专门为大数据问题和数据科学项目而设计的。该数据分析生命周期可以分成 6 个阶段，而项目工作可能同时分处于其中的若干阶段。对于生命周期的大多数阶段，项目在它们之间的移动可以是正向的，也可以是反向的。也就是说，项目既可以从一个阶段进行到下一个阶段，也可能从一个阶段返回到上一个阶段。项目的正向或者反向移动伴随着新信息的出现和项目团队对项目的更多了解而发生，并且在实际中并不罕见。这种生命周期设计使得项目实践者可以进行反复迭代式的流程管理，并最终推动项目工作向前进行。

2.1.1 一个成功分析项目的关键角色

近年来，人们开始广泛关注数据科学家这种新的角色。2012 年 10 月，哈佛商业评论报道了一篇标题为 "Data Scientist: The Sexiest Job of the 21st Century" 的文章，文中专家 DJ·Patil 和 Tom Davenport 介绍了数据科学家这种新的角色，以及如何找到和雇用数据科学家。此外，越来越多的每年举行的会议开始专注于数据科学领域的创新和大数据的相关主题。尽管数据科学家这一新角色备受关注，但是实际上一个高效的数据科学团队需要拥有 7 种关键的角色才能成功地运行分析项目。

图 2.1 描述了一个分析项目中的各种角色和关键利益相关者，他们在成功的分析项目中各自扮演着重要的角色。虽然这里列举了 7 种角色，但是项目最终需要多少人员，完全取决于项目的范围、组织结构以及参与者的具体技能。例如，在一个小型的多功能团队中，可能只需要 3 个人就能够履

行 7 种角色。但是在一个大型的项目中，就可能需要 20 个以上人员参与到项目中。下面是 7 种角色的具体定义。

图 2.1 一个成功分析项目的关键角色

- **业务用户**：该角色对业务领域非常了解，并且通常会从分析结果中受益。他可以就项目的背景、成果的价值，以及项目成果如何实施向项目团队提供咨询和建议。通常情况下，由业务分析师、直线经理（line manager）或者项目领域的资深领域专家担任这种角色。
- **项目发起人**：该角色负责项目的发起工作。他会为项目提供动力和要求，并定义核心业务问题。通常情况下，该角色会为项目提供资金，设置项目事项的优先级，然后明确项目预期结果，最后评估项目团队最终成果的价值。
- **项目经理**：该角色负责项目进度和质量，确保项目达到预期目标。
- **商业智能分析师**：该角色以报表的视角，基于对数据、关键绩效指标（KPI）、关键业务指标以及商业智能的深入理解来提供业务领域的专业知识和技能。他通常负责创建仪表板和报告，并了解数据更新源（data feed）和来源（source）。
- **数据库管理员（DBA）**：该角色负责提供和配置数据库环境，以支持工作团队的分析需求。他的工作职责包括提供对关键数据库或者表格的访问，并确保数据资源库已被关联相应的安全级别。
- **数据工程师**：该角色需要拥有深厚的技术功底，以便进行数据管理和数据提取时的 SQL 查询优化，并负责将数据导入到第 1 章中提及的分析沙箱中去。分析使用的数据库由数据库管理员（DBA）负责安装和配置，而数据工程师则负责执行具体的数据提取工作以及大量的数据操作来协助分析工作。他会和数据科学家紧密合作，确保以正确的方式生成用作分析的数据。

- **数据科学家**：该角色在分析技术、数据建模以及针对给定的业务问题选取有效的分析技术方面提供专业知识和技能。他使用项目的可用数据来设计和执行分析方案，确保整体分析目标能够实现。

虽然上述大多数的角色并不是新出现的，但是随着大数据的发展，最后两种角色（数据工程师和数据科学家）正在变得越来越流行和供不应求[2]。

2.1.2 数据分析生命周期的背景和概述

数据分析生命周期定义了从项目开始到项目结束整个分析流程的最佳实践，它脱胎于数据分析和决策科学领域中的成熟方法，并建立在广泛收集了数据科学家的反馈并且参考了其他成熟流程的基础上。以下是几种被参考的流程。

- **Scientific method**[3]，一种已经使用了几百年的关于思考和解构问题的可靠方法框架。其中最有价值的理念之一是先形成假设，然后找到方法进行测试。
- **CRISP-DM**[4]是一种流行的数据挖掘方法，为如何设定分析问题提供了有用参考。
- **Tom Davenport 的 DELTA 框架**[5]：该框架提供了一种用于数据分析项目的方法，其中涉及组织技能、数据集以及领导者的参与。
- **Doug Hubbard 的应用信息经济学（Applied Information Economics，AIE）方法**[6]：AIE 提供了一种衡量无形资产的方法，还在开发决策模型、校正专家预测，以及获得信息预期价值等方面提供了指导。
- **"MAD 技能"**[7]为数据分析生命周期中专注模型建立、执行和关键发现的第 2 到第 4 阶段所涉及的若干技术提供了参考。

  图 2.2 概述了数据分析生命周期的 6 个阶段。项目团队在某一阶段学到的新东西常常促使他们重返生命周期中更早的阶段，并基于新发现的见解和知识进一步改进工作。因此，在图 2.2 中这 6 个阶段形成一个循环，箭头代表了项目在相邻阶段之间可能的反复迭代，而最大的环形箭头则代表了项目最终的前进方向。图中还包括了一些问题示例，以帮助确认每位团队成员是否获得足够信息，以及是否取得足够进展支持进入下一个阶段。需要注意的是，这些阶段的定义并非是对项目流程的硬性规定，而是旨在为项目能否适时向前进提供衡量标准。

下面是数据分析生命周期几个主要阶段的简单概述。

- **第 1 阶段——发现**：在这个阶段，团队成员需要学习业务领域的相关知识，其中包括项目的相关历史。比如，可以了解该组织或者业务单位以前是否进行过类似项目，能否借鉴相关经验。团队还需要评估可以用于项目实施的人员、技术、时间和数据。在这个阶段，重点要把业务问题转化为分析挑战以待在后续阶段解决，并且制定初始假设用于测试和开始学习数据。
- **第 2 阶段——数据准备**：第 2 阶段需要准备好分析沙盘，以便团队在项目过程中进行使用数据和进行数据分析。团队需要执行提取、加载和转换（ELT）或者提取、转换和加载（ETL）来将数据导入沙盘。ELT 和 ETL 有时被缩写为 ETLT。数据应在 ETLT 过程中被转换成可以被团队使用和分析的格式。在这个阶段，分析团队需要彻底熟悉数据，并且逐步治理数据（第 2.3.4 节）。

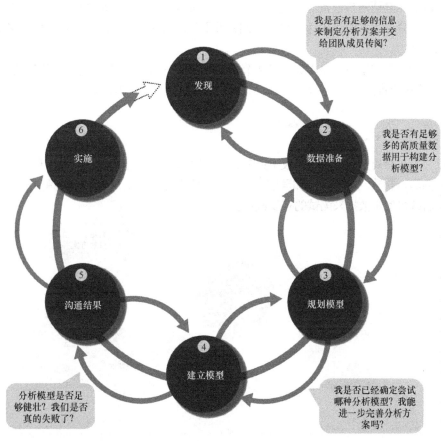

图 2.2　**数据分析生命周期概述**

- **第 3 阶段——规划模型**：在该阶段，团队需要确定在后续模型构建阶段所采用的方法、技术和工作流程。团队会探索数据以了解变量之间的关系，然后挑选关键变量和最合适的模型。
- **第 4 阶段——建立模型**：在第 4 阶段，团队创建用于测试、培训和生产的数据集。此外，团队在这个阶段构建并运行由上阶段确定的模型。团队还需要考虑现有的工具是否能够满足模型的运行需求，还是需要一个更强大的模型和工作流的运行环境（例如，更快的硬件和并行处理）。
- **第 5 阶段——沟通结果**：在第 5 阶段，团队需要与主要利益相关人进行合作，以第 1 阶段制定的标准来判断项目结果是成功还是失败。团队应该鉴别关键的发现，量化其商业价值，并以适当的方式总结发现并传达给利益相关人。

- **第 6 阶段——实施**：在第 6 阶段，团队应该提交最终报告、简报、代码和技术文档。此外，团队可以在生产环境中实施一个试点项目来应用模型。

在团队成员运行模型并产生结果后，根据受众采取相应的方式阐述成果非常关键。此外，阐述成果时展示其清晰价值也非常关键。如果团队进行了精确的技术分析，但是没有将成果转换成可以与受众产生共鸣的表达，那么人们将看不到成果的真实价值，也将浪费许多项目中投入的时间和精力。

这一章接下来的篇幅做如下安排。2.2 节到 2.7 节将一一详述数据分析生命周期的 6 个阶段，2.8 节将讨论一个将数据分析生命周期应用于实际数据科学项目的案例。

2.2 第 1 阶段：发现

数据分析生命周期的第 1 个阶段（见图 2.3）在于发现。在这个阶段，数据科学团队需要学习和研究问题、构建问题的语境和理解、了解项目所需的和可以获得的数据源。此外，团队还需要制定后续可使用数据来测试的初步假设。

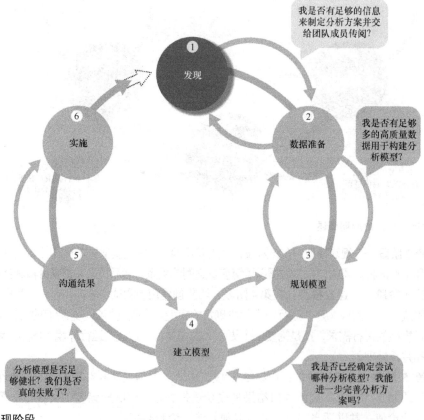

图 2.3 发现阶段

2.2.1　学习业务领域

理解问题的领域非常的重要。在很多情况下，数据科学家需要拥有深厚的能被广泛应用的计算和定量知识，例如拥有应用数学或者统计学的高级学位。

这些数据科学家熟练掌握用于各种业务和概念问题的方法、技术和手段。其他人员可能对业务领域和定量专业知识有深入理解，比如生命科学领域的博士对海洋学、生物学或者遗传学等研究领域有深入理解，而且具有一定深度的定量知识。

在该阶段，为了开发第 3 和第 4 阶段涉及的模型，团队需要确定数据科学家需要多少业务或者领域知识。团队应该尽早进行此项评估，来决定项目团队需要的资源，并确保团队拥有均衡的业务领域知识和技术技能。

2.2.2　资源

作为发现阶段的一部分，团队需要评估项目的可用资源。在这里，资源包括技术、工具、系统、数据和人。

在评估时，需考虑团队将会使用的工具和技术，以及后期阶段实施模型需要的系统类型。此外，要试着在组织机构内评估分析的复杂程度和可能存在的工具、技术和技能等方面的差距。例如，为了让正在开发的模型能在组织机构内长期使用，要考虑会用到哪些类型的现如今尚不具备的技能和角色。为了项目能够长期成功，对于模型使用者来说，还需要哪些类型的技能和角色？所需要的专业知识在当下的组织内是否已经具备，还是需要培养？这些问题的答案将会影响团队的技术选型，以及数据分析生命周期后续阶段的实现方式。

除了技能和计算资源外，盘点项目团队可用的数据种类是明智的。要考虑现有的数据是否足以支持实现项目的目标。团队将需要考虑是否必须收集更多的数据，或者从外部购买数据，还是转换现有数据。通常情况下，项目开始时只着眼可用数据。当数据少于预期时，该项目的规模和范围将根据现有数据相应地缩小。

另一种方法是考虑这类项目的长期目标，而不只局限于当前数据。团队则可以考虑哪些数据是达到长期目标所需的，哪些目标可以在现有数据的基础上达成。兼顾长期目标和短期目标使得团队可以进行更有抱负的项目，可以把一个项目作为战略举措的第一步而非独立个体对待。将项目作为长远考虑的一部分非常关键，尤其是当项目执行所在的组织机构对数据科学知之甚少，且目前为止可能还没有最佳的数据集来支持健壮的分析。

在项目团队中，需要拥有领域专家、客户、分析人才，也需要有效的项目管理。此外，还要评估项目需要多长时间，以及团队拥有的技能是否兼具广度和深度。

在盘点完工具、技术、数据和人这些因素后，需要考虑团队是否有足够的资源来成功完成这个项目，或者是否还需要额外的资源。在项目开始阶段协商资源，同时界定目的、目标和可行性，比在项目过程中规划这些事情更有用，同时也确保留有足够的时间来完成目标。项目经理和关键利益相关者在这个阶段更容易协商好所需资源，而不是等到项目进行时。

2.2.3 设定问题

恰当地设定问题是项目成功的关键。设定（framing）指的是陈述待解决问题的过程。最好的方法是记下问题陈述，然后与关键利益相关者进行沟通。每位团队成员理解的需求和问题可能都稍有不同，对可能的解决方案也有不同的看法。因此，陈述分析问题本身，以及陈述问题为何重要以及对谁重要，非常关键。从本质上讲，团队需要清楚地了解当前的形势和面临的主要挑战。

作为这项活动的一部分，识别项目的主要目标，明确哪些业务需求需要实现，以及确定需要做哪些工作才能满足这些需求，都非常重要。此外，还应该考虑项目的目标和项目成功的标准。通过这个项目需要实现哪些目标，以及哪些指标能够帮助判断项目是成功的呢？把这些指标记录下来，并分享给项目团队成员和关键利益相关者。最好的办法是将目标声明和成功的标准分享给团队，并和项目发起人确认是否符合他们的期望。

制定项目失败的标准同样重要。大部分人只会为项目制定成功的标准和对项目参与者的奖赏。但这几乎是仅考虑最理想的情况，假设所有事情都按照预先计划进行，项目团队将顺利实现预订目标。然而，无论多么周全的计划，都不可能预料到项目中所有的突发情况。失败标准可以让团队清楚什么时候应该停止尝试，或满足于已经收集到的数据结果。许多时候，即使从收集的数据中不再能够挖掘出有价值的信息，人们仍会继续执行分析。建立成功标准和失败标准可以让团队在与项目发起人保持一致的前提下少做无用功。

2.2.4 确定关键利益相关者

另一个重要步骤是确认项目关键利益相关者和他们对项目的兴趣所在。在讨论中，团队可以确定成功的标准、主要的风险和利益相关者，其中利益相关者应该包括任何会从项目中受益或者受项目显著影响的人。在与利益相关者交流时，需要了解业务领域和类似分析项目的相关历史。比如，团队可以确认每个利益相关者对项目结果的期望，及其判断项目成败的标准。

任何项目的发起都是有原因的。团队必须尽可能弄清项目亟待解决的痛点，并知晓在分析过程中哪些领域该深入、哪些领域该规避。取决于项目利益相关者和参与者的数量，团队可以考虑大致弄清每个人期望的参与项目的方式。这样做能明确项目参与者的预期，并避免可能由此导致的项目进度的拖延。比如，一方面团队可能因为觉得需要某人的批复而等待，另一方面此人则可能视自己为项目顾问而不去审批项目。

2.2.5 采访分析发起人

团队需要与利益相关者合作来明确和设定需要分析的问题。在开始阶段，项目发起人可能已经有一个预先确定的解决方案，但是这个解决方案不一定能够实现所期望的结果。在这种情况下，团队必须利用自己的知识和专长找到真正的问题和合适的解决方案。

例如，假设在一个项目的初期阶段，团队被要求创建一个推荐系统用于业务，做法是与三个人沟通并将推荐系统集成到现有的企业系统中。虽然这可能是一种有效的方法，但是检验问题的假设和建立清晰的理解非常重要。利益相关者可能会建议问题的解决方案，但是数据科学团队往往对问题有更客观的理解。因此，团队需要更多了解背景和业务，以便更清楚地界定问题，并为问题找到可行的解决方案。从本质上看，数据科学团队能够采取更客观的方法，因为利益相关者可能已经因为自己的经验而形成偏见。而且，过去正确的事情现在可能不再正确。避免出现这种问题的一种可能方法是，项目发起人把重心放到需求定义上，而其他团队成员专注于寻找实现这些需求的方法。

当与主要的利益相关者交流时，团队需要花时间和项目发起人进行深入的沟通，因为项目赞助者往往是项目的出资者，或者是提出抽象需求的人。项目发起人清楚需要解决的问题，通常也对潜在的解决方案有一定想法。在团队启动项目时，彻底理解项目发起人的想法非常关键。下面是与项目发起人交流的一些技巧。

- 为交流做准备，列出相关问题，并和同事一同审议。
- 尽量使用开放式提问，避免提诱导性问题。
- 深究细节，并深入提问。
- 避免过度提问，让对方有足够思考的时间。
- 在项目发起人表达自己的想法后，做澄清式提问，比如"为什么？是这样的吗？这个想法切题吗？还有什么需要补充的吗？"
- 耐心倾听，复述或者重新组织获得的信息，以确保理解无误。
- 尽量避免表达带有倾向性的团队观点，专注于倾听。
- 注意交流双方的肢体语言，适当地使用眼神交流，保持注意力。
- 尽量避免干扰。
- 记录获取的信息，并与项目发起人一同审议。

下面是在发现阶段与项目发起人交流时常用问题的简要列表。项目发起人反馈的信息可以帮助明确项目范围、制定项目目标和任务。

- 团队需要解决哪些业务问题？
- 项目的预期结果是什么？
- 有哪些数据源可用？
- 哪些行业问题可能影响到分析？

- 项目时间节点上有何考虑？
- 谁可能会为项目提供洞见？
- 谁对项目有最终决策权？
- 如果下列的特定维度发生了改变，问题的重点和范围将如何改变？
    - **时间**：分析 1 年还是 10 年的数据？
    - **人物**：评估人力资源变化对项目进度的影响。
    - **风险**：保守到积极。
    - **资源**：从极度匮乏到无尽（工具、技术、系统）。
    - **数据大小和属性**：包含内部和外部数据源。

2.2.6　形成初始假设

形成一系列初始假设是发现阶段的一个重要方面。这涉及团队形成能用数据检验的想法。一般情况下，最好先提出几个主要的假设进行测试，然后再想更多的。这些初始假设是团队在后续阶段进行的分析测试的原型，并为第 5 阶段的发现奠定基础。第 3 章将从统计角度详细讨论假设检验。

通过这种方式，团队可以将自己的假设与实验或测试结果进行比较，以生成更多的潜在解决方案。最终，团队将拥有更加丰富的发现，能为项目最有影响力的结论提供更多的佐证。

这个过程还涉及从利益相关者和领域专家那里收集和评估假设。这些利益相关者和领域专家对于问题本身、问题的解决方案，以及如何得到解决方案，都可能有自己的见解。他们熟悉业务领域，可以为团队形成初始假设提供想法。团队收集到的许多想法可能反映了这些人的营运假设。这些想法也可以帮助团队有意义地扩大项目范围，或者贴合利益相关者最重要的兴趣设计实验。在假设形成时，可以获取和探索一些初始数据，以便与利益相关者一起讨论。

2.2.7　明确潜在数据源

在发现阶段，团队需要确认用来解决问题的数据，并考虑用于检验假设的数据的体量、类型和时间跨度。要确保团队可以访问的数据不局限于简单的聚合数据。在大多数情况下，团队需要原始数据以避免后期分析时的偏差。要依据第 1 章中介绍的大数据的特征，从体量、种类和速度的变化方面评估数据的主要特征。数据状况的诊断情况会影响到数据分析生命周期第 2 阶段到第 4 阶段使用的工具和技术。此外，在此阶段进行数据探索将帮助团队确定所需要的数据量，例如，从现有系统中获取的历史数据量和数据结构。要对项目中需要的数据的范围有所认知，并与领域专家一起确认。

在发现阶段，团队需要进行 5 项主要的活动。

- **识别数据源**：列出团队在本阶段测试初始假设所需的候选数据源清单。盘点当前可用的数据集和可购买到的数据集。

- **捕获汇总数据源**：汇总数据能提供数据的预览和高层次的理解。它使团队可以快速浏览数据，并进一步探索特定领域的数据。它也帮助团队识别感兴趣的数据。
- **查看原始数据**：从最初的数据源获取初步数据。理解数据属性之间的相互依赖关系，并熟悉数据的内容、质量和局限性。
- **评估数据结构和所需工具**：数据的类型和结构决定了团队需要使用哪些工具来分析数据。此评估可以帮助团队思考适合项目的技术，以及如何开始获得这些工具。
- **界定问题所需的数据基础设施**：除了所需的工具外，数据还会影响需要的基础设施，比如磁盘存储和网络带宽。

在许多传统的"关卡"式的项目流程中，团队只能在特定条件满足时才能继续前进。与此不同的是，数据分析生命周期中融入了更多的模糊性，更真实地反映出现实中数据科学项目的运行方式。在数据分析生命周期的每个阶段，建议通过特定检查点来衡量团队是否可以进入下一个阶段。

在本发现阶段，当团队有足够的信息来起草一个分析计划，并将其交给同行评审时，就可以进入生命周期的下一阶段了。由同行来评审分析计划不是必须的，但是创建计划本身可以测试团队对业务问题的理解情况和解决问题的方法。创建分析计划也需要对业务领域、要解决的问题和要使用的数据源的范围有一个清晰的了解。在项目的早期阶段制定成功的标准可以明确问题的定义，并帮助团队选择后续阶段使用的分析方法。

2.3 第 2 阶段：数据准备

数据分析生命周期的第 2 阶段是数据准备，其中包括在建模和分析前对数据的探索、预处理和治理。在这一阶段，团队需要建立一个强大的用于探索数据的非生产环境。通常，这个环境是一个分析沙箱。为了将数据导入沙箱，团队需要执行对数据的提取、转换操作和加载，即ETLT。一旦数据被导入沙箱，团队需要了解和熟悉这些数据。详细了解数据是项目成功的关键。团队还必须决定如何治理和转换数据，使其格式便于后续分析。团队可以利用数据可视化来帮助团队成员了解数据，包括数据趋势、异常值、数据变量之间的关系。本节将讨论数据准备阶段的每个步骤。

数据准备往往是分析生命周期中最费力的。事实上常见的是，在数据科学项目中至少 50% 的团队时间都花在这个重要阶段。如果不能获取到足够高质量的数据，团队可能无法进行生命周期过程中的后续阶段。

图 2.4 显示了数据分析生命周期的第 2 阶段。通常，数据准备阶段是最繁复的，同时又是最容易被团队轻视的。这是因为大多数团队和领导者都急于开始分析数据、检验假设、获得第 1 阶段提出的一些问题的答案。许多人会在没有花足够时间准备数据的情况下就急于跳到第 3 和第 4 阶段去快速开发模型和算法。结果，当他们发现手中的数据无法兼容想要执行的模型时，他们又不得不回到第 2 阶段。

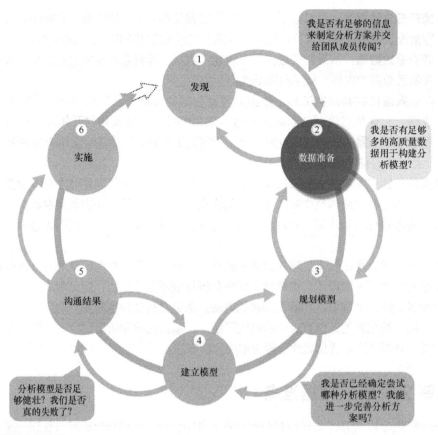

图 2.4 数据准备阶段

2.3.1 准备分析沙箱

数据准备阶段的第 1 个子阶段，团队需要获取一个分析沙箱（通常也称为工作区），以便在不干扰到生产数据库的前提下探索数据。假设团队需要处理公司的财务数据，那么团队应该在分析沙箱中用财务数据的拷贝进行分析，而不是直接用公司的生产数据库进行分析。直接操作生产数据库是受到严格控制的，只有在制作财务报表时才能进行。

当准备分析沙箱时，最好能收集所有数据放入沙箱，因为团队成员在进行大数据分析时需要访问大量的不同种类的数据。取决于计划进行的分析，这些数据可能包括汇总的聚合数据、结构化数据、原始数据，以及从通话记录和网页日志中获取的非结构化文本数据。

这种全盘收集数据的方式和许多 IT 组织机构提倡的方式非常不同。许多 IT 部门只会为特定目的提供特定数据段的访问。通常，IT 部门的心态是提供最少的数据，让团队实现目标即可，而数据科学团队则想着拿到所有数据。对于数据科学团队来说，数据越多越好，因为数据科学项目通常混合了目的驱动型分析和测试各种想法的实验性方法。在这种情况下，如果访问每个数据集和每个数据属性都需要单独申请，这对于数据科学团队是非常有挑战的。由于在数据访问和数据使用上有不同的考量，数据科学团队与 IT 部门的合作至关重要，一定要共同明确需要完成什么样的目标，并且目标一致。

在与 IT 团队沟通时，数据科学团队需要证明一个独立于组织机构内由 IT 部门管理的传统数据仓库的分析沙箱的必要性。为了在数据科学团队和 IT 部门之间取得成功且良好的平衡，需要在多个团队和数据所有者之间建立积极的工作关系。而这样做产生的回报是巨大的。分析沙箱使得组织机构可以执行目标更远大的数据科学项目，超越传统数据分析和商业智能的范畴，进行更为强大和高级的的预测分析。

沙箱可能会很大。它可能包含原始数据、聚合数据和其他在组织机构不常使用的数据类型。沙箱的大小可以根据项目的不同有所变化。一个有用的准则是沙盘至少应该是原始数据集的 5～10 倍大小，部分原因在于项目中数据的多份拷贝可能被分别用来创建特定的数据表或存储以进行特定的数据分析。

尽管分析沙箱是一个相对较新的概念，已经有公司着手于这一领域，寻找沙箱和工作区的解决方案，以便数据科学团队能够采用一种可被 IT 部门所接受的方式来访问和处理数据集。

2.3.2 执行 ETLT

当团队开始转换数据时，需要确保分析沙盘拥有足够的带宽和可靠的网络来连接到底层数据源，以进行不间断的数据读写。在 ETL 过程中，用户从数据存储中提取数据，执行数据转换，并将数据加载回数据存储。然而，分析沙箱方法略有不同，它主张先提取、加载，然后转换，即 ELT。在这种情况下，数据是以原始格式提取的，然后加载到数据存储中，在那里分析员可以选择将数据转换到一个新的状态或者保持它的原始状态。使用这种方法是因为保留原始数据并将它在发生任何转变之前保存到沙箱具有重要的价值。

例如，考虑信用卡欺诈检测的分析案例。很多时候，数据中的异常值代表着象征信用卡欺诈行为的高风险交易。使用 ETL 的话，这些异常值在被加载到数据存储之前，可能就已经被无意中过滤掉或者被转换和清洗。在这种情况下，用于评估欺诈活动的数据已经被无意中丢弃，团队也就无从进行相应的分析。

遵循 ELT 方法可以在数据存储中为团队提供干净的数据用于分析，也可以让团队访问数据的原始形式，以查找数据中隐藏的细微差别。分析沙箱的大小之所以能够快速增长，部分原因正在于采用了 ELT 方法。团队既可能想要干净的数据和聚合的数据，也可能需要保存一份原始格式的数据以进行比较，或者是在清洗数据前找到数据中隐藏的模式。这整个过程可以被概括为 ETLT，意味着团队可以选择在一个分析案例中执行 ETL，而在另一个案例中执行 ELT。

根据数据源的大小和数量，团队可能需要考虑如何将数据并行地导入到沙箱。导入大量数据有时候被称为 Big ETL。数据导入可以使用 Hadoop 或 MapReduce 等技术并行化。我们将在第 10 章中详细介绍这些技术，它们可以用于执行并行数据摄取，以及在很短的一段时间内并行产生大量的文件或数据集。Hadoop 可以用于数据加载以及后续阶段的数据分析。

在将数据导入到分析沙箱之前,确定要在数据上执行的转换。这涉及评估数据质量和构建合适的数据集,以便在后续阶段的分析。此外,考虑团队将可以访问哪些数据,以及需要从数据中生成哪些新的数据属性来支持分析,也很重要。

作为 ETLT 的一部分,建议盘点数据,并将当前可用的数据与团队需要的数据进行比较。这种差距分析能帮助理解团队目前可以利用的数据集,以及团队需要在何时何地开始收集或访问当前不可用的新数据集。这个子过程涉及从可用源提取数据,以及确定用于原始数据、在线事务处理(OLTP)数据库、联机分析处理(OLAP)数据集或其他数据更新源的数据连接。

应用程序编程接口(API)是一种越来越流行的访问数据源的方式[8]。现在许多网站和社交网络应用程序都提供可以访问数据的 API,用于为项目提供支持,或者补充团队正在处理的数据集。例如,通过 Twitter API 可以下载数以百万计的 Twitter 信息,用于对一个产品、一个公司或一个想法的情感分析项目。大部分的 Twitter 数据都是公开的,可以在项目中和其他数据集一起被使用。

2.3.3 研究数据

数据科学项目的关键之一是熟悉数据。通过花时间了解数据集的细微差别,可以帮助理解什么是有价值的和预期的结果,以及什么是意外的发现。此外,重要的是要对团队可以访问的数据源进行归类,并识别团队可以利用但是暂时无法访问的其他数据源。这里做的一些事情可能会与在发现阶段对数据集的初始调查有重叠。研究数据是为了达成几个目标。

- 明确数据科学团队在项目时可以访问的数据。
- 识别组织机构内那些对团队来说可能有用但是暂时还无法访问的数据集。这样做可以促使项目人员开始与数据拥有者建立联系,并寻找合适的方法分享数据。此外,这样做可以推动收集有利于组织机构或者一个特定的长期项目的新数据。
- 识别存在于组织机构外的,可以通过开放的 API、数据共享,或者购买的方式获取的新数据,用于扩充现有数据集。

表 2.1 展示了一种数据清单的组织方法。

表 2.1 数据清单示例

数据集	可用和可访问的数据	数据可用,但无法访问	要收集的数据	从第三方数据源获取的数据
产品发货数据	●			
产品财务数据		●		
产品呼叫中心数据		●		
实时产品反馈调查数据			●	
来自社交媒体的产品情感数据				●

2.3.4　数据治理

　　数据治理（data conditioning）是指清洗数据、标准化数据集和执行数据转换的过程。作为数据分析生命周期中的一个关键步骤，数据治理可以涉及许多关联数据集，合并数据集，或者其他使数据集日后能被分析的复杂操作。数据治理通常被视为数据分析的预处理步骤，因为在开发模型来处理或分析数据之前，数据治理还需要对数据集进行多种操作。这意味着数据治理是由 IT 部门、数据所有者、DBA 或者数据工程师执行的。然而，让数据科学家参加数据治理也很重要，因为数据治理阶段所做的许多决策会影响到后续的分析，包括确定特定数据集的哪些部分将被用于后续阶段的分析。团队在这一阶段开始需要决定保留哪些数据，转换或丢弃哪些数据，而这些决策应由大多数团队成员共同参与。如果让一个人来拍板，可能会导致团队日后返回这一阶段来获取已经被丢弃的数据。

　　在前面信用卡欺诈检测的案例中，团队在选择要保留的数据和要丢弃的数据时需要深思熟虑。如果团队在数据处理的过程中过早地丢弃了许多数据，可能会导致重新回溯前面的步骤。通常，数据科学团队宁愿保存更多而不是更少的数据用于分析。与数据治理相关的其他问题和考量如下所示。

- 数据源是什么？目标字段是什么（例如，数据表的列）？
- 数据有多干净？
- 文件和内容一致吗？如果数据包含的值与正常值有偏差，确定数据值缺失和数据值不一致到哪种程度？
- 评估数据类型的一致性。例如，如果团队期望某些数据是数值型的，要确认它是数值型的或者是字母数字字符串和文本的混合。
- 审查数据列的内容或其他输入，并检查以确保它们有意义。例如，如果项目涉及分析收入水平，则要预览数据确定收入值都是正值，如果是 0 或者负值需确认是否可接受。
- 寻找任何系统性错误的证据。比如由于传感器或其他数据源的不为人察觉的损坏，导致数据失效、不正确，或者缺失数据值。此外，要审查数据以衡量数据的定义在所有的尺度标准下是否是相同的。在某些情况下，数据列被重新调整，或者是数据列被停止填充，而且这些变化并没有被注释或没有通知给其他人。

2.3.5　调查和可视化

　　在团队收集和获得用于后续分析的部分数据集后，一种有用的步骤是利用数据可视化工具来获得数据的概述。观察数据的抽象模式可以帮助人们快速理解数据特征。一个例子是使用数据可视化来检查数据质量，比如数据是否包含很多非预期值或者其他脏数据的迹象（脏数据将在第 3 章进一步讨论）。另一个例子是数据倾斜（skewness），比如，大部分数据集中在某个数值或者连续统（continuum）的一端。

Shneiderman[9]因其可视化数据分析的理念（即全盘观察，放大及过滤，然后按需获取细节）而众所周知。这是一个务实的可视化数据分析方法。它允许用户找到感兴趣的领域，然后通过放大和过滤来找到与数据的特定区域相关的更详细信息，最后找到特定区域背后详细的数据。这种方法提供了数据的一个高层视图，可以在相对较短的时间内获悉给定数据集的大量信息。

当该方法与数据可视化工具或统计软件包一起使用时，推荐下述指导意见和考量。

- 审查数据以确保针对一个数据字段的计算在列内或者在表间保持一致。例如，客户寿命的值在数据收集的中期有改变吗？或者当处理财务信息时，利率计算是否在年底由单利变为复利？
- 所有数据的数据分布是否都保持一致？如果没有，应该采取怎样的措施来解决这个问题？
- 评估数据的粒度、取值范围和数据聚合水平。
- 数据是否代表目标群体呢？对于营销数据，如果项目关注的是育儿年龄的目标客户，数据是否代表这些群体？还是也包含老年人和青少年？
- 对于与时间相关的变量，是以每日、每周还是每月来测量呢？这些测量间隔是否足够？是否都在以秒计算时间？或者有些地方以毫秒为单位？确定分析所需的数据粒度，并评估当前数据的时间戳级别能够满足需要。
- 数据是标准化/规范化的吗？数据尺度一致吗？如果不是，数据是如何不一致或不规则的？
- 对于地理空间数据集，数据中的州或国家的缩写一致吗？人的姓名是规范化的吗？是英制单位还是公制单位？

当团队评估项目中所获得的数据时，这些典型的考量应该是思考过程的一部分。在后面阶段构建和运行模型时，对数据的深入了解非常关键。

2.3.6 数据准备阶段的常用工具

这个阶段有下面几种常用的工具。

- **Hadoop**[10]可以执行大规模并行数据摄取和自定义分析，可用于 Web 流量解析、GPS 定位分析、基因组分析，以及来自多个源的大规模非结构化数据的整合。
- **Alpine Miner**[11]提供了一个图形用户界面（GUI）来创建分析工作流程，包括数据操作和一系列分析事件，例如在 Postgress SQL 和其他大数据源上的分段数据挖掘技术（例如，首先选择前 100 名顾客，然后运行描述性统计和聚类）。
- **Openrefine**（以前称为 Google Refine）[12]是一个免费、开源、强大的杂乱数据处理工具。这是一个流行的带 GUI 的工具，用于执行数据转换，而且是目前可用的最强大的免费工具之一。
- Data Wrangel[13]和 OpenRefine 相似，是一个用于数据清洗和转换的交互式工具。Data

Wrangler 是斯坦福大学开发的，可以对一个给定的数据集执行许多转换。此外，数据转换的输出可以使用 JAVA 或 Python 处理。这个特性的优点是，可以通过 Data Wrangler 的 GUI 界面来操控数据的一个子集，然后相同的操作可以以 JAVA 或 Python 代码的方式用来在本地分析沙箱中对更大的完整数据集进行离线分析。

在第 2 阶段，数据科学团队需要来自 IT 部门、DBA 或 EDW 管理员的帮助，以获取需要使用的数据源。

2.4　第 3 阶段：模型规划

在第 3 阶段，如图 2.5 所示，数据科学团队需要确定要应用到数据上的候选模型，以便根据项目的目标进行数据聚类、数据分类，或者发现数据间的关系。团队在第 1 阶段时通过熟悉数据和理解业务问题或领域而形成的关于数据的初始假设，会在本阶段得以应用。这些假设有助于团队设定要在第 4 阶段执行的分析，以及选择正确的方法来实现分析目标。

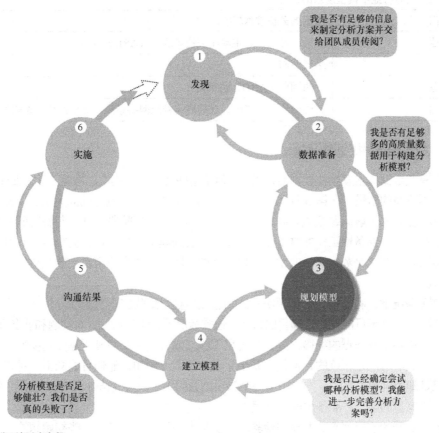

图 2.5　模型规划阶段

以下是这个阶段可以考虑的几项活动。

- 评估数据集的结构。数据集的结构是决定下一阶段使用的工具和分析技术的一个重要因素。比如分析文本数据和分析交易数据需要使用不同的工具和方法。
- 确保分析技术能够使得团队达成业务目标,验证或否定工作假设。
- 确定使用单个模型还是一系列技术作为分析工作流的一部分。一些示例模型包括关联规则(第 5 章)和逻辑回归(第 6 章)。其他工具,比如 Alpine Miner,让用户可以建立一系列分析步骤,可以作为前端用户界面(UI)在 PostgreSQL 中操控大数据源。

除了上面列出的考量之外,研究和了解其他数据分析师大概如何解决一些特定问题也是非常有用的。根据给定的数据种类和资源,评估是否有相似的现成的可用方法,还是需要创建新的方法。通过学习别人在不同的垂直行业和领域解决类似问题的方法,团队经常可以获得许多灵感。表 2.2 总结了若干垂直行业,和之前用于相关业务领域的分类模型和技术。通过这些工作可以让团队了解到别人如何解决类似的问题,为团队在模型规划阶段提供一系列的候选模型。

表 2.2　垂直行业中模型规划的研究

市场部门	使用的分析技术/方法
快消行业	多元线性回归、主动相关决策理论(ARD)、决策树
零售银行	多元回归
零售业务	逻辑回归、ARD、决策树
无线通信	神经网络、决策树、分层模糊神经网络系统、规则进化、逻辑回归

2.4.1　数据探索和变量选择

虽然有些数据探索发生在数据准备阶段,但是这些活动主要集中在数据卫生(data hygiene)和评估数据本身的质量。在第 3 阶段,数据探索的目标是理解变量之间的关系,以便决定变量的选择和方法,并了解问题领域。同数据分析生命周期的早期阶段一样,花费时间并集中注意力在数据探索这一准备性工作非常重要,可以让随后的模型选择和执行更加容易和有效。使用工具进行数据可视化是数据探索的常用手段,有助于团队在较高的层次上预览数据和评估变量之间的关系。

在许多情况下,利益相关者和领域专家知道数据科学团队应该考虑和分析什么样的数据。他们的某些猜测甚至可能导致了项目的起源。通常情况下,利益相关者对问题和业务非常了解,尽管他们可能不了解数据的细微之处,或者用于验证或否定一个假设所需要的模型。在其他时候,利益相关者可能是正确的,但是是基于错误的原因(例如,他们可能知道一种现存的关联关系,但是却为这种关联关系推断出了一个错误的原因)。同时,数据科学家必须用一种客观的思维方式来考虑问题,并准备质疑所有假设。

随着团队开始质疑到来的假设并检验项目发起人和利益相关者的一些初始想法,他们需要考虑输入和需要的数据，然后必须检查这些输入数据是否与项目计划预测或分析的结果存在关联性。某些方法和模型类型比其他方法能够更好地处理相关变量。依据试图解决的问题，团队可能需要通过考虑替换方法，减少数据输入的数量，或转换输入来寻找应对给定业务问题的最佳方法。这些技术将在第 3 章和第 6 章进一步探讨。

这种方法的关键是捕捉最本质的预测因子（predictor）和变量，而不是考虑人们认为可能影响到结果的每一个变量。以这种方式着手处理问题需要迭代和测试来识别最本质的用于分析的变量。团队应该计划测试在模型中的一系列变量，然后专注于最重要和最具影响力的变量。

如果团队计划运行回归分析，需要确定模型的候选预测因子和结果变量。需要计划创建能决定结果的变量，而且该变量能表现出与结果而不是其他输入变量具有强关联。对于能干扰这些模型的有效性的问题，比如序列相关性、多重共线性，以及其他典型数据建模的挑战，要保持警惕。有时，通过重塑一个给定问题就能避免这些问题。另外，有时候需要做的就是确定相关性（"黑盒预测"），而在其他情况下，项目的目标是更好地理解因果关系。在后一种情况下，团队希望模型有解释力，而且需要在不同的情况下使用不同的数据集来预测模型或对模型进行压力测试。

2.4.2　模型的选择

在模型选择的子阶段，团队的主要目标是基于项目的最终目标来选择一种分析技术，或者一系列候选技术。在本书中，模型是一种泛指。在这种情况下，一个模型指的是对现实的一种抽象。人们观察到事件发生在真实场景中，或者带有实时数据，然后试图通过一组规则和条件来构建模仿这种行为的模型。就机器学习和数据挖掘而言，这些规则和条件一般分为若干类技术，比如分类、关联规则和聚类。有了这些潜在的模型类别，团队可以过滤出几个可行的模型，以尝试解决一个给定问题。第 3 章和第 4 章中将介绍更多为常见业务问题匹配模型的细节。

在处理大数据时需要额外考虑的是确定团队是否将使用最合适的技术处理结构化数据、非结构化数据或混合数据。例如，团队可以利用 MapReduce 分析非结构化数据，这将在第 10 章重点介绍。最后，团队应该注意鉴别和记录自己所做的用来选择构建初始模型的建模假设。

通常，团队使用统计软件包（例如，R、SAS 或 Matlab）来创建初始模型。虽然这些工具为数据挖掘和机器学习算法而设计，但是在将模型应用到非常大的数据集时（这在大数据中很常见），这些工具可能会有局限性。在这种情况下，当团队进行到生命周期第 6 阶段提及的试点阶段，可能会考虑重新设计这些算法，以在数据库中运行。

一旦决定了要尝试的模型类型，而且已经具备了足够的知识来细化分析计划，团队就可以进入到模型建立阶段。在进入这个阶段之前，需要建立关于分析模型的通用方法论、对要使用的变量和技术有深刻的理解，以及有关于分析流程的描述或图表。

2.4.3 模型设计阶段的常用工具

许多工具可以在这个阶段使用。以下是几种常见的工具。

- **R**[14]有一套完整的建模能力，提供了一个良好的环境来构建具有高质量代码的解释模型。此外，它还能通过 ODBC 连接与数据库交互，并通过开源扩展包对大数据进行统计测试和分析。这两个特点使得 R 非常适合对大数据执行统计检验和分析。在本书写作时，R 包含近 5000 个用于数据分析和图形展示的扩展包。R 的新包发布很频繁，而很多公司提供关于 R 的增值服务（比如，培训、指导和最佳实践），并对它进行打包，使得它更加容易使用和更加健壮。类似的现象在 1980 年代末和 1990 年代初曾发生在 Linux 身上，当时很多公司对 Linux 进行打包，以使 Linux 更加容易被公司使用和部署。R 和文件提取配合使用可以实现最佳性能的离线分析，而 R 和 ODBC 连接配合使用可以实现动态查询和更快地开发。
- **SQL Analysis services**[15]可以执行数据库内分析实现常见数据挖掘功能，包括聚合和基本预测模型。
- **SAS/ACCESS**[16]通过多种数据连接（比如，OBDC、JDBC 和 OLE DB）提供 SAS 和分析沙箱之间的集成。SAS 本身通常是用于文件提取，但是有了 SAS/ACCESS，用户可以连接到关系型数据库（如 Oracle 或 Teradata）和数据仓库（如 Greenplum 或 Aster）、文件和企业应用（如 SAP 和 Salesforce.com）。

2.5 第 4 阶段：模型建立

在第 4 阶段，数据科学团队需要创建用于训练、测试和生产环境的数据集。这些数据集中有一部分"训练数据"被数据科学家用于训练分析模型，另一部分"留存数据"或"测试数据"用于测试分析模型（具体细节将在第 3 章详细讨论）。在这个过程中，需要确保用于模型和分析的训练和测试数据集足够健壮。可以简单地认为，训练数据集用于运行模型的初始实验，然后测试数据集用于验证模型方法。

在建模阶段，如图 2.6 所示，一个分析模型是基于训练数据开发的，并用测试数据进行评估。模型规划和模型构建这两个阶段可能稍微重叠，并且在实践中可能在这两个阶段间来回反复，直到确定最终模型。

虽然开发模型所需要的建模技术和逻辑可能非常复杂，但是与准备数据和定义方法相比，该阶段花费的时间可能会较短。一般来说，更多的时间会花费在准备、学习数据（第 1 阶段和第 2 阶段）和演示结果（第 5 阶段）上。虽然看起来更加复杂，相比而言第 3 阶段和第 4 阶段一般较为短暂。

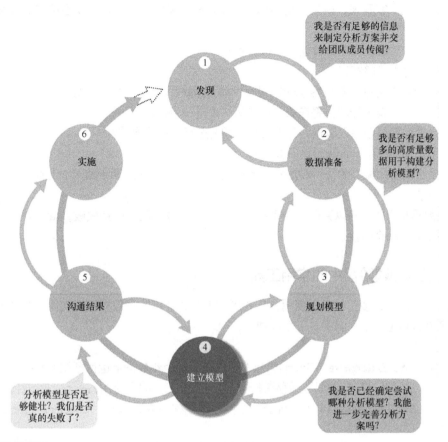

我是否有足够的信息来制定分析方案并交给团队成员传阅？

我是否有足够多的高质量数据用于构建分析模型？

① 发现

② 数据准备

⑥ 实施

③ 规划模型

⑤ 沟通结果

④ 建立模型

分析模型是否足够健壮？我们是否真的失败了？

我是否已经确定尝试哪种分析模型？我能进一步完善分析方案吗？

图 2.6　建模阶段

在这个阶段，数据科学团队需要运行在第 3 阶段定义的模型。

在此阶段，用户运行分析软件包（如 R 或 SAS）中的模型来测试文件提取和小数据集，以此评估模型在小规模数据上的有效性和结果。例如，确定模型是否适用于大部分数据并具有健壮的预测能力。这时可以通过改进模型来优化结果，比如适当修改变量输入或减少关联变量。在第 3 阶段，团队可能对关联变量或有问题的数据属性已经有所认知，并将在模型实际运行后对其予以证实或否定。当深入到构建模型和转换数据的细节时，常常需要做很多与建模的数据和方法相关的小决策。项目完成后这些细节很容易被忘记。因此，在这个阶段记录模型的结果和逻辑至关重要。此外，在建模过程中所做的任何有关数据或背景的假设也必须被悉心地记录。

为了创建用于特定场景的的健壮模型，需要深思熟虑，以确保开发的模型最终能够满足第 1 阶段提出的目标。需要考虑的问题包括下面这些。

● 模型是否在测试数据上有效且准确？

- 在领域专家看来，模型的输出和行为是否有意义？也就是说，模型给出的答案是否说得通？
- 模型的参数值在业务背景下是否有意义？
- 模型是否足够精确？
- 模型是否避免了不可容忍的错误？例如，取决于场景，误报可能比漏报更严重，或者反过来（误报和漏报将在第 3 章和第 7 章进一步讲解）。
- 是否需要更多输入数据？是否有输入需要进行转换或删减？
- 所选择的模型是否满足运行要求？
- 是否需要用模型的另一种形式来解决业务问题？如果是，回到模型计划阶段，修改建模方法。

一旦数据科学团队可以判断出模型已经足够健壮，或者团队已经失败，就可以进入数据分析生命周期的下一个阶段。

2.5.1　模型构建阶段中的常用工具

在这个阶段有许多工具可以使用，主要侧重于统计分析或者数据挖掘软件。在这个阶段中常用的工具包括（但不限制于）下面几种。

- 商业工具。
    - **SAS Enterprise Miner**[17]允许用户在大量企业数据上运行预测性和描述性模型。它可以与其他大型数据存储相通，能与许多工具配合使用，适合企业级计算和分析。
    - **SPSS Modeler**[18]（IBM 公司出品，现在称为 IBM SPSS Modeler）通过 GUI 探索和分析数据。
    - **Matlab**[19]提供了一种高级语言来运行各种数据分析、算法和数据探索。
    - **Alpine Miner**[11]为用户提供了 GUI 前端来开发分析工作流程，并在后端与大数据工具和平台进行交互。
    - **STATISTICA**[20]和 **Mathematica**[21]是一种颇受欢迎且评价甚高的数据挖掘和分析工具。
- 免费或开源工具。
    - **R 和 PL/R**[14]，R 在模型计划阶段描述过，PL/R 是一种过程型语言，用于 R 和 PostgreSQL 的交互，即在数据库中执行 R 的命令。与在内存中运行 R 相比，这种技术提供了更高的性能和更好的可扩展性。
    - **Octava**[22]，用于计算机建模的一款免费软件，能实现部分 Matlab 的功能。因为免费，它被用于许多大学的机器学习教学中。
    - **WEKA**[23]是一个带有分析工作台的免费数据挖掘软件包。WEKA 中创建的函数可以在 Java 中运行。

- **Python** 是一种编程语言，提供了机器学习和分析工具包，比如 scikit-learn、numpy、scipy、pandas 和相关的数据可视化（基于 matplotlib）。
- SQL 数据库内应用，比如 **MADlib[24]**，提供了一种内存桌面分析工具的替代方案。MADlib 提供了一套开源的机器学习算法库，可运行在 PostgreSQL 或 GreenPlum 数据库系统内。

2.6　第 5 阶段：沟通结果

在运行模型之后，团队需要将建模的成果和之前建立的成功与失败的衡量标准进行比较。在第 5 阶段中，如图 2.7 所示，团队需要考虑以何种最佳方式向团队成员和利益相关者阐述项目的发现和成果，包括警告、假设和结果的不足。因为项目演示常常面向整个组织机构，因此需要采用听众可以理解的方式来恰当地表达成果和定位发现。

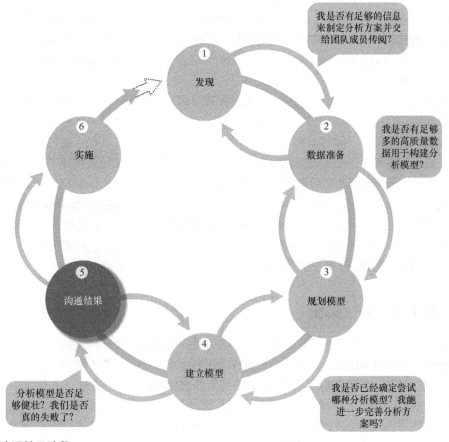

图 2.7　沟通结果阶段

在第 5 阶段，团队需要确定项目是否成功达到既定目标。许多时候，人们不愿意承认失败，但在这个情况下失败不应该被视为真正的失败，而是数据不能充分地验证或否定一个给定的假设。这听起来有些违背常理。但是，团队在确定数据是否会证明或否定在第 1 阶段中提到的假设时必须足够严谨。有时团队只做了一些肤浅的分析，其不足以验证或否定一个假设。有时团队做了深入的分析却试图展示并不存在的结果。在分析数据时要在这两个极端之间找到平衡，在展示实际结果时要实事求是。

当进行评估时，要确定结果是否有统计上的显著意义和有效性。如果是的话，要明确交流时需要突出哪些提供了显著发现的结果。如果结果是无效的，要考虑如何对模型进行改进和迭代以生成有效结果。在这一步中，要评估结果并确定哪些数据出人意料，哪些与第 1 阶段提出的假设一致。将实际结果与早期制定的想法相比较，可以产生额外的想法和见解。如果团队没有花时间来制定最初的假设，则将错过这些额外的想法和见解。

此时，团队应该已经确定哪种或哪些模型可以最佳地解决分析挑战。此外，团队应该已经对项目的某些发现有所认知。在这个阶段，一种最佳实践是记录所有的发现，然后选择三个最重要的发现分享给利益相关者。此外，团队需要反映这些发现的含义和评估其业务价值。取决于模型产生的结果，团队可能需要花费时间量化结果带来的业务影响，以帮助准备项目演示和展示发现的价值。Doug Hubbard 的著作[6]为如何评估企业无形资产和量化看似不可预测的事物价值提供了见解。

既然团队已经运行了模型，完成了周密的发现阶段，并对数据集有了充分了解，就应该反思项目，思考项目遇到的阻碍和可以改进的方面。要为后续工作或现有过程的改进提供建议，还要考虑每一位团队成员和利益相关者需要怎样履行其个人职责。例如，项目发起人必须为项目提供支持，利益相关者必须理解模型如何影响流程（例如，如果团队创建了一个模型用于预测客户流失，市场营销团队必须理解如何在规划措施时使用这个模型）。生产工程师需要实施已经完成的工作。此外，在这个阶段要强调工作的商业价值，并开始在生产环境中实施项目成果。

这一阶段完成时，团队将会记录从分析中得出的重要发现和主要见解。这个阶段交付的成果对于利益相关者和赞助商来说将是最看得见的，所以要小心清楚地阐述结果、方法论和发现的商业价值。第 12 章将详细讲解数据可视化的工具和引用文献。

2.7 第 6 阶段：实施

在最后这个阶段，团队更广泛地宣传项目的好处，并建立一个试点项目以可控的方式来部署项目成果，然后再将成果应用到整个企业或者用户生态系统。在第 4 阶段，团队在分析沙箱中对模型进行评估。如图 2.8 所示，第 6 阶段是大多数分析团队第一次在生产环境中部署新的分析方法或模型。团队在大规模部署模型之前，可以先在小范围内实验性地部署，从而学习部署经验和有效地管控风险。这种方法使得团队可以在小规模的生产环境中研究模型的性能和相关约束，并在完全部署前作相应的调整。在试点项目中，团队可能需要考虑在数据库中运行算法，而不是在 R 等内存工具中，因为算法跑在数据库中明显比在内存中更快和更高效，尤其是当数据集很大时。

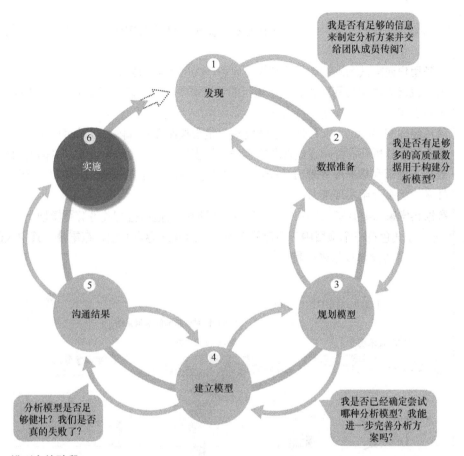

我是否有足够的信息来制定分析方案并交给团队成员传阅？

我是否有足够多的高质量数据用于构建分析模型？

我是否已经确定尝试哪种分析模型？我能进一步完善分析方案吗？

分析模型是否足够健壮？我们是否真的失败了？

① 发现
② 数据准备
③ 规划模型
④ 建立模型
⑤ 沟通结果
⑥ 实施

图 2.8　模型实施阶段

在设定试点项目中涉及的工作时，还要考虑针对一组离散的产品或单条业务线在生产环境中运行模型的情况，这将在实际场景中测试模型。这让团队从部署中学习，并在整个企业发布模型前进行任何必要的调整。请注意，这个阶段会引入一系列新的团队成员，通常是负责生产环境的工程师，他们有不同于核心项目团队的新问题和关注点。该技术团队需要确保模型能在生产环境中平滑运行，并能集成到相关的业务流程。

实施阶段的任务包括建立一个对模型精度持续检测的机制，并且在精度下降时，设法重新调试模型。如有可能，设计当模型运行出界（out-of-bounds）时产生警报。出界情况包括输入超出模型训练的范围，这可能会导致模型的输出不准确或无效。如果该情况经常发生，则需要新的数据来重新训练模型。

分析项目常常会对人们认识肤浅或者认为不可能探索的业务、问题或想法产生新的见解。要满足大多数利益相关者的需求，可以创建四种主要可交付成果。其创建方法将在第 12 章中详细讨论。

图 2.9 描述了一个分析项目中每一个主要利益相关者的关键输出，以及他们预期的项目结论。

- **业务用户**通常试图确定项目的结果对业务产生的效益和影响。
- **项目发起人**通常会问问题，关于项目的业务影响力、风险和投资回报率（ROI），以及项目在组织机构内外的推广方式。
- **项目经理**需要确定该项目是否按时完成，是否控制在预算内，以及目标是否达成。
- **商业智能分析师**需要知道他管理的报告和仪表板是否会被影响以及是否需要改变。
- **数据工程师**和**数据库管理员**（DBA）通常需要共享他们在分析项目中的代码，并创建技术文档来介绍实现细节。
- **数据科学家**需要共享代码并向他的同伴、经理和其他利益相关者解释模型。

虽然这 7 个角色在一个项目中有各自的兴趣点，这些兴趣点通常存在重叠，其中大部分可以通过 4 种主要的可交付成果来满足。

图 2.9 一个成功的分析项目的主要产出

- 针对项目发起人的演示文档：这包括给高管级别利益相关者的信息，其中有些关键信息可以帮助他们进行决策。文档要注重简洁和图案，以方便演示人员进行讲解，同时便于听众掌握。

● 针对分析师的演示文档：描述业务流程的变化和报告的变化。数据科学家可能想要细节，并且习惯于技术图表（比如，观测者操作特征（ROC）曲线、密度图和在第 3 章和第 7 章所示的直方图）。

● 针对技术人员的代码。

● 实施代码的技术规范。

一般而言，当受众越是高管，越需要表达简洁。大多数高管项目发起人每周或每天都会参加很多报告会，因此确保陈述迅速切入要点，并阐述结果对发起人组织机构的价值。例如，如果团队正在与一家银行合作分析信用卡欺诈的案例，则要重点强调欺诈频率，在过去一个月或一年发生欺诈的次数，以及对银行造成的成本或营收的影响（或者关注对立面，即如果解决了欺诈问题，银行可以增加多少收入）。这样做比深层次的方法论更能体现业务影响力。演示则需要包括与分析方法和数据源相关的支持信息，但通常只作为辅助细节，或确保受众对分析数据使用的方法有信心。

当向拥有量化背景的受众做介绍时，应该花更多的时间来介绍方法论和发现。这时，团队可以更加详细地描述成果、方法论，以及分析试验。这些受众对技术更感兴趣，尤其是当团队开发了一种新的方法来处理或分析数据，而且该方法可以在将来重用或者用到类似的问题上。此外，尽量使用图例或数据可视化。虽然可能需要花费更多的时间来制作图例，但是人们更容易记住用图片来演示的内容，而不是一长串信息 [25]。数据可视化和演示将在第 12 章继续讨论。

2.8 案例研究：全球创新网络和分析（GINA）

EMC 全球创新网络和分析（GINA）团队由一群在 EMC 全球各地卓越中心（COE）工作的高级技术专家构成。这个团队的宗旨是吸引全球卓越中心（COE）员工来从事创新、研究和大学的合作伙伴关系。在 2012 年，新任职的团队总监想加强这些活动，并建立一个机制来追踪和分析相关信息。此外，GINA 团队想要创建更加健壮的机制来记录他们与 EMC 内部、学术界或者其他组织机构的思想领袖的非正式对话，用来在日后发掘洞见。

GINA 团队想要提供一种在全球范围内分享想法，以及在地理上相互远离的 GINA 成员之间分享知识的手段。它们计划创建一个包含结构化和非结构化数据的存储库，用于实现下面三个主要目标。

● 存储正式和非正式的数据。

● 追踪全球技术专家的研究。

● 挖掘数据模式和洞察力，以提高团队的运营和战略。

GINA 的案例研究展示了一个团队如何应用数据分析生命周期在 EMC 内分析创新数据。创新通常难以评估，该团队想要使用高级分析方法在公司内部识别关键创新者。

2.8.1　第 1 阶段：发现

在 GINA 项目的发现阶段，团队开始确定数据源。虽然 GINA 由一群掌握许多不同技能的技术专家组成，他们对想要探索的领域有一些相关数据和想法，但缺少一个正式的团队来执行这些分析。在咨询了包括巴布森学院（Babson College）的知名分析专家 Tom Davenport、麻省理工学院集体智慧专家兼协同创新网络（CoIN, Collaborative Innovation Networks）创始人 Peter Gloor 等专家后，团队决定在 EMC 内部寻找志愿者来众包工作。

团队中的各种角色如下所示。

- **业务人员、项目发起人、项目经理**：来自于首席技术官办公室的副总裁。
- **商业智能分析师**：来自于 IT 部门的代表。
- **数据工程师和数据库管理员（DBA）**：来自于 IT 部门的代表。
- **数据科学家**：EMC 杰出工程师，他还开发了 GINA 案例研究中的社交图谱。

项目发起人想要利用社交媒体和博客[26]来加速全球创新和研究数据的收集，并激励世界范围内的数据科学家“志愿者”团队。鉴于项目发起人缺少一个正式的团队，他需要想办法找到既有能力有愿意花时间来解决问题的人。数据科学家们往往热衷于数据，项目发起人依靠这些人才的激情富有创新地完成了工作挑战。

该项目的数据主要分为两大类。第一类是近 5 年 EMC 内部创新竞赛，被称为创新线路图（以前称为创新展示），提交的创新想法。创新线路图是一个正式的、有机的创新过程，来自世界各地的员工提交创新想法，然后被审查和评判。最好的想法被选择出来进行孵化。因此，创新线路图的数据是结构化数据和非结构化数据的混合，结构化数据包括创新想法的数量、提交日期和提交者，非结构化数据包括该创新想法的文本描述。

第二类数据包括来自世界各地创新和研究活动的备忘录和笔记。这些数据也包括结构化数据和非结构化数据。结构化数据包括日期、名称、地理位置等属性。非结构化数据包括“谁、何事、何时、何地”等信息，用来表示公司内知识的增长和转移。这种类型的信息通常存在于业务部门，对研究团队几乎不可见。

GINA 团队创建的 10 大初始假设（IH）如下所示。

- **IH1**：在不同地理区域的创新活动反映了企业的战略方向。
- **IH2**：当全球知识转移作为想法交付过程的一部分发生时，交付想法所花的时间将减少。
- **IH3**：参与全球知识转移的创新者能更快地交付想法。
- **IH4**：对提交的创新想法可以进行分析和评估，确定资助的可能性。
- **IH5**：某一特定主题的知识发现和增长可以跨区域进行评估和对比。
- **IH6**：知识转移活动可以确定在不同地区的特定研究的边界人员。
- **IH7**：企业战略与地理区域相对应。
- **IH8**：频繁的知识扩张和转移活动缩短了从想法到企业产出所花费的时间。

- **IH9**：谱系图可以揭示什么时候知识扩展和转移（还）没有导致企业产出。
- **IH10**：新兴研究课题可以按照特定的思想者、创新者、边界人员和资产进行分类。

GINA 的初始假设可以被划分为 2 大类。

- 描述性分析，对当前正在发生的能进一步激发创造力、合作和资产生成的事件进行描述。
- 预测性分析，建议管理层未来投资的方向和领域。

2.8.2 第 2 阶段：数据准备

团队与 IT 部门合作建立了一个新的分析沙箱用于存储和实验数据。在数据探索期间，数据科学家和数据工程师开始注意到某些数据需要治理和规范化。此外，团队意识到某些缺失的数据集对于检验一些分析假设非常关键。

当团队探索数据时，他们很快就意识到，如果数据的质量不够好或者没有足够的高质量数据，就无法执行生命周期过程中的后续步骤。因此，确定项目需要什么级别的数据质量和清洁度非常重要。在 GINA 案例中，团队发现许多研究者和大学人员的名字被拼错，或者在数据存储中的首尾有空格。这些看似数据中的小问题都必须在本阶段解决，以便在随后阶段更好地分析和聚合数据。

2.8.3 第 3 阶段：模型规划

在 GINA 项目中，对于大部分数据集来说，似乎可以使用社交网络分析技术来研究 EMC 的创新者网络。在其他情况下，由于数据的缺乏很难恰当地检验假设。针对 IH9，团队决定发起一个纵向研究来跟踪知识产权产出随时间的变化。这种数据收集将使团队可以检验以下两种初始假设。

- **IH8**：频繁的知识扩张和转移活动缩短了从想法到企业产出所花费的时间。
- **IH9**：谱系图可以揭示什么时候知识扩展和转移（还）没有导致企业产出。

对于提出的纵向研究，团队需要建立研究的目标标准。具体来说，团队需要确定遍历了整个过程的成功创意的最终目标。针对研究范围要考虑以下注意事项。

- 确定实现目标所要经历的里程碑。
- 追踪人们如何从每个里程碑出发进化创意。
- 追踪失败的创意和达成了目标的创意，对比两种创意的不同历程。
- 取决于数据如何收集和封装，使用不同的方法比较时间和结果。这可能会像 t 检验（t-test）那样简单，也可能会涉及不同的分类算法。

2.8.4 第 4 阶段：模型建立

在第 4 阶段，GINA 团队采用了若干种分析方法。其中包括数据科学家使用自然语言处理（NLP）

技术来处理创新线路图的创新想法的文本描述。此外，数据科学家使用 R 和 RStudio 进行社交网络分析，然后使用 R 的 ggplot2 包创建社交图谱和创新网络的可视化。这项工作的示例如图 2.10 和图 2.11 所示。

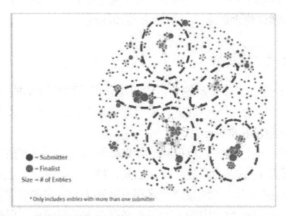

图 2.10　创新想法提交者和入围者的社交图谱[27]可视化

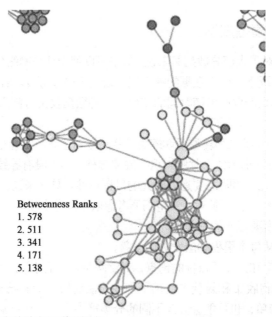

图 2.11　最具影响力创新者的社交图谱可视化

　　图 2.10 中的社交图谱描述了 GINA 中创新想法提交者之间的关系。每一种颜色代表来自不同国家的创新者。带红圈的点是中心（hub），代表一个具有较高的连通性和较高的"中间型

（betweenness）"分数的创新者。图 2.11 中的聚类包含地理的多样性，这在证明地理边界人员的假设时至关重要。该图中有一个研究科学家比图中其他人的分数高很多。数据科学家识别出了这个人，并在分析沙箱中对其运行了分析，生成了关于他的如下信息，证明他在公司中很有影响力。

- 2011 年，他参加了 ACM SIGMOD 会议，这是一个大规模数据管理和数据库方面的顶级会议。
- 他拜访了 EMC Documentum 内容管理团队位于法国的业务部门（现在 IIG 部门的一部分）。
- 在一个虚拟午餐会议上，他向 3 名俄罗斯员工、1 名开罗员工、1 名爱尔兰员工、1 名印度员工、3 名美国员工和 1 名以色列员工介绍了参加 SIGMOD 会议的感想。
- 2012 年，他参加了在加州召开的 SDM 2012 会议。
- 在参加 SDM 会议后，他拜访了 EMC、Pivotal 和 VMware 的创新者和研究员。
- 随后，他在一个内部技术会议上，向数十名公司创新和研究人员介绍了他的二位研究人员。

这一发现表明，至少部分初级假设是正确的，即数据可以识别跨越不同地域和业务部门的创新者。团队使用了 Tableau 软件进行数据可视化和探索，使用了 Pivotal GreenPlum 数据库作为主数据仓库和分析引擎。

2.8.5　第 5 阶段：沟通结果

在第 5 阶段中，团队发现了若干种方法来过滤分析结果和识别最有影响和最相关的发现。这个项目在识别边界人员和隐藏的创新者方面是成功的。因此，首席技术官办公室发起了纵向研究，开始收集更长时间跨度上的创新数据。GINA 项目促进公司内外跨区域的创新和研究相关的知识分享。GINA 也使得 EMC 创造了更多的知识产权和生成了更多的研究主题，并促进了与大学的科研合作关系，以便在数据科学和大数据方面进行联合学术研究。此外，由于有杰出工程师和数据科学家作为志愿者参与了该项目，因此该项目在预算有限的情况下顺利完成。

该项目中的一个重要发现是，在爱尔兰的科克市有相当多的创新者。EMC 在每年举办一次创新竞赛，让员工提出可以为公司带来新价值的创新理念。回顾 2011 年的相关数据，15%的入围者和 15%的获奖者都来自爱尔兰。考虑到爱尔兰科克市的 COE 相对较小的规模，这些数字就异常惊人了。进一步研究后发现，科克 COE 员工接受了来自外部顾问关于创新的集中培训，这被证明是非常有效的。因此科克的 COE 想出了更多、更好的创新点子，为 EMC 的创新做出了巨大的贡献。传统的或者"八卦式"的口口相传的方法将很难识别这个创新者群体。团队运用社交网络分析发现了在 EMC 中谁做了巨大的贡献。这些研究结果通过演示和会议在内部分享，并通过社交媒体和博客进行了推广。

2.8.6 第 6 阶段：实施

在一个装载了创新者笔记、备忘录和演示报告的沙箱中运行分析产生了对 EMC 创新文化的深刻见解。来自该项目的关键发现包括以下这些。

- 首席技术官办公室和 GINA 在将来需要更多的包括营销计划在内的数据，以解读 EMC 全球的创新和研究活动。
- 有些数据非常敏感，团队需要考虑数据的安全性和私密性，比如谁可以运行模型并看到结果。
- 除了运行模型，还需要改进基本的商业智能，比如仪表盘、报告和全球研究活动的查询。
- 在部署模型后，需要有一套机制来持续不断地评估模型。评估模型的好处也是这一阶段的主要目标之一，并需要定义一个过程来按需重新训练模型。

除了上述的行为和发现，团队还演示了如何在项目中通过分析发现新的见解，而这些见解在传统上是很难进行评估和量化的。这个项目促使首席技术官办公室对大学研究项目进行资助，也发现了隐藏的、高价值的创新者。此外，首席技术官办公室还开发了工具来帮助创新想法提交者使用新的融合了主题建模技术的推荐系统来寻找类似的想法，改进自己的想法和完善新知识产权的提案。

表 2.3 列出了 GINA 案例中的分析计划。尽管这个项目只展示了 3 个发现，但实际上有许多。例如，这个项目最大的综合性结果也许就是它以具体的方式展示了分析可以从关于像创新这样难于评估的主题的项目中发现新的见解。

表 2.3 EMC GINA 项目的分析计划

分析计划的构成	GINA 案例研究
发现业务问题	跟踪全球知识增长，确保有效的知识转移，并迅速将其转化为企业的资产。这三者都应该可以加速创新
初始假设	跨区域知识转移的增加可以提升想法交付的速度
数据	五年的创新想法提交和历史；来自于全球创新和研究活动的六个月的文本笔记
模型规划分析技术	社交网络分析、社交图谱、聚类和回归分析
结果和主要结论	1. 发现了隐藏的、高价值的创新者，和分享他们的知识的方法 2. 促使了对大学研究项目进行资助 3. 创建工具来帮助创新想法提交者使用想法推荐系统来改进想法

每个公司都想要加强创新，但却很难评估创新或确定增加创新的方法。本项目从这样一个角度来探索这个问题，即通过评价非正式社交网络来识别创新子网络内的边界人员和有影响力的人。本质上，这个项目应用了高级的分析方法，基于客观事实梳理出了一个看似模糊的问题的答案。

这个项目的另一个结论是，需要为商业智能报表建立一个单独的数据存储来搜索创新和研究举措。除了支持决策，这也能提供一种知晓全球范围内不同区域的团队成员之间的讨论和研究的机制。这个项目同时强调了通过数据和分析可以获得的价值。因此，应该启动正式的营销计划，以说服人们在全球社区提交或者告知他们的创新/研究活动。知识共享是关键，否则 GINA 也将无法执行分析并识别隐藏在公司内部的创新者。

2.9 总结

本章描述了数据分析生命周期，这是一种用于管理和执行分析项目的方法。这种方法可以被描述为 6 个阶段。

1. 发现
2. 数据准备
3. 模型规划
4. 模型建立
5. 沟通结果
6. 实施

通过这些步骤，数据科学团队可以识别问题并对深度分析所需要的数据集进行严谨的探索。本章虽然花了很多篇幅来讲解分析方法，但实际项目的主要时间会花在第 1 和第 2 阶段，即发现和数据准备。此外，本章还讨论了数据科学团队中需要的 7 个角色。组织机构必须认识到数据科学强调团队协作，而要想成功地运行大数据项目和其他涉及数据分析的复杂项目，则需要各种技能的平衡。

2.10 练习

1. 团队会在哪个阶段花费最多的时间？为什么？团队会在哪个阶段花费最少的时间？
2. 在全面推广新的分析方法之前做一个试点项目的好处是什么？
3. 以下阶段可能会使用什么样的工具，分别针对哪些类型的应用场景？
   a. 阶段 2：数据准备
   b. 阶段 4：模型建立

参考书目

[1] T. H. Davenport and D. J. Patil, "Data Scientist: The Sexiest Job of the 21st Century," *HarvardBusiness Review,* October 2012.

[2] J. Manyika, M. Chiu, B. Brown, J. Bughin, R. Dobbs, C. Roxburgh, and A. H. Byers, "Big Data: The NextFrontier for Innovation, Competition, and Productivity," McKinsey Global

Institute, 2011.

[3] "Scientific Method" [Online]. Available: http://en.wikipedia.org/wiki/Scientific_method.

[4] "CRISP-DM" [Online]. Available: http://en.wikipedia.org/wiki/Cross_Industry_Standard_Process_for_Data_Mining.

[5] T. H. Davenport, J. G. Harris, and R. Morison, *Analytics at Work: Smarter Decisions, Better Results*,2010, Harvard Business Review Press.

[6] D. W. Hubbard, *How to Measure Anything: Finding the Value of Intangibles in Business*, 2010,Hoboken, NJ: John Wiley & Sons.

[7] J. Cohen, B. Dolan, M. Dunlap, J. M. Hellerstein and C. Welton, *MAD Skills: New Analysis Practicesfor Big Data*, Watertown, MA 2009.

[8] "List of APIs" [Online]. Available: http://www.programmableweb.com/apis.

[9] B. Shneiderman [Online]. Available: http://www.ifp.illinois.edu/nabhcs/abstracts/shneiderman.html.

[10] "Hadoop" [Online]. Available: http://hadoop.apache.org.

[11] "Alpine Miner" [Online]. Available: http://alpinenow.com.

[12] "OpenRefine" [Online]. Available: http://openrefine.org.

[13] "Data Wrangler" [Online]. Available: http://vis.stanford.edu/wrangler/.

[14] "CRAN" [Online]. Available: http://cran.us.r-project.org.

[15] "SQL" [Online]. Available: http://en.wikipedia.org/wiki/SQL.

[16] "SAS/ACCESS" [Online]. Available: http://www.sas.com/en_us/software/data-management/access.htm.

[17] "SAS Enterprise Miner" [Online]. Available: http://www.sas.com/en_us/software/analytics/enterprise-miner.html.

[18] "SPSS Modeler" [Online]. Available: http://www-03.ibm.com/software/products/en/category/business-analytics.

[19] "Matlab" [Online]. Available: http://www.mathworks.com/products/matlab/.

[20] "Statistica" [Online]. Available: https://www.statsoft.com.

[21] "Mathematica" [Online]. Available: http://www.wolfram.com/mathematica/.

[22] "Octave" [Online]. Available: https://www.gnu.org/software/octave/.

[23] "WEKA" [Online]. Available: http://www.cs.waikato.ac.nz/ml/weka/.

[24] "MADlib" [Online]. Available: http://madlib.net.

[25] K. L. Higbee, *Your Memory—How It Works and How to Improve It*, New York: Marlowe &Company, 1996.

[26] S. Todd, "Data Science and Big Data Curriculum" [Online]. Available: http://stevetodd.typepad.com/my_weblog/data-science-and-big-data-curriculum/.

[27] T. H Davenport and D. J. Patil, "Data Scientist: The Sexiest Job of the 21st Century," *HarvardBusiness Review,* October 2012.

第 3 章

使用 R 进行基本数据分析

关键概念

- R 的基本特性
- 使用 R 进行数据探索和分析
- 用于评估的统计方法

第 2 章介绍了数据分析生命周期的 6 个阶段。

- 阶段 1：发现
- 阶段 2：数据准备
- 阶段 3：模型规划
- 阶段 4：模型构建
- 阶段 5：沟通结果
- 阶段 6：实施

前三个阶段涉及数据探索的各个方面。一般来说，成功的数据分析项目需要深入理解数据。同时，还需要一个工具箱来挖掘和展示数据，即研究数据的基本统计计量，以及创建图表对数据的关系和模式进行可视化。若干免费或商用的工具可以用来对数据进行探索、治理、建模和展示。由于 R 这种开源编程语言相当受欢迎而且具有多种用途，我们将使用它来讲解本书中的许多分析任务和模型。

本章将介绍 R 语言的基本功能和环境。第 1 节将概述如何使用 R 来获取、解析和过滤数据，以及如何对数据集进行基本的描述性统计。第 2 节将讲解如何使用 R 进行可视化的探索性数据分析。最后一节将讲解如何使用 R 进行统计推理，例如假设检验和方差分析。

3.1 R 简介

R 是一款用于统计分析和作图的编程语言和软件框架，经由 GNU 通用公共许可证（GNU General Public License）[1]授权使用，软件和安装说明可以通过 Comprehensive R Archive and Network[2]获得。本节将概述 R 语言的基本功能，为后面章节中介绍的许多分析技术做铺垫。

在深入介绍 R 的具体操作和功能之前，首先要理解用于解决分析问题的基本的 R 脚本流程。下面的 R 代码演示了一个典型的分析场景，包括导入数据集，检查数据集内容和执行建模任务。虽然读者可能还不熟悉 R 语法，但是可以通过阅读#字符后面带的注释来理解代码。在下面的场景中，CSV 文件包含了 10000 个零售客户的年销售额，单位为美元。read.csv()函数用于导入 CSV 文件，并将整个数据集用赋值运算符<-存放到 R 变量 sales 中。

```
#import a CSV file of the total annual sales for each customer
sales<- read.csv("c:/data/yearly_sales.csv")

#examine the imported dataset
head(sales)
summary(sales)

# plot num_of_orders vs. sales
plot(sales$num_of_orders,sales$sales_total,
     main="Number of Orders vs. Sales")

# perform a statistical analysis (fit a linear regression model)
results <- lm(sales$sales_total ~ sales$num_of_orders)
summary(results)
```

```
# perform some diagnostics on the fitted model
# plot histogram of the residuals
hist(results$residuals, breaks = 800)
```

在本例中，数据文件是使用 read.csv() 函数导入的。一旦导入文件，可以检查文件内容以确保数据被正确加载，以及熟悉数据。在本例中，head() 函数在默认情况下可以显示前 6 条 sales 记录。

```
# examine the imported dataset
head(sales)
  cust_id sales_total num_of_orders gender
1  100001      800.64             3      F
2  100002      217.53             3      F
3  100003       74.58             2      M
4  100004      498.60             3      M
5  100005      723.11             4      F
6  100006       69.43             2      F
```

summary() 函数计算一些描述性统计，比如，每个数据列的均值和中位数。此外，该函数还计算最小和最大值以及第一和第三四分位数。因为 gender 列包含二种字符："F（女）"或"M（男）"，因此 summary() 函数还计算每个字符的出现次数。

```
summary(sales)
   cust_id          sales_total       num_of_orders     gender
Min.   :100001   Min.   :  30.02   Min.   : 1.000   F:5035
1st Qu.:102501   1st Qu.:  80.29   1st Qu.: 2.000   M:4965
Median :105001   Median : 151.65   Median : 2.000
Mean   :105001   Mean   : 249.46   Mean   : 2.428
3rd Qu.:107500   3rd Qu.: 295.50   3rd Qu.: 3.000
Max.   :110000   Max.   :7606.09   Max.   :22.000
```

用图表来显示一个数据集的内容可以提供各列之间的关系信息。在本例中，plot() 函数生成一个可以对比订单数量（sales$num_of_orders）和总销售额（sales$sales_total）的散点图。$ 用于引用数据集 sales 中的某一特定列。

```
#plot num_of_orders vs. sales
plot(sales$num_of_orders,sales$sales_total,
     main="Number of Orders vs. Sales")
```

生成的散点图如图 3.1 所示。

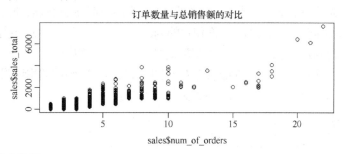

图 3.1　通过图表检查数据

图 3.1 中，每个点对应每个客户的订单数量和总销售额。这个散点图表明年度销售额与订单的数量成比例。虽然观察到的这两个变量之间的关系不是纯线性的，但是分析人员决定通过 lm() 函数应用线性回归，作为建模过程的第一步。

```
results<- lm(sales$sales_total ~ sales$num_of_orders)
results

Call:
lm(formula = sales$sales_total ~ sales$num_of_orders)

Coefficients:
      (Intercept)  sales$num_of_orders
         -154.1                166.2
```

对于拟合线性方程来说，由此产生的截距和斜率值分别为 **-154.1** 和 **166.2**。然而，可以使用 **summary()** 函数来检查 results 中存储的大量额外信息。results 的内容细节可以通过应用 **attributes()** 函数进行检查。回归分析在本书后面会有更详细的介绍，因此读者不用过分关注下面输出的解释。

```
summary(results)

Call:
lm(formula = sales$sales_total ~ sales$num_of_orders)

Residuals:
   Min    1Q Median   3Q    Max
-666.5 -125.5 -26.7 86.6 4103.4

Coefficients:
                   Estimate Std. Error t value Pr(>|t|)
(Intercept)         -154.128     4.129   -37.33   <2e-16 ***
sales$num_of_orders 166.221      1.462   113.66   <2e-16 ***
…
Signif. codes: 0'***' 0.001 '**' 0.01 '*' 0.05 '.' 0.1 ''1

Residual standard error: 210.8 on 9998 degrees of freedom
Multiple R-squared: 0.5637,        Adjusted R-squared: 0.5637
F-statistic: 1.292e+04 on 1 and 9998 DF, p-value: < 2.2e-16
```

summary() 函数是一个泛型函数。泛型函数是一组拥有相同的函数名，但是行为会因接收到的参数个数和类型不同而异的函数。前面使用的 **plot()** 是另一个泛型函数，它绘制的图形取决于传递的变量。泛型函数的使用在本章和本书随处可见。在例子的最后部分，下面的 R 代码使用泛型函数 **hist()** 来生成 result 中存储的残差的柱状图（见图 3.2）。函数调用说明了传入的参数值。在本例中，指定了 **breaks** 的数量，用来观察大量的残差。

```
# perform some diagnostics on the fitted model
# plot histogram of the residuals
hist(results$residuals, breaks = 800)
```

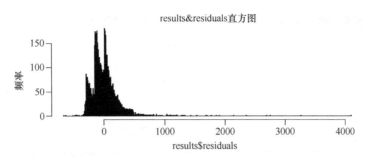

图 3.2　大量残差的证据

这个简单的例子演示了几个在数据分析生命周期第 3 阶段和第 4 阶段可能进行的基本的模型规划和建设任务，本章中介绍的 R 的功能将被用于更为复杂全面的分析。

3.1.1　R 图形用户界面

R 有命令行界面（CLI），类似于 Linux 中的 BASH Shell 或者 Python 等交互式脚本语言。UNIX 和 Linux 用户可以在终端下输入命令 R，以启动命令行界面（CLI）。在 Windows 下，R 自带 RGui.exe 执行程序，它提供了一个基本的图形用户界面（GUI）。然而，为了方便编写、执行和调试 R 代码，还有一些其他的 R 图形用户界面（GUI）可供选择。比较流行的图形用户界面包括 R Commander[3]、Rattle[4]和 RStudio[5]。本节将简单介绍 RStudio，并用它来创建本书中的 R 的示例。图 3.3 所示为在 RStudio 中执行上面的 R 代码示例的截图，其中包含 4 个窗口面板。

- **脚本**：编写和保存 R 代码的区域。
- **工作区**：列出 R 环境中的数据集和变量。
- **图**：显示 R 代码生成的图形，并以直观方式导出图形。
- **控制台**：记录执行过的 R 代码和输出的历史。

此外，在控制台面板可以获取 R 的帮助信息。图 3.4 所示为在控制台中输入?lm 后，在右侧显示的 lm()函数的帮助信息。另外，也可以在控制台中输入 help(lm)来获得相同的帮助信息。

edit()和 fix()等函数允许用户更新 R 变量的内容。另外，对变量的更新也可以通过在 RStudio 中的工作区面板选择相应的变量来实现。

R 允许使用 save.image()函数把工作区环境（包括变量和加载库）保存到.Rdata 文件。使用 load.image()函数可以加载现有的.Rdata 文件。有些工具（比如 RStudio）会在用户退出当前 GUI 之前提示开发人员是否要保存工作区。

读者可以安装 R 和一个喜欢的 GUI，来尝试书中提供的示例，并且使用帮助功能来了解有关讨论主题的详细内容。

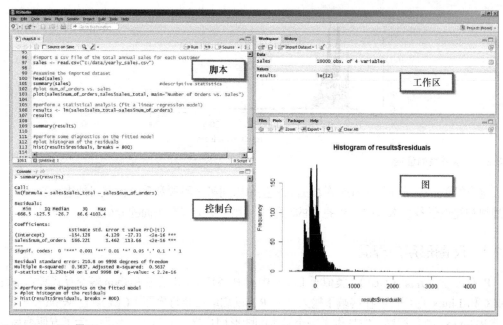

图 3.3   RStudio 界面

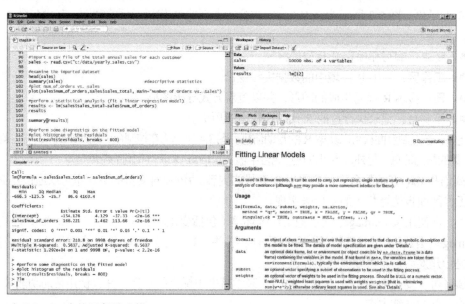

图 3.4   在 RStudio 中使用帮助功能

3.1.2　数据导入和导出

在上面的年度零售额例子中，通过 read.csv() 函数将数据集导入到 R，代码如下所示：

```
sales<- read.csv("c:/data/yearly_sales.csv")
```

R 语言使用正斜杠（/）作为目录和文件路径的分隔符。这让脚本文件更容易移植，但是对部分 Windows 用户来说在一开始会有些困扰，因为他们可能习惯使用反斜杠（\）作为分隔符。为了方便导入长路径下的多个文件，可以使用 setwd() 函数设置导入和导出操作的当前工作目录，如下面的 R 代码所示：

```
setwd("c:/data/")
sales<- read.csv("yearly_sales.csv")
```

其他导入函数包括 read.table() 和 read.delim()，用于导入其他常见的文件类型，如 TXT。这些函数也可以用于导入 yearly_sales .csv 文件，如下面的代码所示。

```
sales_table <- read.table("yearly_sales.csv", header=TRUE, sep=",")
sales_delim <- read.delim("yearly_sales.csv", sep=",")
```

这些导入函数之间的主要区别在于默认设置。例如，read.delim() 函数默认将制表符（"\t"）作为列分隔符。如果文件中的数值数据用逗号分隔小数，R 还提供了两种额外的函数 read.csv2() 和 read.delim2() 来导入这样的数据。表 3.1 所示为各种导入函数的数据头、列分隔符和小数点符号的默认值。

表 3.1　导入函数的默认值

函数	数据头	分隔符	小数点
read.table()	FALSE	"　"	"."
read.csv()	TRUE	","	"."
read.csv2()	TRUE	";"	","
read.delim()	TRUE	"\t"	"."
read.delim2()	TRUE	"\t"	","

对应的 R 函数，比如 write.table()、write.csv() 和 write.csv2()，可以将 R 数据集导出到一个外部文件中。例如，下面的 R 代码将一个额外的列添加到 sales 数据集，并将修改后的数据导出一个外部文件中。

```
# add a column for the average sales per order
sales$per_order <- sales$sales_total/sales$num_of_orders

# export data as tab delimited without the row names
write.table(sales,"sales_modified.txt", sep="\t", row.names=FALSE
```

当需要从数据库管理系统（DBMS）读取数据时，可以使用诸如 DBI[6] 和 RODBC[7] 的 R 包。这些程序包用于 R 语言与各种 DBMS 进行通信，包括 MySQL、Oracle、SQL Server、PostgreSQL 和 Pivotal Greenplum 等。下面的 R 代码演示了如何使用 install.package() 函数来安装 RODBC 包。library() 函数将 RODBC 包载入到工作区。最后，一个连接器（conn）被初始化，通过 ODBC 以用户名 user 连接到 Pivotal Greenplum 数据库 traning2 中。training2 数据库必须在 /etc/ODBC.ini 配置文件中定义，或者使用 Windows 控制面板中的管理工具来定义。

```
install.packages("RODBC")
library(RODBC)
conn <- odbcConnect("training2", uid="user", pwd="password")
```

使用 RODBC 包中的 sqlQuery() 函数，连接器可以通过 ODBC 提交一个 SQL 查询命令到数据库。下面的 R 代码检索 housing 表中家庭收入（hinc）大于 1000000 美元的记录的特定列。

```
housing_data <- sqlQuery(conn, "select serialno, state, persons, rooms
                                from housing
                                where hinc > 1000000")
head(housing_data)
  serialno state persons rooms
1 3417867      6       2     7
2 3417867      6       2     7
3 4552088      6       5     9
4 4552088      6       5     9
5 8699293      6       5     5
6 8699293      6       5     5
```

用户既可以通过 RStudio 保存图形，也可以使用 R 代码保存图形到指定的图形设备。下面的 R 代码使用 jpeg() 函数来创建一个新的 JPEG 文件，然后将一个直方图写入文件，最后关闭这个文件。在自动生成标准报告时，这些技术相当有用。其他 R 函数，比如 png()、bmp()、pdf() 和 postscript()，可以用于将图形保存为相应的格式。

```
jpeg(file="c:/data/sales_hist.jpeg")    # create a new jpeg file
hist(sales$num_of_orders)               # export histogram to jpeg
dev.off()                               # shut off the graphic device
```

关于数据导入和导出的更多信息，比如从统计软件包（Minitab、SAS 和 SPSS 等）导入数据集的方法，可以访问网址 http://cran.rproject.org/doc/manuals/r-release/R-data.html。

3.1.3　属性和数据类型

在前面的示例中，每位客户都在 sales 变量中有一条记录。每位客户的记录包含年度销售总额、订单数量和性别等属性。通常来说，属性是对一个物品或个体定性或定量的度量。这些属性可以分为四类：定类、定序、定距和定比（NOIR）[8]。表 3.2 区分了这四种属性类型，以及它们支持的操作。定类和定序属性被认为是分类属性，而定距和定比属性被认为是数字属性。

表 3.2 NOIR 属性类型

	分类属性（定性）		数字属性（定量）	
	定类	定序	定距	定比
定义	属性值仅仅是区分彼此的标志，没有序次关系	属性表示个体在某个有序状态中所处的位置	具有间距特征的变量，有单位，可以做加减运算	数据的最高级，既有测量单位，也有绝对零点
示例	邮政编码、国籍、街道名称、性别、雇员 ID 号码、真或假	钻石品质、学业成绩、地震震级	摄氏或华氏温度、日历日期、维度	年龄、开尔文温度、数量、长度、重量
操作	=, ≠	=, ≠, ＜, ≤, ＞, ≥	=, ≠, ＜, ≤, ＞, ≥, +, -	=, ≠, ＜, ≤, ＞, ≥, +, -, ×, ÷

　　一种属性类型的数据可以转换成另一种属性类型的数据。例如，钻石的品质（quality）{Fair, Good, Very Good, Premium, Ideal}被认为是定序的，但是也可以将其转换为定类的{Good, Excellent}。与之类似，像年龄（Age）这样的定比属性可以转换成一个像{Infant, Adolescent, Adult, Senior}这样的定序属性。只有理解了给定数据集的属性类型，才能确保应用正确的描述性统计和分析方法，并且正确地解读。例如，美国邮政编码的均值和标准差没有什么意义。后面的章节会讲解正确处理分类变量的方法，此外，在接下来的 R 数据类型讨论中应留意这些属性类型。

1. 数值(numeric)、字符(character)和逻辑数据类型(logic data type)

　　类似其他编程语言，R 支持使用数值、字符和逻辑（布尔）值。下面的 R 代码给出了这些变量的例子。

```
i <- 1                  # create a numeric variable
sport <- "football"     # create a character variable
flag<- TRUE             # create a logical variable
```

　　R 中 class()函数和 typeof()等函数可以检查一个给定变量的特征。class()函数表示一个对象的抽象类。typeof()函数判断对象在内存中的存储方式。虽然 i 看起来是一个整数，但是 i 的内部存储是双精度型的。为了提高代码的可读性，本节使用 R 的行内注释来解释代码或返回值。

```
class(i)          # returns "numeric"
typeof(i)         # returns "double"

class(sport)      # returns "character"
typeof(sport)     # returns "character"

class(flag)       # returns "logical"
typeof(flag)      # returns "logical"
```

　　还有其他的一些 R 函数可以测试变量以及将变量强制转换为一种特定类型。下面的 R 代码讲解了如何使用 is.integer()函数来测试 i 是否为整数，以及如何使用 as.integer()函数将 i 强制转换为一个新的整型变量 j。类似的函数也可以用于双精度型、字符型和逻辑类型。

```
is.integer(i)            # returns FALSE
j <- as.integer(i)       # coerces contents of i into an integer
is.integer(j)            # returns TRUE
```

使用 length()函数可以发现创建的每个变量的长度都是 1。人们可能觉得 sport 变量的返回长度应该是 8，因为字符串 "football" 中有 8 个字符，但是这三个变量实际上是同一种元素：向量（vector）。

```
length(i)                # returns 1
length(flag)             # returns 1
length(sport)            # returns 1 (not 8 for "football")
```

2．向量（vector）

向量是 R 中数据的一种基本组成单位。正如前面所见，R 中的简单变量实际上是向量。一个向量只能由相同种类的值组成。使用 is.vector()函数可以进行向量测试。

```
is.vector(i)             # returns TRUE
is.vector(flag)          # returns TRUE
is.vector(sport)         # returns TRUE
```

R 提供了创建和操作向量的函数。下面的 R 代码演示了如何使用组合函数 c()来创建向量，以及如何使用冒号运算符（:）创建一个从 1 到 5 的整数序列向量。此外，下述代码还演示了如何修改或访问已经存在的向量。与 z 向量相关的代码讲解了如何创建逻辑比较来提取给定向量的特定元素。

```
u <- c("red", "yellow", "blue")   # create a vector "red""yellow""blue"
u                                 # returns "red""yellow""blue"
u[1]                              # returns "red" (1st element in u)
v <- 1:5                          # create a vector 1 2 3 4 5
v                                 # returns 1 2 3 4 5
sum(v)                            # returns 15
w <- v * 2                        # create a vector 2 4 6 8 10
w                                 # returns 2 4 6 8 10
w[3]                              # returns 6 (the 3rd element of w)
z <- v + w                        # sums two vectors element by element
z                                 # returns 3 6 9 12 15
z> 8                              # returns FALSE FALSE TRUE TRUE TRUE
z[z > 8]                          # returns 9 12 15
z[z > 8 | z < 5]                  # returns 3 9 12 15 ("|" denotes "or")
```

有时候需要初始化一个特定长度的向量，然后为向量填充内容。默认情况下，vector()函数会创建一个逻辑向量，但可以使用 mode 参数来为向量指定不同的类型。向量 c 是一个长度为 0 的整型向量，在这样的情况下比较常用：最初不知道向量中元素的数量，可能会有新的元素不断添加到向量的末尾。

```
a <- vector(length=3)              # create a logical vector of length 3
a                                  # returns FALSE FALSE FALSE
b <- vector(mode="numeric", 3)     # create a numeric vector of length 3
typeof(b)                          # returns "double"
b[2] <- 3.1                        # assign 3.1 to the 2nd element
b                                  # returns 0.0 3.1 0.0
c <- vector(mode="integer", 0)     # create an integer vector of length 0
c                                  # returns integer(0)
length(c)                          # returns 0
```

虽然向量可能类似于一维数组，但是向量从技术上来说是没有维度的概念的，如下面的 R 代码所示。我们将在后文中讨论数组和矩阵的概念。

```
length(b)                          # returns 3
dim(b)                             # returns NULL (an undefined value)
```

3. 数组(array)和矩阵(matrix)

使用 array() 函数可以将向量重构成为数组。例如，下面的 R 代码构建了一个三维数组，用于保存两年内三个区域的季度销售数据，然后将第二个区域的第一年中第一个季度的销售额设置为 158000 美元。

```
# the dimensions are 3 regions, 4 quarters, and 2 years
quarterly_sales <- array(0, dim=c(3,4,2))
quarterly_sales[2,1,1] <- 158000
quarterly_sales
, , 1

        [,1] [,2] [,3] [,4]
[1,]       0    0    0    0
[2,]  158000    0    0    0
[3,]       0    0    0    0
, , 2

     [,1] [,2] [,3] [,4]
[1,]    0    0    0    0
[2,]    0    0    0    0
[3,]    0    0    0    0
```

二维数组被称为矩阵（matrix）。下面的代码初始化了矩阵，用来保存三个区域的季度销售数据。参数 nrow 和 ncol 分别定义了 sales_matrix 的行和列的数量。

```
sales_matrix <- matrix(0, nrow = 3, ncol = 4)
sales_matrix

     [,1] [,2] [,3] [,4]
[1,]    0    0    0    0
[2,]    0    0    0    0
[3,]    0    0    0    0
```

R 语言提供了标准的矩阵操作，比如，加法、减法、乘法，还在 matrixcalc 软件包中提供了转置函数 t() 和逆矩阵函数 matrix.inverse()。下面的 R 代码构建了一个 3×3 的矩阵 M，然后乘以它的逆矩阵得到单位矩阵。

```
library(matrixcalc)
M <- matrix(c(1,3,3,5,0,4,3,3,3),nrow = 3,ncol = 3)# build a 3x3 matrix
M %*% matrix.inverse(M) # multiply M by inverse(M)
     [,1] [,2] [,3]
[1,]    1    0    0
[2,]    0    1    0
[3,]    0    0    1
```

4. 数据帧(data frame)

类似于矩阵的概念，数据帧是一种用来存储和访问不同数据类型的变量的数据结构。事实上，如下面的 **is.data.frame()**函数所示，在本章开始使用 read.csv()函数创建的就是一个数据帧。

```
#import a CSV file of the total annual sales for each customer
sales <- read.csv("c:/data/yearly_sales.csv")
is.data.frame(sales)           # returns TRUE
```

正如前面所示，使用$符号可以访问数据帧中存储的变量。下面的 **R** 代码证明了在 sales 这个例子中，除了 gender 之外，每个变量都是一个向量。gender 默认由 read.csv()作为因子（factor）来导入。一个因子代表通常只有有限几个值级的分类变量，比如这里的 gender 的值级分为 "F" 和 "M"。本节稍后会详细讨论因子。

```
length(sales$num_of_orders)    # returns 10000 (number of customers)

is.vector(sales$cust_id)       # returns  TRUE
is.vector(sales$sales_total)   # returns  TRUE
is.vector(sales$num_of_orders) # returns  TRUE
is.vector(sales$gender)        # returns  FALSE

is.factor(sales$gender)        # returns  TRUE
```

数据帧能够灵活地处理多种数据类型，因此成为 **R** 中许多建模函数的首选输入格式。下面的代码通过 str()函数来显示 sales 数据帧的结构。这个函数可以识别整型和数值型（double）数据类型、因子变量和级别，以及每个变量的前几个值。

```
str(sales)                     # display structure of the data frame object

'data.frame': 10000 obs. of 4 variables:
$ cust_id : int 100001 100002 100003 100004 100005 100006 …
$ sales_total : num 800.6 217.5 74.6 498.6 723.1 …
$ num_of_orders: int 3 3 2 3 4 2 2 2 2 2 …
$ gender : Factor w/ 2 levels "F","M": 1 1 2 2 1 1 2 2 1 2 …
```

最简单来讲，数据帧是具有相同长度的变量的列表。数据帧的子集可以通过子集操作符（subsetting operator）来检索。R 的子集操作符功能非常强大，可以用简洁的方式表达复杂的操作来检索数据集的子集。

```
# extract the fourth column of the sales data frame
sales[,4]
# extract the gender column of the sales data frame
sales$gender
# retrieve the first two rows of the data frame
sales[1:2,]
```

```
# retrieve the first, third, and fourth columns
sales[,c(1,3,4)]
# retrieve both the cust_id and the sales_total columns
sales[,c("cust_id", "sales_total")]
# retrieve all the records whose gender is female
sales[sales$gender=="F",]
```

下面的 R 代码显示 sales 变量的类（class）是数据帧，但是 sales 变量的类型（type）是列表。列表是一个对象集合，它的对象元素可以是各种类型，甚至可以是列表。

```
class(sales)
"data.frame"
typeof(sales)
"list"
```

5. 列表（list）

列表可以包含各种类型的对象，甚至是其他列表。借助于前面示例中创建的向量 v 和矩阵 M，下面的 R 代码创建了一个拥有不同对象类型的列表 assortment。

```
# build an assorted list of a string, a numeric, a list, a vector,
# and a matrix
housing <- list("own", "rent")
assortment <- list("football", 7.5, housing, v, M)
assortment

[[1]]
[1] "football"

[[2]]
[1] 7.5

[[3]]
[[3]][[1]]
[1] "own"

[[3]][[2]]
[1] "rent"

[[4]]
[1] 1 2 3 4 5

[[5]]
     [,1] [,2] [,3]
[1,]    1    5    3
[2,]    3    0    3
[3,]    3    4    3
```

在显示 assortment 列表的内容时，必须使用双括号[[]]。下面的 R 代码中，使用一组单括号只能访问列表中的条目，而不会显示具体内容。

```
# examine the fifth object, M, in the list
class(assortment[5])        # returns "list"
length(assortment[5])       # returns 1

class(assortment[[5]])      # returns "matrix"
length(assortment[[5]])     # returns 9 (for the 3x3 matrix)
```

在讨论数据帧时提到，str()函数可以提供列表结构的详细信息。

```
str(assortment)
List of 5
 $ : chr "football"
 $ : num 7.5
 $ :List of 2
  ..$ : chr "own"
  ..$ : chr "rent"
 $ : int [1:5] 1 2 3 4 5
 $ : num [1:3, 1:3] 1 3 3 5 0 4 3 3 3
```

6. 因子(factor)

在讨论数据帧 sales 中的 gender 变量时，曾经简单地介绍过因子。在这种情况下，gender 可以呈现两种值级中的一种：F 或 M。因子可以是有序的也可以是无序的。在 gender 的例子中，值级是无序的。

```
class(sales$gender)         # returns "factor"
is.ordered(sales$gender)    # returns FALSE
```

在 ggplot2 软件包中，diamonds 数据帧包括三个有序因子。在 cut 因子中，有 5 种根据切工水平进行有序排列的级别：Fair、Good、Very Good、Premium 和 Ideal。因此，sales$gender 包含定类数据，而 diamonds$cut 包含定序数据。

```
head(sales$gender)          # display first six values and the levels
F F M M F F
Levels: F M

library(ggplot2)
data(diamonds)              # load the data frame into the R workspace
str(diamonds)
'data.frame': 53940 obs. of 10 variables:
 $ carat : num 0.23 0.21 0.23 0.29 0.31 0.24 0.24 0.26 0.22 …
 $ cut : Ord.factor w/ 5 levels "Fair"<"Good"<..: 5 4 2 4 2 3 …
 $ color : Ord.factor w/ 7 levels "D"<"E"<"F"<"G"<..: 2 2 2 6 7 7 …
 $ clarity: Ord.factor w/ 8 levels "I1"<"SI2"<"SI1"<..: 2 3 5 4 2 …
 $ depth : num 61.5 59.8 56.9 62.4 63.3 62.8 62.3 61.9 65.1 59.4 …
 $ table : num 55 61 65 58 58 57 57 55 61 61…
 $ price : int 326 326 327 334 335 336 336 337 337 338 …
 $ x : num 3.95 3.89 4.05 4.2 4.34 3.94 3.95 4.07 3.87 4 …
```

```
$ y : num 3.98 3.84 4.07 4.23 4.35 3.96 3.98 4.11 3.78 4.05 ···
$ z : num 2.43 2.31 2.31 2.63 2.75 2.48 2.47 2.53 2.49 2.39 ···

head(diamonds$cut) # display first six values and the levels
Ideal Premium Good Premium Good Very Good
Levels: Fair < Good < Very Good < Premium < Ideal
```

下面的代码根据销售的金额，将 sales$sales_totals 分成 small、medium 和 big 三个组。这些分组是新定序因子 spender 的基础，spender 的级别为{small、madium、big}。

```
# build an empty character vector of the same length as sales
sales_group <- vector(mode="character",
                             length=length(sales$sales_total))

# group the customers according to the sales amount
sales_group[sales$sales_total<100] <- "small"
sales_group[sales$sales_total>=100 & sales$sales_total<500] <- "medium"
sales_group[sales$sales_total>=500] <- "big"

# create and add the ordered factor to the sales data frame
spender <- factor(sales_group,levels=c("small", "medium", "big"),
                               ordered = TRUE)
sales<- cbind(sales,spender)

str(sales$spender)
Ord.factor w/ 3 levels "small"<"medium"<..: 3 2 1 2 3 1 1 1 2 1 ···

head(sales$spender)
big medium small medium big small
Levels: small < medium < big
```

cbind()函数以列合并变量，rbind()函数以行合并变量。在一些 R 统计建模函数中使用到了因子，比如方差分析函数 aov()和情形分析表(contingency table)。

7. 情形分析表(contingency table)

在 R 语言中，表格是指一类对象，用来存储在给定数据集上观测到的不同因子的计数。这样的表格通常被称为情形分析表，是对用来构建表格的因子进行独立性统计测试的基础。下面的 R 代码基于 sales$gender 和 sales$spender 因子构建了一个情形分析表。

```
# build a contingency table based on the gender and spender factors
sales_table <- table(sales$gender,sales$spender)
  sales_table
small medium big
F 1726 2746 563
M 1656 2723 586

class(sales_table)        # returns "table"
typeof(sales_table)       # returns "integer"
```

```
dim(sales_table)                # returns 2 3

# performs a chi-squared test
summary(sales_table)
Number of cases in table: 10000
Number of factors: 2
Test for independence of all factors:
    Chisq = 1.516, df = 2, p-value = 0.4686
```

基于表中观察到的计数，summary()函数对两个因子的独立性进行卡方检验。因为报告的 p-value 大于 0.05，因此这两个因子的假设独立性未被否定。在后面章节将对假设检验和 p-value 进行更详细的讨论。下面讲解在 R 中应用描述性统计。

3.1.4 描述性统计（descriptive statistics）

前面提到 summary()函数提供了几种描述性统计，比如与变量（如 sales 数据帧）相关的均值和中值。以前面涉及因子的示例为基础，下面的输出包含 spender 变量三个值级的计数。

```
summary(sales)
     cust_id        sales_total        num_of_orders      gender      spender
 Min.    :100001 Min.      :  30.02 Min.      : 1.000   F:5035    small :3382
 1st Qu. :102501 1st Qu.   :  80.29 1st Qu.   : 2.000   M:4965    medium:5469
 Median  :105001 Median    : 151.65 Median    : 2.000             big   :1149
 Mean    :105001 Mean      : 249.46 Mean      : 2.428
 3rd Qu. :107500 3rd Qu.   : 295.50 3rd Qu.   : 3.000
 Max.    :110000 Max.      :7606.09 Max.      :22.000
```

下面的代码提供了一些包含描述性统计的常见 R 函数。括号中的注释解释了函数的具体功能。

```
# to simplify the function calls, assign
x <- sales$sales_total
y <- sales$num_of_orders

cor(x,y)            # returns 0.7508015 (correlation)
cov(x,y)            # returns 345.2111 (covariance)
IQR(x)              # returns 215.21 (interquartile range)
mean(x)             # returns 249.4557 (mean)
median(x)           # returns 151.65 (median)
range(x)            # returns 30.02 7606.09 (min max)
sd(x)               # returns 319.0508 (std. dev.)
var(x)              # returns 101793.4 (variance)
```

上面的示例中，IQR()函数用于求第三四分位数和第一四分位数之间的差值。其他函数的作用通过它们的名字就可以猜测出来，当然读者也可以查看帮助文件了解函数可以接受的输入值和可能的选项。

当同一个函数要应用到数据帧中的多个变量时，会用到 apply()函数。例如，下面的 R 代码计算 sales 数据帧中前 3 个变量的标准偏差。在代码中，通过设置 MARGIN=2 指定将 sd()函数应用到列上。其他函数，比如 lapply()函数和 sapply()函数，可以将一个函数应用到一个列表或者向量。读者可以参考 R 语言帮助文件来学习这些函数的用法。

```
apply(sales[,c(1:3)], MARGIN=2, FUN=sd)
      cust_id sales_total num_of_orders
2886.895680   319.050782      1.441119
```

其他的描述性统计可以和用户定义的函数一起应用。下面的 R 代码定义了一个 my_range()函数，用于计算 range()函数返回的最大值和最小值之间的差值。一般来说，用户定义的函数对于需要频繁使用的任务或操作都非常有帮助。在控制台输入 help("function")命令，就可以获取用户定义的函数的更多信息。

```
# build a function to provide the difference between
# the maximum and the minimum values
my_range <- function(v) {range(v)[2] - range(v)[1]}
my_range(x)
7576.07
```

3.2 探索性数据分析

到目前为止，本章已经讲解了在 R 中导入和导出数据的方法、基本的数据类型和操作，以及生成描述性统计。summary()这类函数可以方便分析人员查看数据规模和数据范围，但从描述性统计中很难看出线性关系和分布这类的信息。例如，下面的代码使用 X 和 Y 二列来显示数据帧 data 的摘要视图。输出显示了 X 和 Y 的范围，但无法显示这二个变量之间的关系。

```
summary(data)
        x               y
Min.    :-1.90483 Min.   :-2.16545
1st Qu. :-0.66321 1st Qu.:-0.71451
Median  : 0.09367 Median :-0.03797
Mean    : 0.02522 Mean   :-0.02153
3rd Qu. : 0.65414 3rd Qu.: 0.55738
Max.    : 2.18471 Max.   : 1.70199
```

可视化的探索性数据分析是一种在数据中检测模式和异常的有效方法。可视化提供了一个简洁和全面的数据视角，这个视角很难从单纯的数据和汇总中发现。数据帧 data 的 x 和 y 变量可以呈现在散点图（scatterplot）上（见图 3.5），这样可以更容易地描述二个变量之间的关系。在模型规划和建立阶段之前，可视化可以评估数据的清洁度，发现数据间潜在的重要关系，这是初始数据探索的重要方面。

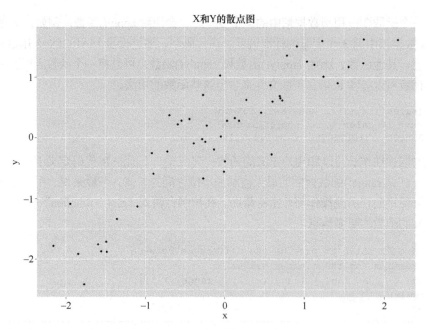

图 3.5 如果 X 和 Y 共享一个关系，散点图可以很容易地显示出来

生成 data 数据帧以及图 3.5 的代码如下所示。

```
x <- rnorm(50)
y <- x + rnorm(50, mean=0, sd=0.5)

data<- as.data.frame(cbind(x, y))
summary(data)

library(ggplot2)
ggplot(data, aes(x=x, y=y)) +
  geom_point(size=2) +
  ggtitle("Scatterplot of X and Y") +
  theme(axis.text=element_text(size=12),
      axis.title = element_text(size=14),
      plot.title = element_text(size=20, face="bold"))
```

探索性数据分析[9]是一种数据分析方法，主要是通过可视化来发现数据集的重要特征。本节将讲解如何在 R 中使用一些基本的可视化技术和绘图功能来进行探索性数据分析。

3.2.1 在分析之前先可视化

下面将通过安斯库姆四重奏（Anscombe's quartet）来说明可视化数据的重要性。如图 3.6 所示，安斯库姆四重奏是由四个数据集组成，由统计学家 Francis Anscombe[10]于 1973 年构造，用于演示图在统计分析中的重要性。

#1		#2		#3		#4	
x	y	x	y	x	y	x	y
4	4.26	4	3.10	4	5.39	8	5.25
5	5.68	5	4.74	5	5.73	8	5.56
6	7.24	6	6.13	6	8.08	8	5.76
7	4.82	7	7.26	7	6.42	8	6.58
8	6.95	8	8.14	8	6.77	8	6.89
9	8.81	9	8.77	9	7.11	8	7.04
10	8.04	10	9.14	10	7.46	8	7.71
11	8.33	11	9.26	11	7.81	8	7.91
12	10.84	12	9.13	12	8.15	8	8.47
13	7.58	13	8.74	13	12.74	8	8.84
14	9.96	14	8.10	14	8.84	19	12.50

图 3.6 安斯库姆四重奏

安斯库姆四重奏中的 4 个数据集具有几乎相同的统计属性，如表 3.3 所示。

表 3.3 安斯库姆四重奏的统计属性

统计属性	值
X 的均值	9
Y 的方差	11
Y 的均值	7.50（到小数点后二位）
Y 的方差	4.12 或 4.13（到小数点后二位）
X 和 Y 的相关性	0.816
线性回归直线	Y=3.00+0.50x（到小数点后二位）

根据每个数据集中几乎相同的统计属性，人们很容易认为这 4 个数据集非常相似。然而，图 3.7 中的散点图却得出了截然不同的答案。每个数据集都被绘制成一个散点图，拟合线是应用线性回归模型的结果。数据集 1 很好地符合预期回归线，数据集 2 完全是非线性，数据集 3 中除了 x=13 这个点情况例外，其余点都展示了线性趋势。数据集 4 也符合回归线，但是只有两个 X 值，因此无法确定线性假设是否正确。

生成图 3.7 的 R 代码如下所示。它需要用到 R 语言软件包 ggplot2[11]，可以通过运行命令 install.packages（"ggplot2"）进行安装。用于生成散点图的 anscombe 数据集包含在 R 标准发行版中。data()可以列出包含在 R 标准发行版中的数据集。输入 data（DatasetName）命令可以在当前工作区激活 DatasetName 数据集。

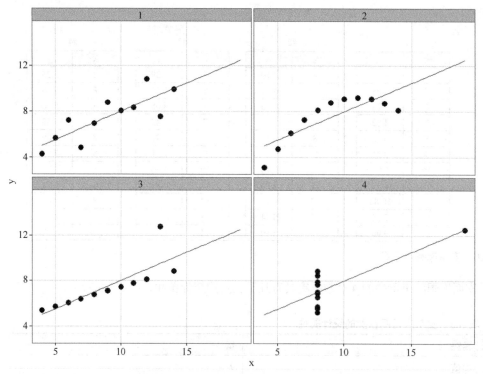

图 3.7 安斯库姆四重奏可视化散点图

下面的代码中,首先使用 gl() 函数创建变量 levels,该函数生成 4 级因子(1、2、3 和 4),每个因子重复 11 次。然后使用 with(data,expression)函数创建变量 mydata,该函数在在 data 上计算 expresssion。在此例中,**data** 是安斯库姆数据集,其包括 8 个属性:$x1$、$x2$、$x3$、$x4$、$y1$、$y2$、$y3$ 和 $y4$。代码中的 expression 从安斯库姆数据集中创建一个数据帧,它只包括 3 个属性:x、y 和属于 **mygroup** 的数据点。

```
install.packages("ggplot2") # not required if package has been installed

data(anscombe) # load the anscombe dataset into the current workspace
anscombe
   x1 x2 x3 x4    y1    y2    y3    y4
1  10 10 10  8  8.04  9.14  7.46  6.58
2   8  8  8  8  6.95  8.14  6.77  5.76
3  13 13 13  8  7.58  8.74 12.74  7.71
4   9  9  9  8  8.81  8.77  7.11  8.84
5  11 11 11  8  8.33  9.26  7.81  8.47
6  14 14 14  8  9.96  8.10  8.84  7.04
7   6  6  6  8  7.24  6.13  6.08  5.25
8   4  4  4 19  4.26  3.10  5.39 12.50
9  12 12 12  8 10.84  9.13  8.15  5.56
10  7  7  7  8  4.82  7.26  6.42  7.91
11  5  5  5  8  5.68  4.74  5.73  6.89
```

```
nrow(anscombe) # number of rows
[1] 11

# generates levels to indicate which group each data point belongs to
levels<- gl(4, nrow(anscombe))
levels
[1] 1 1 1 1 1 1 1 1 1 1 1 2 2 2 2 2 2 2 2 2 2 2 3 3 3 3 3 3 3 3 3 3 3
[34] 4 4 4 4 4 4 4 4 4 4 4
Levels: 1 2 3 4

# Group anscombe into a data frame
mydata<- with(anscombe, data.frame(x=c(x1,x2,x3,x4), y=c(y1,y2,y3,y4),
              mygroup=levels))

mydata
   x     y mygroup
1  10  8.04 1
2   8  6.95 1
3  13  7.58 1
4   9  8.81 1
41 19 12.50 4
42  8  5.56 4
43  8  7.91 4
44  8  6.89 4

# Make scatterplots using the ggplot2 package
library(ggplot2)
theme_set(theme_bw()) # set plot color theme

# create the four plots of Figure 3.7
ggplot(mydata, aes(x,y)) +
      geom_point(size=4) +
      geom_smooth(method="lm", fill=NA, fullrange=TRUE) +
      facet_wrap(~mygroup)
```

3.2.2 脏数据

这一节将讲解在可视化数据探索阶段侦测脏数据的方法。通常，分析人员会寻找数据中的异常，然后通过领域知识来验证数据，最后寻找最合适的方法来清洗数据。

考虑一个一家银行使用数据分析来衡量客户忠诚度的场景。图 3.8 显示的是银行客户的年龄分布情况。

假设年龄数据保存在 age 向量中，下面的 R 脚本可以创建图3.8：

```
hist(age, breaks=100, main="Age Distribution of Account Holders",
   xlab="Age", ylab="Frequency", col="gray")
```

图中显示客户的平均年龄大约为 40 岁。少数客户的年龄不到 10 岁，低龄客户不常见，但是还是存在的。因为这些可能是家长为孩子设立的保管账户或者教育储备账户。这些账户应该被保留用于将来的分析。

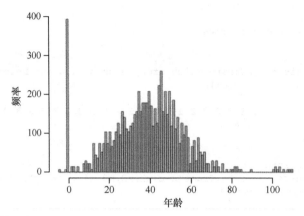

图 3.8 银行客户的年龄分布

然而，图 3.8 的左测有一个巨大的峰值，代表年龄是 0 岁和负数的用户。这些可能是缺失数据（missing data）。一种可能的解释是在数据输入过程中，无效年龄被替换成 0 或者负值。这种情况可能是由于年龄的文本框中只允许输入数字，而不允许输入空值造成的。另外，它也可能是由于在不同系统中传输数据时，这些系统对于无效值有不同定义（比如，Null、NA、0、–1 或者–2）造成的。因此，需要对异常年龄段的账户进行数据清洗（data cleansing）。分析人员应该仔细查看数据记录，以决定是否应该清除缺失数据，或者是否可以使用其他合适的值来替换这些账户信息。

在 R 中，可以使用 is.na() 函数来测试缺失值。下面的示例创建了一个第 4 个值不可用（NA）的向量 x。is.na() 函数将对每个 NA 值返回 TURE，其余值返回 FALSE。

```
x <- c(1, 2, 3, NA, 4)
is.na(x)
[1] FALSE FALSE FALSE TRUE FALSE
```

当一些算术函数，比如 mean()，应用到含有缺失值的数据时，会产生 NA 的结果。为了防止这种情况的发生，可以在函数执行期间设置 na.rm 参数为 TRUE，以移除缺失值。

```
mean(x)
[1] NA
mean(x, na.rm=TRUE)
[1] 2.5
```

na.exclude() 函数在返回对象时会将不完整的值移除。

```
DF <- data.frame(x = c(1, 2, 3), y = c(10, 20, NA))
DF
  x y
1 1 10
2 2 20
3 3 NA

DF1 <- na.exclude(DF)
```

```
DF1
  x y
1 1 10
2 2 20
```

100 岁以上的账户可能是由于错误的数据输入引起的。另一种可能是这些账户已经被传递给原账户持有人的继承者，但是信息没有被更新。这种情况下，需要进一步检查数据，必要情况下还需要清洗数据。脏数据可以是简单的删除，也可以使用一个年龄阈值进行过滤以备后续分析。如果不可以删除记录，分析人员也可以寻找数据的模式（pattern）来应对脏数据。例如，错误的年龄值可以使用基于最近的邻居的近似值（approximation）进行替换，这里最近的邻居是指在分析所有除了年龄以外的变量的差异时，与有问题的记录最为相似的记录。

图 3.9 是另外一个脏数据的例子。这里显示的分布对应于一家银行住房贷款组合的按揭年份。按揭年份的计算方法是使用当前日期减去贷款的起始日期。纵轴对应于每个按揭年份对应的按揭数量。

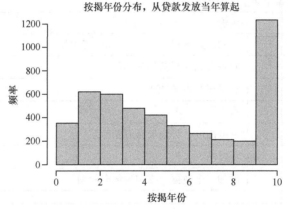

图 3.9 一家银行住房贷款组合自发放以来的按揭年份分布图

假设数据保存在向量 mortgage 中，下面的 R 脚本可以生成图 3.9。

```
hist(mortgage, breaks=10, xlab="Mortgage Age", col="gray",
    main="Portfolio Distribution, Years Since Origination")
```

图 3.9 显示了不超过 10 年期限的按揭情况，其中 10 年期按揭的量相对于其他期限贷款的量要高很多。一种可能的解释是，图中的 10 年期按揭不只包括从 10 年前开始的按揭，可能还包括从更早年份开始的按揭。换句话说，图中 X 轴的数字 10 实际上是表示≥10。这种情况可能是由于数据曾经从一个系统迁移到另一个系统，也可能是由于数据提供者以前没有区分 10 年以上的数据。分析人员需要进一步分析数据，然后才能决定使用哪种方式来清洗数据。

数据分析人员应该针对领域知识进行数据完备性检查，并决定脏数据是否需要清除。当分析按揭违约的概率时，如果过去的观察表明大多数的违约发生在第 4 年以前，而 10 年期的按揭贷款很少发生违约，那么就可以安全地消除脏数据，并假设拖欠的贷款都不超过 10 年。对于其他类型的分析，也许有必要追踪数据源，找到真正的按揭起始日期。

脏数据可能是由于疏忽的行为导致。从本章开头所使用的 sales 数据中可以看到，订单的最小数量为 1，最低年销售金额是 30.02 美元。因此，很可能 sales 数据集没有包括所有客户的销售数据，而仅仅包括过去一年内购买了商品的客户。

3.2.3　可视化单个变量

探索性数据分析的一个标志是通过可视化来表示数据：用数据说话，胜过为数据强加一种先验（a priori）解释。3.2.3 节和 3.2.4 节将讲解展示数据的方式，以帮助解释单个变量的分布或二个及以上变量之间关系。

R 中有许多函数都可以用于可视化单个变量，表 3.4 列出了其中的一些函数。

表 3.4　用于可视化单个变量的函数示例

函数	用途
plot(data)	点图，X 轴代表指数，Y 轴代表值，适合于少量数据
barplot(data)	有垂直和水平条的条形图
dotchart(data)	克里夫兰点图[12]
hist(data)	直方图
plot(density(data))	密度图（一种连续直方图）
stem(data)	茎叶图
rug(data)	添加一个数据一维图到现有的图形

1．点图和条形图

点图和条形图可以从离散变量中绘制带标签的连续值。在 R 中，可以使用 dotchart(x, label=…) 函数创建点图，其中 x 表示一个数值向量，label 表示一个 x 的分类标签向量。条形图可以使用 barplot(height) 函数来创建，其中 height 表示一个向量或矩阵。图 3.10 中（a）点状图和（b）条形图都基于 mecars 数据集，其中包括 32 种汽车的油耗，以及设计和性能方面的 10 个指标。在 R 标准发行版中可以找到这个数据集。

通过下面的 R 代码可以生成图 3.10。

```
data(mtcars)
dotchart(mtcars$mpg,labels=row.names(mtcars),cex=.7,
        main="Miles Per Gallon (MPG) of Car Models",
        xlab="MPG")
barplot(table(mtcars$cyl), main="Distribution of Car Cylinder Counts",
        xlab="Number of Cylinders")
```

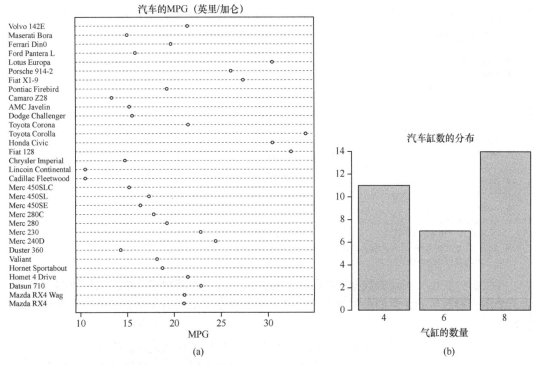

图 3.10 （a）点图表示汽车的 MPG（b）条形图表示汽车缸数的分布

2．直方图和密度图

图 3.11（a）是一张家庭收入的直方图。图的左边部分表示有很多低收入的家庭，右边长尾巴部分表示更高收入的家庭。

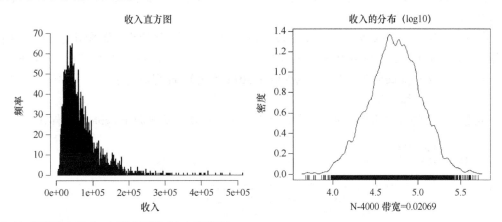

图 3.11 家庭收入的（a）直方图和（b）密度图

图 3.11（b）是一张家庭收入的对数密度图，它强调的是分布。家庭收入分布集中在图的中

间部分。下面的 R 代码可以用来绘制图 3.11。rug()函数在图形的底部创建了一个一维密度图来突出观察到的分布。

```
# randomly generate 4000 observations from the log normal distribution
income<- rlnorm(4000, meanlog = 4, sdlog = 0.7)
summary(income)
   Min.  1st Qu. Median  Mean  3rd Qu.  Max.
   4.301 33.720  54.970  70.320 88.800  659.800
income<- 1000*income
summary(income)
   Min. 1st Qu. Median Mean 3rd Qu. Max.
   4301 33720   54970  70320 88800  659800
# plot the histogram
hist(income, breaks=500, xlab="Income", main="Histogram of Income")
# density plot
plot(density(log10(income), adjust=0.5),
    main="Distribution of Income (log10 scale)")
# add rug to the density plot
rug(log10(income))
```

在数据分析生命周期的数据准备阶段，可以获知数据的范围和分布。如果数据有倾斜，查看数据的对数（如果它们全部是正值）可以帮助发现在常规的非对数图中可能会被忽视的数据特征。

正如前面解释的那样，在准备数据时应该留意任何脏数据的迹象。检查数据是单峰或多峰可以了解在整体人口中有多少种具有不同行为模式的人群。许多建模技术假设数据遵循正态分布。因此，在应用这些建模型技术之前，要搞清楚可用数据集是否符合假设。

图 3.12（a）包含两张钻石价格的密度图（单位为美元），分别对应钻石优秀切工和理想切工。优秀切工如图中红色部分所示，理想切工如图中蓝色部分所示。本例中钻石的价格分布非常广泛，从大约 300 美元到近 20000 美元不等。在货币数据中，比如收入、客户价值、税务负债和银行账户规模，极值很常见。

图 3.12（b）通过对数展示了比图 3.12（a）更多的钻石价格细节。优秀切工部分的两个峰值分别代表二个不同钻石价格组别：一组中心在 $\log_{10}price=2.9$ 左右（价格大概为 794 美元），另一组中心在 $\log_{10}price=3.7$ 左右（价格大概在 5012 美元）。理想切工部分有三个峰值，中心位置分别在 2.9、3.3 和 3.7。

生成图 3.12 的 R 脚本代码如下所示，其中 diamonds 数据集来源于 ggplot2 软件包。

```
library("ggplot2")
data(diamonds) # load the diamonds dataset from ggplot2

# Only keep the premium and ideal cuts of diamonds
niceDiamonds <- diamonds[diamonds$cut=="Premium" |
                         diamonds$cut=="Ideal",]

summary(niceDiamonds$cut)
     Fair    Good Very Good    Premium    Ideal
       0       0         0      13791    21551
```

```
# plot density plot of diamond prices
ggplot(niceDiamonds, aes(x=price, fill=cut)) +
  geom_density(alpha = .3, color=NA)

# plot density plot of the log10 of diamond prices
ggplot(niceDiamonds, aes(x=log10(price), fill=cut)) +
  geom_density(alpha = .3, color=NA)
```

　　lattice 软件包中的 densityplot() 函数也可以制作简单的密度图，用户可以作为 ggplot2 软件包的替代。

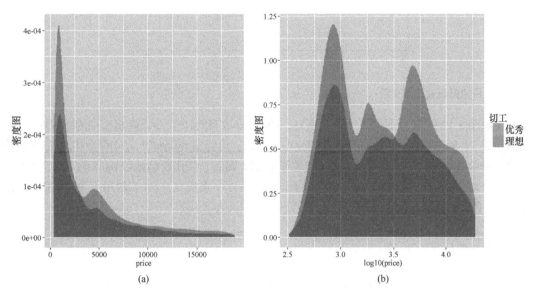

(a)　　　　　　　　　　　　　　　　　　(b)

图 3.12　（a）钻石价格密度图和（b）钻石价格对数密度图

3.2.4　研究多个变量

　　散点图（如图 3.1 和图 3.5 所示）是一种被广泛使用的简单的可视化方法，用于寻找多个变量之间的关系。散点图可以使用 X 轴、Y 轴、大小、颜色和形状代表数据的 5 种变量，但是一般情况下散点图中只使用 2 到 4 种变量来描绘数据，以免造成混乱。当检查一个散点图时，需要密切关注变量之间可能的关系。如果变量之间的函数关系比较明显，数据就可能被描画成一条直线、一条抛物线或者一条指数曲线。此外，如果变量 Y 与变量 X 呈指数关系，那么 X 与 log(Y) 的关系是近似线性的。如果散点图看起来没有什么特征，那么变量间可能只存在弱关联。

　　图 3.13 中的散点图描述了二种变量 X 和 Y 的关系。图中红线是线性回归生成的拟合直线。可以看出数据不符合线性分布，因而不适合使用线性回归来拟合示例中变量的关系。loess() 等函数可以用来拟合非线性数据。图中蓝线表示 LOESS 曲线，它与数据的吻合度优于线性回归。线性回归将在后面的第 6 章讲解。

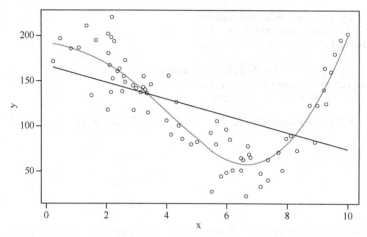

图 3.13　用回归研究二个变量

生成图 3.13 的 R 代码如下所示。首先，使用 runif(75,0,10)命令以随机模拟的方式在 0～10 之间生成 75 个数字，这些数字符合均匀分布。然后，再使用 rnorm(75,0,20)命令生成 75 个符合正态分布的数字，其中均值等于 0，标准差等于 20。最后，使用泛型函数 points()在指定坐标上绘制一个点序列，其中参数 type= "l" 用于指定函数画一条实线，col 参数用于设定线的颜色，2 代表红色，4 代表蓝色。

```
# 75 numbers between 0 and 10 of uniform distribution
x <- runif(75, 0, 10)

x <- sort(x)
y <- 200 + x^3 - 10 * x^2 + x + rnorm(75, 0, 20)

lr <- lm(y ~ x)          # linear regression
poly <- loess(y ~ x)     # LOESS
fit<- predict(poly)      # fit a nonlinear line

plot(x,y)

# draw the fitted line for the linear regression
points(x, lr$coefficients[1] + lr$coefficients[2] * x,
       type = "l", col = 2)

# draw the fitted line with LOESS
points(x, fit, type = "l", col = 4)
```

1. 点图和条形图

我们在前面了解到点图和条形图可以可视化多个变量，它们都使用颜色作为数据可视化的另一个维度。

图 3.14 是一个在数据集 mtcars 上生成的点图，Y 轴表示以气缸数量对汽车型号分组，并使用颜色来区分不同气缸数量的汽车型号。在 X 轴上，根据 MPG 值将汽车进行排序。生成图 3.14

的代码如下所示。

```
# sort by mpg
cars<- mtcars[order(mtcars$mpg),]

# grouping variable must be a factor
cars$cyl <- factor(cars$cyl)

cars$color[cars$cyl==4] <- "red"
cars$color[cars$cyl==6] <- "blue"
cars$color[cars$cyl==8] <- "darkgreen"

dotchart(cars$mpg, labels=row.names(cars), cex=.7, groups= cars$cyl,
        main="Miles Per Gallon (MPG) of Car Models\nGrouped by Cylinder",
        xlab="Miles Per Gallon", color=cars$color, gcolor="black")
```

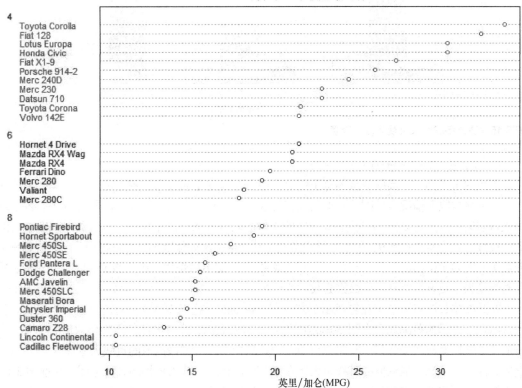

图 3.14 点图用于可视化多个变量

　　图 3.15 展示了汽车气缸数量和齿轮数量的分布情况。X 轴表示气缸的数量，不同颜色表示不同齿轮数量。生成图 3.15 的代码如下所示。

```
counts<- table(mtcars$gear, mtcars$cyl)
barplot(counts, main="Distribution of Car Cylinder Counts and Gears",
        xlab="Number of Cylinders", ylab="Counts",
        col=c("#0000FFFF", "#0080FFFF", "#00FFFFFF"),
        legend = rownames(counts), beside=TRUE,
        args.legend = list(x="top", title = "Number of Gears"))
```

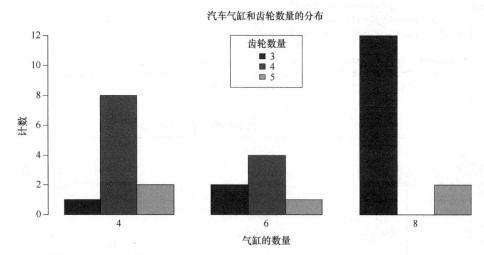

图 3.15　通过条状图来可视化多个变量

2．箱线图（box-and-whisker plot）

箱线图可以为一个离散变量的每个值显示一个连续变量的分布。图 3.16 显示了美国不同区域的家庭平均收入情况。美国邮政编码的首位数字对应着一个美国地区。在图 3.16 中，每个数据点对应着一个特定邮政编码代表的地区的中位数家庭收入。图中水平轴代表数字邮政编码的第一位数字，范围从 0 到 9，数字 0 代表美国东北地区（比如缅因州、佛蒙特州、马萨诸塞州），而数字 9 代表美国西南地区（比如加州和夏威夷州）。图中纵轴代表中位数家庭收入的对数，采用对数是为了更好地查看中位数家庭收入的分布。

在此图中，散点图显示在箱线图下方，有些抖动的重叠点使得每一行的点扩大为带状。箱线图的盒子显示的范围包含中间 50%范围的家庭收入数据，盒中的线位于中位数值的位置。盒子的上下边缘对应数据的第一和第三个四分位。从盒子顶部到最高值的直线大概在 1.5 倍 IQR 之内，而盒子底部到最低值的直线也大概在 1.5 倍 IQR 之内。IQR 指四分位范围，在前面 3.1.4 节讲解过。那些超出直线范围之外的点可以被理解为异常值。

图 3.16 显示了家庭收入因地区而异。最高的中位数收入在区域 0 和区域 9。其中，区域 0 略高，但是二个区域的盒子拥有很大的重叠，因此二个区域家庭收入差异并不明显。最低家庭收入出现在区域 7，该区域包括路易斯安那州、阿肯色州和俄克拉何马州。

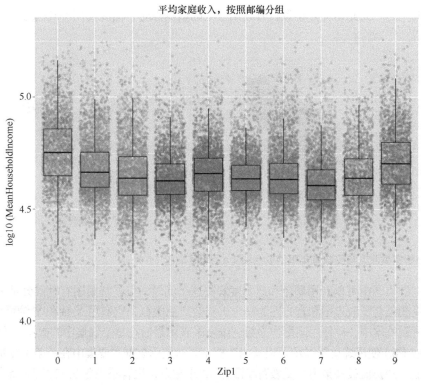

图 3.16 箱线图表示中位数家庭收入和地理区域的关系

假设数据帧 DF 包含两列（MeanHouseholdIncome 和 Zip1），下面的 R 脚本用 ggplot2 软件库[11]可以绘制与图 3.16 类似的图。

```
library(ggplot2)
# plot the jittered scatterplot w/ boxplot
# color-code points with zip codes
# the outlier.size=0 prevents the boxplot from plotting the outlier
ggplot(data=DF, aes(x=as.factor(Zip1), y=log10(MeanHouseholdIncome))) +
  geom_point(aes(color=factor(Zip1)), alpha=0.2, position="jitter") +
  geom_boxplot(outlier.size=0, alpha=0.1) +
  guides(colour=FALSE) +
  ggtitle ("Mean Household Income by Zip Code")
```

另外，通过 R 基础包中的 boxplot()函数也可以创建一些简单的箱线图。

3．适用于大型数据集的蜂巢图（hexbinplot）

本章已经介绍了散点图这种用于可视化包含一个或多个变量的数据的方法。但是，当存在大量数据时，散点图很容易造成严重的数据点重叠，因而在观察数据时显得"力不从心"。图 3.17 是一个研究家庭收入的对数与受教育年限关系的案例。左图（a）显示两个变量之间有某种线性关系，然而人们从图中很难看出聚类中数据的分布规律。这是使用散点图分析大数据时经常遇到的问题，因此，在分析数百万甚至上亿的数据点时，需要使用不同的方法来探索、可视化和分析。

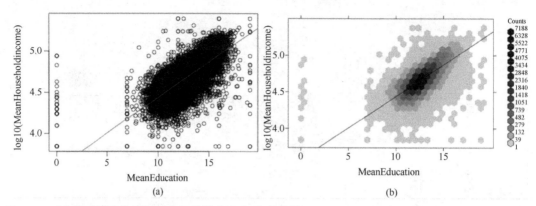

图 3.17　分析家庭收入与受教育年限的散点图（a）和蜂巢图（b）

虽然在散点图中可以利用颜色和透明度解决这个问题，但是蜂巢图有时候会是一个更好的选择。蜂巢图结合了散点图和直方图的理念。与散点图类似，它利用 X 轴和 Y 轴可视化数据。数据被放置到蜂巢中，并使用阴影作为第三维度来表示最后在每个蜂巢中的数据浓度。

图 3.17（b）使用蜂巢图展示了相同的数据。图中显示数据主要集中在一条贯穿聚类中心的回归线附近。数据值最多集中在受教育年限为 12 年左右，也有不少落在 12 年到 15 年之间。

图 3.17 中，出现了一些 MeanEducation=0 的异常数据，这些可能是缺失数据，需要进一步清洗。

假设变量 MeanHouseholdIncome 和 MeanEducation 源于数据帧 zcta，那么可以使用下面的 R 代码绘制出图 3.17（a）。

```
# plot the data points
plot(log10(MeanHouseholdIncome) ~ MeanEducation, data=zcta)
# add a straight fitted line of the linear regression
abline(lm(log10(MeanHouseholdIncome) ~ MeanEducation, data=zcta), col='red')
```

当使用数据帧 zcta 时，使用下面的 R 代码可以绘制出蜂巢图 3.17（b）。运行下面的代码需要使用 hexbin 软件包，该软件包可以通过运行 install .packages（"hexbin"）命令进行安装。

```
library(hexbin)
# "g" adds the grid, "r" adds the regression line
# sqrt transform on the count gives more dynamic range to the shading
# inv provides the inverse transformation function of trans
hexbinplot(log10(MeanHouseholdIncome) ~ MeanEducation,
 data=zcta, trans = sqrt, inv = function(x) x^2, type=c("g", "r"))
```

4．散点图矩阵（scatterplot matrix）

散点图矩阵可以紧凑地并排显示多张散点图。因此，散点图矩阵可以同时表示数据集的多个属性，以便研究它们的关系，放大差异，以及揭示其中隐藏的模式。

Fisher 的 iris 数据集[13]包括三类鸢尾属植物中 50 种花的花萼长度、花萼宽度、花瓣长度和花瓣宽度的测量数据（以厘米为单位）。这三类鸢尾属植物分别是山鸢尾、云芝和锦葵。鸢尾属植物数据集可以在 R 标准发行版中找到。

在图 3.18 中，使用散点图矩阵比较 Fisher 鸢尾属植物数据集的所有变量（花萼长度、花萼宽度、花瓣长度和花瓣宽度），其中三种不同的颜色分别代表三种鸢尾属开花植物。图 3.18 的散点图矩阵对比了鸢尾属植物在任意一对属性上的差异。

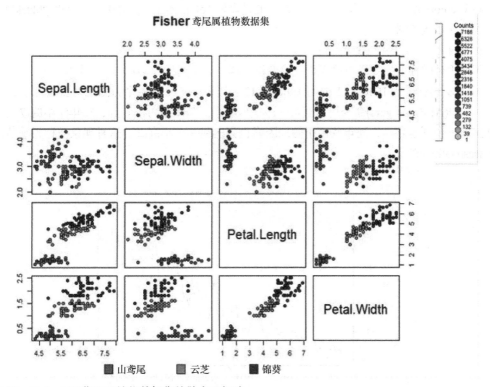

图 3.18　Fisher[13]鸢尾属植物数据集的散点图矩阵

让我们来分析一下图 3.18 第 1 行第 3 列的散点图，对比花萼长度和花瓣长度。该图横轴表示花瓣长度，纵轴表示花萼长度。该图显示云芝和锦葵拥有相近的花萼和花瓣长度，但是后者拥有更长的花瓣。所有山鸢尾的花瓣长度都差不多相同，但是明显比其他两种植物要短许多。散点图显示，对于云芝和锦葵，花萼长度随花瓣长度线性增长。

下列的 R 代码可以生成上面的散点图矩阵。

```
# define the colors
colors <- c("red", "green", "blue")
```

```
# draw the plot matrix
pairs(iris[1:4], main = "Fisher's Iris Dataset",
     pch = 21, bg = colors[unclass(iris$Species)] )

# set graphical parameter to clip plotting to the figure region
par(xpd = TRUE)

# add legend
legend(0.2, 0.02, horiz = TRUE, as.vector(unique(iris$Species)),
       fill = colors, bty = "n")
```

向量 colors 用于定义该图的颜色方案，通过设置 colors <- c("gray50", "white", "black")可以将图改为灰度散点图。

5．分析时间轴上的变量

可视化时间轴上的变量与可视化其他变量一样，只是目标是确定与时间相关的模式。

图 3.19 绘制了从 1940 年 1 月到 1960 年 12 月国际航空公司每个月的乘客数量。在 R 控制台输入 plot(AirPassengers)命令可以获得一个类似的图。从图中可以看到，每年年中的 7 月和 8 月会出现一个乘客高峰，而年底由于假期因素也会出现一个小高峰。这种现象被称为季节性效应（seasonality effect）。

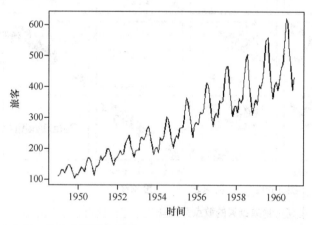

图 3.19　1949 到 1960 年间，航空公司乘客的数量

此外，从 1949 年到 1960 年航空公司乘客数量总体趋势是稳步增长。第 8 章还会详细地分析这个数据集。

3.2.5　对比数据探索和数据演示

运用可视化进行数据探索不同于向利益相关者演示结果。并不是每种图表类型都适合所有受众。前面讨论的大部分图表都是尽可能清楚地展示数据细节,以帮助数据科学家了解数据的构成和数据间的关系。这些图表天然地更适合数据科学家这样的技术人员查看。然而,非技术出身的利益相关者更喜欢通过简单和清晰的图片来获取数据传达的信息,而不是数据本身。

图 3.20 中的密度图显示了一家银行中账户余额的分布情况,余额数据已经被转换到 $\log_{10}$ 的刻度。该图底部的轴须图表示变量分布的情况。这张图更适合数据科学家和业务分析师查看,因为它提供了与下游分析相关的信息。图中显示,转换后的账户余额遵循近似的正态分布,范围从 100 美元到 10000000 美元,其中账户余额中值大约为 $30000(10^{4.5})$ 美元,大部分账户余额在 $1000(10^3)$ 美元到 $10000000(10^6)$ 美元之间。

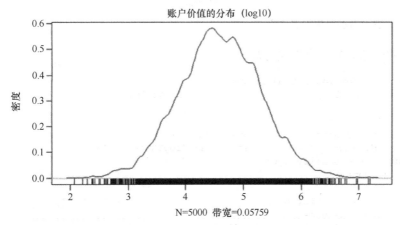

图 3.20　密度图更适合数据科学家查看

密度图中包含的很多技术细节很难向不懂技术的利益相关者解释。例如,很难向他们解释为什么使用 $\log_{10}$ 的比例来显示账户余额,因为这个刻度对利益相关者没有直接意义。要传达与图 3.20 同样的信息,可以将数据按范围划分成桶,然后将其显示为直方图,如图 3.21 所示。从图 3.21 可以看出,大部分账户余额落在 1000 美元到 1000000 美元之间,最多集中在 10000 美元到 50000 美元之间,不少也落在 50000 美元到 500000 美元之间。与图 3.20 中的密度图相比,利益相关者更容易通过图 3.21 理解账户的分布。

直方图中的桶大小的选择需要特别注意,以免造成数据失真。在本例中,图 3.21 中的桶大小是根据观察图 3.20 中的密度图来选择的。如果没有密度图作为参考依据,随意选择桶大小将直接影响对余额最集中范围的认知。

这个简单的例子满足了分析人员和利益相关者这两组用户的不同需求。第 12 章将进一步讨论向这两组用户展示数据的最佳实践。

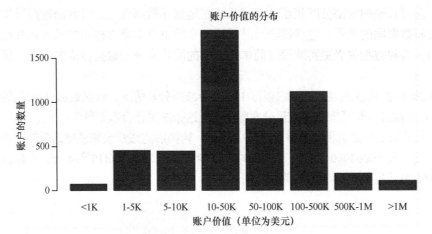

图 3.21 直方图更适合利益相关者查看

生成图 3.20 和图 3.21 的 R 代码如下所示。

```
# Generate random log normal income data
income = rlnorm(5000, meanlog=log(40000), sdlog=log(5))

# Part I: Create the density plot
plot(density(log10(income), adjust=0.5),
    main="Distribution of Account Values (log10 scale)")
# Add rug to the density plot
rug(log10(income))

# Part II: Make the histogram
# Create "log-like bins"
breaks = c(0, 1000, 5000, 10000, 50000, 100000, 5e5, 1e6, 2e7)
# Create bins and label the data
bins = cut(income, breaks, include.lowest=T,
          labels = c("< 1K", "1-5K", "5-10K", "10-50K",
                    "50-100K", "100-500K", "500K-1M", "> 1M"))
# Plot the bins
plot(bins, main = "Distribution of Account Values",
     xlab = "Account value ($ USD)",
     ylab = "Number of Accounts", col="blue")
```

3.3 用于评估的统计方法

可视化能有助于数据探索和展示，而统计则是不可或缺的，因为它可能在整个数据分析生命周期无处不在。统计技术被用在许多场合，比如最初的数据探索和数据准备、模型建立、最终模型评估，以及评估新模型在现场部署时如何改进现况。此外，统计可以帮助回答数据分析相关的下列问题。

● 模型构建和规划

- 最好的模型输入变量是什么?
- 对于给定的输入,模型可以预测结果吗?
- 模型评估
  - 模型是否精确?
  - 模型是否会强于明显的猜测?
  - 这个模型是否比其他模型好?
- 模型部署
  - 预测是合理的吗?
  - 模型是否达到预期的效果(比如,降低成本)?

本节将讨论一些可以回答这些问题的有用的统计工具。

3.3.1 假设检验

在比较人口时,例如检验或评估两个样本数据的均值差异(见图 3.22),假设检验是一种用来评估差异或差异显著性的常见技术。

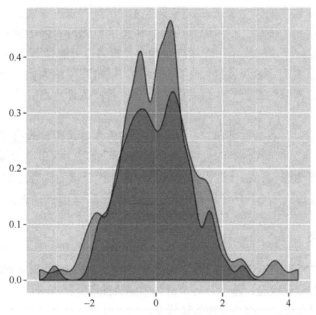

图 3.22 两个样本数据的分布

假设检验的基本概念是先做出某种假设,然后使用数据进行检验。在进行假设检验时,通常假设两个样本之间没有差异。这是测试或者科学实验时的默认假设,统计学家称之为**原假设**(null hypothesis)(H_0)。**备择假设**(alternative hypothesis)(H_A)则认为两个样本之间通常存在差异。例如，当比较药物 A 和药物 B 对患者的疗效时，原假设和备择假设分别会是：

- H_0：药物 A 和药物 B 对患者有相同疗效。
- H_A：药物 A 对患者的疗效比药物 B 更明显。

当确定广告投放 C 是否有效地减少了客户流失时，原假设和备择假设分别会是：

- H_0：相较于当前的广告投放方法，投放 C 没有减少客户流失。
- H_A：相较于当前的广告投放方法，投放 C 更好地减少了客户流失。

正确地阐述原假设和备择假设非常重要，否则可能破坏假设检验过程的后续步骤。假设检验的结果要么否定原假设而支持备择假设，要么接受原假设。

表 3.5 中罗列了一些在分析生命周期中应该检验的原假设和备择假设的例子。

表 3.5　原假设和备择假设的例子

应用	原假设	备择假设
精度预测	模型 X 的预测没有好于现有模型	模型 X 的预测好于现有模型
推荐引擎	算法 Y 生成的推荐没有好于当前使用的算法	算法 Y 生成的推荐好于当前使用的算法
回归建模	某变量不会影响输出，因为它的系数为零	某变量会影响输出，因为它的系数不为零

一旦模型在训练数据上建立起来，就需要通过测试数据进行评估，以判断新模型的预测是否好于当前正在使用的模型。这里原假设是新模型的预测没有好于现有的模型，备择假设是新模型的预测确实好于现有模型。在精度预测中，原假设可能是下个月销售额与上月持平。假设检验需要评估新模型是否可以提供更好的预测。以推荐引擎为例，这里原假设是，与当前使用的算法相比，新算法并没有生成更好的推荐；备择假设是新算法会生成比现有算法更好的推荐。

当评估一个模型时，有时需要确定一个给定的输入变量是否会改进模型。比如在回归分析（第 6 章）中，这是指确定一个变量的回归系数是否为零。这里原假设是系数为零，代表该变量不会对输出产生影响，备择假设是系数不为零，代表该变量会对输出产生影响。

一种常见的假设检验是比较两个群体的均值，这将在 3.3.2 节进行讨论。

3.3.2　均值差异

假设检验是一种常见的推论方法，用来决定两个群体（以 pop1 和 pop2 表示）是否彼此不同。本节会介绍两种假设检验，基于从每个群体中随机抽取的样本来比较群体的均值。具体而言，这两种假设检验考虑以下原假设和备择假设。

- $H_0: \mu_1 = \mu_2$
- $H_A: \mu_1 \neq \mu_2$

μ_1 和 μ_2 分别代表 pop1 和 pop2 的群体均值。

基本的校验方法是比较两个群体对应的抽样均值 $\overline{X}_1$ 和 $\overline{X}_2$。如果 $\overline{X}_1$ 和 $\overline{X}_2$ 的值大致相等，

则 $\overline{X}_1$ 和 $\overline{X}_2$ 的分布基本重叠（见图 3.23），原假设成立。如果抽样均值之间有很大的差异，则表明应该否定原假设。均值的差异可以使用学生 t 检验或者 Welch t 检验进行正式地检测。

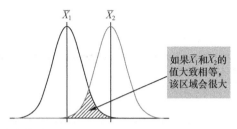

图 3.23 当 $\overline{X}_1 \approx \overline{X}_2$，两个分布的重叠较大

1. 学生 *t* 检验

学生 t 检验假设两个群体的分布相等，但方差未知。假设 n_1 和 n_2 抽样是从两个群体 *pop1* 和 *pop2* 中随机且独立地选择的。如果每个群体满足正态分布，而且具有相同的均值（ $\mu_1 = \mu_2$ ）和相同的方差，则公式 3-1 中的 T（ t 统计）遵循一个自由度（degrees of freedom, df）为 $n_1 + n_2 - 2$ 的 t 分布。

$$T = \frac{\overline{X}_1 - \overline{X}_2}{S_p \sqrt{\dfrac{1}{n_1} + \dfrac{1}{n_2}}}$$

其中
$$S_p^2 = \frac{(n_1 - 1)S_1^2 + (n_2 - 1)S_2^2}{n_1 + n_2 - 2} \tag{3.1}$$

t 分布的形状类似于正态分布。事实上，当自由度接近 30 或更大时，t 分布几乎等同于正态分布。由于抽样均值的差异体现在 T 的分子上，如果 T 的观测值离 0 足够远，以至于不可能观测到这样的一个 T 值，人们会否定群体均值相等的原假设。因此，对于一个小概率，比如 $\alpha = 0.05$，T^* 的取值使得 $P(|T| \geq T^*) = 0.05$。在抽样和根据公式 3-1 计算出观测值后，如果 $|T| \geq T^*$，原假设（ $\mu_1 = \mu_2$ ）会被否定。

一般来说，在假设检验中，小概率 α 被称为检验的显著性水平（signficance level）。当原假设成立时，检验的显著性水平是否定原假设的概率。换句话说，当 $\alpha = 0.05$，如果两个群体的均值是相等的，那么在重复的随机抽样中，T 的观察幅度（magnitude）只会超过 T^* 5% 的时间。

在下面的 R 代码示例中，10 个观测数据是从两个正态分布群体中随机抽取的，然后分配给变量 X 和 Y。两个群体的均值分别为 100 和 105，标准偏差等于 5。然后进行学生 t 检验，以确定获得的随机样本是否支持对原假设的否定。

```
# generate random observations from the two populations
x <- rnorm(10, mean=100, sd=5) # normal distribution centered at 100
```

```
y <- rnorm(20, mean=105, sd=5) # normal distribution centered at 105

t.test(x, y, var.equal=TRUE) # run the Student's t-test
Two Sample t-test

data: x and y
t = -1.7828, df = 28, p-value = 0.08547
alternative hypothesis: true difference in means is not equal to 0
95 percent confidence interval:
  -6.1611557 0.4271893
sample estimates:
  mean of x mean of y
102.2136 105.0806
```

从 R 代码的输出结果中可以看到，T 的观测值是 $t=-1.7828$。负号是由于 X 的抽样均值小于 Y 的抽样均值导致的。使用 R 的 qt()函数计算得出，T 值 2.0484 对应于 0.05 的显著性水平。

```
# obtain t value for a two-sided test at a 0.05 significance level
qt(p=0.05/2, df=28, lower.tail= FALSE)
2.048407
```

由于所观察到的 T 统计值幅度小于 0.05 显著值水平时的 T 值（|1-1.7828|<2.0484），所以原假设不会被否定。因为备择假设是均值不相等（$\mu_1 \neq \mu_2$），因此需要考虑 $\mu_1 > \mu_2$ 和 $\mu_1 < \mu_2$ 这两种情况的概率。这种形式的学生 t 检验被称为双边假设检验（two-sided hypothesis test），并且两个 t 分布的尾部的概率之和应该等于显著性水平。人们习惯在两个尾部之间均匀地划分显著性水平。因此，qt()函数使用 $p=0.05/2=0.025$ 来获得合适的 t 值。

为了简化 t 检验结果与显著性水平的比较，R 输出中包括一个 p 值（p-value）。在前面的例子中，p 值为 0.08547，它是 $P(T \leq -1.7828)$ 和 $P(T \geq 1.7828)$ 的总和。图 3.24 展示了 t 分布尾部区域的 t 统计。$-t$ 和 t 都是 t 统计的观测值。在 R 输出中，$t=1.7828$。左边的阴影区域对应 $P(T \leq -1.7828)$，右边的阴影则对应 $P(T \geq 1.7828)$。

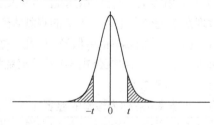

图 3.24 一个学生 t 分布的尾部（阴影）区域

在 R 输出中，如果显著性水平为 0.05，那么原假设将不会被否定，因为幅度为 1.7828 或更大的 T 值只可能在大于 0.05 的概率下发生。然而，如果显著性水平根据 p 值被选为 0.10，而不是 0.05，那么原假设就被否定。一般情况下，p 值代表的是一个抽样结果导致原假设成立的概率。

学生 t 检验中一个关键的假设是群体方差相等。在前面的示例中，t.test()函数调用设定 var.equal=TRUE 来假定方差相等。如果这个假设是不合适的，那么应该使用 Welch t 检验。

2. Welch *t* 检验

检测群体均值差异时，如果学生 *t* 检验的群体方差相等假设不成立，则可以基于等式 3.2 中的 *T* 使用 Welch t 检验[14]。

$$T_{welch} = \frac{\overline{X}_1 - \overline{X}_2}{\sqrt{\dfrac{S_1^2}{n_1} + \dfrac{S_2^2}{n_2}}} \tag{3.2}$$

其中 $\overline{X}_i$、S_i^2 和 n_i 分别对应第 i 次抽样均值、抽样方差和抽样大小。注意，Welch t 检验对每个群体使用样本方差（ S_i^2 ），而不是样本方差。

在 Welch 检验中，假设两个群体的随机样本具有相同均值，那么 *T* 的分布近似为 *t* 分布。下面的 R 代码用于执行 Welch t 检验，其使用的数据集与和前面学生 *t* 检验例子相同。

```
t.test(x, y, var.equal=FALSE) # run the Welch's t-test
Welch Two Sample t-test

data: x and y
t = -1.6596, df = 15.118, p-value = 0.1176
alternative hypothesis: true difference in means is not equal to 0
95 percent confidence interval:
  -6.546629 0.812663
sample estimates:
  mean of x mean of y
102.2136 105.0806
```

在这个 Welch t 检验的例子中，*p* 值为 0.1176，大于学生 *t* 检验示例中观测到的 *p* 值 0.08547。在这种情况下，原假设将不会在 0.10 或 0.05 显著性水平上被否定。

值得注意的是，Welch t 检验中自由度的计算不如在学生 *t* 检验中那么简单。事实上，Welch t 检验中自由度的计算经常会得出一个非整数值，就像这个例子。等式 3.3 定义了 Welch t 检验的自由度。

$$df = \frac{\left(\dfrac{S_1^2}{n_1} + \dfrac{S_2^2}{n_2} \right)}{\dfrac{\left(\dfrac{S_1^2}{n_1} \right)^2}{n_1 - 1} + \dfrac{\left(\dfrac{S_2^2}{n_2} \right)^2}{n_2 - 1}} \tag{3.3}$$

在学生 *t* 检验和 welch t 检验这两个例子中，R 的输出都提供了 95% 的均值差异的置信区间（ confidence interval ）。在这两个例子中，置信区间都跨越了零。无论假设检验的结果如何，置信区间提供了群体均值差异的区间预测，不仅仅是一个点估计。

置信区间是基于抽样数据的对群体参数或特性的区间估计。置信区间被用来说明点估计的不确定性。如果 $\overline{x}$ 是某个未知群体均值 μ 的估计，置信区域可以让我们知道 $\overline{x}$ 距离未知的 μ 有多近。例如，95% 的群体均值的置信区域横跨原假设成立的情况，但未知 95% 的时间均值。

以图 3.25 为例，假定置信区域是 95%。当在一个已知标准方差为 σ 的正态分布中估算一个未知值 μ 的均值时，假如基于 n 个观测值的估算值为 x，则区间 $\overline{x} \pm \dfrac{2\sigma}{\sqrt{n}}$ 会有 95% 的概率横跨未知的 μ 值。如果取 100 个不同抽样，计算 95% 的均值的置信区间，则 100 个置信区间中有 95 个会横跨群体均值 μ。

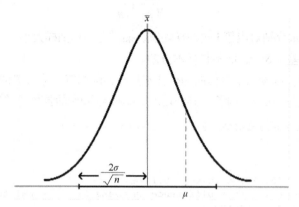

图 3.25　横跨未知的群体均值 μ 的 95% 置信区间

置信区间将在 3.3.6 节 ANOVA 部分继续讨论。回到假设检验的讨论，学生 t 检验和 Welch t 检验中的一个关键假设是相关的群体属性满足正态分布。对于非正态分布的数据，有时可能可以将收集到的数据转换为近似正态分布。例如，对数据取对数经常能将倾斜的数据转换成至少对称于均值的数据。但是，当这种转换无效，那么用户还可以使用 Wilcoxon 秩和检验之类的方法来检测两个群体分布是否不同。

3.3.3　Wilcoxon 秩和检验

t 检验代表一种参数测试（parametric test），因为它会针对被采样的群体分布进行假设。如果群体不能被假定为正态分布或者不能被转换到正态分布，则可以使用非参数测试（nonparametric test）。Wilcoxon 秩和检验[15]是一种非参数假设检验，用来检查两个群体是否具有相同分布。假设两个群体是同分布的，一般会认为任何抽样观测值的顺序会均匀地混合。例如，在对观测值进行排序时，人们不会期望来自一个群体的大量的观测值积聚在一起，尤其是在顺序的开始或结束部分。

再次用 *pop*1 和 *pop*2 命名两个群体，其独立随机抽样的大小分别为 n_1 和 n_2。观测值的总数为 $N = n_1 + n_2$。Wilcoxon 检验的第一步是对两个群体中的观测值进行排序，就像它们都是来自同一个大的群体。最小的观测值被排在第 1 位，第二小的观测值被排在第 2，最大的观测值就被排在第 N 位。相等的观测值的次序等于它们前后的观测值的次序的平均。Wilcoxon 秩和检验采用次序替代数值结果，以避免对分布形状的特定假设。

在对所有观测值排序后，对至少一个群体样本的观测值的次序进行求和。如果 *pop1* 的分布到了 *pop1* 分布的右侧，那么 *pop1* 抽样对应的秩和应该大于 *pop2* 抽样对应的秩和。Wilcoxon 秩和检验能确定观测值秩和的显著性。下面的 R 代码将会对之前的 t 检验中使用的数据集进行 Wilcoxon 秩和检验。

```
wilcox.test(x, y, conf.int = TRUE)
Wilcoxon rank sum test

data: x and y
W = 55, p-value = 0.04903
alternative hypothesis: true location shift is not equal to 0
95 percent confidence interval:
  -6.2596774 -0.1240618
sample estimates:
  difference in location
-3.417658
```

wilcox.test()函数对观测值进行排序，确定每个群体抽样对应的观测值秩和，然后确定当群体分布相同时能观察到的这种幅度的秩和的概率。在这个例子中，概率是由 p 值 0.04903 给出的。因此，原假设将在 0.05 显著性水平被否定。读者可能注意到了，就本节给出的例子来看，一种假设检验明显比另一种检验方法更好。

因为 Wilcoxon 检验不对群体分布进行任何假设，因此通常认为它比 t 检验更加健壮。换句话说，Wilcoxon 检验中有更少的可能被违反的假设。然而，当能合理地假设数据满足正态分布时，学生 t 检验或者 Welcht 检验都是合适的假设检验。

3.3.4 I 型和 II 型错误

假设检验可能导致两种类型的错误，取决于测试是否接受或否定原假设。这两种错误称为 I 型和 II 型错误。

- **I 型错误**是指当原假设成立时，否定原假设。I 型错误概率用希腊字母 α 表示。
- **II 型错误**是指在原假设不成立时，接受原假设。I 型错误概率用希腊字母 β 表示。

表 3.6 列出了假设检验的 4 种可能状态，其中包括两种错误类型。

表 3.6 I 型和 II 型错误

	H_0 为 TRUE	H_0 为 FALSE
H_0 被接受	正确的结果	II 型错误
H_0 被否定	I 型错误	正确的结果

在讨论学生 t 检验时提到，显著性水平等同于 I 型错误。对于一个显著性水平（如 $\alpha=0.05$）来说，如果原假设（$\mu_1=\mu_2$）成立，那么基于抽样数据观测到的 T 值有 5% 的几率大到足以否定原假设。通过选择适当的显著性水平，犯 I 型错误的概率在收集或分析任何数据之前就可以被确定。

犯 II 型错误的概率很难被确定。如果两个群体均值不相等，犯 II 型错误的概率将取决于均值到底相差多远。为了将犯 II 型错误的概率降低到一个合理的水平，通常需要增加抽样大小。这个主题将在下一节讨论。

3.3.5 功效和抽样大小

检验的功效（power of a test）是指正确地拒绝原假设的概率。它可以表示为 $1-\beta$，其中 β 是 II 型错误的概率。因为检验功效随着抽样大小增加而增加，因此功效被用于确定必要的抽样大小。在均值差异中，假设检验的功效取决于群体均值的真正差异。换句话说，对于一个固定的显著性水平，检测到更小的均值差异需要一个更大的抽样空间。一般来说，差异幅度被称为效应量（effect size）。当抽样空间变大后，就更加容易检测到一个给定的效应量 δ，如图 3.26 所示。

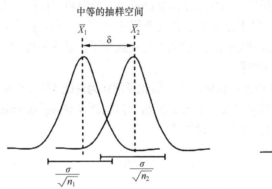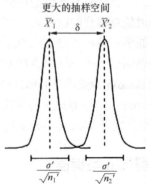

图 3.26 更大的抽样空间可以更好地识别一个固定的效应量

当抽样空间足够大时，几乎任何效应量在统计上都会相当明显。然而，一个非常小的效应量在实际中可能是无用的。重要的是要针对手头的问题考虑一个适当的效应量。

3.3.6 ANOVA

前面的章节中提到，假设检验善于分析两个群体之间的均值。但是，如果有两个以上的群体存在呢？下面我们研究一个案例，来检验营养和锻炼对 60 名 18 岁至 50 岁的候选人的影响。候选人被随机分为 6 组，每组都使用不同的减肥策略，目的是为了确认哪个策略最有效。

- 第 1 组：只吃垃圾食品。
- 第 2 组：只吃健康食品。
- 第 3 组：只吃垃圾食品，并且每隔 1 天做有氧运动。

- 第 4 组：只吃健康食品，并且每隔 1 天做有氧运动。
- 第 5 组：只吃垃圾食品，并且每隔 1 天同时做有氧和力量训练。
- 第 6 组：只吃健康食品，并且每隔 1 天同时做有氧和力量训练。

多重 *t* 检验可以应用到每组减肥策略中。在这个例子中，可以将第 1 组的减重情况分别与第 2、3、4、5 和 6 组进行比较。类似地，将第 2 组与后面 4 组进行比较。因此，一共将执行 15 组 *t* 检验。

然而，出于两种原因，对多个群体的多重 *t* 检测可能效果不好。第一，因为 *t* 检测的次数会随着群体数量的增加而增加，这将导致采用多重 *t* 检测的分析变得更难认知。第二，随着分析次数的增加，在分析中犯 I 型错误的概率将大大增加。

方差分析（Analysis of Variance，ANOVA）是为解决这些问题而设计的。ANOVA 是一种泛化的对两个群体均值差异的假设检验。ANOVA 测试是否有任何群体的均值不同于其他群体的均值。ANOVA 的原假设是所有群体的均值相等，而备择假设则是至少一对群体均值不相等。也就是说，

- H_0：$\mu_1 = \mu_2 = \ldots = \mu_n$
- H_A：至少有一对（*i,j*），使得 $\mu_i \neq \mu_j$

如同 3.3.2 节，这里每个群体被假定满足具有相同方差的正态分布。

ANOVA 要做的第一种计算是检验统计。从本质上来说，我们的目标是测试群体是否形成若干紧密的聚类。

假设群体的个数为 k，总数为 N 的样本被随机分成 k 组，第 i 组中样本的数量表示为 n_i，第 i 组的均值表示为 $\overline{X_i}$，其中 $i \in [1,k]$。所有样本的均值表示为 $\overline{X_0}$。

组间均值平方和（between-groups mean sum of squares）S_B^2 是组间方差（between-group variance）的一个估测值。它可以衡量群体均值如何随总均值（grand mean，即所有群体的均值）变化。S_B^2 由下面的公式 3.4 表示。

$$S_B^2 = \frac{1}{k-1} \sum_{i=1}^{k} n_i \cdot (\overline{X_i} - \overline{X_0})^2 \qquad (3.4)$$

组内均值平方和（within-group mean sum of squares）S_W^2 是组内方差（within-group variance）的一个估测值。它可以量化值在群体内的分布。S_W^2 由下面的公式 3.5 表示。

$$S_W^2 = \frac{1}{n-k} \sum_{i=1}^{k} \sum_{j=1}^{n_i} (\overline{X}_{ij} - \overline{X_i})^2 \qquad (3.5)$$

如果 S_B^2 比 S_W^2 大得多，那么某些群体均值就互不相同。

F 检验统计被定义为组间均值平方和与组内均值平方和的比值，由下面的公式 3.6 表示。

$$F = \frac{S_B^2}{S_W^2} \qquad (3.6)$$

ANOVA 中的 F 检验统计被用于衡量每个组内的均值与变异数的不同。观测到的 F 检验统计越大，均值间的差异也就越大（而且不是偶然的）。F 检验统计是用来检验这样一个假设，即所观测到的效果不是出于偶然，也就是说，均值相互之间明显不同。

考虑这样一个例子，访问某零售网站的每位客户都可能获得两种促销优惠的一种，也可能任何优惠都没有。这样设计的目的是为了检测促销优惠是否有效。ANOVA 可以被用于这个例子，其原假设是两种促销优惠都无效。下面的代码根据三种不同报价方案随机生成 500 次的采购及其规模。

```
offers <- sample(c("offer1", "offer2", "nopromo"), size=500, replace=T)

# Simulated 500 observations of purchase sizes on the 3 offer options
purchasesize <- ifelse(offers=="offer1", rnorm(500, mean=80, sd=30),
                ifelse(offers=="offer2", rnorm(500, mean=85, sd=30),
                       rnorm(500, mean=40, sd=30)))

# create a data frame of offer option and purchase size
offertest<- data.frame(offer=as.factor(offers),
                       purchase_amt=purchasesize)
```

数据帧 Offertest 的汇总显示，500 次采购中 offer1 为 170 次，offer2 为 161 次，nopromo（不促销）为 169 次。还显示了每一种方案的采购规模（purchase_amt）的范围。

```
bla # display a summary of offertest where offer="offer1"
summary(offertest[offertest$offer=="offer1",])
      offer     purchase_amt
nopromo: 0  Min.   :   4.521
offer1 :170  1st Qu.  :  58.158
offer2 :  0  Median  :  76.944
            Mean    :  81.936
            3rd Qu.  : 104.959
            Max.    : 180.507

# display a summary of offertest where offer="offer2"
summary(offertest[offertest$offer=="offer2",])
     offer purchase_amt
nopromo: 0  Min.   : 14.04
offer1 :  0  1st Qu.  : 69.46
offer2 :161  Median  : 90.20
            Mean    : 89.09
            3rd Qu.  :107.48
            Max.    :154.33

# display a summary of offertest where offer="nopromo"
summary(offertest[offertest$offer=="nopromo",])
     offer       purchase_amt
```

```
nopromo:169    Min.     :-27.00
offer1 : 0     1st Qu.  : 20.22
offer2 : 0     Median   : 42.44
               Mean     : 40.97
               3rd Qu.  : 58.96
               Max.     :164.04
```

aov()函数对采购规模和报价方案进行方差分析。

```
bla# fit ANOVA test
model <- aov(purchase_amt ~ offers, data=offertest)
```

summary()函数显示模型的汇总。报价的自由度为 2，其对应公式 3.4 中的分母 $k\text{-}1$。残差的自由度为 497，其对应公式 3.5 的分母 $n\text{-}k$。

```
summary(model)
            Df Sum Sq Mean Sq F value Pr(>F)
offers       2 225222 112611  130.6  <2e-16 ***
Residuals  497 428470 862
-
Signif. codes: 0'***' 0.001 '**' 0.01 '*' 0.05 '.' 0.1 ''1
```

输出还包括 S_B^2（112，611）、S_W^2（862）、F 检验统计（130.6）以及 P 值（<2e−16）。F 检验统计远大于 1，P 值远小于 1。因此，均值相等的原假设应该被否定。

但是，结果并没有表明 offer1 和 offer2 是否不同，这需要额外的检验。TukeyHSD()函数对所有均值差异的成对检验使用了 Tukey 诚实显著差异（Honest Significant Difference，HSD）法。

```
TukeyHSD(model)
   Tukey multiple comparisons of means
     95% family-wise confidence level

Fit: aov(formula = purchase_amt ~ offers, data = offertest)

$offers
                    diff       lwr        upr      p adj
offer1-nopromo 40.961437 33.4638483 48.45903 0.0000000
offer2-nopromo 48.120286 40.5189446 55.72163 0.0000000
offer2-offer1   7.158849 -0.4315769 14.74928 0.0692895
```

其结果包括三种报价方案的成对比较的 p 值。offer1-nopromo 和 offer-nopromo 的 p 值等于 0，小于显著性水平 0.05。这表明 offer1 和 offer2 明显不同于 nopromo。offer2 对比 offer1 的 P 值为 0.0692895，大于显著性水平 0.05。这表明 offer2 与 offer1 之间没有显著的不同。

由于只执行了一个影响因素（促销报价），因此这里的方差分析被称为单向方差分析。如果目标是分析两个因素，比如促销因素和时间因素，那就是一个双向方差分析[16]。如果目标是为多个结果变量建模，那么就需要使用多元方差分析（或 MANOVA）。

3.4 总结

R 是一种用于数据探索、分析和可视化的流行编程语言。作为 R 语言的入门，本章介绍了 R GUI、数据 I/O、属性和数据类型以及描述性统计。本章还讨论了如何使用 R 语言进行探索性数据分析，包括发现脏数据、可视化一个或多个变量，以及为不同的受众定制可视化。最后，本章介绍了一些基本的统计方法。在本章中介绍的第一个统计方法是假设检验。学生 t 检验和 Welch t 检验穿插在两个假设检验示例中介绍，用于测试均值的差异。本章还介绍了其他统计方法和工具，包括置信区间、Wilcoxon 秩和检验、I 型和 II 错误、效应量和方差分析。

3.5 练习

1. 下述 R 代码中 fdata 包含多少级呢？

```
data = c(1,2,2,3,1,2,3,3,1,2,3,3,1)
fdata = factor(data)
```

2. $v1$ 和 $v2$ 这两个矢量都是由下列 R 代码创建：

v1 <- 1:5

v2 <- 6:2

cbind($v1,v2$)和 rbind($v1,v2$)的结果是什么呢？

3. 通过哪个 R 命令可以从数据集删除 null 值呢？

4. 通过哪个 R 命令可以安装一个额外的 R 软件包呢？

5. 通过哪个 R 函数可以将向量编码为类别呢？

6. 在密度图中使用的 rug 图是什么样的？

7. 一家在线零售商要研究顾客的购买行为。图 3.27 显示了客户购买规模（以美元计）的密度图。请给出合理建议以加强检测，避免错过更多细节。

8. 箱线图将数据划分为几个部分呢？这些部分是什么？

9. 根据图 3.18，哪些属性是相关的？如何描述它们之间的关系？

10. 哪些函数可以用来拟合非线性的数据？

11. 如果数据图有倾斜，且所有数据都是正的，哪种数学技术可以用于帮助检测那些容易被忽视的数据构成呢？

12. 什么是 I 型错误？什么是 II 型错误？一种错误是否总是比另一种错误严重呢？为什么？

13. 假设大家访问一家零售网站，可能得到一个促销优惠信息，也可能没有优惠信息。我们想研究一下促销优惠的作用。你会推荐哪种统计方法来分析这个案例？

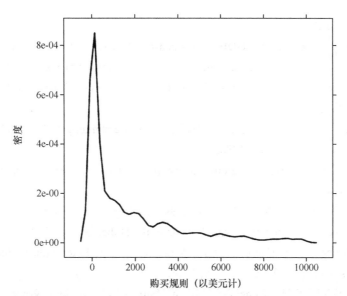

纵轴：密度

横轴：购买规则（以美元计）

图 3.27　购买规模的密度图

14. 你正在分析两种正态分布的群体，你的原假设是第一群体的均值 μ_1 等于第二群体的均值 μ_2。假设显著水平设定为 0.05。如果观察到的 P 值为 4.33e-05，就原假设来说，你的决定是什么？

参考文献

[1] The R Project for Statistical Computing, "R Licenses." [Online]. Available: http://www.r-project. org/Licenses/. [Accessed 10 December 2013].

[2] The R Project for Statistical Computing, "The Comprehensive R Archive Network." [Online]. Available: http://cran.r-project.org/. [Accessed 10 December 2013].

[3] J. Fox and M. Bouchet-Valat, "The R Commander: A Basic-Statistics GUI for R," CRAN. [Online]. Available: http://socserv.mcmaster.ca/jfox/Misc/Rcmdr/. [Accessed 11 December 2013].

[4] G. Williams, M. V. Culp, E. Cox, A. Nolan, D. White, D. Medri, and A. Waljee, "Rattle: Graphical User Interface for Data Mining in R," CRAN. [Online]. Available: http://cran.r-project. org/web/packages/rattle/index.html. [Accessed 12 December 2013].

[5] RStudio, "RStudio IDE" [Online]. Available: http://www.rstudio.com/ide/. [Accessed 11 December 2013].

[6] R Special Interest Group on Databases (R-SIG-DB), "DBI: R Database Interface." CRAN [Online]. Available: http://cran.rproject.org/web/packages/DBI/index.html. [Accessed 13

December 2013].

[7] B. Ripley, "RODBC: ODBC Database Access," CRAN. [Online]. Available: http://cran.r-project.org/web/packages/RODBC/index.html. [Accessed 13 December 2013].

[8] S. S. Stevens, "On the Theory of Scales of Measurement," Science, vol. 103, no. 2684, p. 677-680, 1946.

[9] D. C. Hoaglin, F. Mosteller, and J. W. Tukey, Understanding Robust and Exploratory Data Analysis, New York: Wiley, 1983.

[10] F. J. Anscombe, "Graphs in Statistical Analysis," The American Statistician, vol. 27, no. 1, pp. 17-21, 1973.

[11] H. Wickham, "ggplot2," 2013. [Online]. Available: http://ggplot2.org/. [Accessed 8 January 2014].

[12] W. S. Cleveland, Visualizing Data, Lafayette, IN: Hobart Press, 1993.

[13] R. A. Fisher, "The Use of Multiple Measurements in Taxonomic Problems," Annals of Eugenics, vol. 7, no. 2, pp. 179-188, 1936.

[14] B. L. Welch, "The Generalization of "Student's" Problem When Several Different Population Variances Are Involved," Biometrika, vol. 34, no. 1-2, pp. 28- 35, 1947.

[15] F. Wilcoxon, "Individual Comparisons by Ranking Methods," Biometrics Bulletin, vol. 1, no. 6, pp. 80-83, 1945.

[16] J. J. Faraway, "Practical Regression and Anova Using R," July 2002. [Online]. Available: http://cran.r-project.org/doc/contrib/Faraway-PRA.pdf. [Accessed 22 January 2014].

第 4 章

高级分析理论与方法：聚类

关键概念

- 质心
- 聚类
- K 均值
- 无监督
- 内平方和

基于第 3 章对 R 的介绍，第 4 章到第 9 章将介绍几种常用的分析方法，这些方法可以用于数据分析生命周期的模型规划（第 3 阶段）和执行阶段（第 4 阶段）。本章将介绍聚类的技术和算法。

4.1　聚类概述

大体上讲，聚类是指通过无监督（unsupervised）技术对相似的数据对象进行分组形成簇。由聚类所组成的簇是一组对象的集合，这些对象与同一簇中的对象彼此类似，与其他簇中的对象相异。在机器学习中，无监督是指在没有标注的数据中寻找隐含的构造信息。聚类技术是无监督的，因为数据科学家不需要提前标注会生成的簇。数据的内部构造描绘了要分组的对象，并且决定了如何最佳地将对象分组。例如，基于客户的个人收入，依据任意选择值可以将客户直接分成三个组别。如下所示：

- 收入低于 100,00 美元；
- 收入在 10,000 美元到 99,999 美元之间；
- 收入在 100,000 美元及以上。

在这个例子中，收入水平的划分是基于主观上的易解释性。但是，这种分组方式并没有显示出每个组内客户有天然的类同性。换句话说，并没有内在理由说明赚 90000 美元的客户和赚 110000 美元的客户有什么不同。随着将与客户相关的更多变量做为附加的相似性维度，寻找有意义的分组会变得更加复杂。比如，假设将年龄、受教育年限、家庭规模和每年采购支出等变量与个人收入变量一起考虑，那么应该怎样对客户进行分组？通过聚类分析可以帮助回答这类问题。

聚类是一种经常用于数据探索分析的方法。聚类不作预测。相反，聚类方法根据对象属性来查找对象之间的相似性，并对相似的对象进行聚类形成簇。聚类技术经常用于市场营销、经济学和自然科学的多个分支。k 均值是一种流行的聚类技术。

4.2　k 均值聚类

给定一组带有 n 个可衡量属性的对象和一个 k 值，k 均值[1]分析技术基于对象与簇中心的临近度将对象分成 k 个簇。簇中心为每个簇中对象的 n 维属性向量的算术平均值。本节会介绍 k 均值算法以及如何最好地将其应用到一些使用案例。图 4.1 显示了三个带有两个属性的对象的簇。数据集中的每个对象由一个彩色小点表示，其颜色与所在簇的均值，即最近的大点的颜色相同。

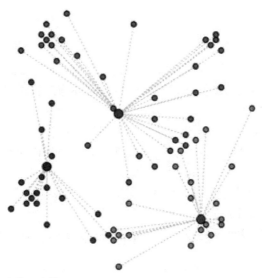

图 4.1　当 k=3 时可能的 k 均值聚类簇

4.2.1　使用案例

聚类通常用作分类的第一步。当聚类的簇形成后，就可以标注每个簇，以根据其特征对每个组进行分类。第 7 章将详细讨论分类。聚类主要用于探索发现数据中隐含的构造，可能是更深入的分析或决策过程的前奏。k 均值聚类的特定应用包括图像处理、医疗和客户细分。

图像处理

视频是一种典型的体量日益增长的非结构化数据。在每个视频帧中，k 均值分析可以用来识别视频中的对象。对于每个帧，需要确定哪些像素是最相似的。像素的属性包括亮度、颜色、位置，以及 X 坐标和 Y 坐标。例如，在安全视频图像中，会检查连续的帧，以识别聚类的任何改变。这些新识别的聚类可能表示对设施的未经授权的访问。

医疗

病人的身体指标，比如年龄、身高、体重、收缩及舒张压、类固醇水平，可以识别自然发生的聚类簇。这些簇可用于定位需要特定预防措施或参与临床试验的个体。一般情况下，聚类对于在生物学领域中植物和动物的分类，以及在人类遗传学领域都非常有用。

客户细分

市场营销和销售团队使用 k 均值聚类来更好地识别具有相似行为和消费模式的用户。例如，一个移动电话服务商可以查看以下的用户属性：每月账单、短信数量、使用的数据量、各种日常时间段消耗的电话分钟数以及客户年限。移动电话服务商可以根据聚类结果考虑相应策略来增加销售量或者减低客户流失率（所谓流失率，即与特定公司结束合同关系的客户比例）。

4.2.2 方法概述

为了阐述从 M 个拥有 n 个属性的对象中找到 k 个聚类簇的方法，我们来看一个二维示例（n=2）。在二维场景中可视化 k 均值方法变得非常容易。本章的后面部分将从二维场景扩展到处理任意数量的属性的情况。

由于本示例中每个对象拥有两个个属性，可以将每个对象看作一个点（x_i, y_i），其中 x 和 y 表示两个属性，i = 1, 2 ⋯ M。对于一个由 m 个点（m≤M）组成的簇，簇均值相对应的点称为质心（*centroid*）。在数学中，一个质心是指对应于对象质量中心的点。

下面 4 个步骤介绍了 k 均值算法如何找到 k 个簇。

1. 选定 k 值，以及 k 个质心的初始猜测值。

在这个例子中，k=3，初始质心以红点、绿点和蓝点表示，如图 4.2 所示。

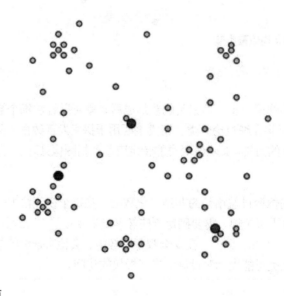

图 4.2　质心的初始起点

2. 计算从每个数据点(x_i, y_i)到每个质心的距离，然后每个点分配给最近的质心。所有分配给同一个质心的点组成一个簇。一共形成 k 个簇。

在笛卡尔平面中，任何两个点(x_1, y_1)和(x_2, y_2)之间的距离 d，通常使用公式 4.1 中的欧几里得距离来测量。

$$d = \sqrt{(x_1 - x_2)^2 + (y_1 - y_2)^2} \tag{4.1}$$

在图 4.3 中，最靠近某个质心的点的颜色与该质心的颜色一样。

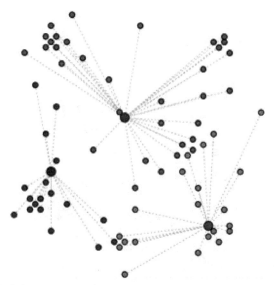

图 4.3 被关联到最近质心的点

3. 计算步骤 2 中新形成定义的每一个簇的质量中心，即质心。

在图 4.4 中，步骤 3 中计算出的新质心使用的颜色会相对浅一些。在二维平面中，使用公式 4.2 来计算一个簇中 m 个点的质心（x_c,y_c）。

$$(x_c, y_c) = \left(\frac{\sum_{i=1}^{m} x_i}{m}, \frac{\sum_{i=1}^{m} y_i}{m} \right) \tag{4.2}$$

因此，（x_c,y_c）是簇中 m 个点坐标的算术平均值的有序偶（ordered pair）。在该步骤中，对 k 个簇都需要计算质心。

4. 重复步骤 2 和步骤 3 的操作，直到算法收敛。

    a. 将每个数据点分配给最近的步骤 3 中计算出的质心，以更新 k 个簇。

    b. 计算每个更新的簇的质心。

    c. 重复上述步骤直到算法生成最终的答案。

当计算出的质心不改变，或者质心和所分配的点在两个相邻迭代间来回振荡时，就达到收敛了。当有一个或多个点到计算出的质心距离相等时，就可能发生后面这种情况。

为了将前面的算法扩展到 n 维，假设有 M 个对象，其中每个对象有 n 个属性值（$p_1,p_2,..p_n$）。对象 i 由（$p_{i1},p_{i2},..p_{in}$）来描述，$i = 1,2,\cdots,M$。换句话说，可以想象有一个 M 行 n 列的矩阵，其中 M 行对应 M 个对象，n 列对应每个对象的 n 个属性值。在 n≥1 的情况下，下面的公式用于计算质心的位置和数据点到它的距离。

图 4.4 计算每个簇的质心

对于一个给定的点 $p_i=(p_{i1},p_{i2},..p_{in})$ 和一个质心 $q=(q_1,q_2,..q_n)$，p_i 和 q 之间的距离 d 可以用公式 4.3 来表示。

$$d(p_i,q) = \sqrt{\sum_{j=1}^{n}(p_{ij}-q_j)^2} \qquad (4.3)$$

对于一个由 m 个点构成的簇的质心 $q=(p_{i1},p_{i2},..p_{in})$，其计算方式如公式 4.4 所示。

$$(q_1,q_2,...q_n) = \left(\frac{\sum_{i=1}^{m}p_{i1}}{m}, \frac{\sum_{i=1}^{m}p_{i2}}{m},..., \frac{\sum_{i=1}^{m}p_{in}}{m}\right) \qquad (4.4)$$

4.2.3 确定聚类簇的数量

使用前面的聚类算法可以找出给定数据集中的 k 个簇，但是 k 的值应该怎样选择呢？k 值可以根据合理猜测或者一些预定义的要求来选择。但是，在解释数据的构造时，最好知道 k 聚类对比 k-1 或者 k+1 聚类到底是好多少还是坏多少。接下来，我们将讲解一个使用内平方和（Within Sum of Square，WSS）的启发式算法，来确定一个合理的最优 k 值。使用公式 4.3 给出的距离函数，WSS 的定义如公式 4.5 中所示。

$$WSS = \sum_{i=1}^{M}d(p_i,q^{(i)})^2 = \sum_{i=1}^{M}\sum_{j=1}^{n}(p_{ij}-q_j^{(i)})^2 \qquad (4.5)$$

换句话说，WSS 是所有数据点与其最近质心之间距离的平方和。$q^{(i)}$ 表示与第 i 个数据点最近的质心。如果这些点相对靠近它们各自的质心，那么 WSS 将相对较小。因此，如果 k+1 聚类没有显著降低 k 聚类中的 WSS 值，那么增加一个簇可能意义不大。

使用 R 进行 k 均值分析

为了解释如何使用 WSS 来确定聚类簇的适当数量，下面的示例使用 R 来进行 k 均值分析。我们将根据学生在三门科目（英语、数学和科学）的成绩，对 620 名高中生进行分组。这些成绩是他们整个高中生涯的平均分，范围为 0～100。下面的 R 代码包含了必要的 R 库，并且导入了包含成绩信息的 CSV 文件。

```
library(plyr)
library(ggplot2)
library(cluster)
library(lattice)
library(graphics)
library(grid)
library(gridExtra)

#import the student grades
grade_input = as.data.frame(read.csv("c:/data/grades_km_input.csv"))
```

下面的 R 代码对成绩进行了格式化处理。该数据文件一共包含四列，第一列包含每个学生的标识（ID）号，其他三列包含三门课程的分数。因为学生 ID 没有在聚类分析中用到，它被排除在 k 均值输入矩阵 kmdata 之外。

```
kmdata_orig = as.matrix(grade_input[,c("Student","English","Math","Science")])
kmdata<- kmdata_orig[,2:4]
kmdata[1:10,]

      English Math Science
 [1,]      99   96      97
 [2,]      99   96      97
 [3,]      98   97      97
 [4,]      95  100      95
 [5,]      95   96      96
 [6,]      96   97      96
 [7,]     100   96      97
 [8,]      95   98      98
 [9,]      98   96      96
[10,]      99   99      95
```

为了确定 k 的适当值，我们使用 k 均值聚类算法来计算 k = 1, 2, …, 15 时的聚类结果。对于每个 k 值，计算其 WSS。如果增加一个簇导致对数据点进行了更好的划分，则对应的 WSS 应该明显比没有增加簇时小。

下述 R 代码会针对质心的个数 k 循环执行若干次 k 均值分析，其中 k 为 1 到 15。对于每个 k，选项 nstart=25 用于指定重复执行 25 次 k 均值聚类算法，每次以 k 个随机初始质心开始。与每个 k 值分析对应的 WSS 值被存储在 *wss* 矢量中。

```
wss<- numeric(15)
for (k in 1:15) wss[k] <- sum(kmeans(kmdata, centers=k,nstart=25)$withinss)
```

使用 R 的基本绘制图功能，针对质心个数（1～15）来绘制图形，结果如图 4.5 所示。

```
plot(1:15, wss, type="b", xlab="Number of Clusters", ylab="Within Sum of Squares")
```

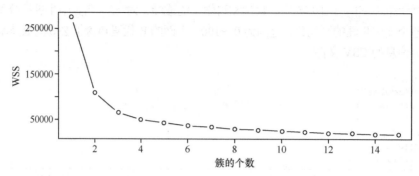

图 4.5　学生成绩数据的 WSS 值

可以看到，当 k 从 1 增加到 2 时，WSS 大大降低。WSS 另外一次的显著降低发生在 K=3 时。然而，当 k>3 后 WSS 的改善是非常线性的。因此，k 均值分析将选定 k=3。识别 k 的适当值的过程称为发现 WSS 曲线的"肘"。

```
km = kmeans(kmdata,3, nstart=25)
km

K-means clustering with 3 clusters of sizes 158, 218, 244

Cluster means:
    English Math Science
1 97.21519 93.37342 94.86076
2 73.22018 64.62844 65.84862
3 85.84426 79.68033 81.50820

Clustering vector:
  [1] 1 1 1 1 1 1 1 1 1 1 1 1 1 1 1 1 1 1 1 1 1 1 1 1 1 1 1 1 1 1
      1 1 1 1 1 1 1 1 1 1
 [41] 1 1 1 1 1 1 1 1 1 1 1 1 1 1 1 1 1 1 1 1 1 1 1 1 1 1 1 1 1 1
      1 1 1 1 1 1 1 1 1 1
 [81] 1 1 1 1 1 1 1 1 1 1 1 1 1 1 1 1 1 1 1 1 1 1 1 1 1 1 1 1 1 1
      1 1 1 1 1 1 1 1 1 1
[121] 1 1 1 1 1 1 1 1 1 1 1 1 1 1 1 1 1 1 1 1 1 1 1 1 1 1 1 1 1 1
      3 3 3 3 3 3 3 3 3 3
[161] 3 3 3 3 3 3 1 3 3 3 3 3 3 3 3 3 3 3 1 1 3 3 1 3 1 3 3 3 1 3 3 3 3
      3 3 1 3 3 3 3 3 3 3
[201] 3 3 3 3 3 3 3 3 3 3 3 3 3 3 3 3 3 3 3 3 3 3 3 3 3 3 3 3 3 3
      3 3 3 3 3 3 3 3 3 3
[241] 3 3 3 3 3 3 3 3 3 3 3 3 3 3 3 3 3 3 3 3 3 3 3 3 3 3 3 3 3 3
      3 3 3 3 3 3 3 3 3 3
[281] 3 3 3 3 3 3 3 3 3 3 3 3 3 3 3 3 3 3 3 3 3 3 3 3 3 3 3 3 3 3
      3 3 3 3 3 3 3 3 3 3
[321] 3 3 3 3 3 3 3 3 3 3 3 3 3 3 3 3 3 3 3 3 3 3 3 3 3 3 3 3 3 3
```

```
          3 3 3 3 3 3 3 3 3 3
    [361] 3 3 3 3 3 3 3 3 3 3 3 3 3 3 3 3 3 2 2 2 2 2 2 2 3 2 3 2 3 3 3
          2 2 2 2 3 3 2 2 2 2
    [401] 2 2 2 2 2 2 2 2 2 2 2 2 2 2 2 2 2 2 2 2 2 2 2 2 2 2 2 2 2 2
          2 2 2 2 2 2 2 2 2 2
    [441] 2 2 2 2 2 3 2 2 2 2 2 2 2 2 2 2 2 2 2 2 2 2 3 2 2 2 3
          2 2 2 2 2 2 2 2 3 2
    [481] 2 2 2 2 2 2 2 2 2 2 2 2 2 2 2 2 2 2 2 2 2 2 2 2 2 2 2 2 2 2
          2 2 2 2 2 2 2 2 2 2
    [521] 2 2 2 2 2 2 2 2 2 2 2 2 2 2 2 2 2 2 2 2 2 2 2 2 2 2 2 2 2 2
          2 2 2 2 2 2 2 2 2 2
    [561] 2 2 2 2 2 2 2 2 2 2 2 2 2 2 2 2 2 2 2 2 2 2 2 2 2 2 2 2 2 2
          2 2 2 2 2 2 2 2 2 2
    [601] 3 3 2 2 3 3 3 3 1 1 3 3 3 2 2 3 2 3 3 3

Within cluster sum of squares by cluster:
[1] 6692.589 34806.339 22984.131
   (between_SS / total_SS =  76.5 %)

Available components:

[1] "cluster"    "centers"    "totss"    "withinss"    "tot.withinss"
[6] "betweenss"  "size"       "iter"     "ifault"
```

变量 *km* 所显示的内容如下所示:

- 簇均值的位置;
- 聚类向量,它定义了每个学生所属的聚类簇 1、2 或 3;
- 每个簇的 WSS;
- 所有 k 均值聚类相关数据。

用户可以通过使用帮助功能了解如何在 R 中使用 k 均值聚类,以及 k 均值聚类的相关数据。

用户可能想知道存储在 *km* 内的 k 均值聚类结果是否等同于在生成图 4.5 时获得的 WSS 结果。下列的 R 代码验证了两者的确是等同的。

```
c( wss[3] , sum(km$withinss) )

[1] 64483.06 64483.06
```

在确定 k 值时,数据科学家应该可视化数据和得到的簇。在下面的代码中,**ggplot2** 包用来可视化已确定的学生簇和质心。

```
#prepare the student data and clustering results for plotting
df = as.data.frame(kmdata_orig[,2:4])
df$cluster = factor(km$cluster)
centers=as.data.frame(km$centers)

g1= ggplot(data=df, aes(x=English, y=Math, color=cluster )) +
   geom_point() + theme(legend.position="right") +
   geom_point(data=centers,
              aes(x=English,y=Math, color=as.factor(c(1,2,3))),
```

```
              size=10, alpha=.3, show_guide=FALSE)

  g2 =ggplot(data=df, aes(x=English, y=Science, color=cluster )) +
    geom_point() +
    geom_point(data=centers,
               aes(x=English,y=Science, color=as.factor(c(1,2,3))),
               size=10, alpha=.3, show_guide=FALSE)

  g3 = ggplot(data=df, aes(x=Math, y=Science, color=cluster )) +
    geom_point() +
    geom_point(data=centers,
               aes(x=Math,y=Science, color=as.factor(c(1,2,3))),
               size=10, alpha=.3, show_guide=FALSE)

  tmp = ggplot_gtable(ggplot_build(g1))

  grid.arrange(arrangeGrob(g1 + theme(legend.position="none"),
                           g2 + theme(legend.position="none"),
                           g3 + theme(legend.position="none"),
                           main ="High School Student Cluster Analysis",
                           ncol=1))
```

由此产生的结果如图 4.6 所示。大圆圈代表簇均值的位置。小点表示学生，并通过颜色（红色、蓝色和绿色）来表示其对应的聚类簇。总体来说，图显示了三类学生：高分学生（红色）、低分学生（绿色），以及在前面二个群体之间的其他的学生（蓝色）。该图还显示了哪些学生擅长一到两门科目，但是不擅长其余的科目。

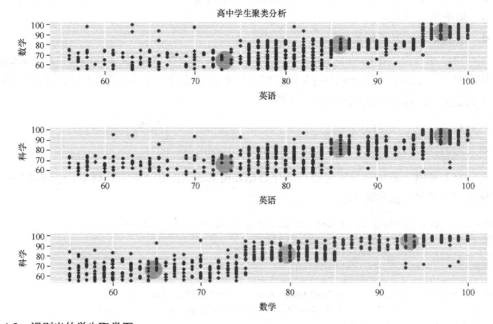

图 4.6　识别出的学生聚类图

　　标注已识别的聚类簇对于分析结果的沟通非常有用。在市场营销时，经常需要将一群客户标记为常客或者是大额客户。当和企业用户或管理人员沟通聚类结果时，这种标注非常有用。在描述营销计划时，用大额客户指代簇#1 会更合适。

4.2.4　诊断

　　使用 WSS 的启发式方法可以提供多个可能的 k 值做为参考。当属性的数量比较少时，用来进一步对 k 的选择进行改进的一种常用方法是绘制数据，以确定识别出的聚类簇之间是否界限分明。在一般情况下，需要考虑下面的问题。

- 聚类之间是否较好地相互分离？
- 是否存在只有几个点的簇？
- 是否有靠得很近的质心？

　　在第一种情况下，当 n=2 时的理想图形如图 4.7 所示。簇拥有良好的定义，4 个识别的簇之间有相当大的距离。然而，在其他情况下，比如图 4.8 中，簇可能太接近彼此，因此界限可能没有那么明显。

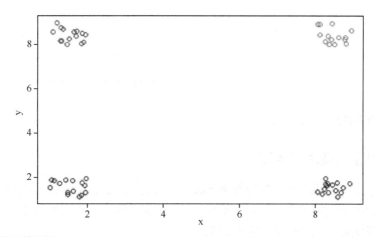

图 4.7　高度分离的簇示例

　　在这种情况下，需要判断更多的簇数目是否会导致聚类结果有所不同。例如，图 4.9 中使用了 6 个簇来描述图 4.8 中使用的相同数据集。如果更多的簇没有形成更好的簇之间的区分，那么更少的簇应该是更好的选择。

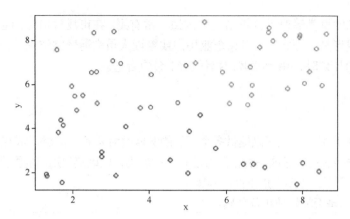

图 4.8 界限不那么明显的簇示例

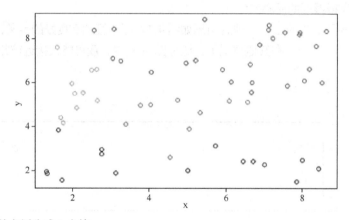

图 4.9 把图 4.8 的点划分成 6 个簇

4.2.5 选择原因及注意事项

k 均值聚类是一种简单和直接的聚类方法。一旦簇和其质心被确定，就很容易根据对象到其最近质心的距离来为新对象（例如，新客户）分配相应的簇。因为该方法是无监督的，因此使用 k 均值聚类有助于从分析中消除主观性。

虽然 k 均值聚类被认为是一种无监督的方法，但是使用者还是必须做出下面几个决定：

- 在分析中应该包括哪些对象属性？
- 每种属性应该使用哪些计量单位（例如，是英里还是公里）？
- 是否需要重新调整属性，以防某个属性对结果造成异乎寻常的影响？
- 是否需要其他方面的考虑？

1. 对象属性

就分析时要使用哪些对象属性（例如，年龄和收入）而言，需要知道新对象的哪些属性在其被分配簇时会是已知的。例如，现有客户的满意度或购买频率的信息可能是有的，但是潜在客户的这些信息则可能没有。

数据科学家可能需要在十几个或者更多的属性中选取在聚类分析中使用的属性。最好是根据数据尽可能地减少属性的数量。太多的属性可能会将最重要变量的影响最小化。此外，使用多个相似的属性可能会突出一类属性的重要性。例如，如果在聚类分析中使用 5 个涉及个人财富的属性，那么个人财富属性将主导分析，并且可能掩盖其他属性（比如年龄）的重要性。

要应付属性太多的问题时，一种有用的方法是识别任何高度相关的属性，然后在聚类分析中只使用相关属性中的一种或者两种。如图 4.10 所示，第 3 章介绍的散点图矩阵是一种用来可视化成对属性之间关系的有效工具。

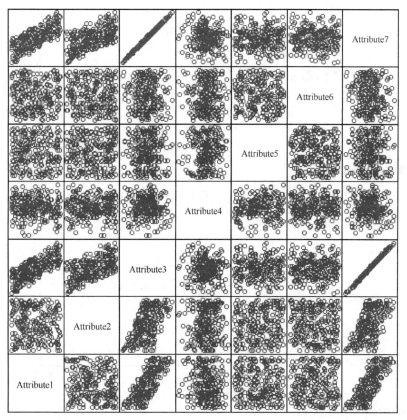

图 4.10　7 个属性的散点图矩阵

在图 4.10 中观察到的最强的关系是 Attribute 3 和 Attribute 7。如果这两个属性中的其中一个值是已知的，则另外一个属性的值几乎也就知道了。其他的线性关系也在图中被识别。例如，考虑 Attribute 2 和 Attribute 3 的关系图。如果 Attribute 2 的值是已知的，Attribute3 的值依然有很大的取值空间。因此，在聚类分析中放弃任何一个属性之前必须多加考虑。

减少属性数量的另一种方法是将多个属性组合到一个量度中。例如，我们可以不使用两个变量属性（一种用于债务，一种用于资产），而是使用资产负债率。这种方法还解决了这样一个问题，即其中一个属性的大小无关紧要，但是相对大小却很重要。

2. 属性计量单位

从计算的角度来看，k 均值聚类算法并不关心给定属性的测量单位（例如，患者的身高单位是米或者厘米）。然而，取决于所选择的计量单位，该算法会识别出不同的簇。例如，假设 k 均值基于年龄（年）和身高（厘米）对患者聚类。当k=2 时，图 4.11 所示为由一个数据集确定的两个簇。

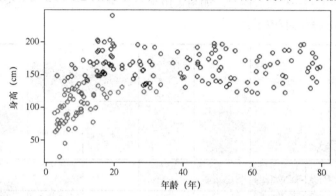

图 4.11　用厘米表示身高的聚类簇

但是，如果将身高的单位从厘米变成米，得到的簇将稍有不同，如图 4.12 所示。

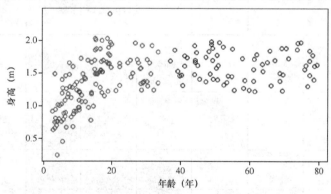

图 4.12　用米表示身高的聚类簇

当身高用米表示时，年龄的大小支配着二点之间的距离计算。在距离计算公式 4.3 的平方根符号下面的被开方值中，身高属性贡献值为最大高度和最小高度差值的平方（即$(2.0-0)^2=4$），而年龄的贡献值$(80-2)^2=6400$。

3. 属性值调整

在聚类分析中，以美元计量的属性很常见，在量级上可能不同于其他属性。例如，如果个人收入以美元计，年龄以年计（通常小于 100 岁），那么收入属性（经常会超过 10000 美元）就很容易支配距离计算。

虽然可以以一千美元为单位计量收入（例如，10 代表 10000 美元），但更简单的方法是将每种属性除以该属性的标准差。由此产生的新属性将分别有一个等于 1 的标准差，而且没有单位。回到年龄和身高的例子中，属性标准差分别是 23.1 年和 36.4 厘米。将每个属性值除以合适的标准差并执行 k 均值分析，将产生图 4.13 所示的结果。

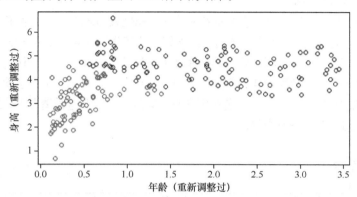

图 4.13　重新调整属性后的聚类簇

由于重新调整了年龄和身高的属性，现在所得到的聚类簇边界介于早期的两个聚类分析之间。基于之前聚类分析中尝试的属性量级，发生这种现象并不奇怪。一些专业人员也会减去属性均值，使属性值位于 0 附近。然而，这个步骤是不必要的，因为距离公式是仅与属性的衡量尺度（而非属性的位置）相关。

在许多统计分析中，经常将带有长尾的倾斜数据（比如收入）进行取对数处理。这种处理也可以应用到 k 均值聚类中，但是数据科学家需要知道这种处理将带来怎样的影响。例如，如果使用对收入取 log_{10} 的对数（收入的单位为美元），本质上等于说，从聚类的角度来看，1000 美元到 10000 美元的距离和 10000 美元到 100000 美元的距离一样（因为 $log_{10}1000=3$，$log_{10}10000=4$，$log_{10}100000=5$）。在很多情况下，数据的倾斜可能是执行聚类分析的首先原因。

4. 其他注意事项

k 均值聚类算法对初始质心的开始位置是敏感的。因此，针对一个特定的 k 值运行多次 k 均值分析是非常重要的，以确保聚类结果具有整体上最小的 WSS。前面讲到，这可以在 R 的 kmeans() 函数调用中使用 nstart 选项来完成。

本章介绍了使用欧几里德距离函数（Euclidean distance function）来计算离数据点最近的质心。其他可能的函数包括余弦相似度（cosine similarity）函数和曼哈顿距离（Manhattan distance）函数。余弦相似度函数经常被用来对比二个文档，基于每个单词在每个文档中出现的频率[2]。对于两个点 $p=(p_1,p_2,...p_n)$ 和 $q=(q_1,q_2,...q_n)$，p 和 q 之间的曼哈顿距离函数 d_1 如公式 4.6 所示。

$$d_1(p,q) = \sum_{j=1}^{n} |p_j - q_j| \qquad (4.6)$$

曼哈顿距离函数类似于汽车在城市中行驶的距离，而街道的布局为矩形网格（如城市街区）。在欧几里德距离中，测量在一条直线上进行的。使用公式 4.6，从（1，1）到（4，5）的距离为 $|1-4| + |1-5| = 7$。从优化的角度来看，如果有必要使用曼哈顿距离来分析聚类，使用中位数作为质心会比使用均值作为质心更好[2]。

k 均值聚类适用于可以通过具有测量意义的数值属性来描述的对象。从第 3 章可知，区间和比率属性类型也是适用的。但是 k 均值不能很好地处理分类变量（categorical variable）。例如，假设要对新车销售进行聚类分析。除了其他属性（比如销售价格），汽车颜色也被认为很重要。虽然人们可以为不同颜色分配数字，例如红色=1，黄色=2，绿色=3，但是从聚类的角度来看，认为黄色与红色的距离等于黄色与绿色的距离是没有意义的。在这种情况下，就有必要使用另外的聚类技术。这将在下一节中讨论。

4.3 其他算法

k 均值聚类方法能很容易应用到有距离概念的数值性数据中。然而，有时候有必要使用另外的聚类算法。在上一节末尾讲到，k 均值无法处理分类数据。在这种情况下，k 模式（k-mode）[3]是一种常用的针对分类数据的聚类方法，它基于属性各自组成部分的差异的数量来进行。例如，如果每个对象有 4 个属性，从（a, b, e, d）到（d, d, d, d）的距离是 3。在 R 语言中，kmode() 函数在 klaR 包中实现。

因为 k 均值和 k 模式把整个数据集分成不同的小组，因此这两种方法被认为是划分方法。第三种划分方法叫围绕中心点的划分（Partitioning around Medoids, PAM) [4]。大体上讲，一个中心点是一组对象中的一个代表对象。在聚类中，对于每个聚类簇的中心点，从中心点到达簇中其他对象的距离总和最小。使用 PAM 的优点是每个簇的"中心"是数据集中的一个真正的对象。PAM 在 R 语言 cluster 包中的 pam() 函数中实现。R 语言的 fpc 包包含一个 pamk() 函数，它使用 pam() 函数来查找 k 的最优值。

其他聚类方法包括分层式凝聚聚类法（hierarchical agglomerative clustering）和密集聚类（density clustering）方法。在分层式凝聚聚类法中，最初每个对象单独作为一个簇，然后最相似的簇进行合并。这个过程一直重复，直到只剩下一个包含了所有对象的簇。R 语言的 stats 包包含了执行分层式凝聚聚类的 hclust() 函数。在密度聚类方法中，聚类簇通过点的浓度来识别。R 语言的 fpc 包包含一个 dbscan() 函数，用于执行密度聚类分析。密度聚类分析在识别不规则形状的簇时很有用。

4.4 总结

聚类分析根据对象的属性对相似的对象进行分组。聚类的应用领域包括市场营销、经济学、生物学、医学等。本章详细介绍了 k 均值聚类算法以及它的 R 实现。要正确地使用 k 均值聚类，做到以下几点很重要：

- 适当调整属性的值，以防止某些属性支配其他属性。
- 确保一个属性的值之间的距离概念是有意义的。
- 选择合适的聚类簇的数量 k，使得距离的 WSS 总和被合理地最小化。像图 4.5 中的图可以在这方面有所帮助。

对于一个给定的数据集来说，如果 k 均值看起来不是一个合适的聚类方法，那么就需要考虑其他技术，比如 k 模式和 PAM。

一旦识别了聚类簇，使用描述性的方式来标注这些簇常常很有用。特别是当与上级管理部门打交道时，这些标注可以让我们轻松地沟通聚类分析的结果。在聚类中，标注不会预先分配给每个对象。只有在识别了簇后，才会进行主观地标注。第 7 章讲解了几种方法，它们使用预先定义的标注来执行对象分类。聚类可以与其他分析技术（比如回归）一起使用。线性回归和逻辑回归将在第 6 章中讨论。

4.5　练习

1. 在 4.2.5 节的使用年龄和身高聚类的示例中，当身高用米而不是厘米来表示时，用代数的方式来阐述其对距离测量的影响。解释为什么当病人身高的测量单位不同时，会产生不同的聚类结果？

2. 比较和对照 5 种聚类算法，由导师指定或学生自己选择。

3. 使用 R 语言 cluster 包中的 ruspini 数据集，执行一个 k 均值分析。记录结果并解释所选择的 k 值。提示：使用 data(ruspini)将数据集加载到 R 工作区。

参考书目

[1] J. MacQueen, "Some Methods for Classification and Analysis of MultivariateObservations," in *Proceedings of the Fifth Berkeley Symposium on MathematicalStatistics and Probability,* Berkeley, CA, 1967.

[2] P.-N. Tan, V. Kumar, and M. Steinbach, *Introduction to Data Mining,* UpperSaddle River, NJ: Person, 2013.

[3] Z. Huang, "A Fast Clustering Algorithm to Cluster Very Large Categorical DataSets in Data Mining," 1997. [Online]. Available:http://citeseerx.ist.psu.edu/viewdoc/ download? doi=10.1.1.134.83&rep=rep1&type=pdf. [Accessed 13 March 2014].

[4] L. Kaufman and P. J. Rousseeuw, "Partitioning Around Medoids (ProgramPAM)," in *Finding Groups in Data: An Introduction to Cluster Analysis,* Hoboken,NJ, John Wiley & Sons, Inc, 2008, p. 68-125, Chapter 2.

第 5 章

高级分析理论与方法：
关联规则

关键概念

- 关联规则
- Apriori 算法
- 支持度
- 置信度
- 提升度
- 杠杆率

本章讨论一种名为关联规则的无监督学习方法。这是一种描述性的而非预测性的方法，经常用于发现隐藏在大型数据集背后的有趣关系。而所揭示的关系可以被表示为规则或频繁项集（frequent itemset）。关联规则通常用于挖掘数据库中的交易。

下面是关联规则可以回答的一些问题。

● 哪些产品可能会被一起购买？

● 与这个人相似的客户倾向于购买什么产品？

● 对于已经购买了该产品的客户，他们还可能查看或者购买什么其他类似的产品？

5.1 概述

图 5.1 显示了关联规则背后的一般逻辑。给定一个大型的交易集合（在图中描述为的三堆收据），其中每笔交易包括一个或多个商品（item），关联规则通过分析购买的物品，看看哪些商品经常一起被购买，并发现用来描述购买行为的一系列规则。关联规则的目的是发现商品之间有趣的关系（这种关系发生得太过频繁，以至于不能认为它是随机的，而且从商业角度来看，尽管这种关系可能不明显，但是很有意义）。这种有趣关系既取决于业务环境，也取决于发现关系的算法。

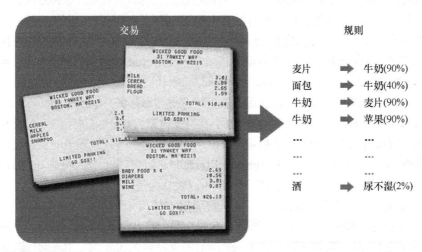

图 5.1 关联规则背后的一般逻辑

每个发现的规则的形式是 X → Y，即当商品 X 被观察到，商品 Y 也会被观察到。在这种情况下，规则的左边（LHS）为 X，规则的右边（RHS）为 Y。

关联规则算法可以从数据中找出相关产品购买行为的规则，并提取为模式。被发现的规则列在图 5.1 的右边。前三条规则表明，顾客在购买麦片时，90%的情况下也会购买牛奶；顾客在购买面包时，40%的情况下也会购买牛奶；顾客当购买牛奶时，23%的情况下也会购买麦片。

在零售商店的例子中，关联规则被用于包含一个或多个商品的交易。事实上，由于经常被用于挖掘客户交易，关联规则有时也称为购物篮分析（market basket analysis）。每一个交易可以被看作是一个客户的购物篮，它包含了一个或多个商品。这也被称为一个项集（itemset）。术语"项集"指的是包含某种关系的一系列项目（或单独的个体）。这可以是在一次交易中一起购买的一系列零售商品，也可以一个用户在单个会话中点击的一组超链接，还可以是一天内完成的一组任务。包含 k 个项目的项集称为 k 项集（k-itemset）。本章使用类似于{item 1,item 2,… item k}的花括号来表示一个 k 项集。在计算关联规则时通常基于项集。

关联交易的研究始于 20 世纪 60 年代。Hájek 等人[1]在早期研究中介绍了关联规则学习的许多关键概念和方法，但是主要关注的是数学表达，而不是算法。在 20 世纪 90 年代初，Agrawal 等人[2]将关联规则学习架构引入数据库社区，用于在由超市内的销售终端系统记录的客户交易大型数据库中寻找产品之间的规律。在随后的几年中，这种方法扩展到 Web 环境，如挖掘路径遍历模式[3]和使用模式[4]，以协助 Web 页面的组织。

本章选取了 Apriori 作为讨论关联规则的重点。Apriori[5]是用于生成关联规则的最早的、最基本的算法。它率先使用了支持度（suppot）来修剪项集和控制候选项集的指数级增长。通过合并和修剪较短的候选项集（也称为频繁项集），可以生成更长的频繁项集。这种方法也就不再需要在算法中枚举所有可能的项集，因为所有可能的项集的数量可能是指数级的。

Apriori 的一个主要组件是支持度（support）。给定一个项集 L，L 的支持度[2]是包含 L 的交易的百分比。例如，如果 80%的交易含有项集{bread}，则{bread}的支持度就是 0.8。同样，如果所有交易的 60%包含项集{bread,butter}，则{bread,butter}的支持度是 0.6。

一个**频繁项集**包含足够频繁地一起出现的项目。这里"够频繁"（often enough）使用最小支持度（minimum support）进行正式定义。当最小支持度设置为 0.5，如果至少 50%交易包含某个项集，那么该项集可以被认为是一个频繁项集。换句话说，一个频繁项集的支持度应大于或等于最小支持度。对于前面的例子来说，{bread}和{bread,butter}在最小支持为 0.5 时都被认为是频繁项集。如果最小支持度为 0.7，只有{bread}可以被认为是一个频繁项集。

如果一个项集被认为是频繁的，那么该频繁项集的任何子集也必定是频繁的。这称为 Apriori 属性（或者向下封闭性）。例如，如果 60%的交易包含{bread,jam}，那么至少 60%的交易将包含{bread}或{jam}。换句话说，当{bread,jam}的支持度为 0.6 时，{bread}或{jam}的支持度至少为 0.6。图 5.2 所示为 Apriori 属性。如果项集{B,C,D}是频繁的，那么图中这个项集的所有子集（着阴影），也必定是频繁项集。Apriori 属性是 Apriori 算法的基础。

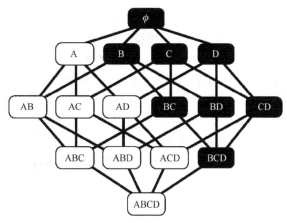

图 5.2 项集{A,B,C,D}和它的子集

5.2 Apriori 算法

Apriori 算法采取一种自下而上的迭代方法，它首先确定所有可能的项目（或者 1 项集，例如 {面包}，{鸡蛋}，{牛奶}，...），然后确定其中哪些是频繁的，从而发现频繁项集。

假设最小支持度阈值（或最小支持度准则）设定为 0.5，该算法将识别并保留至少在所有交易的 50% 中出现的那些项集，丢弃（或"修剪掉"）支持度小于 0.5 或者在小于 50% 的交易中出现的那些项集。修剪在园艺中是表示剪掉不想要的灌木分支，在这里表达的意思是类似的。

在 Apriori 算法的下一次迭代中，所识别的频繁 1 项集被配对成 2 项集（例如，{面包，鸡蛋}，{面包，牛奶}，{鸡蛋，牛奶}，...），并再次进行评价以确定当中的频繁 2 项集。

在每次迭代中，算法检查支持度准则是否被满足；如果满足，算法将增大项集并重复这个过程，直到支持度过低，或者项集达到了预定长度。Apriori 算法[5]如下所示。变量 C_k 代表候选 k 项集的集合，变量 L_k 代表满足最小支持度的 k 项集的集合。给定一个交易数据库 D、一个最小支持度阀值 δ，以及一个可选的参数 N（代表一个项集可以达到的最大长度），Apriori 基于 L_k 计算来迭代计算频繁项集 L_{k+1}。

```
1  Apriori (D, δ, N)
2  k ←1
3  Lₖ ← {1-itemsets that satisfy minimum support δ}
4  while Lₖ≠φ
5    if ∄NV(∃N∧k<N)
6    C_{k+1} ← candidate itemsets generated from Lₖ
7    for each transaction t in database D do
8    increment the counts of Ck+1 contained in t
9    L_{k+1} ←candidates in C_{k+1} that satisfy minimum support δ
10   k←k+1
11 return ∪ₖLₖ
```

Apriori 算法的第一步是识别那些由交易中出现的单个项目组成的，并满足预定义的最小支持度阈值δ的频繁项集。这些项集都是 1 项集，表示为 L_1，因为每个 1 项集只包括一个项目。接下来，该算法通过两两合并 L_1 中的 1 项集以增长形成新的 2 项集（用 L_2 来表示），然后确定 L_2 中每个 2 项集的支持度。那些不满足最小支持度阈值δ的 2 项集都会被剪掉。增长和修剪过程将反复进行，直到没有项集满足最小支持度阀值。作为一个可选项，可以设置阈值 N，以指定项集可以包含的最大项目数量，或者是算法的最大迭代次数。一旦完成，Apriori 算法的输出将是所有频繁 k 项集的集合。

接下来，将以前面讲解的迭代过程中发现的频繁项集为基础，形成一个候选规则的集合。例如，一个频繁项集{milk，eggs}可以表示出候选规则{mils}→{eggs}和{eggs}→{milk}。

5.3 评估候选规则

频繁项集可以形成候选规则，比如 X 意味着 Y(X → Y)。本节讨论如果使用诸如置信度、提升度和杠杆率这样的度量来评估这些候选规则是否合适。

置信度（confidence）[2]被定义为与每个发现规则相关联的确定性或可信度。在数学上，置信度是同时包含 X 和 Y 的交易与所有包含 X 的交易的百分比（见公式 5.1）。

$$Confidence(X \to Y) = \frac{Support(X \wedge Y)}{Support(X)} \qquad (5.1)$$

例如，如果{bread，eggs，milk}的支持度为 0.15，{bread，eggs}的支持度也为 0.15，规则{bread,eggs}→{milk}的置信度为 1，这意味着客户在购买面包和鸡蛋时，肯定也会购买牛奶。因此，对于包含面包和鸡蛋的所有交易，这条规则是正确的。

当算法识别出的关系的置信度大于或等于预定义阈值时，该关系可能会被认为是有趣的。这个预定义的阈值名为最小置信度（minimum confidence）。根据样本数据集，较高的置信度表示规则(X → Y)更有趣或更值得信赖。

到目前为止，本章讨论了 Apriori 算法使用的两种常见度量：支持度和置信度。所有的规则都可以基于这两个度量来排名，以滤除无趣的规则并保留有趣的规则。

虽然置信度可以从所有候选规则中识别有趣的规则，却会带来一个问题。给定规则 X → Y，置信度只考虑先导（X）和共存的 X 和 Y，它没有将规则的后继（Y）考虑进去。因此，置信度不能确定规则是包含这个关系的真正含义，还是纯属巧合。X 和 Y 可以在统计独立的情况下仍获得较高的置信度。其他度量（比如提升度和杠杆率）可以用来解决这个问题。

提升度（lift）测量当 X 和 Y 相互统计独立时，X 和 Y 一起出现的次数比预期多多少。提升度是 X 和 Y 真正相关性（而非巧合地共同出现）的一种度量[6]（见公式 5.2）。

$$Lift(X \to Y) = \frac{Support(X \wedge Y)}{Support(X) * Support(Y)} \qquad (5.2)$$

如果 X 和 Y 相互统计独立的，那么提升度为是 1。相比之下，规则 X→Y 的提升度大于 1

则表示规则是有用的。提升度的值越大，表明 X 和 Y 之间的关联性更强。

假设有 1000 宗交易，{milk，eggs}在其中的 300 宗交易中出现，{milk}在 500 宗交易中出现，{egg}在 400 宗交易中出现，则 *Lift(milk→eggs)*=0.3/(0.5*0.4)=1.5。如果{bread}在 400 宗交易出现，{milk，bread}在 400 宗交易中出现，则 *Lift(milk→bread)*=0.4/(0.5*0.4)=2。因此，可以得出结论，即面包和牛奶的关联性要强于牛奶和鸡蛋。

杠杆率[7]是一种类似的概念，但使用的不是比率，而是使用差（见公式 5.3）。杠杆率测量的是，X 和 Y 在数据集中一起出现的概率与 X 和 Y 相互统计独立时一起出现的概率，这两者的差。

$$Leverage = (X \rightarrow Y) = Support(X \wedge Y) - Support(X) * Support(Y) \qquad （5.3）$$

从理论上讲，当 X 和 Y 相互统计独立时，杠杆率为 0。如果 X 和 Y 具有某种关系，杠杆率将大于 0。较大的杠杆率表示 X 和 Y 之间有更强的联系。对于前面的例子，*Leverage(milk→eggs)*=0.3-(0.5*0.4)=0.1 和 *Leverage(milk→bread)*=0.4-(0.5*0.4)=0.2。这再次证实了牛奶和面包的关联确实强于牛奶和鸡蛋。

置信度能够识别可信的规则，但是它不能确定这个规则是否是巧合。高置信度的规则有时会产生误导，因为置信度没有考虑规则右边（RHS）项集的支持度。提升度和杠杆率等度量不但能确保识别出有趣的规则，还能过滤出巧合的规则。

本章讨论了关联规则的 4 种度量（支持度、置信度、提升度和杠杆率）的意义和趣味性。这些度量可以确保从样本数据集中发现有趣和强大的规则。除了这 4 种度量，还有其他可选的度量，比如关联[8]、收集强度[9]、确信度[6]和覆盖度[10]。请参考推荐书目了解这些度量是如何工作的。

5.4 关联规则的应用

"购物篮分析"（market basket analysis）指的是关联规则挖掘的一种特定应用，很多公司将其用于多种目的，如下所示。

- 改进行销的广泛方法——每个月应该在库存中包含什么产品或剔除什么产品。
- 普通产品与高利润或奢侈商品的交叉销售。
- 在相关类别的产品之间，考虑产品的物理或逻辑的摆放位置。
- 促销计划——通过会员卡项目来激励用户购买更多的产品。

除了购物篮分析，关联规则通常用于推荐系统[11]和点击流分析[12]。

许多在线服务提供商（比如 Amazon 和 Netflix）都使用了推荐系统。推荐系统可以使用关联规则来发现相关的产品，或者识别具有相似兴趣的客户。例如，关联规则可能提示购买了商品 A 的顾客也购买了商品 B，或者是购买商品 A、B 和 C 的那些顾客与该顾客更相似。这些发现为零售商提供了交叉销售产品的机会。

点击流分析是指分析网页浏览和用户点击产生的相关数据，这些数据储存在客户端或服务器端。Web 服务器上生成的 Web 使用日志文件包含大量的信息，关联规则可能会提供有用的知识用于 Web 使用数据分析。例如，关联规则可能提示页面 X 的访客点击链接 A、B 和 C 的频率要比链接 D、E 和 F 高。这一观察能帮助更好地为网站访客定制和推荐网站内容。

下一节将讲解一个杂货店交易的示例，并演示如何使用 R 来进行关联规则挖掘。

5.5 杂货店交易示例

这是一个在相对简单的情况中使用 Apriori 算法的示例，可以将其推广到实践中使用。通过使用 R、arules 包和 arulesViz 包，这个例子说明了如何使用 Apriori 算法来生成频繁项集和规则，并评估和可视化规则。

下面的命令安装这两个包，并将其导入到当前 R 工作区。

```
install.packages('arules')
install.packages('arulesViz')

library('arules')
library('arulesViz')
```

5.5.1 杂货店数据集

该示例使用 R 语言 arules 软件包的 Groceries 数据集。Groceries 数据集取自一家杂货店 30 天的终端销售真实交易数据。这个数据集包括 9835 条交易，交易商品被划分为 169 个类别。

```
data(Groceries)
Groceries
transactions in sparse format with
 9835 transactions (rows) and
 169 items (columns)
```

在下面的汇总中可以看到，数据集中出现最频繁的商品包括全脂奶粉、蔬菜、面包卷/圆面包、苏打水和酸奶等。这些商品的购买频率其他商品更高。

```
summary(Groceries)
transactions as itemMatrix in sparse format with
 9835 rows (elements/itemsets/transactions) and
 169 columns (items) and a density of 0.02609146

most frequent items:
     whole milk other vegetables       rolls/buns        soda
          2513             1903             1809        1715
         yogurt          (Other)
           1372            34055
element (itemset/transaction) length distribution:
sizes
    1    2    3    4    5    6    7    8    9   10   11   12  13  14
 2159 1643 1299 1005  855  645  545  438  350  246  182  117  78  77
```

```
    15   16    17     18  19   20    21  22   23  24  26   27  28  29
    55   46    29     14  14    9    11   4    6   1   1    1   1   3
    32
     1


  Min. 1st Qu. Median Mean 3rd Qu. Max.
  1.000 2.000 3.000 4.409 6.000 32.000

includes extended item information - examples:
      labels level2 level1
1 frankfurter sausage meet and sausage
2 sausage sausage meet and sausage
3 liver loaf sausage meet and sausage
```

数据集的类是 transactions，由 arules 包所定义。transactions 类包含三列信息。

- **transactionInfo**：一个数据帧，其向量长度与交易的数量相同。
- **itemInfo**：储存商品标签的数据帧。
- **data**：二进制关联矩阵，表示在每次交易中出现哪些商品标签。

```
class(Groceries)
[1] "transactions"
attr(,"package")
[1] "arules"
```

对于 Groceries 数据集，transactionInfo 没有使用到。输入 Groceries@itemInfo 来显示所有 169 类商品标签以及它们的类别。下述命令只显示前 20 个商品标签。每个商品标签被映射到两层类别：level2 和 level1。level1 是 level2 的超集。例如，商品标签 sausage 属于 level2 中的 sausage 类，它是 level1 中 meat and sausage 类的一部分。（请注意，level1 的 "meet" 是数据集中的一个拼写错误）。

```
Groceries@itemInfo[1:20,]
            labels       level2          level1
1        frankfurter     sausage meet and sausage
2            sausage     sausage meet and sausage
3         liver loaf     sausage meet and sausage
4                ham     sausage meet and sausage
5               meat     sausage meet and sausage
6  finished products     sausage meet and sausage
7    organic sausage     sausage meet and sausage
8            chicken     poultry meet and sausage
9             turkey     poultry meet and sausage
10              pork        pork meet and sausage
11              beef        beef meet and sausage
12    hamburger meat        beef meet and sausage
13              fish        fish meet and sausage
14       citrus fruit       fruit fruit and vegetables
15     tropical fruit       fruit fruit and vegetables
16          pip fruit       fruit fruit and vegetables
17             grapes       fruit fruit and vegetables
18            berries       fruit fruit and vegetables
```

```
19      nuts/prunes        fruit fruit and vegetables
20   root vegetables       vegetables fruit and vegetables
```

下面的代码显示 Groceries 数据集中第 10 到第 20 项交易。可以将[10:20]改为[1:9835]以显示所有交易。

```
apply(Groceries@data[,10:20], 2,
    function(r) paste(Groceries@itemInfo[r,"labels"], collapse=", ")
    )
```

每一行输出显示了包含一个或多个商品的一笔交易，并且每笔交易会对应客户购物车中的所有商品。例如，在第一笔交易中，该客户购买了全脂奶粉和麦片。

```
[1] "whole milk, cereals"
[2] "tropical fruit, other vegetables, white bread, bottled water,
chocolate"
[3] "citrus fruit, tropical fruit, whole milk, butter, curd, yogurt, flour,
bottled water, dishes"
[4] "beef"
[5] "frankfurter, rolls/buns, soda"
[6] "chicken, tropical fruit"
[7] "butter, sugar, fruit/vegetable juice, newspapers"
[8] "fruit/vegetable juice"
[9] "packaged fruit/vegetables"
[10] "chocolate"
[11] "specialty bar"
```

下一节介绍如何从 Groceries 数据集中生成频繁项集。

5.5.2 生成频繁数据集

arule 软件包中的 apriori()函数实现了 Apriori 算法，来创建频繁项集。需要注意的是，在默认情况下，apriori()函数会一次执行所有迭代。然而，为了演示 Apriori 算法是如何工作的，本节中的代码示例手动设置了 apriori()函数的参数，以模拟算法每一次的迭代。

假设根据管理层的决定，将最小支持度阈值设置为 0.02。因为数据集包含 9853 笔交易，一个项集出现至少 198 次，才能被认为是一个频繁项集。Apriori 算法的第一次迭代会计算数据集中每个商品的支持度，并保留满足最小支持度的那些商品。下面代码识别出了 59 个满足最小支持度的频繁 1 项集。apriori()的参数指定了项集的最小和最大长度、最小支持度阈值，以及要挖掘的关联类型的目标。

```
itemsets<- apriori(Groceries, parameter=list(minlen=1, maxlen=1,
                   support=0.02, target="frequent itemsets"))
parameter specification:
  confidence minval smax arem aval originalSupport support minlen
        0.8    0.1     1 none FALSE           TRUE    0.02      1
  maxlen                target ext
       1 frequent itemsets FALSE
```

```
algorithmic control:
  filter tree heap memopt load sort verbose
   0.1 TRUE TRUE FALSE TRUE      2     TRUE

apriori - find association rules with the apriori algorithm
version 4.21 (2004.05.09) (c) 1996-2004 Christian Borgelt
set item appearances ···[0 item(s)] done [0.00s].
set transactions ···[169 item(s), 9835 transaction(s)] done [0.00s].
sorting and recoding items ··· [59 item(s)] done [0.00s].
creating transaction tree ··· done [0.00s].
checking subsets of size 1 done [0.00s].
writing ··· [59 set(s)] done [0.00s].
creating S4 object ··· done [0.00s].
```

项集的汇总显示，1 项集的支持度范围为 0.02105～0.25552。因为数据集中 1 项集的最大支持度为 0.25552，为了能够发现有趣规则，最小支持度的阈值不应该设置得过于接近这个数字。

```
summary(itemsets)
set of 59 itemsets

most frequent items:
frankfurter sausage ham meat chicken
        1        1    1    1       1
    (Other)
       54

element (itemset/transaction) length distribution:sizes
 1
 59

    Min. 1st Qu. Median Mean 3rd Qu. Max.
     1       1      1    1      1      1

summary of quality measures:
     support
Min.     :0.02105
1st Qu.  :0.03015
Median   :0.04809
Mean     :0.06200
3rd Qu.  :0.07666
Max.     :0.25552

includes transaction ID lists: FALSE

mining info:
     data ntransactions support confidence
  Groceries 9835          0.02            1
```

下面的代码使用 inspect() 函数来显示排名前 10 位的频繁 1 项集（按照支持度来排序）。在所有的交易记录中，有 59 个 1 项集（如 {whole milk}, {other vegetables}, {rolls/buns}, {soda} 和

{yogurt} ）满足最小支持度。因此，它们被称为频繁 1 项集。

```
inspect(head(sort(itemsets, by = "support"), 10))
   items                support
1  {whole milk}         0.25551601
2  {other vegetables}   0.19349263
3  {rolls/buns}         0.18393493
4  {soda}               0.17437722
5  {yogurt}             0.13950178
6  {bottled water}      0.11052364
7  {root vegetables}    0.10899847
8  {tropical fruit}     0.10493137
9  {shopping bags}      0.09852567
10 {sausage}            0.09395018
```

在下一迭代中，频繁 1 项集两两合并，以形成所有可能的候选 2 项集。例如，1 项集{whole milk}和{soda}被合并成为一个 2 项集{whole milk,soda}。算法计算各候选 2 项集的支持度，并保留那些满足最小支持度的 2 项集。下列的输出显示已经识别出了 61 个频繁 2 项集。

```
itemsets<- apriori(Groceries, parameter=list(minlen=2, maxlen=2,
                    support=0.02, target="frequent itemsets"))

parameter specification:
  confidence minval smax arem aval originalSupport support minlen
        0.8    0.1    1 none FALSE          TRUE      0.02      2
maxlen            target ext
    2 frequent itemsets FALSE
algorithmic control:
  filter tree heap memopt load sort verbose
    0.1 TRUE TRUE FALSE TRUE 2 TRUE


apriori - find association rules with the apriori algorithm
version 4.21 (2004.05.09) (c) 1996-2004 Christian Borgelt
set item appearances …[0 item(s)] done [0.00s].
set transactions …[169 item(s), 9835 transaction(s)] done [0.00s].
sorting and recoding items … [59 item(s)] done [0.00s].
creating transaction tree … done [0.00s].
checking subsets of size 1 2 done [0.00s].
writing … [61 set(s)] done [0.00s].
creating S4 object … done [0.00s].
```

该项集汇总表明 2 项集的支持度范围为 0.02003～0.07483。

```
summary(itemsets)
set of 61 itemsets

most frequent items:
    whole milk other vegetables yogurt rolls/buns
          25               17       9          9
         soda          (Other)
          9               53
```

```
element (itemset/transaction) length distribution:sizes
  2
61
Min. 1st Qu. Median Mean 3rd Qu. Max.
   2    2     2     2    2      2

summary of quality measures:
   support
Min.      :0.02003
1st Qu.   :0.02227
Median    :0.02613
Mean      :0.02951
3rd Qu.   :0.03223
Max.      :0.07483

includes transaction ID lists: FALSE

mining info:
     data ntransactions support confidence
 Groceries 9835           0.02              1
```

排名前 10 位的最频繁 2 项集显示在下面（按照其支持度排序）。值得注意的是，在按照支持度排序的前 10 名 2 项集中，全脂奶粉占据 6 席。在前面看到，在所有 1 项集中，{whole milk} 拥有最高的支持度。这些拥有最高支持度的前 10 名 2 项集可能是无趣的；这也凸显了只使用支持度的局限性。

```
inspect(head(sort(itemsets, by ="support"),10))
   items            support
1 {other vegetables,
   whole milk}      0.07483477
2 {whole milk,
   rolls/buns}      0.05663447
3 {whole milk,
   yogurt}          0.05602440
4 {root vegetables,
   whole milk}      0.04890696
5 {root vegetables,
   other vegetables}0.04738180
6 {other vegetables,
   yogurt}          0.04341637
7 {other vegetables,
   rolls/buns}      0.04260295
8 {tropical fruit,
   whole milk}      0.04229792
9 {whole milk,
   soda}            0.04006101
10 {rolls/buns,
   soda}            0.03833249
```

接下来，频繁 2 项集之间合并以形成候选 3 项集。例如{other vegetables,whole milk}和{whole milk,rolls/buns}将形成{other vegetables,whole milk,rolls/buns}。算法保留了那些满足最小支持度的项集。下面的输出显示了已经识别出了 2 个频繁 3 项集。

```
itemsets<- apriori(Groceries, parameter=list(minlen=3, maxlen=3,
                   support=0.02, target="frequent itemsets"))
parameter specification:
  confidence minval smax arem aval originalSupport support minlen
        0.8    0.1     1 none FALSE              TRUE    0.02      3
  maxlen target ext
       3 frequent itemsets FALSE

algorithmic control:
  filter tree heap memopt load sort verbose
    0.1 TRUE TRUE FALSE TRUE     2      TRUE
apriori - find association rules with the apriori algorithm

version 4.21 (2004.05.09) (c) 1996-2004 Christian Borgelt
set item appearances ···[0 item(s)] done [0.00s].
set transactions ···[169 item(s), 9835 transaction(s)] done [0.00s].
sorting and recoding items ··· [59 item(s)] done [0.00s].
creating transaction tree ··· done [0.00s].
checking subsets of size 1 2 3 done [0.00s].
writing ··· [2 set(s)] done [0.00s].
creating S4 object ··· done [0.00s].
```

   3 项集显示如下。

```
inspect(sort(itemsets, by ="support"))
   items support
1 {root vegetables,
   other vegetables,
   whole milk} 0.02318251
2 {other vegetables,
   whole milk,
   yogurt} 0.02226741
```

   在下一迭代中，只有一个候选 4 项集{root vegetables,other vegetables,whole milk,yogurt}，其支持度低于 0.02。没有找到频繁 4 项集，算法收敛。

```
itemsets<- apriori(Groceries, parameter=list(minlen=4, maxlen=4,
                   support=0.02, target="frequent itemsets"))

parameter specification:
  confidence minval smax arem aval originalSupport support minlen
        0.8    0.1     1 none FALSE              TRUE    0.02      4
  maxlen target ext
       4 frequent itemsets FALSE
algorithmic control:
filter tree heap memopt load sort verbose
    0.1 TRUE TRUE FALSE TRUE     2      TRUE
apriori - find association rules with the apriori algorithm
version 4.21 (2004.05.09) (c) 1996-2004 Christian Borgelt
```

```
set item appearances …[0 item(s)] done [0.00s].
set transactions …[169 item(s), 9835 transaction(s)] done [0.00s].
sorting and recoding items … [59 item(s)] done [0.00s].
creating transaction tree … done [0.00s].
checking subsets of size 1 2 3 done [0.00s].
writing … [0 set(s)] done [0.00s].
creating S4 object … done [0.00s].
```

前面的步骤在每一次迭代中模拟了 Apriori 算法。对于 Groceries 数据集，当 k=4 时，迭代止于支持度过低。因此，频繁项集包含 59 个频繁 1 项集、61 个频繁 2 项集，以及 2 个频繁 3 项集。

当没有设置 maxlen 参数时，算法继续执行每次迭代，直至支持度过低或者直到 k 到达了默认的 maxlen=10。如下面的代输出所示，已经识别出了 122 个频繁项集。这与 59 个频繁 1 项集、61 个频繁 2 项集和 2 个频繁 3 项集的总数相符。

```
itemsets<- apriori(Groceries, parameter=list(minlen=1, support=0.02,
                                     target="frequent itemsets"))
parameter specification:
  confidence minval smax arem aval originalSupport support minlen
         0.8    0.1    1 none FALSE           TRUE    0.02      1
maxlen target ext
    10 frequent itemsets FALSE

algorithmic control:
  filter tree heap memopt load sort verbose
     0.1 TRUE TRUE FALSE TRUE 2 TRUE

apriori - find association rules with the apriori algorithm
version 4.21 (2004.05.09) (c) 1996-2004 Christian Borgelt
set item appearances …[0 item(s)] done [0.00s].
set transactions …[169 item(s), 9835 transaction(s)] done [0.00s].
sorting and recoding items … [59 item(s)] done [0.00s].
creating transaction tree … done [0.00s].
checking subsets of size 1 2 3 done [0.00s].
writing … [122 set(s)] done [0.00s].
creating S4 object … done [0.00s].
```

注意，上述结果是基于特定的商业环境，并使用特定的数据集来评估的。如果数据集发生变化或者选择了一个不同的最小支持度，Apriori 算法必须再次运行每次迭代以更新频繁项集。

5.5.3 规则的生成和可视化

apriori()函数可以用来生成规则。假设现在将最小支持度阈值设置为一个较低的值 0.001，最小置信度阈值设定为 0.6。较小的最小支持度阈值可以显示更多的规则。下列的代码从 Groceries 数据集的所有交易中创建了 2918 条规则，而且这些规则同时满足最小支持度和最小置信度。

```
rules<- apriori(Groceries, parameter=list(support=0.001,
                    confidence=0.6, target = "rules"))

parameter specification:
  confidence minval smax arem aval originalSupport support minlen
        0.6    0.1    1 none FALSE          TRUE   0.001      1
maxlen target ext
   10 rules FALSE

algorithmic control:
  filter tree heap memopt load sort verbose
     0.1 TRUE TRUE FALSE TRUE 2 TRUE

apriori - find association rules with the apriori algorithm
version 4.21 (2004.05.09) (c) 1996-2004 Christian Borgelt
set item appearances ···[0 item(s)] done [0.00s].
set transactions ···[169 item(s), 9835 transaction(s)] done [0.00s].
sorting and recoding items ··· [157 item(s)] done [0.00s].
creating transaction tree ··· done [0.00s].
checking subsets of size 1 2 3 4 5 6 done [0.01s].
writing ··· [2918 rule(s)] done [0.00s].
creating S4 object ··· done [0.01s].
```

下面的规则汇总显示了规则的数量，以及支持度、置信度和提升度的范围。

```
summary(rules)
set of 2918 rules

rule length distribution (lhs + rhs):sizes
  2    3    4    5    6
  3  490 1765  626   34

  Min. 1st Qu. Median Mean 3rd Qu. Max.
 2.000 4.000  4.000 4.068  4.000  6.000

summary of quality measures:
   support confidence lift
 Min.   :0.001017 Min.   :0.6000 Min.   : 2.348
 1st Qu.:0.001118 1st Qu.:0.6316 1st Qu.: 2.668
 Median :0.001220 Median :0.6818 Median : 3.168
 Mean   :0.001480 Mean   :0.7028 Mean   : 3.450
 3rd Qu.:0.001525 3rd Qu.:0.7500 3rd Qu.: 3.692
 Max.   :0.009354 Max.   :1.0000 Max.   :18.996
 mining info:
     data ntransactions support confidence
  Groceries     9835      0.001      0.6
```

输入 plot(rules)来显示 2918 条规则的散点图（见图 5.3），其中水平轴表示支持度，垂直轴表示置信度，阴影部分表示提升度。散点图显示在从 Groceries 数据集生成的 2918 条规则中，最高的提升度发生在一个较低支持度和较低置信度的位置。

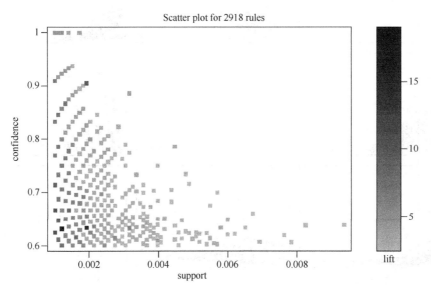

图 5.3　2918 条规则的散点图，最小支持度为 0.001，最小置信度为 0.6

输入 plot(rules@quality)显示一个散点图矩阵（见图 5.4），然后对比 2918 条规则的支持度、置信度和提升度。

图 5.4 表明提升度与置信度是成正比的，还显示了若干个线性分组。正如公式 5.2 和公式 5.3 所示，*Lift=Confidevce/Support(Y)*。因此，当 **Y** 的支持度保持不变时，提升度和置信度成正比，线性趋势的斜率是 *Support(Y)* 的倒数。下面的代码显示，在 2918 条规则中，$\frac{1}{Support(Y)}$ 只有 18 个不同的值，而且大部分发生在斜率 3.91、5.17、7.17、9.17 和 9.53 的位置。这与图 5.4 中第 3 行和第 2 列中显示的斜率相匹配，其中 **X** 轴表示置信度，**Y** 轴表示提升度。

```
# compute the 1/Support(Y)
slope<- sort(round(rules@quality$lift / rules@quality$confidence, 2))
# Display the number of times each slope appears in the dataset
unlist(lapply(split(slope,f=slope),length))
 3.91   5.17  5.44   5.73   7.17   9.05    9.17    9.53  10.64  12.08
 1585    940    12      7    188      1     102      55      1      4
12.42  13.22 13.83  13.95  18.05  23.76   26.44   30.08
    1      5     2      9      3      1       1       1
```

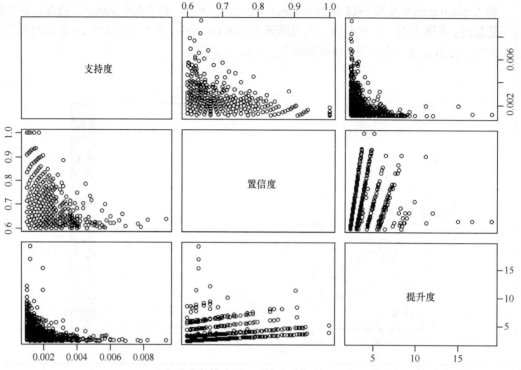

图 5.4 2918 条规则的支持度、置信度和提升度的散点图矩阵

inspect() 函数可以显示先前生成的规则内容。下面的代码显示了前 10 条规则（按照提升度排序）。规则 {Instant food products,soda}→{hamburger meat} 具有最高的提升度 **18.995654**。

```
inspect(head(sort(rules, by="lift"), 10))
  lhs rhs
support confidence lift
1 {Instant food products,
   soda} => {hamburger meat}
0.001220132 0.6315789 18.995654
2 {soda,
   popcorn} => {salty snack}
0.001220132 0.6315789 16.697793
3 {ham,
   processed cheese} => {white bread}
0.001931876 0.6333333 15.045491
4 {tropical fruit,
   other vegetables,
   yogurt,
   white bread} => {butter}
0.001016777 0.6666667 12.030581
5 {hamburger meat,
   yogurt,
   whipped/sour cream} => {butter}
```

```
0.001016777 0.6250000 11.278670
6 {tropical fruit,
   other vegetables,
   whole milk,
   yogurt,
   domestic eggs} => {butter}
0.001016777 0.6250000 11.278670
7 {liquor,
   red/blush wine} => {bottled beer}
0.001931876 0.9047619 11.235269
8 {other vegetables,
   butter,
   sugar} => {whipped/sour cream}
0.001016777 0.7142857 9.964539
9 {whole milk,
   butter,
   hard cheese} => {whipped/sour cream}
0.001423488 0.6666667 9.300236
10 {tropical fruit,
   other vegetables,
   butter,
   fruit/vegetable juice} => {whipped/sour cream}
0.001016777 0.6666667 9.300236
```

下面的代码获取了置信度大于 **0.9** 的所有 **127** 条规则。

```
confidentRules<- rules[quality(rules)$confidence > 0.9]
confidentRules
set of 127 rules
```

下面的命令生成了规则 LHS 和 RHL 相对比的矩阵可视化（见图 5.5）。右边的图例是一个彩色矩阵，表示主矩阵中每一个方块对应的提升度和置信度。

```
plot(confidentRules, method="matrix", measure=c("lift", "confidence"),
     control=list(reorder=TRUE))
```

在运行前面的 plot()命令时，R 控制台会同时显示 127 条规则中 LHS 和 RHS 的区别列表。输出片段如下所示：

```
Itemsets in Antecedent (LHS)
  [1] "{citrus fruit,other vegetables,soda,fruit/vegetable juice}"
  [2] "{tropical fruit,other vegetables,whole milk,yogurt,oil}"
  [3] "{tropical fruit,butter,whipped/sour cream,fruit/vegetable
juice}"
  [4] "{tropical fruit,grapes,whole milk,yogurt}"
  [5] "{ham,tropical fruit,pip fruit,whole milk}"
...
[124] "{liquor,red/blush wine}"
Itemsets in Consequent (RHS)
[1] "{whole milk}" "{yogurt}""{root vegetables}"
[4] "{bottled beer}" "{other vegetables}"
```

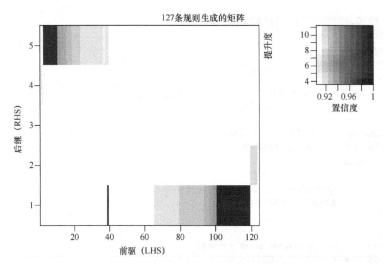

图 5.5　LHS 和 RHS 中的矩阵可视化，使用提升度和置信度进行了填色

　　下面的代码提供了具有最大提升度的前 5 条规则的可视化，如图 5.6 所示。在图中，箭头总是从 LHS 的一个项目指向 RHS 的一个项目。例如，连接火腿、加工奶酪和白色面包的箭头表示规则 {ham,processed cheese}→{white bread}。图右上角的图例显示圆的大小表示规则的支持度，其范围为 0.001～0.002；颜色（或阴影）表示提升度，范围为 11.279～18.996。具有最高提升度的规则是 {Instant food products,soda} → {hamburger meat}。

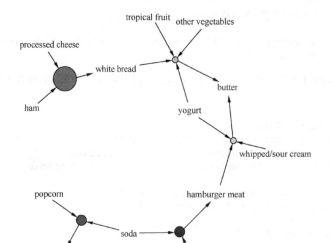

图 5.6　前 5 条规则的可视化图形（规则按照提升度来排序）

```
highLiftRules <- head(sort(rules, by="lift"), 5)
plot(highLiftRules, method="graph", control=list(type="items"))
```

5.6 验证和测试

在收集输出规则之后，可能有必要使用一种或多种方法，以在业务环境中验证样本数据集的结果。第一种方法可以通过置信度、提升度和杠杆率之类的统计度量来建立。如果规则涉及互相独立的项目或涵盖极少数交易，则被认为是无趣的，因为它们捕捉到的可能是虚假的关系。

在第 5.3 节提到，置信度可以测量 X 和 Y 一起出现的概率与 X 出现的概率的相关性（即 X 和 Y 一起出现的概率与 X 出现的概率，这两者的比值）。置信度可用于识别规则的有趣度。

提升度和杠杆率都可以将 X 和 Y 的支持度与它们各自的支持度进行比较。在使用关联规则挖掘数据时，一些规则的生成可能是纯属巧合。例如，如果 95% 的客户购买 X，90% 的客户购买 Y，那么 X 和 Y 会同时发生的可能性至少为 85%，即使这二者之间没有任何关系。类似提升度和杠杆率之类的度量可以确保识别有趣的规则，而非巧合的规则。

可以通过主观参数来建立另一组标准。即使有较高的置信度，可以从主观上认为一条规则是无趣的，除非它揭示了任何非预期的盈利行为。例如，像{paper}→{pencil}这样的规则在主观上可能是无趣或者没有意义的，尽管它的支持度和置信度很高。与此相反，像{diaper}→{beer}这样的规则满足了最小支持度和最小置信度，就可以在主观上认为是有趣的，因为这条规则是非预期的，可能会给零售商提供一个交叉销售的机会。将主观意识掺入到规则评价中是一项艰难的任务，它需要与领域专家合作。在第 2 章中提到，领域专家可以充当数据科学团队中的企业用户或商业智能分析师。在第 5 阶段，团队可以沟通结果，并决定是否适合实施。

5.7 诊断

虽然 Apriori 算法非常容易理解和实现，但是产生的一些规则是无趣的或者几乎没有用。此外，也有可能会因为变量之间存在的巧合关系，而生成一些规则。像置信度、提升度和杠杆率这样的度量应该与人们主观的见解一起使用，以解决这个问题。

关联规则的另一个问题是，在数据分析生命周期的第 3 阶段和第 4 阶段（见第 2 章），团队在执行模型之前必须指定最小支持度，这可能会导致太多或太少的规则。在相关的研究中，有一种算法的变体[13]可以为生成规则的数量设定一个预定义的目标范围，以便算法能够相应地调整最小支持度。

第 5.2 节讲到了 Apriori 算法，这是用来生成关联规则的一种最早和最基础的的算法。通过只检查满足了最小阈值的项集，Apriori 算法可以减少计算量。然而，取决于数据集大小，Apriori 算法可以是计算代价昂贵的。对于每一个级别的支持度，该算法需要扫描整个数据库以获得结果。因此，随着数据库的增长，它在每次运行计算时会需要更多的时间。这里有一些方法可以提高 Apriori 的效率。

- **分区**：交易数据库中任何可能的频繁项集必须在至少一个交易数据库的分区中是频繁的。
- **采样**：用较低支持度阈值提取数据集的一个子集，然后使用子集来执行关联规则挖掘。
- **交易压缩**：不包含频繁 k 项集的交易在后续扫描中是无用的，因此可以忽略。
- **基于哈希的项集计数**：如果一个 k 项集相应的哈希桶计数低于某一阀值，则该 k 项集不可能是频繁的。
- **动态项集计数**：只添加所有子集都被估计为频繁项集的项集作为新的候选项集。

5.8 总结

作为一项发现项目之间关系的无监督分析技术，关联规则在许多活动中颇具用途，其中包括购物篮分析、点击流分析和推荐引擎。虽然关联规则不用于预测结果或行为，但是它们善于从大型数据集中识别项目之间"有趣的"关系。很多时候，关联规则所披露的关系可能不那么明显，因此，这为机构提供了有价值的见解，可以帮助提升其业务运营。

Apriori 算法用来生成规则的是最早和最基础的一种算法。本章使用一个杂货店的例子遍历了 Apriori 的步骤，并生成了频繁 k 项集和有用的规则以用于下游分析和可视化。同时，本章还介绍了几个度量，比如支持度、置信度、提升度和杠杆率。这些度量有助于识别有趣的规则并消除巧合规则。最后，本章讨论了 Apriori 算法的一些优点和缺点，并罗列了可以提升其效率的一些方法。

5.9 练习

1. Apriori 属性是什么？
2. 以下 5 个交易，包括项目 A、B、C 和 D：
   - T1 : { A,B,C }
   - T2 : { A,C }
   - T3 : { B,C }
   - T4 : { A,D }
   - T5 : { A,C,D }

哪些项集满足最小支持度 0.5？（提示：一个项集可能包含多个项目）

3. 如何识别有趣的规则？如何区分有趣规则和巧合规则？
4. 一个本地零售商有一个数据库，存储了去年夏天的 10000 条交易。分析数据后，数据科学家团队已经识别出了以下统计：
   - {battery} 在 6000 笔交易中出现。

- {sunscreen}在 5000 笔交易中出现。
- {sandals}在 4000 笔交易中出现。
- {bowls}在 2000 笔交易中出现。
- { battery，sunscreen }在 1500 笔交易中出现。
- {battery，sandals}在 1000 笔交易中出现。
- {battery，bowls}在 250 笔交易中出现。
- {battery，sunscreen，sandals}在 600 笔交易中出现。

请回答下列问题。

a. 上面项集的支持度是多少？

b. 假设最小支持度为 0.05，哪些项集可以认为是频繁的呢？

c. {battery}→{sunscreen}和{battery,sunscreen}→{sandals}的置信度分别是多少？哪条规则是更有趣的呢？

d. 列出从统计中可以生成的所有候选规则。在最小置信度为 0.25 时，哪些规则是有趣的？在这些有趣规则中，哪些规则是最有用的（即最不巧合的）呢？

参考书目

[1] P. Hájek, I. Havel, and M. Chytil, "The GUHA Method of Automatic Hypotheses Determination,"*Computing,* vol. **1**, no. 4, pp. 293-308, 1966.

[2] R. Agrawal, T. Imieliński, and A. Swami, "Mining Association Rules BetweenSets of Items in Large Databases,"*SIGMOD '93 Proceedings of the 1993 ACMSIGMOD International Conference on Management of Data,* pp. 207-216, 1993.

[3] M.-S. Chen, J. S. Park, and P. Yu, "Efficient Data Mining for Path TraversalPatterns,"*IEEE Transactions on Knowledge and Data Engineering,* vol. **10**, no. 2,pp. 209-221, 1998.

[4] R. Cooley, B. Mobasher, and J. Srivastava, "Web Mining: Information and PatternDiscovery on the World Wide Web,"*Proceedings of the 9th IEEE InternationalConference on Tools with Artificial Intelligence,* pp. 558-567, 1997.

[5] R. Agrawal and R. Srikant, "Fast Algorithms for Mining Association Rules inLarge Databases," in *Proceedings of the 20th International Conference on Very LargeData Bases*, San Francisco, CA, USA, 1994.

[6] S. Brin, R. Motwani, J. D. Ullman, and S. Tsur, "Dynamic Itemset Counting andImplication Rules for Market Basket Data,"*SIGMOD,* vol. **26**, no. 2, pp. 255-264,1997.

[7] G. Piatetsky-Shapiro, "Discovery, Analysis and Presentation of Strong Rules,"*Knowledge Discovery in Databases,* pp. 229-248, 1991.

[8] S. Brin, R. Motwani, and C. Silverstein, "Beyond Market Baskets: GeneralizingAssociation

Rules to Correlations,"*Proceedings of the ACM SIGMOD/PODS '97Joint Conference,* vol. **26**, no. 2, pp. 265-276, 1997.

[9] C. C. Aggarwal and P. S. Yu, "A New Framework forItemset Generation," in*Proceedings of the Seventeenth ACM SIGACT-SIGMOD-SIGART Symposium onPrinciples of Database Systems (PODS '98)*, Seattle, Washington, USA, 1998.

[10] M. Hahsler, "A Comparison of Commonly Used Interest Measures forAssociation Rules," 9 March 2011. [Online]. Available: http://michael.hahsler.net/research/ association_rules/measures.html. [Accessed 4 March 2014].

[11] W. Lin, S. A. Alvarez, and C. Ruiz, "Efficient Adaptive-Support AssociationRule Mining for Recommender Systems,"*Data Mining and Knowledge Discovery,*vol. **6**, no. 1, pp. 83-105, 2002.

[12] B. Mobasher, H. Dai, T. Luo, and M. Nakagawa, "Effective PersonalizationBased on Association Rule Discovery from Web Usage Data," in ***ACM***, 2011.

[13] W. Lin, S. A. Alvarez, and C. Ruiz, "Collaborative Recommendation viaAdaptive Association Rule Mining," in *Proceedings of the International Workshopon Web Mining for E-Commerce (WEBKDD)*, Boston, MA, 2000.

第6章

高级分析理论与方法：回归

关键概念

- 分类变量
- 线性回归
- 逻辑回归
- 普通最小二乘法（OLS）
- 接收者操作特征（ROC）曲线
- 残差

总的来说，回归分析试图解释一组变量对另外一个变量的结果的影响。通常情况下，结果变量叫做因变量（dependent variable），因为它的结果依赖于其他变量。这些其他变量有时候会被叫做输入变量（input variable）或者自变量（independent variable）。回归分析可以用来回答下列问题：

- 人们的期望收入是多少？
- 贷款申请人拖欠还款的概率有多少？

线性回归是回答第一个问题的有用工具，而逻辑回归是解决第二个问题的流行方法。本章将研究这两种回归技术，并且解释一种技术在何时会更比另外一种更合适。

回归分析是一种有用的解释工具，可以识别对结果有着最大的统计影响的输入变量。通过这类知识与洞察，可以尝试改变环境，以产生更有利的输入变量的值。例如，如果研究发现 10 岁学生的阅读水平对于学生在高中的学习和申请大学的成功与否是一个极佳预测指标，那么阅读能力会获得更多的重视、实施和评估，让学生在年龄更小的时候就开始增强阅读能力。

6.1　线性回归

线性回归是一种用来对若干输入变量与一个连续结果变量之间关系建模的分析技术。而其中一个关键假设是一个输入变量与结果变量之间的关系是线性的。尽管这种假设看起来很局限，但我们经常能适当转换输入变量或结果变量，以实现转换后的输入变量与结果变量之间的线性关系。这些转换技术将在本章后续详细介绍。

物理学中有着一些著名的线性模型，例如欧姆定律（Ohm's Law），即流过电阻的电流与电路中的电压成正比。这种模型被认为是确定性的，也就是说，如果输入的值是已知的，那么结果变量的值也能够精确确定。线性回归模型是基于概率的，以解释可以影响任何特定结果的随机性。基于已知的输入值，线性回归模型提供了结果变量的预期值，但是预测结果仍然可能存在某些不确定性。因此，线性回归模型在物理学和社会科学应用中很有用。在这些领域中，给定一组特定的输入值，其产生的结果可能会有相当大的不同。在介绍完线性回归的用例之后，本节会讲解线性回归建模的模型基础。

6.1.1　用例

线性回归通常用于商业、政府和其他的场景中。现实世界中一些常见的实际线性回归应用如下所示：

- **房地产**：可以使用一个简单的线性回归分析模型，将住宅价格建模为以住宅区域为参数的函数。这种模型可以帮助设定或者评估市场上住宅的价格。模型还可以包括其他的输入参数，例如浴室的数量、卧室的数量、地皮尺寸，以及学区排名、犯罪率统计和房产税等来进一步优化。

- **需求预测**：政府与企业可以利用线性回归模型来预测货物与服务的需求。例如，餐厅可以根据天气、星期几、特价商品、一天中的时间段以及餐厅预定量来合理地预测与准备顾客会消费的食物类型与数量。类似的模型可以用来预测零售额、急诊人数和救护车调度。

- **医疗**：线性回归模型可以用来分析减少肿瘤大小的放射治疗的效果。输入变量可能包括单次放射治疗的时长、放射治疗的频率，以及年龄与体重等患者属性。

6.1.2 模型描述

顾名思义，线性回归模型假设在输入变量与结果变量之间存在线性的关系。这种关系可以通过公式 6.1 来表示。

$$y = \beta_0 + \beta_1 x_1 + \beta_2 x_2 + ... + \beta_{p-1} x_{p-1} + \varepsilon \tag{6.1}$$

其中，

y 表示结果变量；

x_j 是输入变量，$j = 1, 2, ..., p-1$；

β_0 是当每个 x_j 都等于零的时候 y 的值；

β_j 是 y 基于每个 x_j 单元变化的变化量，其中 $j=1,2,3,...,p-1$。

ε 是一个随机的误差项，表示线性模型输出与 y 的实际观察值之间的差值。

假设需要建立一个线性回归模型，将一个人的年收入看作两个输入变量（年龄[age]和教育[education]，以年为单位）的函数，来估计其收入。在这个案例中，收入是一个结果变量，输入变量是年龄与教育。尽管可能过于泛化，这个模型在直观上似乎是正确的，因为人们的技能和经验随年龄提升，个人收入也理应相应增加。此外，那些受教育程度更高的人获得雇佣的机会与起始薪水也会更高。

然而，同样很明显的是，一组有相同年龄与相同受教育水平的人的收入也存在着相当大的差异。而这类差异在模型中由 ε 表示。因此，在这个例子中，模型由公式 6.2 所表示。

$$Income = \beta_0 + \beta_1 Age + \beta_2 Education + \varepsilon \tag{6.2}$$

在这个线性模型中，β_j 表示未知的 p 参数。这些未知参数的取值要让模型能根据年龄与教育对个人收入提供一个平均意义上的合理的估算。换句话说，拟合得出的模型需要将线性模型与实际观察值之间的总体误差降至最低。普通最小二乘法（Ordinary Least Squares，OLS）是一种估算 p 参数取值的常见技术。

为了说明 OLS 是如何工作的，假设针对结果变量 y 只有一个输入变量 x。此外，图 6.1 中显示了 (x, y) 的 n 个观测值。

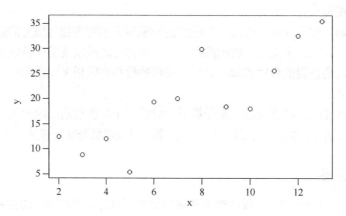

图 6.1 *y* 与 *x* 的散点图

我们的目标是找到最接近结果变量与输入变量之间关系的一条直线。借助于 OLS，目标变成找到通过这些点的直线，使得每个点与这条直线在垂直方向的差值的平方和最小。换句话说，求得 β_0 和 β_1 的值，使得公式 6.3 中的总和最小。

$$\sum_{i=1}^{n}[y_i - (\beta_0 + \beta_1 x_i)]^2 \tag{6.3}$$

图 6.2 中显示了将被平方然后相加的 n 个个体距离。图中垂直的线段代表每个观测到的 y 值与直线 $y = \beta_0 + \beta_1$ 之间的距离。

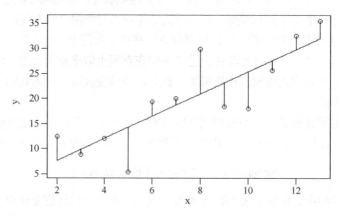

图 6.2 *y* 与 *x* 的散点图，其中包含了观测点到拟合线的垂直距离

在第 3 章的图 3.7 中，安斯库姆四重奏（Anscombe's Quartet）的例子使用了 OLS 来对 4 个数据集中的每一个进行线性回归拟合。多个输入变量的 OLS 就是对公式 6.3 中的单个输入变量的情况进行直接扩展。

上述的讨论中提供了在一组观测值中找到最佳线性拟合的方法。然而，通过对误差项做一些额外假设，线性回归模型能被进一步地利用。一般来说，我们几乎一直在做这样的假设，所以接下来的模型都被简称为线性回归模型。

1. 线性回归模型（包括正态分布误差）

在之前的模型描述中，是没有关于误差项的假设的；OLS 不需要额外的假设来估算模型参数。然而，在大多数的线性回归分析中，普遍假设误差项是均值为零且方差恒定的正态分布的随机变量。因此，线性回归模型如公式 6.4 所示。

$$y = \beta_0 + \beta_1 x_1 + \beta_2 x_2 \ldots + \beta_{p-1} x_{p-1} + \varepsilon \tag{6.4}$$

其中，

y 表示结果变量；

x_j 是输入变量，$j = 1,2,\ldots, p-1$；

β_0 是当每个 x_j 都等于零的时候 y 的值；

β_j 是 y 基于每个 x_j 单元变化的变化量，$j=1,2,\ldots,p-1$；

$\varepsilon \sim N(0, \sigma^2)$，以及ε相互独立。

对于给定的（$x_1, x_2, \ldots x_{p-1}$），这个额外的假设对于 y 的期望值 E(y)产生了以下的结果：

$$
\begin{aligned}
E(y) &= E(\beta_0 + \beta_1 x_1 + \beta_2 x_2 \ldots + \beta_{p-1} x_{p-1} + \varepsilon) \\
&= \beta_0 + \beta_1 x_1 + \beta_2 x_2 \ldots + \beta_{p-1} x_{p-1} + E(\varepsilon) \\
&= \beta_0 + \beta_1 x_1 + \beta_2 x_2 \ldots + \beta_{p-1} x_{p-1}
\end{aligned}
$$

因为 β_j 和 X_j 是常量，因此 E(y)是线性回归模型对于给定的（$x_1, x_2, \ldots x_{p-1}$）产生的结果值。此外，对于给定的（$x_1, x_2, \ldots x_{p-1}$），y 的方差 V(y)如下：

$$
\begin{aligned}
V(y) &= V(\beta_0 + \beta_1 x_1 + \beta_2 x_2 \ldots + \beta_{p-1} x_{p-1} + \varepsilon) \\
&= 0 + V(\varepsilon) = \sigma^2
\end{aligned}
$$

因此，对于给定的（$x_1, x_2, \ldots x_{p-1}$），y 是以 $\beta_0 + \beta_1 x_1 + \beta_2 x_2 \ldots + \beta_{p-1} x_{p-1}$ 为均值和以 σ^2 为方差的正态分布。对于一个只有单个输入变量的回归模型，图 6.3 说明了在给定 x 值的情况下，误差值的正态假设（Normality Assumption），以及其对结果变量 y 的影响。

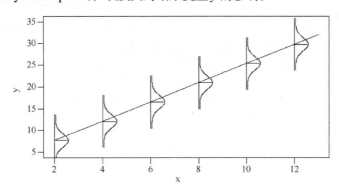

图 6.3　对于给定的 x 值，y 的正态分布

当 $x=8$ 的时候，预期的观测值 y 接近 20，但是基于图中的正态分布，y 的值也可能会出现在 15～25 之间。因此，回归模型会估计在给定 x 值时，y 值的期望值。此外，误差项的正态分布假设提供了一些有用的属性以用于对线性回归模型执行假设检验，和用于提供参数的置信区间以及给定（$x_1, x_2,…x_{p-1}$）时 y 的均值。这些统计技术的应用可以通过将 R 应用到先前介绍的收入线性回归模型来演示。

2．R 代码示例

回到 Income 的示例，除了年龄与教育变量之外，人的性别（女性或者男性），也被当做一个输入变量。以下的代码会从 CSV 文件中读取 1500 个人的收入、年龄、教育年限和性别。前 10 行的显示如下。

```
income_input = as.data.frame( read.csv("c:/data/income.csv") )
income_input[1:10,]
```

```
   ID Income Age Education Gender
1   1    113  69        12       1
2   2     91  52        18       0
3   3    121  65        14       0
4   4     81  58        12       0
5   5     68  31        16       1
6   6     92  51        15       1
7   7     75  53        15       0
8   8     76  56        13       0
9   9     56  42        15       1
10 10     53  33        11       1
```

这个抽样中的每个人都分配了一个识别号码 ID。Income 以千美元为单位（例如，113 表示 $113,000）。前面讲到，Age 和 Education 以年来表示。对于 Gender，0 表示女性，1 表示男性。导入数据的汇总显示了收入在$14,000～$134,000 内变化。年龄的区间是 18～70 岁。每个人的教育经历从最小 10 年到最大 20 年不等。

```
summary(income_input)
```

```
     ID        Income       Age         Education
Min.    : 1.0   Min.   : 14.00  Min.   :18.00  Min.    :10.00
1st Qu. : 375.8 1st Qu.: 62.00  1st Qu.:30.00  1st Qu. :12.00
Median  : 750.5 Median : 76.00  Median :44.00  Median  :15.00
Mean    : 750.5 Mean   : 75.99  Mean   :43.58  Mean    :14.68
3rd Qu. :1125.2 3rd Qu.: 91.00  3rd Qu.:57.00  3rd Qu. :16.00
Max.    :1500.0 Max.   :134.00  Max.   :70.00  Max.    :20.00
    Gender
Min.    :0.00
1st Qu. :0.00
Median  :0.00
Mean    :0.49
3rd Qu. :1.00
Max.    :1.00
```

如第 3 章中所述，散点图矩阵是一个用来查看变量间成对关系的信息工具。而线性回归中的一个基本假设就是结果变量与输入变量间存在着线性的关系。使用 R 的 lattice 工具包，以下 R 代码生成图 6.4 的散点图矩阵。

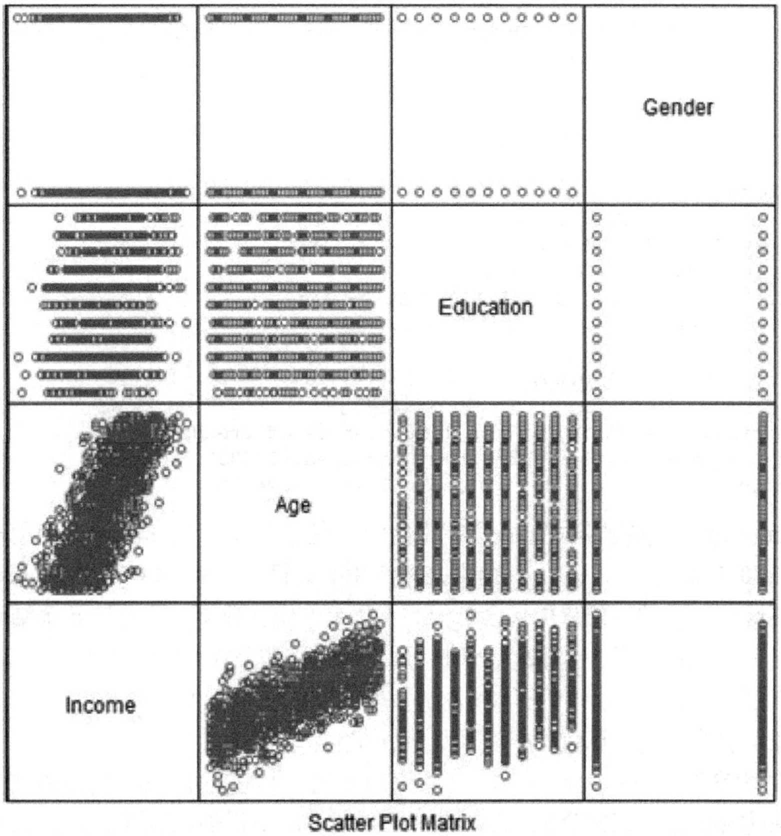

图 6.4 变量的散点图矩阵

```
library(lattice)
splom(~income_input[c(2:5)], groups=NULL, data=income_input,
    axis.line.tck = 0,
    axis.text.alpha = 0)
```

由于因变量通常作为 y 轴，检查沿着矩阵底部的一组散点。当 Income 作为 Age 的函数时，观察到一个很强的的正线性趋势。反观 Income 作为 Education 的函数时，可能存在一个轻微的正趋势，但与 Age 相比这个趋势不是很明显。最后，Gender 对于 Income 则没有明显的影响。

通过对 Income 与输入变量之间的关系的定性理解，定量地评估关于这些变量的线性关系似乎是合理的。利用关于误差项的正态假设，提出的线性回归模型如公式 6.5 所示。

$$Income = \beta_0 + \beta_1 Age + \beta_2 Education + \beta_3 Gender + \varepsilon \tag{6.5}$$

应用 R 中线性模型函数 lm() 所建立的收入模型如下所示。

```
results <- lm(Income~Age + Education + Gender, income_input)
summary(results)

Call:
lm(formula = Income ~ Age + Education + Gender, data = income_input)

Residuals:
   Min      1Q Median    3Q    Max
-37.340 -8.101  0.139 7.885 37.271

Coefficients:
            Estimate Std. Error t value Pr(>|t|)
(Intercept) 7.26299    1.95575   3.714 0.000212 ***
Age         0.99520    0.02057  48.373 < 2e-16 ***
Education   1.75788    0.11581  15.179 < 2e-16 ***
Gender     -0.93433    0.62388  -1.498 0.134443
---
Signif. codes: 0 '***' 0.001 '**' 0.01 '*' 0.05 '.' 0.1 ' ' 1

Residual standard error: 12.07 on 1496 degrees of freedom
Multiple R-squared: 0.6364, Adjusted R-squared: 0.6357
F-statistic: 873 on 3 and 1496 DF, p-value: < 2.2e-16
```

截距（Intercept）项 β_0 被隐式地包含在模型中。在这个示例中，lm() 函数使用普通最小二乘法对参数 $\beta_j(j = 0, 1, 2, 3)$ 进行估算，并提供几种有用的计算及结果，将其存储在 results 变量中。

在调用 lm() 以后，输出结果中包含若干关于残差的统计数据。残差是 n 个结果观测值中每一个的误差项的观测值，当 i = 1, 2, ...n 时，残差的定义如公式 6.6 所示。

$$e_i = y_i - (b_0 + b_1 x_{i,1} + b_2 x_{i,2} ... + b_{p-1} x_{i,p-1}) \tag{6.6}$$

其中 b_j 表示 β_j 参数的估算值，j = 0, 1, 2, ...p-1。

从 R 的输出来看，残差在大约-37～+37 之间变化，中位数接近 0。前面讲到，残差被假定为均值为零和方差恒定的正态分布。正态假设将在后文中更详细地讲解。

输出中提供了关于系数的细节。**Estimate** 列提供了拟合出的回归模型中的系数的 OLS 估算。一般情况下，截距（Intercept）对应的是在所有输入变量等于 0 时结果值的估算。在这个示例中，截距对应的是一个未受教育的新生女性（newborn female）的预估收入值$7,263。需要重点指出的是，现有的数据集中并不包括这样的人。数据集中最小的年龄和受教育年限分别是 18 岁和 10 年。因此，当使用线性回归模型针对模型训练数据集中不具代表性的输入变量预测结果时，可能会得到有误导性的结果。

Age 的系数接近于 1，这个系数的解释如下：年龄每增加一岁，个人收入预计将增加$995。教育年限每增加一年，个人收入预计增加大约$1,758。

对 Gender 的系数的解释稍微有一些区别。当 Gender 等于 0 的时候，Gender 系数对于预期收入的预测没有贡献。当 Gender 等于 1 的时候，预期的 Income 则会下降大约$934。

因为系数值是仅仅基于样本中的观测收入来估算得到的，因此系数的估算可能存在一些不

确定性或者存在抽样误差。系数列右边的 Std.Error（标准误差）列提供了每个系数相关的抽样误差，并且可以用来使用 T 分布（t-distribution）执行假设检验，以确定每个系数是否在统计意义上不为零。换句话说，如果一个系数在统计意义上等于零，则模型中的系数与相关的变量就应该从模型中排除。在这个示例中，对于 Intercept、Age 和 Education 参数，相应的假设检验的 P 值 Pr(>|t|)很小。如第 3 章中所说，较小的 p 值对应的是，t 值可以在原假设（null hypothesis）情况下观测到的概率较小。这种情况下，对于给定的 j = 0, 1, 2, ..., p–1，原假设和备择假设如下所示：

$$H_0:\beta_j=0 \text{ 与 } H_A:\beta_j\neq 0$$

对于较小的 p 值，像 Intercept、Age 和 Education 参数的情况，原假设将会被否定。对于 Gender 变量，相应的 p 值相当大，为 0.13。换句话说，在 90%的置信水平，原假设是不会被否定的。因此，可以考虑把 Gender 变量从线性回归模型中去除。下面的 R 代码提供了修改后的模型结果。

```
results2 <- lm(Income ~ Age + Education, income_input)
summary(results2)

Call:
lm(formula = Income ~ Age + Education, data = income_input)

Residuals:
    Min 1Q Median 3Q Max
-36.889 -7.892 0.185 8.200 37.740

Coefficients:
            Estimate Std. Error t value Pr(>|t|)
(Intercept) 6.75822 1.92728   3.507 0.000467 ***
Age         0.99603 0.02057  48.412 < 2e-16 ***
Education   1.75860 0.11586  15.179 < 2e-16 ***
---
Signif. codes: 0 '***' 0.001 '**' 0.01 '*' 0.05 '.' 0.1 ' ' 1

Residual standard error: 12.08 on 1497 degrees of freedom
Multiple R-squared: 0.6359, Adjusted R-squared: 0.6354
F-statistic: 1307 on 2 and 1497 DF, p-value: < 2.2e-16
```

从模型中去除 Gender 变量这一做法对剩余参数的估算以及它们的统计意义几乎没有影响。

显示结果中的最后部分提供了关于线性回归模型的一些汇总统计和测试。标准化残差（residual standard error）是观测残差的标准偏差。这个值以及相关的自由度，可以用来审查假定的正态分布的误差项方差。R-squared(R^2)是一个常用的报告度量（reported metric），用来衡量线性回归模型解释数据时的偏差。R^2 的取值范围为 0～1，越接近于 1 表示模型可以更好地解释数据。R^2 正好等于 1 表示模型完美地解释了观测数据（所有的残差值等于 0）。一般情况下，可以通过在模型中添加更多的变量来增大 R^2 的值。然而，只添加更多的变量来解释给定的数据集，但是不提升模型的解释性，则被称为过度拟合（overfitting）。为了解决过度拟合数据的可能性，调整后的 R^2 考虑了线性回归模型中包含的参数数量。

F 统计（F-statistic）提供了一种方法用来测试整个回归模型。在前面 t 检验（t-test）中，进行个体检验是为了确定每个参数的统计意义。而 F 统计和相应的 p 值则允许分析员检验如下假设。

$$H_0:\beta_1=\beta_2=\ldots=\beta_{p-1}=0 \text{ 与 } H_A:\beta_1\neq 0$$

$$j=1,2,\ldots,p-1 \text{（至少为 1）}$$

在这个例子中，p 值很小，为 2.2e–16，表示原假设应该被否定。

3. 分类变量

在之前的示例中，变量 Gender 是一个表示某人是男性还是女性的简单二元变量。一般来说，这些变量称为分类变量（categorical variable）。为了说明如何正确地使用分类变量，我们假设在前面的 Income 例子中决定包含额外的变量 State，用来表示人所在美国的州。与使用 Gender 变量类似，一种可能但不正确的方法是在包含 State 变量时，用 0 对应阿拉巴马（Alabama,）、1 对应阿拉斯加（Alaska,）、2 对应亚利桑那（Arizona），等等。这种基于州名的字母排序来分配数字的方法的问题在于它没有为不同州对应的数字间的差值提供有意义的度量。例如，将亚利桑那当做比阿拉斯加大 1 个单位和比阿拉巴马大两个单位，是否有用或合适呢？

在回归分析中，如果一个分类变量有 m 种不同的取值，那么实施这种分类变量的一种合适方法是添加 m-1 个二元变量到回归模型中。用 Income 的例子来说明，除了怀俄明之外（因为在对州按照字母表排序时，该州是最后一个），另外 49 个州所对应的二元变量可以被加入到模型中。

```
results3 <- lm(Income~Age + Education,
               + Alabama,
               + Alaska,
               + Arizona,
               .
               .
               .
               + WestVirginia,
               + Wisconsin,
               income_input)
```

R 代码中，输入文件添加了 49 个列，分别表示前 49 个州的二元变量。如果一个人来自于阿拉巴马（Alabama），阿拉巴马变量的值会被设为 1，而其他 48 个州的变量值会被设为 0。这种处理也会被应用到其他州的变量上。所以，如果一个人来自于怀俄明州（一个没有在模型中明确表述的州），则会通过将所有 49 个州的二元变量设置为 0 来识别。在这个表述中，怀俄明州被作为参考，其他州变量的回归系数表示怀俄明州与一个特定州之间在收入上的差异。

4. 参数的置信区间

一个可用的线性回归模型经常可以用来获得一些与模型以及产生观测值的群体相关的推断。在前面，我们看到 t 检验可以用来对单个模型参数 β_j（$j = 0, 1, \ldots, p-1$）执行假设检验。或者，这些 t 检验可以以参数的置信区间的形式表示。R 语言通过使用 confint() 函数简化了参数置信区间的计算。在 Income 的示例中，下面的 R 命令针对两个变量（Age 与 Education）提供了 95% 的截距与系数的置信区间。

```
confint(results2, level = .95)

              2.5 %    97.5 %
(Intercept) 2.9777598 10.538690
Age         0.9556771  1.036392
Education   1.5313393  1.985862
```

基于数据，先前对 Education 系数的估计值是 1.76。使用 confint()函数计算得到，相应的 95% 的置信区间为(1.53, 1.99)，代表估计值中的不确定性。换句话说，在重复的随机抽样中，95%的情况下，计算得到的置信区间跨越了真实但未知的系数。正如之前 t 检验结果中的预期，没有置信区间的跨越 0。

5. 预期结果的置信区间

除了获得关于模型参数的置信区间之外，经常也希望获得有关预期结果的置信区间。在 Income 的示例中，拟合得到的线性回归对于给定的 Age 与 Education，提供了期望的收入。然而，该特定的收入估算并没有提供有关估算不确定性的信息。对于一组给定的输入变量值，在 R 中使用 predict()函数可以获得预期结果的置信区间。

在这个例子中，建立了一个包含特定年龄和教育年限值的数据帧。使用这组输入变量值，predict()函数对于年龄为 41 岁、教育年限为 12 年的人的预期 Income 提供了 95%的置信区间。

```
Age <- 41
Education <- 12
new_pt <- data.frame(Age, Education)

conf_int_pt <- predict(results2,new_pt,level=.95,interval="confidence")
conf_int_pt

       fit      lwr      upr
1 68.69884 67.83102 69.56667
```

针对这组输入值，预期收入是$68,699，95%的置信区间为（$67,831,$69,567）。

6. 特定输出的预测区间

前面的置信区间相对接近于（上下大约差$900）拟合值。然而，置信区间不代表估计某个特定人收入时的不确定性。R 中的 predict()函数也能够计算特定收入的上下界限。这类界限提供的是预测区间（prediction interval）。回到 Income 的例子，在 R 中，对于一个 41 岁、12 年教育经历的人来说，其 Income 的 95%预测区间的计算方式如下。

```
pred_int_pt <- predict(results2,new_pt,level=.95,interval="prediction")
pred_int_pt

       fit      lwr      upr
1 68.69884 44.98867 92.40902
```

同样，预期的收入是$68,699。然而，95%的预测区间是($44,988,$92,409)。如果这个宽区间的原因看起来不明显，回想一下在图 6.3 中，对于一个特定的输入变量值，预期的结果落在回归线上，但其观测值是围绕预期结果正态分布的。置信区间适用于落在回归线上的预期结果，但是预测区间则适用于可能出现在正态分布中任意位置的结果。

因此，在线性回归中，置信区间通常用来获取与群体预期结果有关的推断，而预测区间则是用来获得与下一个可能的结果有关的推断。

6.1.3 诊断

假设检验、置信区间和预测区间的使用依赖于模型假设为真的情况。下面的讨论提供了一些工具和技术，可以用来验证一个拟合得出的线性回归模型。

1．评估线性假设

线性回归模型中的一个主要的假设是，输入变量与结果变量之间的关系是线性的。用来评估这种关系最基本的方法是对每个输入变量标出结果变量。在 Income 的示例中，这种散点图如图 6.4 所示。如果 Age 与 Income 的关系像图 6.5 那样，则无法使用线性模型。在这种情况下，经常可以执行下列操作：

● 转换结果变量；
● 转换输入变量；
● 在回归模型中添加额外输入变量或项。

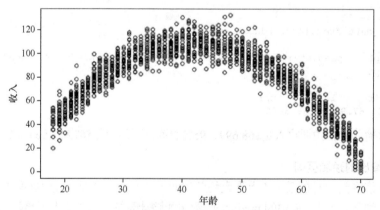

图 6.5 收入作为年龄的二次函数

通常的转换方法包括取变量的平方根或对数。另外一种选择是创建一个新的输入变量，比如年龄的平方，然后将其添加到线性回归模型来拟合输入变量和结果之间的平方关系。

评估残差的时候也会考虑使用额外的转换。

2．评估残差

如前所述，线性回归模型中的误差项被假设为一个均为值为零且方差为常数的正态分布。如果这种假设不成立，则基于假设检验、置信区间和预测区间所做的各种推论都是可疑的。

如果要检查回归线上的所有 y 值的常数方差，可以使用一个简单的拟合结果值的残差图。还记得，残差是基于 OLS 参数估计的拟合值和观测结果变量之间的差值。因为检验残差的重要性，R 中的 lm()函数会自动计算拟合的值和残差，并将结果分别存储在 lm()函数输出中的 fittted.values 和 residuals 中。使用存储在 results2 中的收入归回模型的输出，并使用如下 R 代码来生成图 6.6。

```
with(results2, {
plot(fitted.values, residuals,ylim=c(-40,40) )
            points(c(min(fitted.values),max(fitted.values)),
                c(0,0), type = "l")})
```

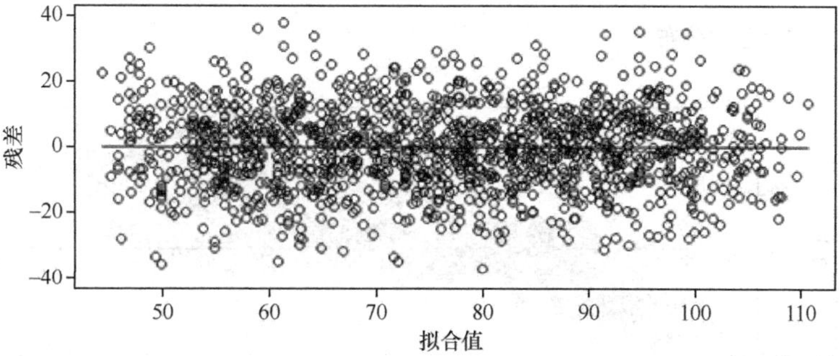

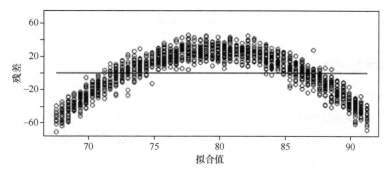

图 6.6　显示方差为常数的残差图

图 6.6 中的图显示，无论拟合线性回归模型上的收入值是什么，都可以观测到在参考零线两侧比较均匀地分布的残差，而且残差从一个拟合值到下一个拟合值的分布相当恒定。这一类分布图能够支持关于误差项的均值为 0 以及方差为常数的假设。

如果残差图看起来像图 6.7 至图 6.10 中那样，那么需要考虑和尝试之前讨论的一些转换或添加额外的输入变量。图 6.7 所示为残差存在非线性的趋势。图 6.8 所示为残差不以零线居中分布。图 6.9 所示为线性回归模型中的各种结果的残差的线性趋势。这个分布图显示回归模型中缺少一个变量或项。图 6.10 提供了一个示例，其中误差项的方差不是一个常数，而是沿着拟合得出的线性回归模型而增长。

图 6.7　非线性趋势的残差

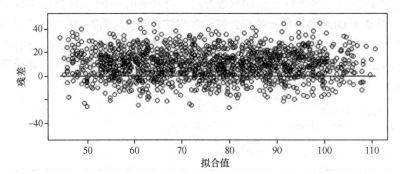

图 6.8 残差不以零线居中分布

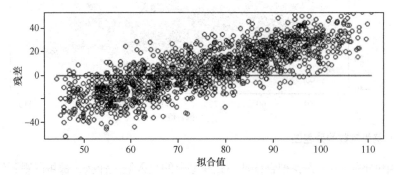

图 6.9 残差具有线性趋势

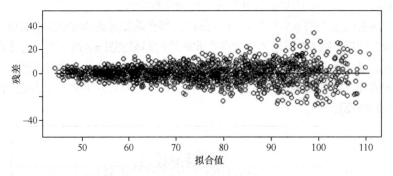

图 6.10 残差的方差不恒定

3．评估正态假设

残差图可以用来确定残差是否以零线居中，以及是否有常数方差。然而，仍然需要验证正态假设。如图 6.11 所示，下面的 R 语言生成 results2（Income 示例的输出）残差的直方图。

```
hist(results2$residuals, main="")
```

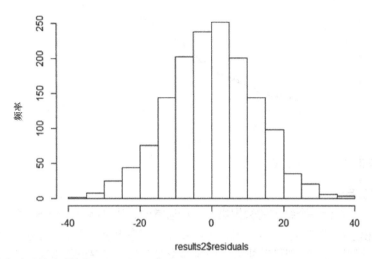

图 6.11 正态分布残差的直方图

从直方图中可以看到，残差的分布以零线居中而且以零值对称，正如人们对正态分布的随机变量所期望的那样。另一个选项是检查分位数图（Q-Q Plot），该图可以比较观测数据和假定分布的分位数（Q）。在 R 中，下面的代码为 Income 示例中的残差生成了图 6.12 所示的 Q-Q 图，并描绘了正态分布中的值应该遵循的线。

```
qqnorm(results2$residuals, ylab="Residuals", main="")
qqline(results2$residuals)
```

图 6.13 中的 Q-Q 图显示需要对模型进行改进，以实现误差项的正态分布。

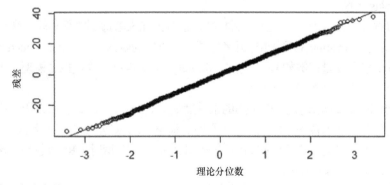

图 6.12 残值正态分布的 Q-Q 图

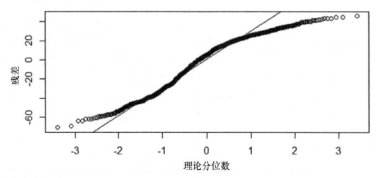

图 6.13 残值非正态分布的 Q-Q 图

4．N 重交叉验证

为了防止过度拟合一个给定的数据集，一种通常的做法是将整个数据集随机分成训练集和测试集。一旦模型在训练集上开发完成，就需要在测试集上进行评估。当没有足够的数据来创建训练集和测试集的时候，则可以使用一种 N 重交叉验证技术来比较各种拟合模型。在 N 重交叉验证中，会发生下列情况。

● 整个数据集会被随机划分成近似相等大小的 N 个数据集。

● 模型在 N-1 个数据集上进行训练，然后在剩下的数据集上进行测试并度量模型误差。

● 上述整个过程一共重复 N 次，每次在 N 个数据集中取不同的 N-1 个数据集组合。

$$\binom{N}{N-1} = N$$

● 观测到的 N 个模型误差是 N 重的平均值。

一个模型的平均误差与另一个模型的平均误差会被用来进行比较。这项技术还可以帮助确定在现有的模型添加更多的变量是否有益，或者是否可能导致过度拟合。

5．其他诊断考虑

尽管拟合线性回归模型符合上述诊断标准，通过添加未考虑到的额外输入变量来改进模型也是可能的。在之前 Income 的例子中，近考虑了三个可能的输入变量：Age、Eduction 和 Gender。很多其他额外的输入变量，例如 Housing 或 Marital_Status 也可以改进拟合模型。重要的是在分析过程中尽早考虑所有可能的输入变量。

前面提到，R-squared(R^2)是一个常用的报告度量（reported metric），用来衡量线性回归模型解释数据时的偏差。在拟合一个线性回归模型时，调整后的 R^2 基于模型中参数的数量对 R^2 减去一个惩罚值。因为当更多的变量被添加到一个现有的回归模型时，R^2 值总是更接近 1，因此调整后的 R^2 值实际上可能会减小。

应该检查任何离群点（outlier）的残差分布。所谓离群点，是明显不同于大多数点的观测点。离群点可以由糟糕的数据收集、数据处理错误产生，或者它实属罕见的存在。在 Income 的示例中，假设有一个收入为 100 万美元的个体被包括在数据集中，这个观测值可能影响到拟合得出的回归模型，如在安斯库姆四重奏的示例中那样。

最后，应当检查估计参数的大小和迹象来判断它们是否有意义。例如，假设在 Income 示例中得到 Education 变量的一个负系数。因为人们会理所当然地认为受教育年限越高，获得的收入也越高，因此要么发现了一些非常意外的情况，要么模型有问题，要么是数据收集有问题，要么是一些其他因素。在任何情况下，都需要进一步调查。

6.2 逻辑回归

在线性回归建模中，结果变量是一个连续变量。从之前的 Income 示例中可以看出，线性回归可以用来对年龄和教育与收入之间的关系进行建模。假设我们不关心一个人的实际收入，而关心这个人的贫富。在这种情况下，当结果变量是分类型的，那么逻辑回归可以用来基于输入变量预测结果的可能性。虽然逻辑回归可以应用于一个有多个值的结果变量，但是下面的讨论将研究这样的情况，即结果变量有两个值，比如真/假、通过/失败、是/否。

例如，可以构建一个逻辑回归模型，来确定一个人是否会在未来 12 个月内购买新的汽车。训练集可以包括一个人的年龄、收入、性别以及现有汽车的车龄等输入变量。训练集中也可包含这个人在过去的 12 个月是否购买了新汽车这一结果变量。逻辑回归模型提供了一个人在接下来的 12 个月中购买新汽车的可能性或概率。在讲解一些逻辑回归的用例之后，本章剩下的部分就会探讨如何建立和评估一个逻辑回归模型。

6.2.1 用例

逻辑回归模型可以应用于公共领域与私人领域中的各种场景。逻辑回归模型的一些常见用法如下所示：

- **医疗**：建立一个模型来判断特定治疗或手术对一个病人有效的可能性。输入变量可能包括年龄、体重、血压和胆固醇水平。
- **金融**：利用贷款申请人的信用历史和其他贷款细节来确定申请人会拖欠贷款的概率。基于预测，贷款申请可能被批准或拒绝，或修改条款。
- **营销**：根据年龄、计划包含的家庭成员数、现有合同的剩余月数，以及其社交网络联系人等来判断确定一个无线网络客户更换运营商的概率（称为流失）。通过这种洞见，定位具有高流失概率的客户，为他们提供合适的合约来防止流失。
- **工程**：根据工程的运营状况和各种诊断数据来确定机器零件出现故障或失效的概率。通过这种概率的估计，可以计划适当的预防性维护。

6.2.2 模型描述

逻辑回归基于逻辑函数 f(y)，如公式 6.7 所示。

$$f(y) = \frac{e^y}{1+e^y} \qquad \text{其中} -\infty < y < \infty \tag{6.7}$$

注意，当 $y \to \infty$ 时，$f(y) \to 1$，而当 $y \to -\infty$ 时，$f(y) \to 0$。所以，如图 6.14 所示，逻辑函数 $f(y)$ 的值随着 y 值的增大，在 0~1 之间变化。

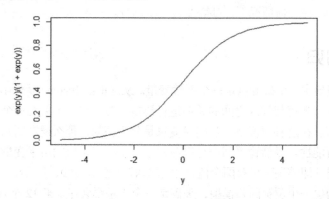

图 6.14　逻辑函数

因为逻辑函数 $f(y)$ 的取值范围是（0，1），所以此函数适合用来模拟特定结果的发生概率。随着 y 值的增加，结果发生的概率也会增加。在任何提出的模型中，为了预测一个结果的可能性，y 需要作为输入变量的一个函数。在逻辑回归中，y 表示为输入变量的一个线性函数。换句话说，如公式 6.8 所示。

$$y = \beta_0 + \beta_1 x_1 + \beta_2 x_2 ... + \beta_{p-1} x_{p-1} \tag{6.8}$$

所以，基于输入变量 $x_1, x_2, ... x_{p-1}$，事件发生的概率如公式 6.9 所示。

$$p(x_1, x_2, ... x_{p-1}) = f(y) = \frac{e^y}{1+e^y} \text{ 对于 } -\infty < y < \infty \tag{6.9}$$

公式 6.8 相当于线性回归建模中使用的公式 6.1。然而，一个不同是公式 6.8 中的 y 值不能被直接观察到。只有 f(y) 的值（即成功或失败，通常分别表示为 1 或 0）才能被观察到。

用 p 来表示 f(y)，公式 6.9 可以被重写为公式 6.10 的格式。

$$ln\left(\frac{p}{1-p}\right) = y = \beta_0 + \beta_1 x_1 + \beta_2 x_2 ... + \beta_{p-1} x_{p-1} \tag{6.10}$$

公式 6.10 中 $ln\left(\frac{p}{1-p}\right)$ 称为对数差异比（log odds ratio），或者是 p 的对数成败比率曲线（logit）。极大似然估计（Maximum Likelihood Estimation，MLE）这样的技术可以用来估计模型参数。MLE 决定了模型参数的值，这些值可以最大化观测到给定数据集的可能性。然而，MLE 的实施细节超出了本书的讨论范围。

下面的例子有助于更清晰地理解逻辑回归模型。下一节在讲解评估拟合模型时，会讲解使用 R 来拟合逻辑回归模型的机制。本节的重点是解释拟合模型。

客户流失案例

一家无线电信公司想要估计在接下来的 6 个月中，客户流失（更换到不同的公司）的概率。通过对一个客户的流失可能性进行合理的精确预测，销售和营销团队可以尝试通过提供各种优惠来留住客户。他们获得了 8000 个当前和以前客户的数据。收集到每一个客户的变量如下。

- Age（年龄）
- Married（婚否）
- Duration（客户年限）
- Churned_contacts（流失的联系人）——已经流失的客户联系人的数量
- Churned（流失与否）——客户是否已经流失

在分析这些数据并拟合一个逻辑回归模型后，Age 和 Churned_contacts 被选为最好的预测变量。公式 6.11 提供了预估的模型参数。

$$y=3.50\text{-}0.16 * Age+0.38 * Churned\_contacts \qquad (6.11)$$

利用公式 6.11 中的拟合模型，表 6.1 根据顾客的年龄和流失联系人的数量给出了一个客户流失的概率。表 6.1 也提供了 y 的计算值。前面在讲解逻辑函数时提到，随着 y 值的增加，流失概率也会增加。

表 6.1　　　　　　　　　　预计的流失概率

客户	Age（年）	Churned_contacts	y	流失概率
1	50	1	−4.12	0.016
2	50	3	−3.36	0.034
3	50	6	−2.22	0.098
4	30	1	V0.92	0.285
5	30	5	−0.16	0.460
6	30	6	0.98	0.727
7	20	1	0.68	0.664
8	20	3	1.44	0.808
9	20	6	2.58	0.930

根据拟合模型，一个 20 岁的有 6 个联系人已经流失了的客户，其将有 93% 的概率也会流失（见表 6.1 中的最后一行）。检查公式 6.11 中估算系数的符号和值，可以看出随着 Age 的增加，y 值在减小。因此，负的 Age 系数表明，年纪大的客户的流失概率相对较小。另一方面，基于 Churned_contacts 系数的正号，y 的值和流失概率会随着联系人流失数量的增加而增加。

6.2.3　诊断

这个流失案例说明了如何诠释一个拟合得出的逻辑回归模型。本节中使用 R 来讲解开发逻辑回归模型和评估模型效果的步骤。在这个示例中，**churn_input** 数据帧的结构如下所示。

```
head(churn_input)
     ID Churned Age   Married   Cust_years  Churned_contacts
1    1       0 61         1            3                   1
2    2       0 50         1            3                   2
3    3       0 47         1            2                   0
4    4       0 50         1            3                   3
5    5       0 29         1            1                   3
6    6       0 43         1            4                   3
```

Churned 的值为 1 表示客户已流失。**Churned** 为 0 表示该客户仍然为签约客户。在数据集的 8000 条客户记录中，有 1743 位客户（约 22%）已经流失。

```
sum(churn_input$Churned)
```

```
[1] 1743
```

使用广义线性模型函数 **glm()**，在 R 和指定的 **family/link** 中，可以将逻辑回归模型应用到数据集中的变量，并进行研究，如下所示。

```
Churn_logistic1 <- glm (Churned~Age + Married + Cust_years +
                        Churned_contacts, data=churn_input,
                        family=binomial(link="logit"))
summary(Churn_logistic1)

Coefficients:
                  Estimate Std.    Error z value Pr(>|z|)
(Intercept)       3.415201        0.163734  20.858   <2e-16 ***
Age              -0.156643        0.004088 -38.320   <2e-16 ***
Married           0.066432        0.068302   0.973    0.331
Cust_years        0.017857        0.030497   0.586    0.558
Churned_contacts  0.382324        0.027313  13.998   <2e-16 ***
---
Signif. codes: 0 '***' 0.001 '**' 0.01 '*' 0.05 '.' 0.1 ' ' 1
```

在线性回归案例中，有一些测试来确定系数是否明显不为 0。这样的系数与较小的值 Pr(>|z|) 对应，**Pr** 表示确定估计的模型参数是否明显不为 0 的假设检验的 p 值。在不带 Cust_years 变量（该变量有最大的 p 值）的情况下重新运行该分析，产生如下结果。

```
Churn_logistic2 <- glm (Churned~Age + Married + Churned_contacts,
                        data=churn_input, family=binomial(link="logit"))
summary(Churn_logistic2)

Coefficients:
                  Estimate Std. Error z value Pr(>|z|)
(Intercept)       3.472062     0.132107  26.282   <2e-16 ***
Age              -0.156635     0.004088 -38.318   <2e-16 ***
Married           0.066430     0.068299   0.973    0.331
Churned_contacts  0.381909     0.027302  13.988   <2e-16 ***
---
Signif. codes: 0 '***' 0.001 '**' 0.01 '*' 0.05 '.' 0.1 ' ' 1
```

因为 Married 系数的 p 值仍然很大，所以把 Married 变量从模型中去掉。下面的 R 代码给出第三个和最后一个模型，最后一个模型只包括 Age 和 churned_contacts 变量。

```
Churn_logistic3 <- glm (Churned~Age + Churned_contacts,
                        data=churn_input, family=binomial(link="logit"))

summary(Churn_logistic3)

Call:
glm(formula = Churned ~ Age + Churned_contacts,
                family = binomial(link = "logit"), data = churn_input)

Deviance Residuals:
    Min      1Q Median      3Q     Max
-2.4599 -0.5214 -0.1960 -0.0736 3.3671

Coefficients:
                  Estimate Std. Error z value Pr(>|z|)
(Intercept)       3.502716   0.128430   27.27 <2e-16 ***
Age              -0.156551   0.004085 -38.32 <2e-16 ***
Churned_contacts  0.381857   0.027297   13.99 <2e-16 ***
---
Signif. codes: 0 '***' 0.001 '**' 0.01 '*' 0.05 '.' 0.1 ' ' 1

(Dispersion parameter for binomial family taken to be 1)

    Null deviance: 8387.3 on 7999 degrees of freedom
Residual deviance: 5359.2 on 7997 degrees of freedom
AIC: 5365.2

Number of Fisher Scoring iterations: 6
```

对于最后一个模型，给出了整个的汇总输出。输出提供了可以用来评价拟合模型的几个值。应该指出的是，模型参数估计值对应于公式 6.11 中的值，这些值也被用来构造表 6.1。

1. 偏差和伪 R^2

在逻辑回归中，偏差定义为 $-2*\log L$，其中 L 是用来计算参数估计值的似然函数的最大值。在 R 输出中会提供两个偏差值。其中无效偏差（null deviance）是仅仅基于截距项的似然函数（$y=\beta_0$）的结果。而残差（residual deviance）是基于特定逻辑模型中的参数的似然函数的结果，如公式 6.12 所示。

$$y=\beta_0+\beta_1*Age+\beta_2*Churned\_contacts \qquad (6.12)$$

类似于线性回归中 R^2 的一个度量可以按照公式 6.13 计算得出。

$$peseudo-R^2 = 1-\frac{residual\ dev.}{null\ dev.} = \frac{null\ dev.-res.dev.}{null\ dev.} \qquad (6.13)$$

伪 R^2（peseudo-R^2）用来衡量拟合模型相比于默认模型（没有预测变量且只有一个截距项）在解释数据时效果有多好。伪 R^2 值越接近 1 则表示它要比简单的默认模型好。

2．偏差和对数似然率检验

在伪 R^2 的计算中，乘数-2 直接被约去了。所以，看起来包含这样的一个乘数不能带来任何好处。但是，在偏差定义中的乘数是基于对数似然检验统计的，如公式 6.14 所示。

$$T = -2*\log\left(\frac{L_{null}}{L_{alt.}}\right)$$ （6.14）
$$= -2*\log(L_{null}) - (-2)*\log(L_{alt.})$$

其中 T 是近似卡方分布（χ_k^2），k 自由度（df）=（df）=df_{null}-$df_{alternate}$

前面对对数似然检验统计的描述可以应用到使用了 MLE 的任何估计。在公式 6.15 中可以看到，在逻辑回归案例中，

$$T=\text{null deviance-residual deviance}\sim \chi_{p-1}^2$$ （6.15）

其中 p 是拟合模型中的参数个数。

因此，在一个假设检验中，一个较大的 T 值表明拟合模型明显优于只使用截距项的零模型。

在客户流失案例中，对数似然率统计如下：

T=8387.3-5359.2=3028.1，其中自由度为 2，相应的 p 值本质上是 0。

到目前为止，对数似然率检验的讨论主要集中在比较拟合模型和只使用截距的默认模型。然而，对数似然率检验也可以用于比较不同的拟合模型。例如，当分类变量 Married 和 Age、churned_contacts 一起作为逻辑回归模型的输入变量时，这个模型的部分 R 输出如下所示。

```
summary(Churn_logistic2)
Call:
glm(formula = Churned ~ Age + Married + Churned_contacts,
    family = binomial(link = "logit"),
    data = churn_input)

Coefficients:
             Estimate Std. Error z value Pr(>|z|)
(Intercept)   3.472062 0.132107  26.282 <2e-16 ***
Age          -0.156635 0.004088 -38.318 <2e-16 ***
Married       0.066430 0.068299   0.973  0.331
Churned_contacts 0.381909 0.027302 13.988 <2e-16 ***
---
Signif. codes: 0 '***' 0.001 '**' 0.01 '*' 0.05 '.' 0.1 ' ' 1

(Dispersion parameter for binomial family taken to be 1)

    Null deviance: 8387.3 on 7999 degrees of freedom
Residual deviance: 5358.3 on 7996 degrees of freedom
```

每个模型的剩余偏差（residual deviance）可以用于执行基于基础模型的假设检验。在假设

检验中，H_0：$B_{Married}=0$，HA：$B_{Married} \neq 0$。基础模型包含了 Age 和 churned_contacts 变量。检验统计如下。

$$T=5359.2-5358.3=0.9 \text{ with } 7997-7996=1 \text{degree of freedom}$$

使用 R 语言，相应的 p 值计算如下。

```
pchisq(.9 , 1, lower=FALSE)
```

```
[1] 0.3427817
```

因此，在 66%或更高的置信水平下，原假设 H_0：$B_{Married}=0$ 不会被否定。因此，在逻辑回归模型中去除变量 Married 似乎是合理的。

通常情况下，当一步步地在逻辑回归模型中添加变量或移除变量时，对数似然率检验特别有用。

3. 接收者操作特征（ROC）曲线

逻辑回归经常被作为一个分类器，基于模型提供的预测概率给为人、物品或交易打标签。在客户流失案例中，如果逻辑模型预测某个客户的流失概率很高，那么这个客户就可以使用标签 Churn 来分类。否则，就会分配给这个客户一个 Remain 标签。通常，0.5 作为默认的概率阈值来区分两类标签。然而，为了避免误报（例如，把一个标签为 Remain 的客户预测为 Churn）或漏报（例如，把一个标签为 Churn 的客户预测为 Remain），也可以根据偏好使用任意阈值。

在通常情况下，对于两类标签 C 和¬C，其中 "¬C" 表示 "非 C"，一些工作定义和方程如下所示。

- 真阳性（True Positive）：预测为 C，实际为 C
- 真阴性（True Negative）：预测为¬C，实际为¬C
- 假阳性（False Positive）：预测为 C，实际为¬C
- 假阴性（False Negative）：预测为¬C，实际为 C

$$\text{False Positive Rate(FPR)} = \frac{\# \text{of false positives}}{\# \text{of negatives}} \quad (6.16)$$

$$\text{True Positive Rate(TPR)} = \frac{\# \text{of true positives}}{\# \text{of positives}} \quad (6.17)$$

真阳性率（True Positive Rate，TPR）与假阳性率（False Positive Rate，FPR）的对比图称作为接收者操作特性（Receiver Operating Characteristic，ROC）曲线。使用 ROCR 包，下面的 R 代码命令能生成流失案例的 ROC 曲线。

```
library(ROCR)

pred = predict(Churn_logistic3, type="response")
```

```
predObj = prediction(pred, churn_input$Churned )

rocObj = performance(predObj, measure="tpr", x.measure="fpr")
aucObj = performance(predObj, measure="auc")

plot(rocObj, main = paste("Area under the curve:",
                          round(aucObj@y.values[[1]] ,4)))
```

如图 6.15 所示，一个分类器的最佳结果就是有一个低的 FPR 和一个高的 TPR。所以，当在 FPR 轴上从左到右移动的时候，好的模型/分类器的 TPR 值会迅速接近 1，同时 FPR 只有小小的变化。ROC 曲线的轨迹在垂直方向越接近图的左上角的点（0,1）附近，模型/分类器执行的效果就越好。因此，一个有用的度量是计算 ROC 曲线下的区域面积（AUC）。从图 6.15 可以看出这个区域的理论最大值为 1。

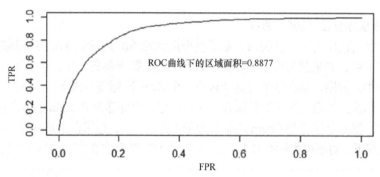

图 6.15 流失案例的 ROC 曲线

为了说明 FPR 和 TPR 的值是如何依赖于分类器所使用的阈值，使用下面的 R 代码构建图 6.16 中的图。

```
# extract the alpha(threshold), FPR, and TPR values from rocObj
alpha <- round(as.numeric(unlist(rocObj@alpha.values)),4)
fpr <- round(as.numeric(unlist(rocObj@x.values)),4)
tpr <- round(as.numeric(unlist(rocObj@y.values)),4)

# adjust margins and plot TPR and FPR
par(mar = c(5,5,2,5))
plot(alpha,tpr, xlab="Threshold", xlim=c(0,1),
               ylab="True positive rate", type="l")
par(new="True")
plot(alpha,fpr, xlab="", ylab="", axes=F, xlim=c(0,1), type="l" )
axis(side=4)
mtext(side=4, line=3, "False positive rate")
text(0.18,0.18,"FPR")
text(0.58,0.58,"TPR")
```

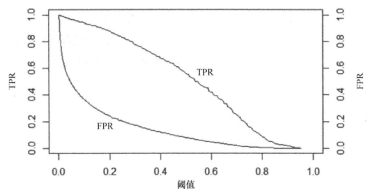

图 6.16 流失案例中阈值的作用影响

当阈值为 0，每个项都被分类为阳性结果。因此，TPR 值为 1。然而，所有阴性结果也被分类为阳性结果，所以 FPR 值也是 1。随着阈值的增加，越来越多的阴性分类标签被分配，因此，FPR 和 TPR 值也随之降低。当阈值达到 1 时，没有阳性标签被分配，那么 FPR 和 TPR 值都是 0。

一个分类器常用的阈值为 0.5，它给概率大于等于 0.5 的值分配一个阳性标签，否则分配阴性标签。如下面的 R 代码所示，在客户流失案例数据集的分析中，0.5 的阈值对应于 0.56 的 TPR 值和 0.08 的 FPR 值。

```
i <- which(round(alpha,2) == .5)
paste("Threshold=" , (alpha[i]) , " TPR=", tpr[i] , " FPR=", fpr[i])

[1] "Threshold= 0.5004 TPR= 0.5571 FPR= 0.0793"
```

因此，会流失的客户中有 56% 被正确地分类为 Churn 标签，会留下的客户中有 8% 被错误地分为 Churn。如果只识别出 56% 的流失客户是不可接受的，那么可以降低阈值。例如，我们假设将流失概率大于 0.15 的任何客户分类为 Churn。那么下面的 R 代码说明了相应的 TPR 和 FPR 值分别对应为 0.91 和 0.29。因此，会流失的客户中有 91% 能被正确识别，但代价是留下的客户中有 29% 会被错误地分类。

```
i <- which(round(alpha,2) == .15)
paste("Threshold=" , (alpha[i]) , " TPR=", tpr[i] , " FPR=", fpr[i])

[1] "Threshold= 0.1543 TPR= 0.9116 FPR= 0.2869"
[2] "Threshold= 0.1518 TPR= 0.9122 FPR= 0.2875"
[3] "Threshold= 0.1479 TPR= 0.9145 FPR= 0.2942"
[4] "Threshold= 0.1455 TPR= 0.9174 FPR= 0.2981"
```

ROC 曲线也可被用于评估其他分类器，详见第 7 章。

4. 概率直方图

概率直方图可以将观测的值和逻辑回归中提供的预估概率进行可视化显示。图 6.17 给出了已流失客户和留下客户的叠加直方图。通过一个合适的拟合逻辑模型可以看到，留下的客户有较低的流失概率。相反，已流失的客户仍然会有很高的再次流失率。直方图有助于可视化被正确分类或错误分类的项的数量。在客户流失案例中，一个理想的直方图应该将留下的客户分在图的左侧，而把已流失的客户放在图的右侧，这样两组客户就没有重叠。

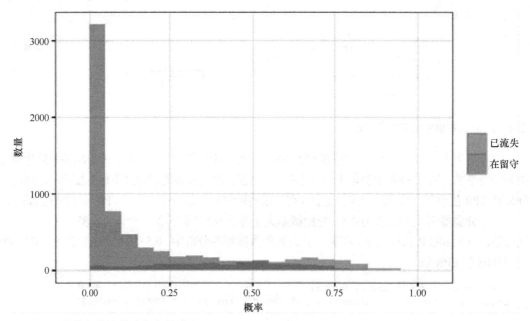

图 6.17　用户数与估计的流失率的对比

6.3　选择理由和注意事项

线性回归合适于输入变量是连续变量或离散变量（包括分类变量）但结果变量是连续变量的情况。如果结果变量是分类变量，那么逻辑回归是一个更好的选择。

这两个模型都假设存在一个对输入变量的线性可加函数。如果这种假设不成立，那么回归技术就会表现不佳。此外，在线性回归中，误差项正态分布且其方差是一个常数的假设对于很多可进行的统计推断都很重要。如果各种假设都不成立，那么就需要对数据进行适当地转换。

虽然一组输入变量可能对结果变量作出很好的预测，但是分析师不应该推断说输入变量直接导致了输出结果。例如，那些定期看牙医的人可能有较小的心脏病发作风险。然而，一个人去看牙医几乎不会对此人的心脏病发作几率产生影响。有可能定期看牙医的人身体很健康，而且注意对健康可能产生直接影响的饮食。这个例子阐释了一种常见的表述，即"相关性并不意味着因果关系。"

当把一个已拟合模型应用于训练数据集之外的数据集时必须要谨慎。回归模型中的线性关系对于训练集外的数据很可能不再成立。例如，如果把收入作为输入变量并且收入的值介于 35000～90000 美元，那么将模型应用于此范围外的那些收入可能会导致不准确的估计和预测。

第 6.1.2 节的收入回归案例中提到了使用分类变量来代表美国的 50 个州。在线性回归模型中，所居住的州是收入模型的一个简单的附加项，但它不会对其他输入变量（比如 Age 和 Education）的系数产生影响。然而，如果州本身不影响收入模型中其他变量的作用，那么一种替代方法是建立 50 个独立的线性回归模型，每个州一个。这种情况是数据科学家必须考虑的选项和决策的一个例子。

如果有多个输入变量彼此之间高度相关，这种情况就是多重共线性（multicollinearity）。多重共线性经常导致系数的估计有一个相对较大的绝对值，而且可能方向（正号或负号）不对。如果可能，这些相关变量中的大部分应从模型中去除，或者使用一个这些相关变量的函数作为新变量进行替换。例如，在回归的医疗应用中，height 和 weight 可能被认为是重要的输入变量，但这两个值往往是相关的。在这种情况下，就可以使用体质指数（Body Mass Index，BMI），这是一个人的身高和体重的函数。

$$BMI = \frac{weight}{height^2}$$

其中体重单位是千克，身高单位是米。

然而，在某些情况下可能需要使用相关变量。下一节将讨论一些解决高度相关变量问题的技术。

6.4 其他回归模型

在多重共线性的情况下，对估计系数的大小进行一些限制是合理的。岭回归（ridge regression）是可以应用的一种技术，它基于系数的大小施加惩罚。在拟合一个线性回归模型的过程中，目的是要找出能最小化残差平方和的系数值。在岭回归中，与系数平方和成比例的一个惩罚项被加在残差平方和上。而套索回归（lasso regression）是一种相关的建模技术，其中惩罚项与系数绝对值的和成比例。

在逻辑回归中只检查二元结果变量。如果结果变量可以呈现两个以上的状态，那么可以使用多元逻辑回归（multinomial logisticrgression）。

6.5 总结

本章讨论了怎么使用线性回归和逻辑回归来对历史数据建模并预测未来的结果。本章给出了每个回归技术的 R 示例。本章还涵盖了评估模型和基本假设的一些诊断方法。

虽然借助于许多现有的软件包，可以相对容易地进行回归分析，但是在执行和解释一个回归分析时，必须多加注意。本章强调了在回归分析中，数据科学家需要做到以下几点。

- 确定最佳的输入变量和它们与结果变量之间的关系。
- 了解基本假设及其对建模结果的影响。
- 适当转换变量，以遵从模型假设。
- 确定是建立一个全面的模型，还是基于分块数据建立多个模型。

6.6 练习

1. 在 Income 线性回归的示例中，考虑 Income 结果变量的分布。Income 的值往往是高度偏向右侧（值的分布有一个向右的长尾）。这样一个非正态分布的输出结果是否违反线性回归模型的基本假设？请提供论据。

2. 在使用具有 n 个取值的分类变量时，解释如下问题：

    a. 为什么只需要 n–1 个二元变量；

    b. 为什么使用 n 个变量可能会有问题。

3. 在把怀俄明州作为参考的例子中，如果选择另一个州作为参考，讨论其对已有模型参数（包括截距）估计的影响。

4. 描述逻辑回归如何用作一个分类器。

5. 描述如何使用 ROC 曲线来决定一个分类器的合适阈值。

6. 如果一个事件的发生概率是 0.4，那么

    a. 比值比（odds ratio）是多少？

    b. 对数差异比（log odds ratio）是多少？

7. 如果 $b_3 = -.5$ 是线性回归模型中的系数估计，那么 x_3 的值每增加一个单位会对比值比有什么影响？

第 7 章

高级分析理论与方法：分类

关键概念

- 分类学习
- 朴素贝叶斯
- 决策树
- 接收者操作特征（ROC）曲线
- 混淆矩阵

除了聚类（第 4 章）、关联规则学习（第 5 章）等分析方法和回归（第 6 章）等建模技术之外，分类（classification）是另一种在数据挖掘相关应用中出现的基础学习方法。在分类学习中，分类器面对一组已经分好类的例子，从中学习如何分类未见过的例子。换句话说，分类器的主要作用是为新的观测数据分配类别标签。上一章中介绍的逻辑回归就是一种流行的分类方法。分类器所用的标签是预先定义好的，这与聚类不同，聚类无需训练集（training set）就能发现数据内部构造，而且允许数据科学家选择性地创建标签，并将标签分配给聚类簇。

绝大多数的分类方法是有监督的，它们从一组已被打标签的观测数据训练集开始，学习这些观测数据的属性有助于对将来未打标签的观测数据进行分类的可能性有多大。例如，可以使用现有的营销、销售和客户人口数据来开发分类器，用来对潜在的未来客户分配"会购买"或者"不会购买"的标签。

分类广泛用于预测。例如，建立于美国国会议员辩论记录的分类器可以用来确定国会议员的发言是支持还是反对立法提案[1]。分类可以帮助专业医护人员诊断心脏病病人[2]。根据电子邮件的内容，邮件服务提供商可以使用分类器来决定收到的电子邮件是否为垃圾邮件[3]。

本章主要讲解两种基本分类方法：决策树（decision tree）和朴素贝叶斯（naïve Bayes）。

7.1 决策树

决策树（decision tree）也称为预测树（prediction tree），它使用树形结构来指定决策与结果的序列。对于给定的输入 $X = \{x_1 x_2 ... x_n\}$，目的是预测一个答复（response）或输出变量 Y。$\{x_1, x_2, ...x_n\}$ 中的每个成员都叫做输入变量（input variable）。预测可以通过用测试点（test point）和分支（branch）构造的决策树来实现。在决策树的每个测试点上，需要挑选一个特定分支并向下遍历树。遍历最终到达一个终点，随后作出预测。决策树的每个测试点都会涉及测试一个特定变量（或属性），而每个分支表示所做出的决策。由于它的灵活性与易于可视化，决策树在数据挖掘应用中被普遍用来进行分类。

决策树的输入值可以是分类的（categorical）或连续的（continuous）。决策树的结构由测试点（称为节点[node]）和分支组成，其中分支表示所作出的决策。没有下一级分支的节点叫做叶子节点（leaf node）。叶子节点返回类别标签；在某些实现中，叶子节点返回概率得分（probability score）。决策树可以被转换成一组决策规则。在下面的示例规则中，income 和 mortgage_amount 是输入变量，对于一个带有概率得分的输出变量 default。

```
IF income < $50,000 AND mortgage_amount > $100K
THEN default = True WITH PROBABILITY 75%
```

决策树分为两种：分类树（classification tree）和回归树（regression tree）。分类树通常应用于分类的（通常是二元的）输出变量，比如是或否、购买或不购买等。另一方面，回归树可以应用到数值输出变量或连续输出变量上，例如消费品的预测价格或者订购的可能性。

决策树可以被应用到多种场景。它们可以很容易被可视化，而且相应的决策规则也很直观。

此外，由于结果是一系列的 **if-then** 逻辑语句，因此在输入变量和输出变量之间没有线性（或非线性）关系的隐含假设。

7.1.1 决策树概览

图 7.1 所示为一个使用决策树来预测客户是否会购买产品的例子。术语"分支"指代决策的结果，以连接两个节点的线来表示。如果决策是数值，"大于"分支通常都放在右侧，"小于"分支放在左侧。根据变量的性质，其中一个分支可能需要包含"等于"的情况。

内部节点（internal node）是指决策或测试点。每个内部节点对应一个输入变量或属性。顶端的内部节点也叫做根节点（root）。图 7.1 中的决策树是一个二叉树，其中每个内部节点不会有两个以上的分支。节点的分岔被称为分裂（split）。

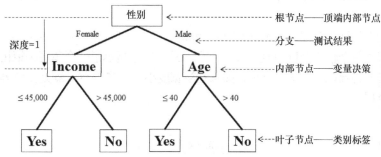

图 7.1 决策树例子

有时候决策树的一个节点可能有两个以上的分支。例如，如果输入变量 Weather 是分类的，且有三种选择——Sunny、Rainy（雨）、Snowy——则决策树中的相应节点 Weather 可能分别有三种分支，其标签分别为 Sunny、Rainy 和 Snowy。

一个节点的深度（depth）是从根节点到该节点所需的最少步数。在图 7.1 的示例中，节点 Income 和 Age 的深度都是 1，而树底部的 4 个节点的深度是 2。

叶子节点（leaf node）在树中最后分支的末端。它们表示类别标签——所有先前决策的结果。从根节点到叶子节点的路径包含了一系列在各种内部节点上所做的决策。

在图 7.1 中，根节点通过 Gender 测试分裂成两个分支。右侧的分支包含了那些 Gender 变量为 Male 的所有记录，而左侧的分支包含了那些 Gender 变量为 Female 的所有记录，并创建了深度为 1 的内部节点。每个内部节点成为一棵子树的根节点，而且每个节点的最佳测试是独立于其他内部节点来确定的。左手边（LHS）的内部节点基于 Income 变量的问题进行分裂，以创建深度为 2 的叶子节点，而右手边（RHS）的节点基于 Age 变量的问题进行分裂。

图 7.1 中的决策树显示了收入等于或者小于 $45,000 的女性和年龄小于或等于 40 岁的男性被分类成会购买产品的人群。在遍历决策树以后，发现女性的年龄与决策无关，而男性的收入与决策无关。

决策树在实践中得到了广泛使用。例如，要将动物分类，需要回答问题（比如是冷血还是温血动物，是否是哺乳动物）来到达特定的分类。另一个例子是医生在评估病人过程中使用的症状检查列表。视频游戏中的人工智能引擎通常使用决策树来控制游戏角色的自主行为，以应对各种情况。零售商可以使用决策树来划分客户或者预测市场和促销活动的反应率（response rate）。金融机构可以用决策树来帮助决定是应批准还是拒绝贷款申请。在批准贷款的例子中，计算机使用逻辑语句 if-then 来预测是否客户会拖欠贷款。对于那些结果明确（强）的客户，不需要人为干预；对于那些没有产生明确响应的观测，则需要人为决策。

通过限制分裂点的数量可以创建短树。短树经常作为集成方法（ensemble method）的组件（component）（同时也称为弱学习器[weak learners]或基础学习器[base learner]）。集成方法采用多重预测模型进行投票，并基于投票的组合来做出决策。一些流行的集成方法包括随机森林（random forest）[4]、装袋（bagging）和提升（boosting）[5]。7.4 节中将详细介绍这些集成方法。

最简单的短树称为单层决策树（decision stump），这种决策树的根节点直接连接到叶子节点。单层决策树根据单个输入变量的值来做出预测。图 7.2 中显示了一个单层决策树，它通过花瓣的宽度来分辨两种鸢尾花。图中显示，如果花瓣宽度小于 1.75 厘米，就是变色鸢尾；否则，就是维吉尼亚鸢尾。

图 7.2 单层决策树例子

为了解释决策树是如何工作的，考虑这样一个案例——银行想将它的定期存款产品（例如凭证式存款）推销给合适的客户。鉴于客户人群和客户对之前电话调研的反馈，银行的目标是预测哪类客户会订购凭证式存款产品。这里使用的数据集基于一个葡萄牙银行的定向营销活动中收集的原始数据集，这个营销活动在 More 等人的工作中有说明[6]。图 7.3 所示为一个修改过的银行营销数据集的子集。此数据集包括了从原始数据集中随机抽取出来的 2000 个实例，每一个实例对应一个客户。为了让示例更加简单，子集仅仅保留了以下的分类变量：（1）job（工作）、（2）marital（婚姻状态）、（3）education（教育）等级、（4）是否有 default（信用违约）、（5）是否有 housing（住房贷款）、（6）客户当前是否有 loan（个人信贷）、（7）contact（联系人）类型、（8）先前市场营销活动的结果（poutcome）、（9）客户是否实际签约了定期存款（subscribed）。属性（1）到（8）是输入变量，（9）是结果。Subscribed 结果的值是 yes（意思客户会签约凭证式存款）或者 no（意思是客户不会签约凭证式存款）。上面列出的所有变量都是分类的。

	job	marital	education	default	housing	loan	contact	poutcome	subscribed
1	management	single	tertiary	no	yes	no	cellular	unknown	no
2	entrepreneur	married	tertiary	no	yes	yes	cellular	unknown	no
3	services	divorced	secondary	no	no	no	cellular	unknown	yes
4	management	married	tertiary	no	yes	no	cellular	unknown	no
5	management	married	secondary	no	yes	no	unknown	unknown	no
6	management	single	tertiary	no	yes	no	unknown	unknown	no
7	entrepreneur	married	tertiary	no	yes	no	cellular	failure	yes
8	admin.	married	secondary	no	no	no	cellular	unknown	no
9	blue-collar	married	secondary	no	yes	no	cellular	other	no
10	management	married	tertiary	yes	no	no	cellular	unknown	no
11	blue-collar	married	secondary	no	yes	no	cellular	unknown	no
12	management	divorced	secondary	no	no	no	unknown	unknown	no
13	blue-collar	married	secondary	no	yes	no	cellular	unknown	no
14	retired	married	secondary	no	no	no	cellular	unknown	no
15	management	single	tertiary	no	yes	no	cellular	unknown	no
16	retired	married	secondary	yes	yes	no	cellular	unknown	no
17	unemployed	married	secondary	no	yes	no	telephone	unknown	no
18	management	divorced	tertiary	no	yes	no	cellular	unknown	no
19	management	married	tertiary	no	yes	no	cellular	unknown	no
20	blue-collar	married	secondary	no	yes	no	unknown	unknown	no
21	management	divorced	tertiary	no	yes	yes	cellular	failure	yes
22	blue-collar	divorced	secondary	no	yes	no	cellular	failure	no
23	blue-collar	single	secondary	no	yes	no	cellular	failure	no
24	admin.	single	secondary	no	no	no	unknown	unknown	no
25	blue-collar	married	secondary	no	yes	no	cellular	failure	no
26	blue-collar	single	secondary	no	no	no	unknown	unknown	no
27	housemaid	married	secondary	no	no	no	cellular	unknown	no
28	technician	married	tertiary	no	no	no	cellular	unknown	no

图 7.3 银行营销数据集的子集

数据集的摘要显示了以下统计数据。为了方便显示，摘要仅包括了每个属性最频繁出现的 6 个值，其他值则显示为（**Other**）。

```
       job             marital           education      default
blue-collar :435 divorced: 228 primary    : 335 no :1961
management  :423 married :1201 secondary  :1010 yes: 39
technician  :339 single  : 571 tertiary   : 564
admin.      :235               unknown    : 91
services    :168
retired     : 92
(Other)     :308
housing             loan          contact         month      poutcome
no        : 916 no     :1717 cellular  :1287 may    :581 failure : 210
yes       :1084 yes    : 283 telephone : 136 jul    :340 other   : 79
                             unknown   : 577 aug    :278 success : 58
                                             jun    :232 unknown :1653
                                             nov    :183
                                             apr    :118
                                             (Other):268

subscribed
no :1789
yes: 211
```

job 属性包括了以下值：

admin.	blue-collar	entrepreneur	housemaid
235	435	70	63
management	retired	self-employed	services
423	92	69	168
student	technician	unemployed	unknown
36	339	60	10

图 7.4 显示了建立在银行营销数据集上的一棵决策树。树的根节点显示了还没有签约凭证式存款的客户是总人口的 1789/2000。

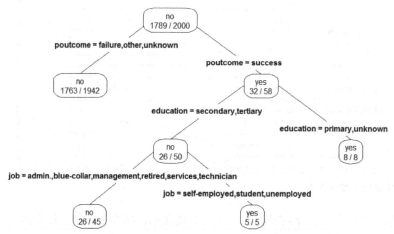

图 7.4　使用决策树来预测客户是否会签约凭证式存款

在每一个分裂点，决策树算法会从剩余的属性中选择最能提供信息的属性。属性能够提供信息的程度是通过诸如熵（entropy）和信息增益（information gain）等度量来确定的，具体细节见 7.1.2 节。

在第一个分裂点，决策树算法选择了 poutcome 属性。有两个节点的深度都是 1。左侧的节点是一个叶子节点，代表在之前的市场营销活动中联系的结果为 failure、other 或 unknown 的客户群体。在这个群体的 1942 个客户中，有 1763 个还没有签约凭证式存款。

右侧的节点代表剩余的客户，其在之前的市场营销活动中联系的结果为 success。对于这个节点来说，58 个客户中有 32 个客户签约了凭证式存款。

右侧这个节点基于教育等级进一步分裂成两个节点。如果 education 等级是 secondary 或者 tertiary，那么 50 个客户中有 26 个客户没有签约凭证式存款。如果教育等级是 primary 或 unknown，则这 8 个客户都签约了。

深度为 2 的左侧节点基于属性 job 进一步分裂。如果职业是 admin、blue collar、management、retired、services 或者 technician，那么 45 个客户中有 26 个没有签约。如果职业是 self-employed、student 或者 unemployed，那么这 5 个客户都签约了。

7.1.2 通用算法

通常情况下，决策树算法的目的是从训练集 S 中建立树 T。如果 S 中的所有记录都属于类别 C（例如 subscribed = yes），或者如果 S 足够纯净（大于预设的阈值），那么节点就会被作为叶子节点，并为其分配标签 C。节点的纯净度（purity）定义为它属于相应类别的概率。例如，在图 7.4 中，根节点 P(subscribed=yes)=1−789/2000=10.55%；因此根节点对于 subscribed=yes 类别仅仅拥有 10.55% 的纯净度，而它对于 subscribed = no 类别拥有 89.45% 的纯净度。

相比之下，如果不是 S 中的所有记录都属于类别 C，或者 S 不足够纯净，那么算法就会选择下一个最能提供信息的属性 A（持续时间、婚姻状况等）和部分 S（这部分 S 与 A 的值相关）。算法对于 S 的子集递归地构建子树 $T_1, T_2 \ldots$ 直到满足下列任意一种情况为止：

● 树中所有的叶子节点满足最小纯净度阈值。
● 树不能根据预设的最小纯净度阈值进一步分裂。
● 满足了任何其他的停止标准（比如树的最大深度）。

构建决策树的第一步是选择最能够提供信息的属性。一种通常的做法是使用基于熵的方法来识别最能够提供信息的属性，这种方法被 ID3（Iterative Dichotomiser 3）[7] 和 C4.5[8] 等决策树学习算法采用。熵方法基于两个基础的度量来选择最能提供信息的属性。

● 熵：用来衡量属性的杂质。
● 信息增益：用来衡量属性的纯净度。

给定分类 X 和对应的标签 $x \in X$，P(x) 表示 x 的概率，则 X 的熵 H_x 的定义如公式 7.1 所示。

$$H_X = -\sum_{\forall x \in X} P(x) \log_2 P(x) \tag{7.1}$$

公式 7.1 显示了当所有的 P(x) 是 0 或 1 的时候，熵 H_x 为 0。对于二元分类（true 或 false），当每个标签 x 的概率 P(x) 是 0 或者 1 的时候，H_x 等于 0。另一方面，当所有的分类标签具有相等的概率时，H_x 获得最大熵。对于二元分类，如果所有分类标签的概率是 50/50，那么 H_x=1。熵的最大值随着可能结果的数量的增加而增加。

我们来考虑一个抛硬币的二元随机变量案例。在这个例子中，硬币出现正面或反面的概率已知但不一定公平。相关的熵图如图 7.5 所示。x=1 表示正面，x=0 表示反面。当硬币是公平的时候，下一次投掷的未知结果的熵最大。也就是说，当正面和反面有相等的概率 P(x=1)=P(x=0)=0.5 时，熵 H_x=−(0.5×log₂0.5+0.5×log₂0.5)=1。另一方面，如果硬币不是公平的，那么正面和反面的概率不会相等，而且会有更小的不确定性。在一个极端的例子中，当投掷到正面的概率等于 0 或者 1 的时候，熵的值最小为 0。因此，熵的值对于完全纯净的变量是 0，对于两个类别是完全对等事件的情况下等于 1（硬币为正面或反面，或者是与否）。

对于之前提到的银行营销案例中，输出变量是 subscribed。基础熵被定义为输出变量的熵，即 $H_{subscribed}$。如前文所述，P(subscribed=yes)=0.1055，P(subscribed=no)=0.8945。根据等式 7-1，

基础熵 $H_{subscribed}$=−0.1055·log$_2$0.1055 − 0.8945·log$_2$0.8945≈0.4862。

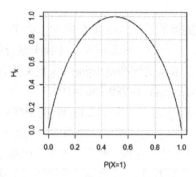

图 7.5 抛硬币的熵，X=1 表示正面

下一步是对每个属性确定其条件熵。给定属性 X，其值是 x，其结果属性是 Y，值是 y，条件熵 $H_{Y|X}$ 是对于给定 X 时 Y 的剩余熵，正式定义如公式 7.2 所示。

$$
\begin{aligned}
H_{Y|X} &= \sum_x P(x)H(Y\,|\,X=x) \\
&= -\sum_{\forall x\in X} P(x)\sum_{\forall y\in Y} P(y\,|\,x\log_2 P(y\,|\,x))
\end{aligned}
\tag{7.2}
$$

考虑银行营销的案例，如果选择了属性 contact，那么 X={cellular, telephone, unknown}。contact 的条件熵就要考虑到所有这三个值。

表 7.1 列出了 contact 属性相关的概率。表的第一行显示了属性的每个值的概率。接下来两行包含了条件为 contact 时，类别标签的概率。

表 7.1 条件熵示例

	Cellular	Telephone	Unknown
P(contact)	0.6435	0.0680	0.2885
P(subscribed=yes | contact)	0.1399	0.0809	0.0347
P(subscribed=no | contact)	0.8601	0.9192	0.9653

contact 属性的条件熵的计算如下所示。

$H_{subscribed|contact}$ =−[0.6435 ·（0.1399 · log$_2$0.1399+0.8601 · log$_2$0.8601）

　　　　　　　　+0.0680 ·（0.0809 · log$_2$0.0809+0.9192 · log$_2$0.9192）

　　　　　　　　+0.2885 ·（0.0347 · log$_2$0.0347+0.9653 · log$_2$0.9653）]

　　　　　　　　=0.4661

括号中是在单个 contact 值的情况下类别标签的熵的计算。注意条件熵永远小于或等于基础

熵，也就是说 $H_{subscribed|marital} \leqslant H_{subscribed}$。当属性与结果相关联时，条件熵小于基础熵。在最坏的情况下，当属性与结果不相关时，条件熵则等于基础熵。

属性 A 的信息增益定义为基础熵与属性的条件熵之差，如公式 7.3 所示。

$$InfoGain_A = H_S - H_{S|A} \tag{7.3}$$

在银行营销案例中，contact 属性的信息增益如公式 7.4 所示。

$$\begin{aligned} InfoGain_{contact} &= H_{subssribed} - H_{contact|subscribed} \\ &= 0.4862 - 0.4661 = 0.0201 \end{aligned} \tag{7.4}$$

信息增益比较了分裂前的父节点纯净度等级与分裂后的的子节点的纯净度等级。每一次分裂时，信息增益最大的属性则被认为是最能提供信息的属性。信息增益表明一个属性的纯净度。

所有输入变量的信息增益如表 7.2 所示。属性 poutcome 有最大的信息增益，是最能提供信息的变量。因此，poutcome 被选中做为决策树中第一个分裂点，如图 7.4 所示。在表 7.2 中，信息增益的值在量级上很小，但是相对的差异是重点。在每一轮，算法在具有最大信息增益的属性上进行分裂。

表 7.2　计算第一次分裂时输入变量的信息增益

属性	信息增益
poutcome	0.0289
contact	0.0201
housing	0.0133
job	0.0101
education	0.0034
marital	0.0018
loan	0.0010
default	0.0005

检测显著的分裂点

经常有必要衡量决策树中分裂点的显著性，特别是当信息增益很小时（如表 7.2 中那样）。

让 N_A 和 N_B 表示父节点中 A 类和 B 类的数量。让 N_{AL} 表示 A 类到左边子节点的数量，N_{BL} 表示 B 类到左边子节点的数量，N_{AR} 表示 B 类到右边子节点的数量，N_{BR} 表示 B 类到右边子节点的数量。

让 P_L 和 P_R 分别表示左边和右边节点的数据比例。

$$p_L = \frac{N_{AL} + N_{BL}}{N_A + N_R}$$

$$p_R = \frac{N_{AR} + N_{BR}}{N_A + N_R}$$

下面的计算衡量了分裂的显著性。换句话说，它衡量了在随机数据中，分裂点与期望有多少偏离。

$$K = \frac{(N_{AL}^{'} - N_{AL})^2}{N_{AL}^{'}} + \frac{(N_{BL}^{'} - N_{BL})^2}{N_{BL}^{'}} + \frac{(N_{AR}^{'} - N_{AR})^2}{N_{AR}^{'}} + \frac{(N_{BR}^{'} - N_{BR})^2}{N_{BR}^{'}}$$

其中

$$N_{AL}^{'} = N_A \times p_L$$
$$N_{BL}^{'} = N_B \times p_L$$
$$N_{AR}^{'} = N_A \times p_R$$
$$N_{BR}^{'} = N_B \times p_R$$

如果 K 的值很小，那么从分裂点中获得的信息增益不显著。如果 K 的值很大，这意味着来自分裂点的信息增益是显著的。

例如，对图 7.4 中决策树的 poutcome 变量进行第一次分裂。N_A=1789、N_B=211、N_{AL}=1763、N_{BL} = 179、N_{AR}=26、N_{BR}=32。

下面是左边和右边节点的数据比例。

$p_L = 1942 / 2000$ 0.971 和 $p_R = 58 / 2000 = 0.029$.

在数据是随机的情况下，$N_{AL}^{'}$、$N_{BL}^{'}$、$N_{AR}^{'}$ 和 $N_{BR}^{'}$ 表示每个类分别在左侧和右侧节点的数量，它们的值如下。

$$N_{AL}^{'} = 1737.119, \quad N_{BL}^{'} = 204.881, \quad N_{AR}^{'} = 51.881, \quad N_{BR}^{'} = 6.119$$

因此，K=126.0324，这将意味着在 poutcome 上进行分裂是显著的。

在每次分裂之后，算法会查看叶子节点的所有记录，然后会基于这些记录再次计算每个候选属性的信息增益。下一次分裂将在信息增益最高的属性上进行。所有分裂结束后，一条记录只能属于一个叶子节点，但是根据具体实现，一个属性可能出现在树的多个分裂点中。这个划分记录然后找到最能提供信息的属性的过程会不断重复，直到节点足够纯净，或属性分裂没有足够的信息增益。另外，当所有的叶子节点都属于某个分类的时候（比如，subscribed=yes）或所有的记录都有相同的属性值的时候，也可以停止树的增长。

在之前的银行营销案例中，为了保证简单，数据集只是包含了类别变量。假设数据集现在包含 duration 连续变量——表示与银行的最后一次通话所持续的秒数。连续变量需要被划分成一组具有最高信息增益的不相交的区域。一种暴力破解（brute-force）方法是把训练数据中连续变量的每个值都当做候选的分裂点位置。这种暴力破解方法的计算效率很低下。为了降低计算复杂度，训练记录可以根据通话持续时间进行排序，并将两个相邻的已排序的值之间的中点作为候选的分裂点。例如，如果持续时间包含已排序的值{140、160、180、200}，那分裂候选点分别是 150、170、190。

图 7.6 所示为在考虑了 duration 属性时，决策树的样子。根节点分裂成两部分 duration <456 秒的客户和 duration≥456 秒的客户。注意出于美观考虑，图中 job 和 contact 属性的标签用缩写表示。

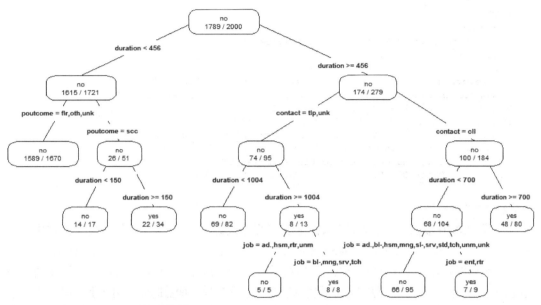

图 7.6　具有 duration 属性的决策树

根据图 7.6 中的决策树，新客户是否会签约定期存款的预测将变得很容易。比如，对于表 7.3 中给定的一个新客户的记录，经过预测，该客户会签约定期存款。决策树的遍历路径如下。

- duration ≥ 456
- contact = cll (cellular)
- duration< 700
- job = ent (entrepreneur), rtr (retired)

表 7.3　一个新客户的记录

Job	Marital	Education	Default	Housing	Loan	Contact	Duration	Poutcome
retired	married	secondary	no	yes	No	cellular	598	unknown

7.1.3　决策树算法

有多种算法可以实现决策树，构建树的方法因不同的算法有所不同。一些流行的算法包括 ID3[7]、C4.5[8] 和 CART[9]。

1．ID3 算法

ID3（Iterative Dichotomiser 3）[7]是最早的决策树算法之一，由 John Rose Quinlan 开发。让 A 作为一组分类输入变量，P 作为输出变量（或者预测分类），然后 T 作为训练集。ID3 算法描述如下。

```
1 ID3 (A, P, T)
2 if T __
3  return _
4 if all records in T have the same value for P
5  return a single node with that value
6 if A__
7    return a single node with the most frequent value of P in T
8 Compute information gain for each attribute in A relative to T
9 Pick attribute D with the largest gain
10 Let { d₁,d₂…dₘ } be the values of attribute D
11 Partition T into { T₁,T₂…Tₘ } according to the values of D
12 return a tree with root D and branches labeled d₁,d₂…dₘ
          going respectively to trees ID3(A-{D}, P, T₁),
          ID3(A-{D}, P, T₂), . . . ID3(A-{D}, P, Tₘ)
```

2．C4.5

4.5 算法[8]在最初 ID3 算法的基础上提出了多项改进。C4.5 算法可以处理缺失的数据。如果训练记录包含未知的属性值，C4.5 只根据有确定属性值的记录计算属性的信息增益。

C4.5 算法同时支持分类属性和连续属性。连续变量的值会进行排序和分区。对于每个分区（partition）中的相关记录，算法会计算信息增益，并选择最大增益的分区用作下一次分裂。

ID3 算法可能会构建一棵深而复杂的树，导致过度拟合（7.1.4 节）。C4.5 算法使用了名为剪枝（pruning）的自下而上技术解决了 ID3 中过度拟合的问题，其中剪枝技术通过移除最少访问的节点与分支来简化树。

3．CART

CART（Classification And Regression Tree）[9]是一种决策树的特定实现，尽管它经常被当作决策树的一个通用缩写。

类似 C4.5，CART 可以处理连续属性。与 C4.5 使用基于熵的准则来排序测试（rank tests）不同，CART 使用基尼多样化指数，该指数的定义如公式 7.5 所示。

$$Gini_X = 1 - \sum_{\forall x \in X} P(x)^2 \qquad (7.5)$$

与 C4.5 使用了停止规则不同，CART 构建了一个子树序列，然后使用交叉验证来估计每个子树的误分类代价，然后选择一个代价最低的子树。

7.1.4　评估决策树

决策树使用贪心算法（greedy algorithm），因为算法总是选择在当时看起来最好的选项。在每一步，算法选择使用哪个属性来分裂余下的记录。这种选择可能不是整体最好的，但是它能保证至少在那一步是最好的。这个特性也加强了决策树的效率。然而，一旦选择了一个不好的分裂点，就会对剩余的树造成负面影响。为了解决这个问题，可以使用集成技术（例如随机森林 Random Forest）随机选择分裂点或者甚至随机选择数据，然后产生一个多重树结构。这些树随后对每个分类进行投票，获得最多票数的类被选中为预测分类。

有几种方法可用来评估决策树。首先，评估树的分裂是否有意义。与领域专家一起对决策规则进行精确地验证，然后确定规则是否是合理的。

接下来，查看树的深度和节点。过多的层和只有少数成员的节点可能是过度拟合的信号。在过度拟合中，模型能很好地拟合训练集，但是在测试集中的新样本上却表现糟糕。图 7.7 所示为一个过度拟合模型的性能表现。图中 X 轴表示数据量，Y 轴表示误差。蓝色的曲线是训练集，红色的曲线是测试集。灰色垂直线的左侧表示模型在测试集上的预测良好。但是在灰色线的右侧，模型在测试集上表现越来越糟糕，因为有越来越多未见过的数据出现。

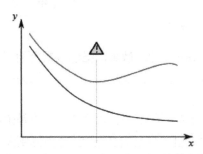

图 7.7　一个过度拟合的模型，它在训练集上运行良好，但是对未见过的数据则表现糟糕

对于决策树学习来说，过度拟合可以由缺乏训练数据或训练集中存在偏置数据所造成。有两种方法[10]可以帮助避免决策树学习中的过度拟合。

- 当达到所有训练数据被完美分类的那个点之前，提前停止树的增长。
- 建完树后，使用错误率降低剪枝（reduced-error pruning）和规则后剪枝（rule-based post pruning）等方法对树进行后剪枝（post-prune）。

最后，还有许多应用于分类器的标准诊断工具可以用来帮助评估过度拟合。这些工具会在7.3 节中讨论。

决策树的计算代价低，并且很容易对数据进行分类。决策树的输出很容易解释为固定的简单测试序列。许多决策树算法都可以显示每个输入变量的重要性。例如信息增益这种基本度量在绝大多数的统计软件包中都有提供。

决策树可以处理数值和分类属性，并且在有冗余和关联变量的情况下很健壮。决策树可以处理有大量不同值的分类属性，例如电话号码中的国家代码。决策树还能够处理对结果有非线性影响的变量，所以它在处理高度非线性问题的时候，比线性模型（例如线性回归和逻辑回归）更有效。决策树天生就能处理变量间的交互。树中的每个节点取决于树中的前节点

（preceding node）。

　　在决策树中，决策区域是矩形面。图 7.8 是一个通过两个属性（X_1 和 X_2）的 4 个值{λ_1，λ_2，λ_3，λ_4}来定义的 5 个矩形决策面（A，B，C，D 和 E）的例子。图的右侧是相应的决策树。决策面对应树中的叶子节点，可以从根节点开始，通过一系列基于属性值的决策遍历到达。决策树的决策面只能是和坐标轴对齐的。

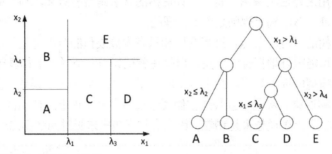

图 7.8　决策面只能是和坐标轴对齐的

　　决策树的结构对训练集的细小变化很敏感。虽然数据集相同，基于不同子集构建的两棵决策树可能非常不同。如果树太深，则可能发生过度拟合，因为每次分裂减少了后续分裂中的训练数据。

　　如果数据集中包含了许多不相干的变量，那么决策树不是个好的选择。这和决策树在有冗余和关联变量的情况下很健壮有所不同。如果数据集包含冗余变量，生成的决策树只会包含冗余变量的其中一个，因为决策树算法无法通过包含更多的冗余变量来获得信息增益。在另一方面，如果数据集包含不相干的变量，而且这些变量碰巧又被选中作为树的分裂点，则决策树可能生长得过大，还可能在每个分裂点包含太少数据（很有可能发生过度拟合）。为了解决这个问题，可以在数据预处理阶段进行特性选择来消除不相干的变量。

　　尽管决策树能够处理相关联的变量，但是当训练集中绝大多数变量都是关联的，决策树就不太合适，因为很有可能发生过度拟合。为了克服深树的不稳定性和潜在的过度拟合，一种方法是可以合并几个随机浅层决策树（randomized shallow decision tree）的结果——名为随机森林[4]分类器的基本思想——或者使用集成方法来组合几个弱学习器（weak learner）用于更好的分类。这些方法已经证实相比单决策树能够提高预测能力。

　　对于二元决策，如果训练数据集中的记录针对每一个结果都有相同的概率，决策树的效果会更好。换句话说，根节点对每种分类有 50% 的可能性。当从每种可能的分类中随机选择相同数量的训练集记录时，会发生这种情况。这种情况可以降低因训练数据存在偏差，而导致一棵树因为纯净度检验而过早出局的概率。

　　当在有许多变量的数据集上使用例如逻辑回归方法的时候，决策树可以根据信息增益帮助确定那些最有用的变量，用于逻辑回归。决策树也可以用于去除冗余变量。

7.1.5 R 中的决策树

在 R 语言中，rpart 包用来对决策树建模，可选包 rpart.plot 用来绘制树。本节的剩余部分将讲解如何在 R 中使用决策树和 rpart.plot，根据给定的因素如天气趋势、温度、湿度和风向，来预测是否去打高尔夫球。

在 R 中，首先设置工作目录和初始化软件包。

```
setwd("c:/")
install.packages("rpart.plot") # install package rpart.plot
library("rpart") # load libraries
library("rpart.plot")
```

工作目录中包含了名为 **DTdata.csv** 的 CSV 文件。文件有一个标题行，然后是 10 行训练数据。

```
Play,Outlook,Temperature,Humidity,Wind
yes,rainy,cool,normal,FALSE
no,rainy,cool,normal,TRUE
yes,overcast,hot,high,FALSE
no,sunny,mild,high,FALSE
yes,rainy,cool,normal,FALSE
yes,sunny,cool,normal,FALSE
yes,rainy,cool,normal,FALSE
yes,sunny,hot,normal,FALSE
yes,overcast,mild,high,TRUE
no,sunny,mild,high,TRUE
```

CSV 文件中包含了 5 个属性：Play、Outlook、Temperature、Humidity 和 Wind。Play 会是结果变量（或者预测类），Outlook、Temperature、Humidity 和 Wind 作为输入变量。在 R 中，从工作目录中的 CSV 文件中读取数据并显示内容。

```
play_decision <- read.table("DTdata.csv",header=TRUE,sep=",")
play_decision
    Play  Outlook Temperature Humidity  Wind
1   yes    rainy        cool    normal FALSE
2    no    rainy        cool    normal  TRUE
3   yes overcast         hot      high FALSE
4    no    sunny        mild      high FALSE
5   yes    rainy        cool    normal FALSE
6   yes    sunny        cool    normal FALSE
7   yes    rainy        cool    normal FALSE
8   yes    sunny         hot    normal FALSE
9   yes overcast        mild      high  TRUE
10   no    sunny        mild      high  TRUE
```

显示 **play_decision** 的概览。

```
summary(play_decision)

  Play Outlook Temperature Humidity Wind
no :3 overcast:2 cool:5 high :4     Mode :logical
```

```
yes:7 rainy   :4 hot :2 normal:6   FALSE:7
     sunny    :4 mild:3            TRUE :3
                                   NA's :0
```

rpart 函数构建了一个递归分区与回归树[9]的模型。下面的代码片段显示如何使用 rpart 函数来构建决策树。

```
fit <- rpart(Play ~ Outlook + Temperature + Humidity + Wind,
             method="class",
             data=play_decision,
             control=rpart.control(minsplit=1),
             parms=list(split='information'))
```

rpart 函数包含 4 个参数。第一个参数 Play～Outlook + Temperature + Humidity + Wind，是表示模型可以基于 Outlook、Temperature、Humidity 和 Wind 属性来预测 Play 属性。第二个参数 method，被设置为 "calss"，表示构建一个分类树。第三个参数 data，指定了包含这些属性的数据帧。第四个参数 control 是可选的，用来控制树的增长。在前面的例子中，control=rpart.control(minsplit=1)要求每个节点在尝试分裂之前必须要有至少一个观测值。minsplit=1 对小数据集有意义，但是对于大数据集，minsplit 可以设置为数据集规模的 10%，以防止过度拟合。除了 minsplit 以外，其他参数也可以用来控制决策树的构建。例如，rpart.control(maxdepth=10,cp=0.001)限制了树的深度不能大于 10，同时每次分裂必须将拟合的整体缺失减少为原来的 0.001。最后一个参数（parms）指定了用于分裂的纯净度度量。split 的值可以是 information（针对信息增益）或者 gini（针对基尼指数）。

输入 summary(fit)来生成 rpart 中建立的模型的概览。

输出中包括了已构建决策树中每个节点的概览。如果节点是叶子节点，输出包括预测的类别标签（Play 的值为 yes 或 no）和类别概率 P(Play)。叶子节点包括了节点编号 4、5、6 和 7。如果节点是内部节点，输出还额外显示了通向每个子节点的观测数量和每个属性能给下一次分裂带来的改进。这些内部节点包括编号 1、2、和 3。

```
summary(fit)
Call:
rpart(formula = Play ~ Outlook + Temperature + Humidity + Wind,
    data = play_decision, method = "class",
    parms = list(split = "information"),
      control = rpart.control(minsplit = 1))
  n= 10
        CP nsplit rel error  xerror      xstd
1 0.3333333      0         1 1.000000 0.4830459
2 0.0100000      3         0 1.666667 0.5270463

Variable importance
      Wind Outlook Temperature
        51      29          20

Node number 1: 10 observations, complexity param=0.3333333
  predicted class=yes expected loss=0.3 P(node) =1
```

```
      class counts: 3 7
     probabilities: 0.300 0.700
    left son=2 (3 obs) right son=3 (7 obs)
    Primary splits:
        Temperature splits as RRL,      improve=1.3282860, (0 missing)
        Wind < 0.5 to the right,        improve=1.3282860, (0 missing)
        Outlook splits as RLL,          improve=0.8161371, (0 missing)
        Humidity splits as LR,          improve=0.6326870, (0 missing)
    Surrogate splits:
        Wind < 0.5 to the right, agree=0.8, adj=0.333, (0 split)

Node number 2: 3 observations, complexity param=0.3333333
   predicted class=no  expected loss=0.3333333 P(node) =0.3
     class counts: 2 1
    probabilities: 0.667 0.333
    left son=4 (2 obs) right son=5 (1 obs)
    Primary splits:
     Outlook splits as R-L, improve=1.9095430, (0 missing)
     Wind < 0.5 to the left, improve=0.5232481, (0 missing)

Node number 3: 7 observations, complexity param=0.3333333
   predicted class=yes expected loss=0.1428571 P(node) =0.7
     class counts: 1 6
    probabilities: 0.143 0.857
    left son=6 (1 obs) right son=7 (6 obs)
    Primary splits:
        Wind < 0.5 to the right,        improve=2.8708140, (0 missing)
        Outlook splits as RLR,          improve=0.6214736, (0 missing)
        Temperature splits as LR-,      improve=0.3688021, (0 missing)
        Humidity splits as RL,          improve=0.1674470, (0 missing)

Node number 4: 2 observations
   predicted class=no  expected loss=0 P(node) =0.2
     class counts: 2 0
    probabilities: 1.000 0.000

Node number 5: 1 observations
   predicted class=yes expected loss=0 P(node) =0.1
     class counts:     0       1
    probabilities: 0.000 1.000

Node number 6: 1 observations
   predicted class=no  expected loss=0 P(node) =0.1
     class counts:     1       0
    probabilities: 1.000 0.000

Node number 7: 6 observations
   predicted class=yes expected loss=0 P(node) =0.6
     class counts:     0       6
    probabilities: 0.000 1.000
```

该输出难以阅读和理解。通过 **rpart.plot** 工具包中的 **rpart.plot()**函数可以将输出展现成一棵决策树。输入下面的命令可以查阅 **raprt.plot** 的帮助文件：

```
?rpart.plot
```

输入下列 R 代码，基于已建立的模型绘制决策树。决策树的结果如图 7.9 所示。树中的每个节点对应 Play 行为（是否要去打球）打上了 Yes 或者 No 的标签。值得注意的是，默认情况下，R 将 Wind 的值（True/False）转换为数字。

```
rpart.plot(fit, type=4, extra=1)
```

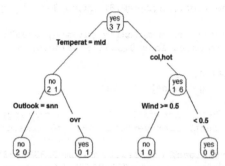

图 7.9   基于 DTdata.csv 建立的决策树

图 7.9 的决策显示为缩写。使用下列命令可以拼写出完整的名字，并显示每个节点的分类率。

```
rpart.plot(fit, type=4, extra=2, clip.right.labs=FALSE,
           varlen=0, faclen=0)
```

决策树可以用来预测新数据集的结果。考虑一个含下述记录的测试集。

```
Outlook="rainy", Temperature="mild", Humidity="high", Wind=FALSE
```

目标是预测这条记录的 Play 决策。以下的代码把数据载入到 R 中作为数据帧 newdata。注意训练集中不包含这条记录。

```
newdata <- data.frame(Outlook="rainy", Temperature="mild",
                      Humidity="high", Wind=FALSE)

newdata
  Outlook Temperature Humidity Wind
1 rainy          mild     high FALSE
```

下一步，使用 predict 函数从已经拟合的 rpart 对象生成预测。predict 函数的格式如下：

```
predict(object, newdata = list(),
        type = c("vector", "prob", "class", "matrix"))
```

参数 type 是一个表示预测值类型的字符串。将其设置为 prob 或 class，则相应的决策树模型预测结果为类概率或类本身。输出中显示了一个实例被分类为 Play=no，没有实例被分类为 Play=yes。因此，在两种情况下，决策树对测试集中的 Play 决策的预测都是不去打高尔夫球。

```
predict(fit,newdata=newdata,type="prob")

    no yes
1 1 0
```

```
predict(fit,newdata=newdata,type="class")

  1
  no
Levels: no yes
```

7.2 朴素贝叶斯

朴素贝叶斯是一种基于贝叶斯定理（或贝叶斯法则）且有略微调整的的概率分类方法。贝叶斯定理给出了两个事件的概率之间的关系和它们的条件概率。贝叶斯法则是以英国数学家 **Tomas Bayes** 命名的。

朴素贝叶斯分类器假设一个类的特定特征的存在与否和其他特征的存在与否是无关的。例如，一个对象可以基于它的属性来分类，例如形状、颜色和重量。一个合理的分类会认为一个球形、黄色且重量小于 60 克的对象可能是网球。即使这些特征相互依赖或者依赖于其他特征的存在，朴素贝叶斯分类器也认为所有这些属性独立地贡献了"该对象是一个网球"的概率。

朴素贝叶斯的输入变量一般是分类变量，但是算法的有些变体可以接受连续变量。也有些方法可以将连续变量转化为分类变量。这个过程通常称为连续变量的离散化（discretization of continuous variable）。在网球的例子中，连续变量（比如重量）能按照间隔来分组，从而被转换成一个分类变量。对于收入（income）这样的属性，它可以通过下面所示的方法被转换成分类变量。

- **低收入**：income < \$10,000
- **工薪阶级**：\$10,000≤income <\$50,000
- **中产阶级**：\$50,000≤ income <\$1000,000
- **高产阶级**：income≥\$1,000,000

输出中通常包括一个类标签及其相应的概率得分。概率得分并不是类标签的真实概率，但它和真实概率成正比。在本章后面将讲到，在大多数实现中，输出包括类的对数概率，并且类标签是基于最高值来分配的。

因为朴素贝叶斯分类器容易实现，并且即使没有数据的先验知识也能有效地执行，因此是最流行的用来分类文本文档的算法之一。垃圾邮件过滤也是朴素贝叶斯文本分类的一种经典用例。贝叶斯垃圾邮件过滤已经成为一种区分垃圾邮件与普通邮件的流行机制。许多现代的邮件客户端都实现了各种形式的贝叶斯垃圾邮件过滤机制。

朴素贝叶斯分类器也可用于欺诈检测[11]。例如在汽车保险领域，基于包含司机的评级、车龄、车价、投保人的历史索赔记录、警方报告状态和索赔的真实性等属性的训练集，朴素贝叶斯可以判断一个新的索赔是不是真的[12]。

7.2.1　贝叶斯定理

在事件 A 已经发生的情况下，事件 C 发生的条件概率用 P(C|A)表示，如公式 7.6 所示。

$$P(C \mid A) = \frac{P(A \cap C)}{P(A)} \qquad (7.6)$$

通过少量代数操作和替换条件概率，可以得到公式 7.7。

$$P(C \mid A) = \frac{P(A \mid C) \cdot P(C)}{P(A)} \qquad (7.7)$$

其中 C 是类标签 $C \in \{c_1, c_2, \ldots c_n\}$，而 A 是观察到的属性 $A = \{a_1, a_2, \ldots a_m\}$，公式 7.7 是贝叶斯定理的最常见形式。

从数学上来讲，贝叶斯定理给出了 C 概率和 A 概率之间的关系，用 P(C)和 P(A)表示，还给出了在发生 A 时 C 的条件概率，以及在发生 C 时 A 的条件概率，分别用 P(C|A)和 P(A|C)表示。

贝叶斯定理拥有重要意义，因为从训练数据中计算 P(C|A)往往比计算 P(A|C)和 P(C)要困难得多。而使用贝叶斯定理，就可以规避这个问题。

有一个例子更好地说明了贝叶斯定理的应用。John 经常坐飞机而且喜欢把自己的座位升级为头等舱。他发现如果在航班起飞前至少两小时办理登机手续，得到升舱的概率是 0.75；否则他升舱的概率则为 0.35。但是因为他平时很忙，他能在起飞前至少两小时办理登机手续的概率是 40%。假如 John 在最近一次尝试升舱时没有成功，那么他没有提前两小时办理登机手续的概率是多少？

设定 C={John 提前至少 2 小时办理登机}，A = {John 获得升舱}，则$\neg C$ = {John 没有提前 2 小时办理登机}，$\neg A$ = {John 没有获得升舱}。

John 提前至少两小时值机的概率为 40%，即 $P(C)$=0.4。因此 $P(\neg C) = 1 - P(C) = 0.6$。

John 在他提早至少两小时值机的情况下获得升舱的概率是 0.75，即 $P(A|C) = 0.75$。

John 在他没有提早两小时值机的情况下获得升舱的概率为 0.35，即 $P(A|\neg C) = 0.35$，因此 $P(\neg A|\neg C) = 0.65$。

根据公式 7.8 可以计算出 John 获得升舱的概率 $P(A)$：

$$\begin{aligned} P(A) &= P(A \cap C) + P(A \cap \neg C) \\ &= P(C) \cdot P(A|C) + P(\neg C) \cdot P(A|\neg C) \\ &= 0.4 \times 0.75 + 0.6 \times 0.35 \\ &= 0.51 \end{aligned} \qquad (7.8)$$

因此，John 没有获得升舱的概率为 $P(\neg A) = 0.49$。使用贝叶斯定理，公式 7.9 表示了 John 在没有提前至少 2 小时值机的情况下也没有获得升舱的概率：

$$P(\neg C \mid \neg A) = \frac{P(\neg A \neg C) \cdot P(\neg C)}{P(\neg A)}$$

$$= \frac{0.65 \times 0.6}{0.49} \approx 0.796$$

（7.9）

另一个例子涉及根据实验室测试来计算一个病人患有某种疾病的概率。假设有个病人叫 Mary，对她进行了实验室测试以判断是否患有某种疾病，返回的结果是阳性。在疾病是实际存在的情况下，有 95% 的测试会返回阳性结果。在疾病不存在情况下，也会有 6% 的测试会返回阳性结果。此外，总人口的 1% 患有这个疾病。在测试结果为阳性的情况下，Mary 真正患病的概率是多少？

设定 $C=\{$有疾病$\}$，$A=\{$测试结果为阳性$\}$。目标是算出在 Mary 有一个阳性测试结果的情况下她患有疾病的概率，即 P(C|A)。从问题描述中可以得到，$P(C)=0.01$，$P(\neg C)=0.99$，$P(A|C)=0.95$，$P(A|\neg C)=0.06$。

贝叶斯定理定义了 $P(C|A)=P(A|C)P(C)/P(A)$。那么需要先计算测试结果为阳性的可能性，即 P(A)。计算公式如 7.10 所示。

$$P(A) = P(A \cap C) + P(A \cap \neg C)$$
$$= P(C) \cdot P(A|C) + P(\neg C) \cdot P(A|\neg C)$$
$$= 0.01 \times 0.95 + 0.99 \times 0.06 = 0.0689$$

（7.10）

根据贝叶斯定理，在 Mary 有一个阳性测试结果的情况下患有疾病的可能性如公式 7.11 所示。

$$P(C \mid A) = \frac{P(A \mid C)P(C)}{P(A)} = \frac{0.95 \times 0.01}{0.0689} \approx 0.1379$$

（7.11）

这意味在得到阳性测试结果的情况下，Mary 真正患病的概率只有 13.79%。这一结果表明实验室测试并不那么有效。当病人来看医生之前，他患有疾病的概率为 1%，当看完医生之后，患病的概率为 13.79%，这表明需要进一步测试。

贝叶斯定理的一种更通用的形式给一个具有多个属性 $A=\{a_1, a_2,...,a_m\}$ 的对象分配一个分类标签，使得标签对应 $P(c_i \mid A)$ 的最大值。一组属性值 A（由 m 个变量 $a_1, a_2, ..., a_m$ 组成）应该使用分类标签 c_i 进行标记的概率，等于在 c_i 为真时一组变量 $a_1,a_2,...,a_m$ 的概率，乘以 c_j 的概率，然后除以 $a_1,a_2,...,a_m$ 的概率。在数学上的表达如公式 7.12 所示。

$$P(c_i \mid A) = \frac{P(a_1,a_2,...,a_m \mid c_i) \cdot P(c_i)}{P(a_1,a_2,...,a_m)}, i=1,2,...n$$

（7.12）

考虑在 7.1 节中提到的预测客户是否会签约定期存款的银行营销示例。让 A 表示一系列属性 {job, marital, education, default, housin, loan, contact, poutcome}。根据公式 7.12，这个问题实质上就是计算 $P(c_i|A)$，其中 $c_i \in \{subscribed=yes,subscribed=no\}$。

7.2.2 朴素贝叶斯分类器

经过两种简化，贝叶斯定理能被扩展为朴素贝叶斯分类器。

第一种简化就是使用条件独立性假设。也就是说，给定一个类标签 c_i，每个属性是条件独立于其他每个属性的。见公式 7.13。

$$P(a_1, a_2, ..., a_m \mid c_i) = P(a_1 \mid c_i) P(a_2 \mid c_i) \cdots P(a_m \mid c_i) = \prod_{j=1}^{m} P(a_j \mid c_i) \qquad (7.13)$$

因此，这个朴素假设简化了 $P(a_1, a_2, ..., a_m \mid c_i)$ 的计算。

第二种简化是忽略分母 $P(a_1, a_2, ..., a_m)$。因为 $P(a_1, a_2, ..., a_m)$ 出现在所有 i 的 $P(c_i \mid A)$ 的分母里，移除分母对于相对概率值没有影响，并且会简化计算。

朴素贝叶斯分类使用上述这两种简化方式，结果是 $P(c_i \mid a_1, a_2, ..., a_m)$ 与 $P(a_j \mid c_i)$ 和 $P(c_i)$ 的乘积是成比例的，如公式 7.14 所示。

$$P(c_i \mid A) \propto P(c_i) \cdot \prod_{j=1}^{m} P(a_j \mid c_i) \quad i = 1, 2, ...n \qquad (7.14)$$

数学符号 $\propto$ 表示 LHS $P(c_i \mid A)$ 和 RHS 直接成比例。

7.1 节引入了一个银行营销数据集（见图 7.3）。本节将介绍如何对这个数据集使用贝叶斯分类器来预测客户是否会签约定期存款。

建立一个贝叶斯分类器需要知道所有从训练集计算出来的统计数字。第一个要求是收集所有的类标签的概率 P(c_i)。在给出的例子中，这就是客户将签约凭证式存款的概率和不签约的概率。对于来自训练集的可用数据来说，P(*subscribed*=yes) ≈ 0.11 和 P(*subscribed*=no) ≈ 0.89。

朴素贝叶斯分类器需要知道的第二件事情是在给定每个类标 c_i 的情况下，每个属性 a_j 的条件概率，即 $P(a_j \mid c_i)$。训练集包含的几个属性：job、marital、education、default、housing、loan、contact 和 poutcome。对于每个属性和其可能值，计算给定 suscribed=yes 或 subscribed = no 下的条件概率。例如，与 marital 属性相关的条件概率计算如下。

```
P(single|subscribed=yes) ≈0.35
P(married|subscribed=yes) ≈0.53
P(divorced|subscribed=yes) ≈0.12
P(single|subscribed=no)  ≈0.28
P(married|subscribed=no)  ≈0.61
P(divorced|subscribed=no) ≈0.11
```

在训练完分类器并且计算出所有需要的统计数字后，朴素贝叶斯分类器对测试集做测试。对于测试集中的每条记录，朴素贝叶斯分类器分配了让 $p(c_i) \cdot \prod_{j=1}^{m} p(a_j \mid c_i)$ 最大化的标签 c_i。

表 7.4 包含了一个客户的记录，这个客户从事的是管理层工作，已婚，中学学历，没有违约记录，有房贷但没有个人贷款，倾向于通过手机联系，并且在以往的营销活动中与他的联系是成功的。那么这个客户有可能签约凭证式存款么？

表 7.4 新客户的记录

Job	Marital	Education	Default	Housing	Loan	Contact	Poutcome
management	married	secondary	no	yes	no	cellular	Success

通过训练集建立分类器之后，就能计算得到表 7.5 所示的条件概率。

表 7.5 计算新客户纪录的条件概率

j	a_j	P (a_j|subscribed = yes)	P (a_j | subscribed = no)
1	job = management	0.22	0.21
2	marital = married	0.53	0.61
3	education =secondary	0.46	0.51
4	default = no	0.99	0.98
5	housing = yes	0.35	0.57
6	loan = no	0.90	0.85
7	contact = cellular	0.85	0.62
8	poutcome =success	0.15	0.01

因为 $P(c_i \mid a_1, a_2, ..., a_m)$ 是和 $P(a_j \mid c_i)(j \in [1, m])$ 与 (c_i) 的乘积成正比的，那么朴素贝叶斯分类器赋值给类标签 c_i 的值是所有 i 的结果里的最大值。因此对于每一个 c_i，要使用 $p(c_i \mid A) \propto p(c_i) \cdot \prod_{j=1}^m p(a_j \mid c_i)$ 来计算 $P(c_i \mid a_1, a_2, ..., a_m)$。

对于 **A** = { management, married, secondary, no, yes, no, cellular, success},

$p(yes|A) \propto 0.11(0.22 \cdot 0.53 \cdot 0.46 \cdot 0.99 \cdot 0.35 \cdot 0.90 \cdot 0.85 \cdot 0.15) \approx 0.00023$

$p(no|A) \propto 0.89(0.21 \cdot 0.61 \cdot 0.51 \cdot 0.98 \cdot 0.57 \cdot 0.85 \cdot 0.62 \cdot 0.01) \approx 0.00017$

因为 $P(subscribed= yes|A) > P(subscribed=no|A)$，所以表 7.4 中的客户被赋予标签 $subscribed = yes$。也就是说，客户被认为很可能签约凭证式存款。

虽然 $P(yes|A)$ 和 $P(no|A)$ 的数值都很小，但是 $P(yes|A)$ 和 $P(no|A)$ 的比值才是有意义的。事实上，$P(yes|A)$ 和 $P(no|A)$ 的数值并不是真正的概率，只不过它们和真正的概率成正比，如公式 7.14 所示。毕竟，如果两个数值是真实的概率，那么 $P(yes|A)$ 和 $P(no|A)$ 的和应该等于 1。当被分析的问题包含大量的属性或者属性由很多层级构成的的时候，这些值可能非常小（接近于零），从而导致结果的差异更小。这就是数值下溢（numerical underflow）的问题，它是由几个接近于 0 的概率值相乘而引起的。为了缓解这个问题，一种方法就是计算积的对数，这相当于这些概率的对数总和。因此，朴素贝叶斯公式可以重写为公式 7.15 所示。

$$P(c_i \mid A) \propto \log P(c_i) + \sum_{j=1}^m \log P(a_j \mid c_i) \qquad i = 1, 2, ...n \qquad (7.15)$$

虽然下溢的风险可能随着属性数量的增加而增加，但是通常对数的应用与属性维度的数量无关。

7.2.3 平滑

如果一个属性值没有在训练集中的一个类标签中出现，那么相应的 $P\{a_j|c_i\}$ 将等于零。当这种情况发生时，无论一些条件概率的值有多大，将所有的 $P\{a_j|c_i\}(j \in [1,m])$ 相乘后，$P\{c_i|A\}$ 的结果都会立即变为零，从而发生过度拟合。平滑（smoothing）技术可用于调整 $P\{a_j|c_i\}$ 的概率，并确保 $P\{c_i|A\}$ 不为零。平滑技术为没有包含在训练数据集中的小概率事件赋了一个很小的非 0 概率值。同时，平滑技术也解决了公式 7.15 中可能发生的对 0 取对数的问题。

平滑技术有很多种。其中的拉普拉斯平滑（Laplace smoothing）（或加 1）技术假装看到每个结果的次数都比实际多一次。这技术如公式 7.16 所示。

$$P*(x) = \frac{count(x)+1}{\sum_x [count(x)+1]} \qquad (7.16)$$

例如，假设有 100 位客户签约了凭证式存款，其中 20 人单身，70 人已婚，10 人离异。"原始"的概率是 $p(single|subscribed=yes)=20/100=0.2$。使用拉普拉斯平滑给计数器加 1，那么调整后的概率就是 $p(single|subscribed=yes)=(20+1)/[(70+1)+(10+1)] \approx 0.2039$。

拉普拉斯平滑的一个问题是它可能给了不可见事件太高的概率。为了解决这个问题，拉普拉斯平滑可以更通用地使用 ε 而不是 1，$\varepsilon \in [0,1]$，见公式 7.17。

$$P**(x) = \frac{count(x)+\varepsilon}{\sum_x [count(x)+\varepsilon]} \qquad (7.17)$$

平滑技术包含在朴素贝叶斯分类器的大多数标准软件包中。然而如果因为某些原因（如性能问题），朴素贝叶斯分类器需直接在应用中编码实现，平滑以及对数计算也必须被纳入到实现中。

7.2.4 诊断

与逻辑回归不同的是，朴素贝叶斯分类器可以处理缺失值。朴素贝叶斯对无关变量的处理也是健壮的，所谓无关变量是指分布在所有类中，而且影响不明显的变量。

这个模型即使不使用库也可以简单地实现。预测是基于发生事件的次数，使得分类器很高效。朴素贝叶斯计算效率很高，并能有效地处理高维度数据。相关研究[13]表明朴素贝叶斯分类器在许多情况下与其他学习算法不相上下，包括决策树和神经网络。在某些情况下，朴素贝叶斯甚至优于其他方法。不同于逻辑回归，朴素贝叶斯分类器可以处理多层级的分类变量。我们还记得，决策树也可以处理分类变量，但太多的层级可能导致深树。朴素贝叶斯分类器在多层级分类值上的表现优于决策树。相比决策树，朴素贝叶斯对过度拟合更有抵抗力，特别是在有平滑技术时。

尽管朴素贝叶斯有很多好处，它还是有一些缺点。朴素贝叶斯需要假定数据变量之间是条件独立的。因此，它对于关联变量是很敏感的，因为这个算法可能会重复计算其影响。作为一个例子，假定低收入和低信用的人往往会拖欠债务。如果要基于收入和信用作为两个独立的属性来计算"拖欠"，朴素贝叶斯可能会重复计算收入和信用对于拖欠结果的效应，从而降低预测的准确性。

虽然概率作为预测结果的一部分提供，但是朴素贝叶斯分类器在概率估计上通常并不可靠，而应该仅用于分配类的标签。朴素贝叶斯的简单形式仅适用于分类变量。任何连续变量都应该被转换成分类变量，这个过程称为离散化。然而在常见的统计软件包中，朴素贝叶斯的实现方式使它也能处理连续变量。

7.2.5 R 中的朴素贝叶斯

本节将介绍在 R 语言中使用朴素贝叶斯分类器的两种方式。第一种方式是通过手工计算概率值从零开始做起，而第二种方式是使用 e1071 包中的 naiveBayes 方法。下面的例子显示了如何使用朴素贝叶斯来预测员工是否会注册一个现场教育项目。

在 R 中，第一步是建立工作目录并初始化软件包。

```
setwd("c:/")
install.packages("e1071") # install package e1071
library(e1071) # load the library
```

工作目录中包括了一个 CSV 文件（sample.csv）。该文件有一个标题行，随后是 14 行训练数据。属性包括 Age、Income、JobSatisfaction 和 Desire。输出变量是 Enrolls，它的值是 Yes 或者 No。整个 CSV 文件的内容如下。

```
Age,Income,JobSatisfaction,Desire,Enrolls
<=30,High,No,Fair,No
<=30,High,No,Excellent,No
31 to 40,High,No,Fair,Yes
>40,Medium,No,Fair,Yes
>40,Low,Yes,Fair,Yes
>40,Low,Yes,Excellent,No
31 to 40,Low,Yes,Excellent,Yes
<=30,Medium,No,Fair,No
<=30,Low,Yes,Fair,Yes
>40,Medium,Yes,Fair,Yes
<=30,Medium,Yes,Excellent,Yes
31 to 40,Medium,No,Excellent,Yes
31 to 40,High,Yes,Fair,Yes
>40,Medium,No,Excellent,No
<=30,Medium,Yes,Fair,
```

CSV 的最后一行稍后用作测试用例。因此，这一行并不包括输出变量 Enrolls 的值，该变量的值将使用基于训练集的朴素贝叶斯分类器来预测。

执行下面的 R 代码，从 CSV 文件中读取数据。

```
# read the data into a table from the file
sample <- read.table("sample1.csv",header=TRUE,sep=",")
# define the data frames for the NB classifier
traindata <- as.data.frame(sample[1:14,])
testdata <- as.data.frame(sample[15,])
```

为朴素贝叶斯分类器创建了两个数据帧对象 traindata 和 testdata。输入 traindata 和 testdata 来显示数据帧。

这两个数据帧输出在屏幕上，如下所示。

```
traindata
      Age  Income JobSatisfaction       Desire Enrolls
1     <=30   High                No      Fair      No
2     <=30   High                No Excellent      No
3  31 to 40  High                No      Fair     Yes
4      >40 Medium                No      Fair     Yes
5      >40    Low               Yes      Fair     Yes
6      >40    Low               Yes Excellent      No
7  31 to 40   Low               Yes Excellent     Yes
8     <=30 Medium                No      Fair      No
9     <=30    Low               Yes      Fair     Yes
10     >40 Medium               Yes      Fair     Yes
11    <=30 Medium               Yes Excellent     Yes
12 31 to 40 Medium                No Excellent     Yes
13 31 to 40   High               Yes      Fair     Yes
14     >40 Medium                No Excellent      No

testdata
      Age Income JobSatisfaction Desire Enrolls
15 <=30 Medium             Yes    Fair
```

这里所展示的第一个方法是通过手工计算概率值的方式从零起步，创建一个朴素贝叶斯分类器。创建分类器的第一步是计算属性的先验概率，包括 Age、Income、JobSatisfaction 和 Desire。根据朴素贝叶斯分类器，这些属性是条件独立的。因变量（输出变量）是 Enrolls。

计算 Enrolls 的先验概率 $p(c_i)$，其中 $c_i \in C$ 和 $C = \{Yes, No\}$。

```
tprior <- table(traindata$Enrolls)
tprior

   No Yes
 0  5  9

tprior <- tprior/sum(tprior)
tprior

              No        Yes
0.0000000 0.3571429 0.6428571
```

下一步是计算条件概率 P（A|C），其中 $A=\{Age,income,JobSatisfaction,Desire\}$ 并且 $C=\{Yes,No\}$。为每个 Age 组计算 "No" 和 "Yes" 条目的数量，并通过标准化 "No" 和 "Yes"

的总数量来获得条件概率。

```
ageCounts <- table(traindata[,c("Enrolls", "Age")])
ageCounts
        Age
Enrolls <=30 >40 31 to 40
         0   0         0
    No   3   2         0
    Yes  2   3         4

ageCounts <- ageCounts/rowSums(ageCounts)
ageCounts

       Age
Enrolls     <=30         >40 31 to 40

    No  0.6000000 0.4000000 0.0000000
    Yes 0.2222222 0.3333333 0.4444444
```

对其他属性 Income、JobSatisfaction 和 Desire 做同样的事情。

```
incomeCounts <- table(traindata[,c("Enrolls", "Income")])
incomeCounts <- incomeCounts/rowSums(incomeCounts)
incomeCounts
        Income
Enrolls      High       Low    Medium

    No  0.4000000 0.2000000 0.4000000
    Yes 0.2222222 0.3333333 0.4444444
jsCounts <- table(traindata[,c("Enrolls", "JobSatisfaction")])
jsCounts <- jsCounts/rowSums(jsCounts)
jsCounts
      Jobsatisfaction
Enrolls      No       Yes

    No  0.8000000 0.2000000
    Yes 0.3333333 0.6666667

desireCounts <- table(traindata[,c("Enrolls", "Desire")])
desireCounts <- desireCounts/rowSums(desireCounts)
desireCounts
        Desire
Enrolls Excellent Fair

    No  0.6000000 0.4000000
    Yes 0.3333333 0.6666667
```

根据公式 7.7，概率 $P（C_i|A）$ 由 $P（a_j|c_i）$ 与 $（c_i）$ 的乘积得到，其中 c_1=Yes 而 c_2=No。$P（Yes|A）$ 和 $P(No|P)$ 中的较大值决定了输出变量的预测值。对于给定的测试数据，使用下面的代码来预测 Enrolls。

```
prob_yes <-
        ageCounts["Yes",testdata[,c("Age")]]*
        incomeCounts["Yes",testdata[,c("Income")]]*
        jsCounts["Yes",testdata[,c("JobSatisfaction")]]*
        desireCounts["Yes",testdata[,c("Desire")]]*
        tprior["Yes"]
prob_no <-
        ageCounts["No",testdata[,c("Age")]]*
        incomeCounts["No",testdata[,c("Income")]]*
        jsCounts["No",testdata[,c("JobSatisfaction")]]*
        desireCounts["No",testdata[,c("Desire")]]*
        tprior["No"]
```

```
max(prob_yes,prob_no)
```

如下所示，测试集的预测结果是 Enrolls=Yes。

```
prob_yes
      Yes
0.02821869

prob_no
      No
0.006857143

max(prob_yes, prob_no)
[1] 0.02821869
```

R 中的 e1071 软件包有一个内置的 naiveBayes 函数，能在给定独立分类预测变量的情况下，使用贝叶斯规则来计算分类变量的条件概率。该函数的形式为 naiveBayes（formula, data, …），其中参数的定义如下。

● **formula**：形式为 class～x1 + x2 + …的公式，假设 x1,x2…是条件独立的。

● **data**：数据帧。

使用下面的代码片段来执行模型并显示结果。

```
model <- naiveBayes(Enrolls ~ Age+Income+JobSatisfaction+Desire,
                    traindata)
# display model
model
```

下面的输出显示了 **model** 的概率与之前方法中得到的概率相符。默认的 laplace=laplace 设置启用了拉普拉斯平滑。

```
Naive Bayes Classifier for Discrete Predictors

Call:
naiveBayes.default(x = X, y = Y, laplace = laplace)

A-priori probabilities:
Y                  No      Yes
0.0000000 0.3571429 0.6428571
```

```
Conditional probabilities:
      Age
Y              <=30         >40 31 to 40

    No  0.6000000 0.4000000 0.0000000
    Yes 0.2222222 0.3333333 0.4444444

      Income
Y             High      Low    Medium

    No  0.4000000 0.2000000 0.4000000
    Yes 0.2222222 0.3333333 0.4444444

      JobSatisfaction
Y              No       Yes

    No  0.8000000 0.2000000
    Yes 0.3333333 0.6666667

      Desire
Y Excellent Fair

    No  0.6000000 0.4000000
    Yes 0.3333333 0.6666667
```

接下来，使用 testdata 来预测 Enrolls 的输出结果为 Enrolls=Yes。

```
# predict with testdata
results <- predict (model,testdata)
# display results
results
[1] Yes
Levels: No Yes
```

naiveBayes 函数接受一个拉普拉斯参数，这个参数可以自定义公式 7.17 中的 ε 值（用于拉普拉斯平滑）。下面的代码展示了如何使用拉普拉斯平滑 ε=0.01 来建立一个用于预测的朴素贝叶斯分类器。

```
# use the NB classifier with Laplace smoothing
model1 = naiveBayes(Enrolls ~., traindata, laplace=.01)


# display model
model1
Naive Bayes Classifier for Discrete Predictors

Call:
naiveBayes.default(x = X, y = Y, laplace = laplace)

A-priori probabilities:
Y
              No       Yes
0.0000000 0.3571429 0.6428571
```

```
Conditional probabilities:
      Age
Y            <=30         >40     31 to 40
       0.333333333 0.333333333 0.333333333
    No 0.598409543 0.399602386 0.001988072
   Yes 0.222591362 0.333333333 0.444075305

      Income
Y         High       Low    Medium
       0.3333333 0.3333333 0.3333333
    No 0.3996024 0.2007952 0.3996024
   Yes 0.2225914 0.3333333 0.4440753

      JobSatisfaction
Y             No       Yes
       0.5000000 0.5000000
    No 0.7988048 0.2011952
   Yes 0.3337029 0.6662971

      Desire
Y       Excellent      Fair
       0.5000000 0.5000000
    No 0.5996016 0.4003984
   Yes 0.3337029 0.6662971
```

测试用例再次被归类为 Enrolls=Yes。

```
# predict with testdata
results1 <- predict (model1,testdata)


# display results
results1
[1] Yes
Levels: No Yes
```

7.3 分类器诊断

迄今为止，本书已经讨论了三种分类器：逻辑回归、决策树、朴素贝叶斯。这三种方法可以根据实例所拥有的相似特征来把它们分类成不同的组。每个分类器都面临同样的问题：如何评价它们的性能。

有一些工具就是用来评估分类器的性能。这样的工具不限于评估本书中的三种分类器，而是通用的分类器评估工具。

混淆矩阵（confusion matrix）是一种特定的表格布局，可以可视化分类器的性能。

表格 7-6 所示为一个二类分类器的混淆矩阵。真阳性（TP）是阳性实例被分类器正确识别为阳性的数量。伪阳性（FP）是实例被分类器识别为阳性但是实际上为阴性的数量。真阴性（TN）是阴性实例被分类器正确认定为阴性的数量。伪阴性（FN）是实例被分类器识别为阴性但是实际上是阳性的数量。在二类分类器中，预设的阈值可用于区分阳性阴性。TP 和 TN 是正确的猜测。一个好的分类器应该有大的 TP 和 TN，小的（理想情况下为零）的 FP 和 FN。

表 7.6　混淆矩阵

			预测分类
		阳性	阴性
	阳性	真阳性（TP）	伪阴性（FN）
实际分类	阴性	伪阳性（FP）	真阴性（TN）

　　在银行营销案例中，训练集包括了 2000 个实例，还包括了额外的 100 个实例作为测试集。表 7.7 所示为一个朴素贝叶斯分类器的混淆矩阵，用来预测 100 个客户是否会签约凭证式存款。在 11 个签约了凭证式存款的客户中，该模型预测 3 个客户签约而 8 个客户不签约。与之类似，89 个不签约的客户中，模型预测 2 个客户签约，87 个客户个不签约。所有正确的猜测都位于表中从左上到右下的位置。这样很容易从视觉上检查表的错误，因为它们会被表示为对角线外的任何非零值。

表 7.7　银行营销案例中的朴素贝叶斯混淆矩阵

		预测分类		
		签约	不签约	总计
	签约	3	8	11
实际分类	不签约	2	87	89
总计		5	98	100

　　精确度（accuracy）（或总成功率[overall success rate]）是一种度量，它定义了模型能够正确地对记录进行分类的比例。它被定义为 TP 和 TN 的总和除以实例总数，如公式 7.18 所示。

$$Accuracy = \frac{TP+TN}{TP+TN+FP+FN} \times 100\% \qquad (7.18)$$

　　一个好的模型应该有一个高的精确度评分，但只具有高精确度分数也不能保证模型建立得很好。以下度量可以用来更好地评估分类器的性能。

　　在第 6 章中看到，真阳性率（ture positive rate，TPR）是被分类器正确识别为阳性实例的比例。它可以通过公式 7.19 来说明。

$$TPR = \frac{TP}{TP+FN} \qquad (7.19)$$

　　而伪阳性率（false positive rate，FPR）就是被分类器标记为阳性而实际上为阴性的百分比。FPR 也被称为误报率（false alarm rate）或者 I 型错误率（type I error rate），如公式 7.20 所示。

$$FPR = \frac{FP}{FP+TN} \qquad (7.20)$$

　　伪阴性率（false negative rate，FNR）是分类器标记为阴性而实际上为阳性的百分比。它也被称为缺失率（miss rate）或 II 型错误率（type II error rate），如公式 7.21 所示。注意 TPR 和 FNR 的和是 1。

$$FNR = \frac{FN}{TP + FN} \tag{7.21}$$

一个性能好的模型应该有一个较高的 TPR（理想值是 1），一个较低的 FPR 和 FNR（两者的理想值是 0）。在现实中，TPR = 1、FPR = 0、FNP = 0 的情况是非常罕见的，但这些度量在比较为解决同一个问题而设计的多个模型的性能时，是很有用的。值得注意的是，在一般情况下，更可取的模型可能依赖于业务情况。在数据分析生命周期的发现阶段中，团队应该从业务中学习到什么错误是可以容忍的。某些业务情况比较能容忍 I 型错误，而其他业务可能更加容忍 II 型错误。在某些情况下，TPR 为 0.95 和 FPR 为 0.3 的模型比 TPR 为 0.9 和 FPR 为 0.1 的模型更容易接受，即使第二种模型从整体上来说更为精确。考虑过滤垃圾电子邮件的案例，一些人（如繁忙的管理层们）只想在收件箱里收到重要的电子邮件，可以容忍有一些不太重要的电子邮件被放入垃圾邮件文件夹，只要他们的收件箱里没有垃圾邮件即可。而其他人可能不希望任何重要或不太重要的邮件被判定为垃圾邮件，并愿意接受一些垃圾邮件出现在收件箱中，只要重要的邮件不被放入垃圾邮件文件夹即可。

准确率（precision）和召回率（Recall）是在信息检索社区中使用的度量，但是它们也可以用来表示分类器的一般特征。准确率是被标记为阳性并且事实上也确实是阳性的实例所占的百分比，如公式 7.22 所示。

$$Precision = \frac{TP}{TP + FP} \tag{7.22}$$

召回率是本应被正确识别为阳性实例的百分比。召回率等于 TPR。第 9 章讨论了如何使用准确率和召回率在文本分析的场景中对分类器进行评估。

给定表 7.7 所示的混淆矩阵，可以用如下公式来计算度量。

$$Accuracy = \frac{TP + TN}{TP + TN + FP + FN} \times 100\% = \frac{3 + 87}{3 + 87 + 2 + 8} \times 100\%$$

$$TPR(or\, Recall) = \frac{TP}{TP + FN} = \frac{3}{3 + 8} \approx 0.273$$

$$FPR = \frac{FP}{FP + TN} = \frac{2}{2 + 87} \approx 0.022$$

$$FNR = \frac{FN}{TP + FN} = \frac{8}{3 + 8} \approx 0.727$$

$$Precision = \frac{TP}{TP + FP} = \frac{3}{3 + 2} = 0.6$$

对于银行营销的例子，这些度量表明朴素贝叶斯分类器具有良好的精确度和 FPR 度量，以及相对较好的准确率。然而，它在 TPR 和 FNR 上表现不佳。为了提高性能，尝试在数据集中加入更多的属性来更好地区分记录的特点。还有其他的方法来评估在通用分类器的性能，比如 N 折交叉验证（第 6 章）或是 bootstrap[14]。

第 6 章已经介绍了 ROC 曲线，它是评价分类器的一个常用工具。ROC 的全称是接收者操作特征（receiver operating characteristic），是信号检测中的一个术语，用来表征噪声通道中的命中率和误报率之间的权衡。ROC 曲线基于 TP 和 FP 评价分类器的性能，而不管类分布和错误成本之类的其他因素。垂直轴是真阳性率（TPR），水平轴是伪阳性率（FPR）。

如第 6 章所述，任何分类器都可以通过把所有实例分类为阴性示例的方法，到达到图的左下方（在这个位置，TPR = FPR = 0）。与之类似，任何分类器都可以通过把所有实例分类为阳性示例的方法，到达图的右上角（在这个位置，TPR = FPR = 1）。如果一个分类器通过随机猜测结果来"接近随机状态"（at chance），它可以通过选择一个合适的阳性/阴性阈值来到达对角线 TPR = FPR 上的任何一点。一个理想的分类器应该完全从阴性中分离出阳性，从而到达左上角（TPR = 1，FPR = 0）。这样的分类器的 ROC 曲线是从 TPR = FPR = 0 直线上升到左上角，然后笔直向右移动到右上角。在现实中，很难到达左上角。但一个更好的分类器应该能更接近左上角，从而将其与更接近对角线的分类器区分开来。

与 ROC 曲线相关的就是曲线下面积（area under the curve，AUC）。AUC 是通过测量 ROC 曲线下的面积来计算的。较高的 AUC 数值意味着分类器表现更好。该数值的范围从 0.5（对角线 TPR = FPR）到 1（ROC 穿过左上角）。

在银行营销的案例中，训练集包括了 2000 个实例，还包括另外的 100 个实例作为训练集。图 7.10 显示了建立在 2000 个实例的训练集上并在 100 个实例的测试集上进行测试的朴素贝叶斯分类器的 ROC 曲线。该图是由下面的 R 脚本生成的。绘制 ROC 曲线时需要用到 ROCR 包。2000 个实例位于 branktrain 数据帧中，另外 100 个实例位于 banktest 数据帧中。

```
library(ROCR)

# training set
banktrain <- read.table("bank-sample.csv",header=TRUE,sep=",")
# drop a few columns
drops <- c("balance", "day", "campaign", "pdays", "previous", "month")
banktrain <- banktrain [,!(names(banktrain) %in% drops)]

# testing set
banktest <- read.table("bank-sample-test.csv",header=TRUE,sep=",")
banktest <- banktest [,!(names(banktest) %in% drops)]

# build the naïve Bayes classifier
nb_model <- naiveBayes(subscribed~.,
                       data=banktrain)
# perform on the testing set
nb_prediction <- predict(nb_model,
                         # remove column "subscribed"
                         banktest[,-ncol(banktest)],
                         type='raw')
score <- nb_prediction[, c("yes")]
```

```
actual_class <- banktest$subscribed == 'yes'

pred <- prediction(score, actual_class)

perf <- performance(pred, "tpr", "fpr")

plot(perf, lwd=2, xlab="False Positive Rate (FPR)",
     ylab="True Positive Rate (TPR)")
abline(a=0, b=1, col="gray50", lty=3)
```

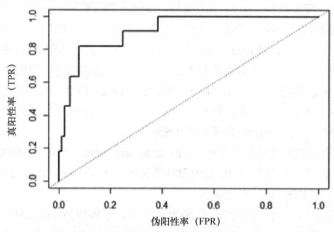

图 7.10　银行营销数据集的朴素贝叶斯分类器的 ROC 曲线

下列 R 代码显示了 ROC 曲线的相关 AUC 数值大约是 0.915。

```
auc <- performance(pred, "auc")
auc <- unlist(slot(auc, "y.values"))
auc
[1] 0.9152196
```

7.4　其他分类方法

　　除了本章介绍的两种分类器以外，还有其他几种常用的分类方法，包括装袋（bagging）[15]、提升（boosting）[5]、随机森林（random forest）[4]和支持向量机（support vector machine，SVM）[16]。bagging、boosting 和随机森林都是集成方法的例子，它们使用多个模型获取比任何构成模型（constituent model）更佳的预测性能。

　　bagging（又称为 bootstrap aggregating）[15]使用了引导技术（bootstrap technique），该技术根据等概率分布从数据集中反复替换（with replacement）抽样。"替换"意味着当为一个训练集和测试集选择了一个样本的时候，该样本依旧保留在数据集中，而且可以被再次选中。因为抽样是可替换的，一些样本可能在训练集和测试集中出现多次，而其他的可能不出现。一个模型或基础分类器基于每个 bootstrap 样本分开训练，然后将测试样本分配给得到最高投票的分类。

与 bagging 类似，boosting（或者 AdaBoost）[17]使用分类投票的方式将每个模型的输出合并。另外，它还合并同类型的模型。然而，boosting 是一个迭代过程，先前建立的模型的表现会影响新的模型。而且，boosting 为一个训练样本分配一个权重来反映样本的重要性，然后该权重可以在每轮 boosting 结束的时候进行适应性调整。bagging 和 boosting 都比决策树有着更好的性能。

随机森林[4]是一类使用决策树分类器的集成方法。它是决策树预测器的组合，每棵决策树都依赖于独立抽样且分布相同的随机向量的值。随机森林的一个特例是在决策树中使用 bagging，其中样本从原始训练集中随机替换选择。

SVM[16]是另外一个常见的分类方法，它将线性模型和基于实例的学习技术进行了结合。SVM 从每个分类中选择少量名为支持向量（support vector）的关键边界实例，然后建立一个线性决策函数来尽可能远地将支持向量分开。SVM 默认情况下可以有效地执行线性分类，也可以配置为执行非线性的分类。

7.5 总结

本章着重介绍了两种分类方法：决策树与朴素贝叶斯。本章讨论了这些分类器背后的理论，并用一个银行营销的案例来解释这两种方法在实际中是如何工作的。这些分类器以及逻辑回归（第 6 章中）通常用来进行数据分类。本书还讨论了这些方法各自的优势与劣势。对于给定的分类问题如何选择一个最合适的方法？图 7.8 所示为在选择分类器时需考虑的事情。

表 7.8 选择一个合适的分类器

问题	参考方法
除了分类标签外，分类的输出还应该包括分类的概率	逻辑回归、决策树
分析师们想了解变量是如何影响模型的	逻辑回归、决策树
问题拥有很高维度	朴素贝叶斯分类器
一些输入变量可能是关联的	逻辑回归、决策树
一些输入变量可能是不相关的	决策树、朴素贝叶斯
数据包含的分类变量具有大量的层级	决策树、朴素贝叶斯
数据包含混合变量类型	逻辑回归、决策树
输入变量中含有会影响输出的非线性数据或非连续数据	决策树

分类以后，可以使用几种评估工具来衡量一个分类器的性能，或对多个分类器的性能进行比较。这些工具包括混淆矩阵、TPR、FPR、FNR、准确率、召回率、ROC 曲线和 AUC。

除了决策树和朴素贝叶斯以外，还有其他方法可用作分类器。这些方法包括但不仅限于

bagging、boosting、随机森林和 SVM。

7.6 练习

1. 对于二元分类，请描述熵的可能值。在哪些情况下，熵能达到最小值和最大值？

2. 在决策树中，算法是如何选择用于分裂的属性的？

3. John 的头很痛，去看医生。医生随机选择 John 进行猪流感血液测试，这次猪流感涉嫌影响到全国 1/5000 的人口。该测试 99% 准确，伪阳性概率是 1%，伪阴性概率是 0。John 的测试结果呈阳性。那么 John 患有猪流感的概率是多少？

4. 哪种分类器可以高效地进行高维度问题的计算？为什么？

5. 数据科学团队在解决一个分类问题。在这个问题中，数据集包含了许多关联变量，而且其中大部分是分类变量。那么他们应该考虑使用哪种分类器？为什么？

6. 数据科学团队在解决一个分类问题。在这个问题中，数据集包含了许多关联变量，而且其中大部分是连续变量。除了分类标签外，该团队还想让模型输出概率，那么他们应该考虑使用哪种分类器？为什么？

7. 考虑下面的混淆矩阵。

		预测分类		
		好	坏	总计
	好	671	29	300
真实分类	坏	38	262	700
总计		709	291	1000

真阳性率、伪阳性率和伪阴性率各自是多少？

参考书目

[1] M. Thomas, B. Pang, and L. Lee, "Get Out the Vote: Determining Support or Opposition fromCongressional Floor-Debate Transcripts," in *Proceedings of the 2006 Conference on Empirical Methods in Natural Language Processing*, Sydney, Australia, 2006.

[2] M. Shouman, T. Turner, and R. Stocker, "Using Decision Tree for Diagnosing Heart Disease Patients,"in *Australian Computer Society, Inc.,* Ballarat, Australia, in *Proceedings of the Ninth Australasian Data Mining Conference (AusDM '11).*

[3] I. Androutsopoulos, J. Koutsias, K. V. Chandrinos, G. Paliouras, and C. D. Spyropoulos, "An Evaluation of Naïe Bayesian Anti-Spam Filtering," in *Proceedings of the Workshop on Machine Learning in the New Information Age,* Barcelona, Spain, 2000.

[4] L. Breiman, "Random Forests," *Machine Learning,* vol. 45, no. 1, pp. 5-32, 2001.

[5] J. R. Quinlan, "Bagging, Boosting, and C4. 5," *AAAI/IAAI,* vol. 1, 1996.

[6] S. Moro, P. Cortez, and R. Laureano, "Using Data Mining for Bank Direct Marketing: An Application of the CRISP-DM Methodology," in *Proceedings of the European Simulation and Modelling Conference - ESM'2011,* Guimaraes, Portugal, 2011.

[7] J. R. Quinlan, "Induction of Decision Trees," *Machine Learning,* vol. 1, no. 1, pp. 81-106, 1986.

[8] J. R. Quinlan, *C4. 5: Programs for Machine Learning,* Morgan Kaufmann, 1993.

[9] L. Breiman, J. H. Friedman, R. A. Olshen, and C. J. Stone, *Classification and Regression Trees,* Belmont, CA: Wadsworth International Group, 1984.

[10] T. M. Mitchell, "Decision Tree Learning," in *Machine Learning,* New York, NY, USA, McGraw-Hill, Inc., 1997, p. 68.

[11] C. Phua, V. C. S. Lee, S. Kate, and R. W. Gayler, "A Comprehensive Survey of Data Mining-Based Fraud Detection," *CoRR,* vol. abs/1009.6119, 2010.

[12] R. Bhowmik, "Detecting Auto Insurance Fraud by Data Mining Techniques," *Journal of Emerging Trends in Computing and Information Sciences,* vol. 2, no. 4, pp. 156-162, 2011.

[13] D. Michie, D. J. Spiegelhalter, and C. C. Taylor, *Machine Learning, Neural and Statistical Classification,* New York: Ellis Horwood, 1994.

[14] I. H. Witten, E. Frank, and M. A. Hall, "The Bootstrap," in *Data Mining,* Burlington, Massachusetts, Morgan Kaufmann, 2011, pp. 155-156.

[15] L. Breiman, "Bagging Predictors," *Machine Learning,* vol. 24, no. 2, pp. 123-140, 1996.

[16] N. Cristianini and J. Shawe-Taylor, *An Introduction to Support Vector Machines and Other Kernel-Based Learning Methods,* Cambridge, United Kingdom: Cambridge university press, 2000.

[17] Y. Freund and R. E. Schapire, "A Decision-Theoretic Generalization of On-Line Learning and an Application to Boosting," *Journal of Computer and System Sciences,* vol. 55, no. 1, pp. 119-139, 1997.

第 8 章

高级分析理论与方法：
时间序列分析

关键概念

- ACF
- ARIMA
- 自回归
- 移动平均线
- PACF
- 平稳
- 时间序列

本章讲解时间序列分析及其应用，重点是识别时间序列的底层结构并将其拟合为一个适当的自回归求和移动平均（Augogressive Integrated Moving Average，ARIMA）模型。

8.1　时间序列分析概述

时间序列分析试图模型化一段时间内观测到的数据的底层结构。一个时间序列（表示为 Y = a + bX）是一个在时间上具有相同间隔值的有序序列。例如，图 8.1 中提供了在 12 年内每个月国际航空乘客的数量。

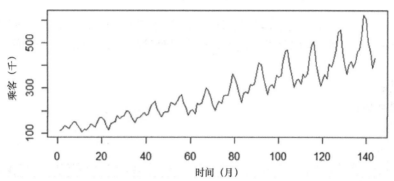

图 8.1　国际航空乘客的每月数量

在这个例子中，时间序列是 144 个值的有序序列。本章讲解的分析只限于单个变量的等距时间序列。时间序列分析的目标如下：

- 对时间序列的结构进行识别和建模；
- 预测时间序列中未来的值。

时间序列分析在金融、经济、生物、工程、零售和制造业中有许多应用。以下是一些详细的用例。

- **零售销售**：对于各种产品线，服装零售商要预测未来的月度销售。这些预测需要考虑到客户购买决策的季节效应。比如，在北半球，毛衣的销售在秋季通常比较活跃，泳衣的销售在春末夏初最高。因此，一个合适的时间序列模型需要考虑到历年的波动性需求。

- **备件计划**：公司的服务组织需要预测未来对备件的需求，以确保有足够的零件来维修客户产品。备件清单通常有成千上万种不同的零件。为了预测未来需求，可以使用输入变量（比如预期的零件故障率、服务诊断效果、预测的新产品出货量以及预测的折旧/报废）为每一种零件建立复杂的模型。然而，时间序列分析可以简单地根据之前的备件需求历史来提供准确的短期预测。

- **股票交易**：一些高频股票交易员使用了一种名为配对交易（pairs trading）的技术。配对交易利用两个股票价格之间的确定的强正相关性来发现市场机遇。假设 A 公司和 B 公司的股票价格一直一起波动。时间序列分析可以应用于这些公司随时间变化的股价差异。一个统计意义上大于期望值的价格差异意味着购买 A 公司股票和抛售 B 公司股票（或者反过来卖 A 买 B）的好时机。当然，这个交易方法依赖于快速执行交易的能力，以及能够察觉到股价相关性的失效。配对交易是属于统计套利（statistical arbitrage）交易策略中许多技术的一种。

8.1.1 Box-Jenkins 方法

在本章中，一个时间序列由在时间上具有相同间隔值的有序序列组成。时间序列的例子可以是每月的失业率、每天的网站访问次数，或者是每秒的股价价格。一个时间序列可以由以下部分组成：

- 趋势；
- 季节效应；
- 周期；
- 随机性。

趋势（trend）指的是时间序列中的长期移动。它表示观测值是否随着时间变化增加或降低。趋势的例子包括每月销售的稳定增长或每年因车祸死亡人数的下降。

季节效应（seasonality）描述了观测数据在时间上的固定的周期性波动。顾名思义，季节效应通常都和历法有关。例如，年内的月度销售可能因天气和假期的因素而波动。

周期（cylic）也可以视作周期性波动，但是它不像季节效应那样固定。例如，零售可能受到经济总体状况的影响。因此，零售时间序列可能常常遵循经济繁荣与萧条的周期。

最后一个部分是随机性（random）。尽管噪声肯定是随机性的一部分，但是经常存在随机性的某种底层结构可以对其进行建模，以预测给定时间序列的未来值。

由 George Box 和 Gwilym Jenkins 开发的 Box-Jenkins 时间序列分析方法包括下列三个主要步骤。

1. 治理数据与选择模型。
   - 识别和考虑时间序列中的任何趋势与季节效应。
   - 评估其余的时间序列并确定一个合适的模型。
2. 估计模型参数。
3. 评估模型，如果有必要，返回第 1 步。

本章的主要目的是使用 Box-Jenkins 方法将一个 ARIMA 模型应用到一个给定的时间序列。

8.2 ARIMA 模型

为了完整解释 ARIMA（自回归求和移动平均）模型，本节描述了模型的各个组成部分以及它们是如何结合在一起的。正如 Box-Jenkins 方法的第 1 步中描述的那样，有必要把趋势和季节效应从时间序列中移除。要取得一个具有某些属性的时间序列，从而能够应用自回归和移动平均模型，这一步是必需的。这种时间序列称为平稳时间序列（stationary time series）。一个时间序列 y_t（$t=1,2,3,\dots$），如果满足下面的三个条件，就是平稳时间序列。

- （a）y_t 的期望值（均值）对于所有的 t 值都为常数。
- （b）y_t 的方差是有限的。
- （c）对于所有的 t，y_t 和 y_{t+h} 的协方差值只依赖于 $h= 0,1,2\dots$。

y_t 和 y_{t+h} 的协方差可以衡量 y_t 和 y_{t+h} 两个变量是如何一起变化的，如公式 8.1 所示。

$$cov(y_t, y_{t+h}) = E[(y_t - \mu_t)(y_{t+h} - \mu_{t+h})] \qquad (8.1)$$

如果两个变量相互独立，那么它们的协方差是 0。如果两个变量向着同一个方向变化，那么它们的协方差是正的。反之，如果两个变量向着相反方向变化，那么它们的协方差就是负的。

对于平稳时间序列，根据条件（a），其均值为常数，称为 μ。所以，对于一个给定的平稳序列 y_t，协方差的标识可以简化为公式 8.2 所示。

$$cov(h) = E[(y_t - \mu)(y_{t+h} - \mu)] \qquad (8.2)$$

根据条件（c），时间序列中两个时间点之间的协方差可以不为零，只要协方差的值是 h 的一个函数。公式 8.3 给出了 $h=3$ 的例子。

$$cov(3) = cov(y_1, y_4) = cov(y_2, y_5) = \dots \qquad (8.3)$$

重点注意的是，对于 $h=0$，所有 t 的 $cov(0) = cov(y_t, y_t) = var(y_t)$。因为 $var(y_t)<\infty$，根据条件（b），对于所有 t 值，y_t 的方差为常数。所以，对于所有的 t 和常数 u 来说，这个常数方差值和条件（a）（即 $E[y_t]= \mu$）表明一个平稳时间序列看起来像图 8.2 所示。在该图中，数据点看起来是以一个固定的常量（0）为中心，方差看起来是一个常数。

8.2.1 自相关函数（ACF）

尽管图 8.2 中的时间序列不存在一个总体趋势，但是看起来每个点在某种程度上都依赖于过去时间的点。但是我们无法通过图了解时间序列中变量的协方差及其底层结构。自相关函数（ACF）图解决了这个问题。对于平稳时间序列，ACF 的定义如公式 8.4 所示。

$$ACF(h) = \frac{cov(y_t, y_{t+h})}{\sqrt{cov(y_t, y_t)cov(y_{t+h}, y_{t+h})}} = \frac{cov(h)}{cov(0)} \qquad (8.4)$$

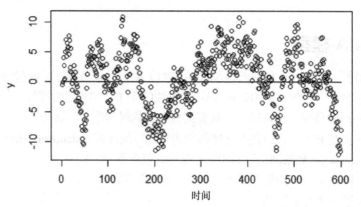

图 8.2　一个平稳序列的图示

因为 cov(0) 是方差，ACF 与两个变量的相关函数 corr (y_t+y_{t+h}) 类似，其值介于 −1～1。因此，ACF(h) 的绝对值越接近 1，那么 y_t 越能作为 y_{t+h} 的有效预测。

使用图 8.2 中的同一个数据集，ACF 的图如图 8.3 所示。

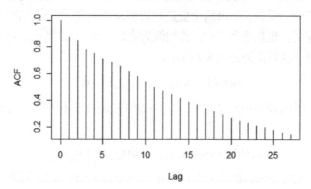

图 8.3　自相关函数（ACF）

按照常规，ACF 中的 h 量称为 **lag**，表示时间点 t 和 $t+h$ 的差异。当 lag 是 0 的时候，ACF 提供每个点与其本身的相关性。所以 ACF(0) 总是等于 1。根据 ACF 图，当 lag 是 1 的时候，y_t 和 y_{t-1} 的相关性大约是 0.9，非常接近 1。所以 y_{t-1} 对 y_t 的值似乎是一个不错的预测。因为 ACF(2) 的值在 0.8 左右，所以 y_{t-2} 对 y_t 似乎是也一个不错的预测。类似的论证也适用于 lag 3 到 lag 8。（所有的自相关系数都大于 0.6）。换句话说，可以考虑这样一个模型，该模型将 y_t 表述为先前 8 个项的线性和。这类模型被称为 8 阶自回归模型。

8.2.2　自回归模型

对于一个平稳时间序列 y_t，$t=1,2,3,\dots$，表示为 AR(p) 的 p 阶自回归模型如公式 8.5 所示。

$$y_t = \delta + \phi_1 y_{t-1} + \phi_2 y_{t-2} + \dots + \phi_p y_{t-p} + \varepsilon_t \qquad （8.5）$$

其中，

δ 是一个以非零为中心的时间序列的常量；

Φ_j 是 j=1,2,...,p 时的一个常量；

Y_{t-j} 是在时间 $t-j$ 时的时间序列的值；

$\Phi_p \neq 0$ ；

对于所有 t 值，$\varepsilon_t \sim N(0, \sigma_\varepsilon^2)$。

因此，时间序列中一个特定的点可以被表述为时间序列中前 p 个值 y_{t-j}（其中，j=1,2,...p）的线性组合，外加一个随机的误差项 ε_t。在这个定义中，时间序列的 ε_t 通常称为白噪声过程（white noise process），用来表示时间序列中的随机、独立波动的部分。

在图 8.3 的示例中，前几个 lag 的自相关系数非常高。对于给定的数据集，尽管 AR(8)模型可能已经是一个好的候选模型，通过评估一个 AR(1)模型可以对 ACF 与要选择的 p 值有一个更好的见解。对于 AR(1)模型，以 δ=0 为中心，公式 8.5 被简化为公式 8.6。

$$y_t = \phi_1 y_{t-1} + \varepsilon_t \tag{8.6}$$

基于公式 8.6，很明显 $y_{t-1} = \phi_1 y_{t-2} + \varepsilon_{t-1}$。因此，替换 y_{t-1} 后生成公式 8.7。

$$\begin{aligned} y_t &= \phi_1(\phi y_{t-2} + \varepsilon_{t-1}) + \varepsilon_t \\ &= \phi_1^2 y_{t-2} + \phi_1 \varepsilon_{t-1} + \varepsilon_t \end{aligned} \tag{8.7}$$

因此，在遵循 AR(1)模型的时间序列中，当 lag = 2 时，可以预计自相关系数相当大。因为这个替换过程是不断重复的，y_t 可以表示为 y_{t+h} 的函数（h = 3,4...）然后加上误差项。这种观测意味着即使在 AR(1)模型中，较大的 lag 也会带来相当大的自相关系数，即使这些 lag 没有显式包含在模型中。我们需要测量 y_t 和 y_{t+h}（h = 1,2,3...）之间的自相关系数，并在测量中除去 y_{t+1} 到 y_{t+h-1} 值的影响。部分自相关函数（PACF）提供了这种测量，如公式 8.8 所示。

$$\begin{aligned} PACF(h) &= corr(y_t - y_t^*, y_{t+h} - y_{t+h}^*) \text{ for } h \geq 2 \\ corr &= (y_t, y_{t+1}) \qquad\qquad\qquad \text{for } h = 1 \end{aligned} \tag{8.8}$$

其中 $y_t^* = \beta_1 y_{t+1} + \beta_2 y_{t+2}... + \beta_{h-1} y_{t+h-1}$，$y_{t+h}^* = \beta_1 y_{t+h-1} + \beta_2 y_{t+h-2}... + \beta_{n-1} y_{t+1}$，和

对于 β 的 h-1 值是基于线性回归的。

换句话说，在使用线性回归移除 y_t 与 y_{t+h} 之间的变量对 y_t 和 y_{t+h} 的影响后，PACF 就是剩余的相关系数。当 h=1 的时候，y_t 和 y_{t+h} 之间没有变量。所以 PACF(1)等于 ACF(1)。尽管 PACF 的计算多少有些复杂，但许多软件工具中已经集成了相关计算。

在先前的示例中，图 8.4 中的 PACF 图解释了在 lag = 2 之后，PACF 的值急剧减少。因此，在移除 y_{t+1} 和 y_{t+h-1} 值的影响之后，y_{t+1} 和 y_{t+h-1} 的部分相关性也就相对小了。当 h = 4,5,... 时，也可以观察到类似的情况。图 8.4 表明 AR(2)对于图 8.2 中的时间序列是一个不错的候选模型。实际上，该例中时间序列数据是基于 $y_t = 0.6 y_{t-1} + 0.35 y_{t-2} + \varepsilon_t$ 随机生成的，其中 $\varepsilon_t \sim N$（0,4）。

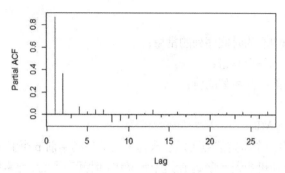

图 8.4　部分自相关函数（PACF）图

因为 ACF 和 PACF 是基于相关性的，所以正值和负值都有可能。因此，对于各种 lag 值，应该考虑函数大小的绝对值。

8.2.3　移动平均模型

对于以零居中的时间序列 y_t，表示为 MA(q) 的 q 阶移动平均模型如公式 8.9 所示。

$$y_t = \varepsilon_t + \theta_1\varepsilon_{t-1} + ... + \theta_q\varepsilon_{t-q} \qquad (8.9)$$

其中，

θ_k 是 k = 1,2,..., q 的常数，

$\theta_k \neq 0$，

对于所有的 t，$\varepsilon_t \sim N(0, \sigma_\varepsilon^2)$。

在一个 MA(q)模型中，时间序列的值是当前白噪声项和先前 q 个白噪声项的线性组合。所以先前的随机冲击（random shock）直接影响到时间序列的当前值。对于 MA(q)模型，ACF 和 PACF 的行为在某种程度上从 AR(p)模型的行为中被置换了。对于一个模拟的 MA(3)时间序列，其形式为 $y_t = \varepsilon_t - 0.4\varepsilon_{t-1} + 1.1\varepsilon_{t-2} - 2.5\varepsilon_{t-3}$，其中 $\varepsilon_t \sim N(0,1)$，图 8.5 中提供了模拟数据在时间上的散点图。

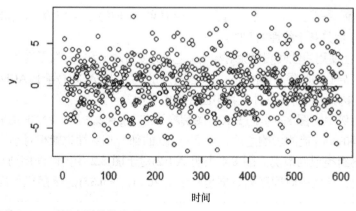

图 8.5　一个模拟的 MA(3)时间序列的散点图

图 8.6 提供了模拟数据的 ACF 图。ACF(0)等于 1，因为任何变量都与自身完全相关。当 lag 等于 1、2 和 3 的时候，ACF 的绝对值比后续项要大。在一个自回归模型中，ACF 缓慢衰减，但是对于 MA(3)模型，ACF 在 lag = 3 以后突然截断。一般而言，这种模式可以扩展到任何 MA(q)模型。

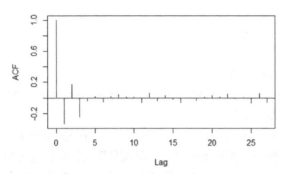

图 8.6　一个模拟的 MA(3)时间序列的 ACF 图

为了理解为什么会发生这种现象，对于 M(3)时间序列模型，有必要检查公式 8.10 到公式 8.14。

$$y_t = \varepsilon_t + \theta_1\varepsilon_{t-1} + \theta_2\varepsilon_{t-2} + \theta_3\varepsilon_{t-3} \tag{8.10}$$

$$y_{t-1} = \quad \varepsilon_{t-1} + \theta_1\varepsilon_{t-2} + \theta_2\varepsilon_{t-3} + \theta_3\varepsilon_{t-4} \tag{8.11}$$

$$y_{t-2} = \quad\quad \varepsilon_{t-2} + \theta_1\varepsilon_{t-3} + \theta_2\varepsilon_{t-4} + \theta_3\varepsilon_t \tag{8.12}$$

$$y_{t-3} = \quad\quad\quad \varepsilon_{t-3} + \theta_1\varepsilon_{t-4} + \theta_2\varepsilon_{t-5} + \theta_3\varepsilon \tag{8.13}$$

$$y_{t-4} = \quad\quad\quad\quad \varepsilon_{t-4} + \theta_1\varepsilon_{t-5} + \theta_2\varepsilon_{t-6} + \theta_3 \tag{8.14}$$

因为 y_t 表达式与表达式 y_{t-1} 到 y_{t-3} 共享了特定的白噪声变量，因此这三个变量都与 y_t 相关联。然而，公式 8-11 中的 y_t 表达式和公式 8-14 中的 y_{t-4} 没有共享白噪声变量。所以 y_t 和 y_{t-4} 之间的相关系数理论上是 0。当然，当处理特定数据集的时候，理论上的自相关系数是未知的，但是当处理一个 MA(q)模型时，如果 lag 大于 q，观测到的自相关系数应该接近 0。

8.2.4　ARMA 和 ARIMA 模型

通常情况下，数据科学家无需在 AR(p)和 MA(q)模型之间进行选择来描述时间序列。实际上，将这两种表示形式结合到一个模型中更有用。平稳时间序列的这种两种模型的结合将产生自回归移动平均（Autoregressive Moving Average）模型 ARMA(p,q)，如公式 8-15 所示。

$$y_t = \delta + \phi_1 y_{t-1} + \phi_2 y_{t-2} + ... + \phi_p y_{t-p}$$
$$+ \varepsilon_t + \theta_1 \varepsilon_{t-1} + ... + \theta_q \varepsilon_{t-q}$$

(8.15)

其中，对于以非零为中心的时间序列，δ 为常数，

对于 j = 1, 2, ..., p， Φ_j 是常数，

$\Phi_p \neq 0$，

对于 k = 1, 2, ..., q， Φ_k 是常数，

$\Phi_q \neq 0$，

对于所有的 t， $\varepsilon_t \sim N(0, \sigma_\varepsilon^2)$。

如果 $p=0$ 以及 $q\neq0$，那么 ARMA(p,q)模型则简化成 AR(p)模型。如果 $p=0$ 以及 $q\neq0$，那么 ARMA(p,q)模型就是 MA(q)模型。

为了合理地应用 **ARMA** 模型，时间序列必须是一个平稳时间序列。然而，许多时间序列随时间呈现一定的趋势。图 8.7 所示为一个随着时间呈现线性增长趋势的时间序列。因为这样的一个时间序列不满足固定期望值（均值）的要求，那么就需要调整数据来移除这种趋势。一种可能的转换是对时间序列执行回归分析，然后从每个观察到的 y 值中减去拟合回归线的值。

如果使用线性或者高阶回归模型消除趋势不能产生一个平稳的序列，第二种选项是计算连续 y 值之间的差异。这就是所谓的差分法（differencing）。换句话说，对于给定时间序列中的 n 个值，其差异的计算如公式 8-16 所示。

$$d_t = y_t - y_{t-1} \quad 其中 t=2,3,...,n$$

(8.16)

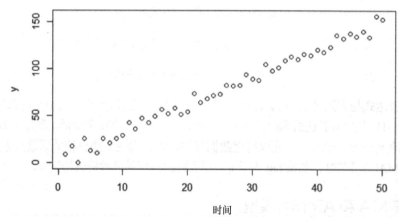

图 8.7　带有趋势的时间序列

图 8.8 中绘制的时间序列的均值肯定不是一个常数。对该时间序列应用差分法后的结果如图 8.9 所示。在该图中的时间序列中有一个常数均值和一个不随时间变化的常数方差。

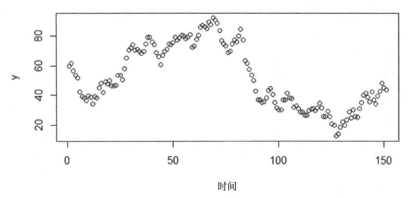

图 8.8 用于差分法的时间序列示例

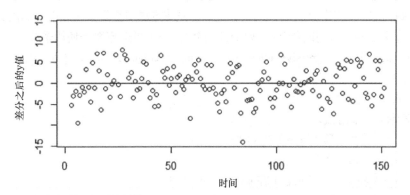

图 8.9 使用差分法消除时间序列的趋势

如果进行差分后的时间序列还不够平稳，那么对时间序列再次进行差分可能会有帮助。公式 8-17 对于 t = 3, 4, …n 提供了两次差分的时间序列。

$$d_{t-1} - d_{t-2} = (y_t - y_{t-1}) - (y_{t-1} - y_{t-2})$$
$$= y_t - 2y_{t-1} + y_{t-2}$$

（8.17）

尽管可以应用连续差分，但是需要避免过度差分。一个原因是过度差分可能会不必要地增加方差。如图 8.10 所示，在对 y 值差分两次以后，增加的方差可以通过绘制可能的过度差分值检测到，并观察到值的范围（spread）更大了。

因为经常需要让一个时间序列成为平稳的，因此可以通过定义自回归求和移动平均模型（表示为 ARIMA(p,d,q)），将差分包含（集成）到 ARMA 模型中。ARIMA 模型的结构与公式 8-15 中的表达式相同，但是在应用了 d 次差分之后，ARMA(p,q)模型才能应用到时间序列 y_t 上。

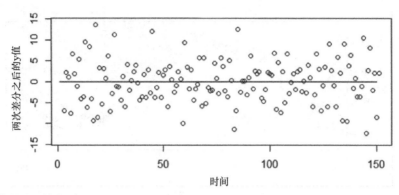

图 8.10 二次差分后的序列

另外，通常需要考虑时间序列中的季节效应模式（seasonal pattern）。比如，在 8.1 节中的零售示例中，每月服装销售轨迹与日历月份接近。与先前方法中首先应用线性回归消除趋势类似，可以确定季节效应模式并对时间序列做相应的调整。一个可选方案是使用季节自回归求和移动平均模型（seasonal autoregressive integrated moving average model），表示为 ARIMA(p,d,q) × (P,D,Q)$_s$，其中：

- p、d,和 q 与前面的定义一样；
- s 表示为季节时段；
- P 是 AR 模型中项（item）在 s 时段上的数量；
- D 是在 s 时段上差异的数量；
- Q 是 MA 模型中项（item）在 s 时段上的数量。

对于具有季节效应模式的时间序列，以下是典型的 s 值：

- 52 是周数据；
- 12 是月数据；
- 7 是日数据。

下一节中将介绍季节效应 ARIMA 的示例，并描述几种用来确定合适模型和预测未来的技术和方法。

8.2.5 建立和评估 ARIMA 模型

对于一个大国家，我们已经获取了在过去 240 个月（20 年）内的每月汽油产量（单位：百万桶）。一家市场调研公司需要一些短期的汽油产量预测，以评估石油行业保障汽油供应的能力以及对汽油价格的影响。

```
library(forecast)

# read in gasoline production time series
```

```
# monthly gas production expressed in millions of barrels
gas_prod_input <- as.data.frame( read.csv("c:/data/gas_prod.csv") )

# create a time series object
gas_prod <- ts(gas_prod_input[,2])

#examine the time series
plot(gas_prod, xlab = "Time (months)",
    ylab = "Gasoline production (millions of barrels)")
```

借助于 R 语言，绘制的数据集如图 8.11 所示。

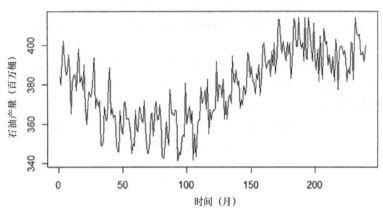

图 8.11 每月汽油产量

在 R 中，ts()函数从一个向量或一个矩阵中创建了一个时间序列对象。在 R 中使用时间序列对象可以简化分析，因为 R 中提供了几个量身定制的方法来处理相等时间间隔的数据序列。例如，plot()函数不需要为 X 轴明确指定变量。

应用 **ARMA** 模型的数据集需要是一个平稳的时间序列。使用 diff()函数对汽油产量时间序列进行一次差分后如图 8.12 所示。

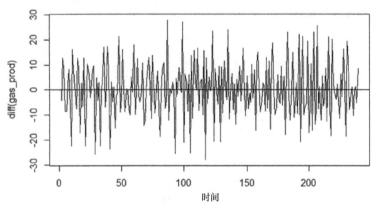

图 8.12 差分后的汽油产量时间序列

```
plot(diff(gas_prod))
abline(a=0, b=0)
```

差分后的的时间序列有一个接近为 0 的常数均值，以及一个常数方差。因此，我们获得了一个稳定的时间序列。使用下面的 R 代码，差分后序列的 ACF 和 PACF 图分别如图 8.13 和图 8.14 所示。

```
# examine ACF and PACF of differenced series
acf(diff(gas_prod), xaxp = c(0, 48, 4), lag.max=48, main="")
pacf(diff(gas_prod), xaxp = c(0, 48, 4), lag.max=48, main="")
```

虚线给出了在 95% 的可信度时的上下界限。位于边界外的 ACF 或 PACF 的任何值都表示该值与 0 显著不同。

图 8.13 显示了几个显著的 ACF 值。ACF 值在 lag 12、24、36 和 48 处的缓慢衰减是我们特别感兴趣的。ACF 中的类似行为可以在图 8.3 中看到，但是仅限于 lag 1、2、3、…。图 8.13 表明了一个每 12 个月的季节效应自回归模式。查看图 8.14 中的 PACF 曲线可以看到，在 lag 12 的时候 PACF 值相当大，但 PACF 值在 lag 24、36 和 48 的情况下又接近于 0。因此，会考虑一个周期等于 12 的季节 AR（1）模型。整体 ARMA 模型中的季节效应部分常常应当比模型的非季节性效应部分先处理。

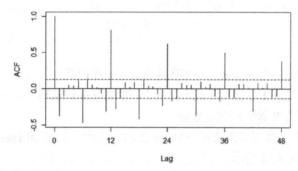

图 8.13　差分后的汽油时间序列的 ACF

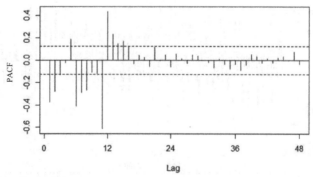

图 8.14　差分后的汽油时间序列的 PACF

R 中的 arima()函数用来拟合一个$(0,1,0) \times (1,0,0)_{12}$ 模型。分析应用于原始时间序列变量 gas_prod。差分值 d=1 是由 order=c(0,1,0)项指定。

```
arima_1 <- arima (gas_prod,
                  order=c(0,1,0),
                  seasonal = list(order=c(1,0,0),period=12))
arima_1
Series: gas_prod
ARIMA(0,1,0)(1,0,0)[12]
Coefficients:
        sar1
      0.8335
s.e.  0.0324
sigma^2 estimated as 37.29: log likelihood=-778.69
AIC=1561.38 AICc=1561.43 BIC=1568.33
```

季节效应 AR（1）模型的系数值估计为 0.8335，标准误差为 0.0324。因为估计值和 0 相差若干标准误差，因此该系数被认为是显著的。这遍 ARIMA 分析的输出存储在变量 arima_1 中，该变量包含了几个有用的量（其中包括残差）。下一步是从拟合$(0,1,0) \times (1,0,0)_{12}$ARIMA 模型中检查残差。残差 ACF 和 PACF 图如图 8.15 和图 8.16 所示。

```
# examine ACF and PACF of the (0,1,0)x(1,0,0)12 residuals
acf(arima_1$residuals, xaxp = c(0, 48, 4), lag.max=48, main="")
pacf(arima_1$residuals, xaxp = c(0, 48, 4), lag.max=48, main="")
```

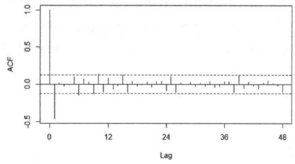

图 8.15 季节效应 AR（1）模型的残差 ACF

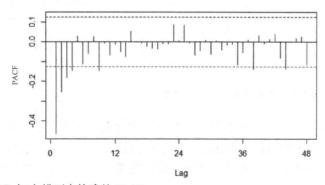

图 8.16 季节效应 AR（1）模型中的残差 PACF

图 8.15 中残差的 ACF 图表明在 lag 12、24、26 和 48 中的自回归行为已经被季节效应 AR(1) 项解决。唯一剩余的 ACF 值发生在当 lag 1 的时候。在图 8.16 中，在 lag 1、2、3 和 4 的时候，有几个显著的 PACF 值。

从图 8.16 中的 PACF 图可以看到，PACF 是缓慢衰减的，而 ACF 在 lag 1 处陡然削减，因此对于差分序列上 ARMA 模型的非季节部分，应该考虑 MA(1)模型。换句话说，一个(0,1,1)× (1,0,0)$_{12}$ARIMA 模型将被用来拟合原始的汽油产量时间序列。

```
arima_2 <- arima (gas_prod,
                  order=c(0,1,1),
                  seasonal = list(order=c(1,0,0),period=12))
arima_2
Series: gas_prod
ARIMA(0,1,1)(1,0,0)[12]
Coefficients:
       ma1 sar1
     -0.7065 0.8566
s.e.  0.0526 0.0298

sigma^2 estimated as 25.24: log likelihood=-733.22
AIC=1472.43 AICc=1472.53 BIC=1482.86

acf(arima_2$residuals, xaxp = c(0, 48, 4), lag.max=48, main="")
pacf(arima_2$residuals, xaxp = c(0, 48,4), lag.max=48, main="")
```

基于每个系数估计的标准误差，系数是显著不同于 0 的。在图 8.17 和图 8.18 中，第二遍 ARIMA 模型分析的残差的 ACF 和 PACF 图表明，不需要在 ARIMA 模型中考虑更多的项。

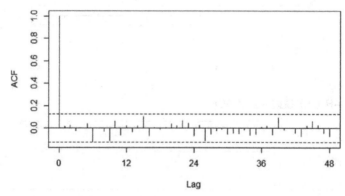

图 8.17 （0,1,1）×（1,0,0）12 模型中的残差的 ACF

应该注意的是，ACF 和 PACF 图在 95%的可信度时，各有几个点接近界限。然而，这些点是在比较大的 lag 的情况下产生的。为了避免过度拟合模型，这些值被归因于巧合。所以没有尝试将这些 lag 放入模型。然而，最好是将一个合理拟合的模型与该模型的细微变种进行比较。

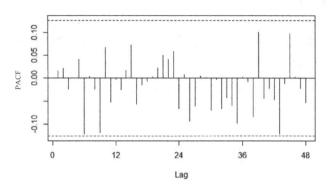

图 8.18 （0,1,1）×（1,0,0）12 模型中的残差的 PACF

1. 比较拟合的时间序列模型

R 中的 arima()函数使用最大似然估计（MLE）来估计模型系数。ARIMA 模型的 R 输出中提供了对数似然值（logL）。模型系数的取值使得对数似然函数值最大。基于 logL 的值，R 输出提供了几个度量，可以用来比较两个拟合模型的适当性。这些度量如下：

- AIC（Akaike 信息准则）；
- AICc（矫正后的 Akaike 信息准则）；
- BIC（Bayesian 信息准则）。

因为这些准则基于模型中包含的参数数量实施了惩罚，那么首选的拟合模型应该有最小的 AIC、AICC 或 BIC 值。表 8.1 为已经拟合的 ARIMA 模型以及几个额外的拟合模型提供了信息准则度量。表中突出显示的行对应于拟合后的 ARIMA 模型，该模型在前面讲解 ACF 和 PACF 图时获得。

表 8.1　衡量拟合优度的信息准则

ARIMA 模型(p,d,q) × (P,Q,D)$_S$	AIC	AICC	BIC
(0,1,0) × (1,0,0)$_{12}$	1561.38	1561.43	1568.33
(0,1,1) × (1,0,0)$_{12}$	1472.43	1472.53	1482.86
(0,1,2) × (1,0,0)$_{12}$	1474.25	1474.42	1488.16
(1,1,0) × (1,0,0)$_{12}$	1504.29	1504.39	1514.72
(1,1,1) × (1,0,0)$_{12}$	1474.22	1474.39	1488.12

在这个数据集中，相对于其他 ARIMA 模型的相同准侧度量，(0,1,1)×(1,0,0)$_{12}$ 模型确实有最低的 AIC、BIC 和 AICc 值。

2. 正态性和常数方差

最后的模型验证步骤是检验在方程 8.15 中残差的正态性假设。图 8.19 所示为一个均值近似为 0、方差为常数的残差。图 8.20 中的直方图和图 8.21 中的 Q-Q 图支持了"误差项是正态分布"的假设。Q-Q 图已在第 6 章中进行了阐述。

```
plot(arima_2$residuals, ylab = "Residuals")
abline(a=0, b=0)

hist(arima_2$residuals, xlab="Residuals", xlim=c(-20,20))

qqnorm(arima_2$residuals, main="")
qqline(arima_2$residuals)
```

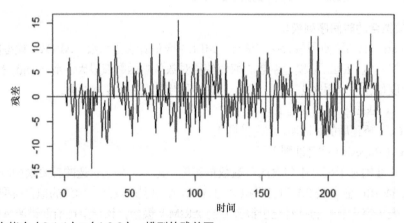

图 8.19 来自拟合（0,1,1）×（1,0,0）$_{12}$ 模型的残差图

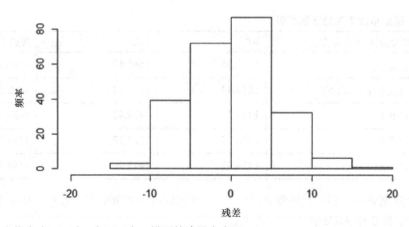

图 8.20 来自拟合（0,1,1）×（1,0,0）$_{12}$ 模型的残差直方图

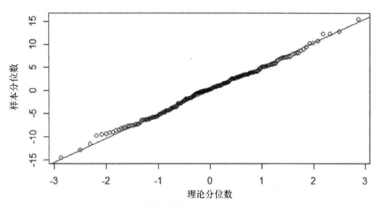

图 8.21 来自拟合的 $(0,1,1)(1,0,0)_{12}$ 模型的残差 Q-Q 图

如果正态性或者常数方差的假设不显示为真，那么有必要在拟合 ARIMA 模型前转换时间序列。一种常见的转换就是应用一个对数函数。

3. 预测

下一步是使用拟合的$(0,1,1)\times(1,0,0)_{12}$ 模型来预测未来 12 个月的汽油产量。在 R 中，利用 predict()函数很容易获得预测结果，并且拟合模型也已经存储在变量 arima_2 中。在可信度为95%时，预测值与相关的上下边界将显示在 R 中，其图形如图 8.22 所示。

```
#predict the next 12 months
arima_2.predict <- predict(arima_2,n.ahead=12)

matrix(c(arima_2.predict$pred-1.96*arima_2.predict$se,
         arima_2.predict$pred,
         arima_2.predict$pred+1.96*arima_2.predict$se), 12,3,
         dimnames=list( c(241:252) ,c("LB","Pred","UB")) )

        LB      Pred      UB
241 394.9689 404.8167 414.6645
242 378.6142 388.8773 399.1404
243 394.9943 405.6566 416.3189
244 405.0188 416.0658 427.1128
245 397.9545 409.3733 420.7922
246 396.1202 407.8991 419.6780
247 396.6028 408.7311 420.8594
248 387.5241 399.9920 412.4598
249 387.1523 399.9507 412.7492
250 387.8486 400.9693 414.0900
251 383.1724 396.6076 410.0428
252 390.2075 403.9500 417.6926
plot(gas_prod, xlim=c(145,252),
     xlab = "Time (months)",
     ylab = "Gasoline production (millions of barrels)",
     ylim=c(360,440))
lines(arima_2.predict$pred)
lines(arima_2.predict$pred+1.96*arima_2.predict$se, col=4, lty=2)
lines(arima_2.predict$pred-1.96*arima_2.predict$se, col=4, lty=2)
```

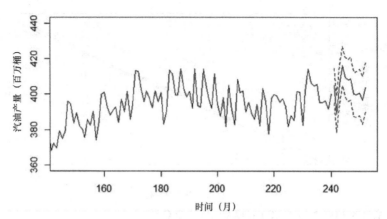

图 8.22 真实和预测的汽油产量

8.2.6 选择理由及注意事项

ARIMA 建模的一项优势是，它可以仅仅基于历史时间序列数据来分析感兴趣的变量。在第 6 章中讲到，针对结果变量，需要考虑并评估回归模型中要包含的输入变量。因为 ARIMA 建模通常会忽略任何额外的输入变量，因此简化了预测过程。如果使用回归分析对汽油产量进行建模，诸如国民生产总值（GDP）、原油价格以及失业率等输入变量可能都是有用的输入变量。然而，使用回归模型预测汽油产量需要用到国民生产总值（GDP）、原油价格和失业率等输入变量的预测值。

最小的数据要求也给 ARIMA 模型带来了缺点：模型无法指明哪些潜在变量对结果产生了影响。例如，如果使用 ARIMA 建模来预测未来的零售销售，拟合后的 ARIMA 模型无法指明需要做些什么才能增加销售。换句话说，无法从拟合的 ARIMA 模型中获得因果推论。

在使用时间序列分析时，需要警惕严重冲击对系统的影响。在汽油产量示例中，冲击可能包括炼油厂火灾、国际事件或者天气相关的影响（比如飓风）。此类事件可能导致短期的产量下降，然后是通过提高产量来弥补减少的产量，或者简单地提高价格。

沿着类似的推理，时间序列分析只能在短期预测中使用。随着时间推移，汽油产量可能会受到消费需求转变带来的影响，比如省油的汽车、电动车越来越多或者是出现了天然气汽车。除了上述冲击之外，变化的市场动态也会让长期的预测（未来几年）变得有问题。

8.3 其他方法

其他时间序列方法如下所示。

- 包含外源输入的自回归移动平均 (Autoregressive Moving Average with Exogenous input，ARMAX)用来分析依赖于其他时间序列的时间序列。例如，零售产品的需求能基于以往需求外加天气相关的时间序列（比如温度或者降雨）来进行建模。
- 频谱分析（Spectral Analysis）通常用于信号处理和其他工程应用。语音识别软件使用这种技术将语音信号从可能包含一些噪声的整体信号中区分开。

- 广义自回归条件异方差（Generalized Autoregressive Conditionally Heteroscedastic，GARCH）是一个有用的模型，可以处理具有非恒定方差或波动的时间序列。GARCH 可以用于股票市场行为和价格波动的建模。

- 卡尔曼滤波（Kalman filtering）用来分析一个系统的实时输入，而且该系统能够存在于特定的状态。通常情况下，存在一个底层模型来反映系统的组件如何交互和互相影响。卡尔曼滤波处理大量的输入，试图识别输入中的误差，然后预测当前的状态。例如，车辆导航系统中的卡尔曼滤波能够处理大量变量，比如速度和方向，然后更新对当前位置的估计。

- 多元时间序列分析（Multivariate time series analysis）研究多个时间序列和它们之间的互相影响。向量 ARIMA（VARIMA）通过在特定时间 t 上考虑一个包含多个时间序列的向量，对 ARIMA 进行了扩展。如果市场分析需要研究与公司价格和销量有关的时间序列，以及与竞争对手有关的时间序列，此时可以使用 VARIMA。

8.4 总结

本章描述了使用 ARIMA 模型的时间序列分析。时间序列分析与其他的统计技术不同，因为绝大多数的统计分析假设观测数据之间是相互独立的。时间序列分析则隐式解决了这样的情况，即任何特定的观测在某种程度上依赖于先前的观测。

通过使用差分法，ARIMA 模型可以将非平稳序列转换成稳定序列，然后供季节效应和非季节效应的 ARMA 模型使用。在确定考虑拟合的 ARIMA 模型时，还讲解了使用 ACF 和 PACF 图来评估自相关的重要性。Akaike 和 Bayesian 信息准则可以用来比较拟合的 ARIMA 模型。一旦确定合适的模型，就可以预测时间序列中的未来值。

8.5 练习

1. 在检验平稳时间序列时，为什么使用自相关（autocorrelation）而非自协方差（autocovariance）？

2. 提供这样一个例子，即如果 $cov(X, Y) = 0$，两个随机变量 X 和 Y 并不一定是独立的。

3. 在下列 R 数据集上拟合一个合适的 ARIMA 模型。说明选择拟合模型的理由，并预测将来的 12 个时间区间的时间序列。

   a. **faithful**：黄石公园中老忠实间歇泉喷发的等待时间（分钟）

   b. **JohnsonJohnson**：J&J 公司的季度股票分红。

   c. **sunspot.month**：从 1974 年到 1997 年的每月太阳黑子活动。

4. 什么时候应该考虑一个 ARIMA(p,d,q)模型（其中 d > 0），而不是考虑 ARMA(p,q)模型？

第 9 章

高级分析理论与方法：
文本分析

关键概念

- 词语
- 语料库
- 文本规范化
- TFIDF
- 主题建模
- 情感分析

文本分析是指通过对文本数据进行表示、处理和建模来获得有用的见解。文本分析的一个重要组成部分是文本挖掘，即在大量的文本集合中发现关系和有趣模式的过程。

文本分析的一个挑战是高维度。以广受欢迎的儿童书籍 *Green Eggs and Ham*[1]为例。作者 Theodor Geisel（Dr. Seuss）曾挑战只用 50 个不同的单词写一本完整的图书。他写作了 *Green Eggs and Ham* 这本书，其中共包含 804 个单词，但是只用了 50 个不同的单词。这 50 个单词如下所示。

a, am, and, anywhere, are, be, boat, box, car, could, dark, do, eat, eggs, fox, goat, good, green, ham, here, house, I, if, in, let, like, may, me, mouse, not, on, or, rain, Sam, say, see, so, thank, that, the, them, there, they, train, tree, try, will, with, would, you

这本书里有大量的重复单词。然而，针对书中每个不同的单词，将其建模为一个计数或特征的向量，结果就是一个 50 维度的问题。

Green Eggs and Ham 是一本简单的书。文本分析往往涉及更加复杂的文本数据。一个语料库（corpus，复数为 corpora）是大量文本的集合，在自然语言处理（NLP）中用于各种不同的目的。表 9.1 列出了 NLP 研究中常用的几个语料库示例。

表 9.1 自然语言处理中的语料库示例

语料库	单词数量	领域	网站
Shakespeare	88 万	写作	http://shakespeare.mit.edu/
Brown Corpus	100 万	写作	http://icame.uib.no/brown/bcm.html
Penn Treebank	100 万	新闻通讯	http://www.cis.upenn.edu/~treebank/
Switchboard Phone Conversations	300 万	口语	http://catalog.ldc.upenn.edu/LDC97S62
British National Corpus	1 亿	写作和口语	http://www.natcorp.ox.ac.uk/
NA News Corpus	3.5 亿	新闻通讯	http://catalog.ldc.upenn.edu/LDC95T21
European Parliament Proceedings Parallel Corpus	6 亿	法律	http://www.statmt.org/europarl/
Google N-Grams Corpus	1 万亿	写作	http://catalog.ldc.upenn.edu/LDC2006T13

表 9.1 中最小的语料库——Shakespear（莎士比亚）全集，包含约 88 万个单词。相比之下，Google N-Grams 语料库包含了来自于可公开访问网页的 1 万亿个单词。在 Google N-Grams 语料库的 1 万亿个单词中，可能有 100 万个不同的单词，对应于 100 万个维度。文本的高维度是一个重要的问题，因为它会直接影响到很多文本分析任务的复杂度。

文本分析的另一个主要挑战是，大多数情况下，文字不是结构化的。第 1 章中讲到，这可能包括准结构化、半结构化或非结构化的数据。表 9.2 所示为文本分析可能需要处理的一些数据源和数据格式示例。表 9.2 并不是要给出详尽的列表，而是为了强调文本分析中的挑战。

表 9.2　用于文本分析的数据源和数据格式示例

数据源	数据格式	数据结构类型
新闻文章	TXT、HTML 或扫描的 PDF	非结构化
文学作品	TXT、DOC、HTML 或 PDF	非结构化
电子邮件	TXT、MSG 或 EML	非结构化
网页	HTML	半结构化
服务器日志	LOG 或 TXT	半结构化或准结构化
社交网络接口	XML、JSON 或 RSS	半结构化
呼叫中心记录	TXT	非结构化

9.1　文本分析步骤

在进行文本分析时，通常包括三个重要步骤：句法分析、搜索和检索、文本挖掘。请注意文本分析可能还包括不属于本书范围的其他子任务（如话语[discourse]和分词[segmentation]）。

句法分析（parsing）是指处理非结构化文本使其具有一定结构，供将来分析的过程。非结构化文本可以是一个文本文件、一个网络日志、一个可扩展标记语言（XML）文件、一个超文本标记语言（HTML）文件，或者一个 Word 文档。句法分析将文本进行解构，然后以一种更为结构化的方式来呈现它，以供后续步骤使用。

搜索和检索（search and retrieval）在一个语料库中识别包含例如特殊单词、短语、主题或实体（如人或组织）等搜索项的文档。这些搜索项通常称为关键术语（key term）。搜索和检索来源于图书馆学领域，现在广泛应用于网络搜索引擎。

文本挖掘（text mining）使用前两步产生的术语和索引来发现与感兴趣领域或问题相关的有意义的见解。借助于适当的文本表示，在前面章节中提到的很多技术，如聚类和分类，就可以应用于文本挖掘。例如，第 4 章中的 k 均值，可以被修改用来将文本文件聚类为分组，其中每个分组代表一组具有类似主题的文档集合[2]。文档到质心的距离表示文档和分组主题之间有多相关。例如情感分析和垃圾邮件过滤这样的分类任务是朴素贝叶斯分类器的著名用例（见第 7 章）。文本挖掘可以利用来自各个研究领域的方法和技术，如统计分析、信息检索、数据挖掘、自然语言处理等。

注意在现实中，文本分析项目不一定包含所有这三个步骤。如果我们的目标是建立一个语料库或提供一个目录服务，那么重点将是使用 POS（part-of-speech）词性标注、命名实体识别、词形还原或词干提取等文本预处理技术的一种或多种来进行句法分析。此外，这三个步骤也不一定是顺序进行的。有时它们的次序看起来甚至可能像一棵树。例如，人们可以使用句法分析来建立数据存储，然后搜索和检索相关文档，或者在整个数据存储上使用文本挖掘来获得见解。

词性（POS）标注、词形还原和词干提取

词性标注（POS tagging）的目标是建立一个模型，其输入是一个句子，例如：

```
He saw a fox
```

其输出是一个标注序列。根据 Penn Treebank POS 标注[3]，每个标注为相应的单词标记 POS，例如：

```
PRP VBD DT NN
```

因此这四个单词被分别映射到代词（个人）、动词（过去式）、限定词和名词（单数）。

词形还原和词干提取技术都用于降低维数和减少（单词）基础形式的变异或变体形式，从而更准确地测量每个单词的出现次数。

通过使用给定的字典，词形还原（lemmatization）可以找到一个单词的正确的字典基础形式。例如，对于给定的句子：

```
obesity causes many problems
```

词形还原的输出是：

```
obesity cause many problem
```

不同于词形还原，词干提取（stemming）不需要字典，它通常大概是指基于一组启发式规则来剥离词缀，以达到减少单词的变异或变体形式的目标。在这个过程之后，单词被提取行成词干。词干不一定是在自然语言定义中的一个实际单词，但它足以将自己和其他单词的词干区别开来。一个著名的基于规则的词干提取算法就是波特词干提取算法（Poter's stemming algorithm）。它定义了一组生产规则来迭代地将单词变换为其词干。对于之前那句话：

```
obesity causes many problems
```

波特词干提取算法的输出是：

```
obes caus mani problem
```

9.2 一个文本分析的示例

为了更进一步描述文本分析的三个步骤，我们来考虑一个虚构的公司 ACME，它生产两种产品：bPhone 和 bEbook。ACME 与生产和销售类似产品的其他公司有着强烈的竞争关系。为了竞争的成功，ACME 需要生产优秀的电话和电子书阅读器并增加销量。

一种方法是公司在社交媒体上监听有关 ACME 产品的言论。换句话说，它们产品得到的关

注是什么？ACME 希望搜索社交媒体站点内所有的有关 ACME 产品的言论，例如 Twitter 和 Facebook 和一些流行的评论站点，比如 Amazon 和 ConsumerReports。它希望能够回答以下这些问题。

- 人们有没有在提到 ACME 的产品？
- 说了什么？产品是好是坏？如果人们觉得 ACME 产品不好，为什么？比如，他们是不是抱怨 bPhone 的电池续航不够，或抱怨 bEbook 的反应速度太慢。

基于 9.1 节中介绍的三个步骤，ACME 可以利用一个的简单流程监听社交媒体中的关注效应。这个流程如图 9.1 所示，下文解释了该流程图中包含的模块。

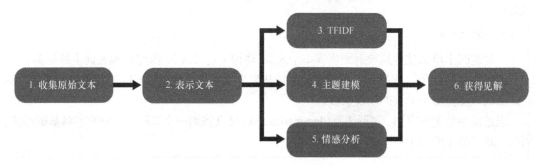

图 9.1　ACME 的文本分析流程

1. 收集原始文本（9.3 节）。这对应于数据分析生命周期的第 1 阶段和第 2 阶段。在这一步中，ACME 的数据科学团队监视网站，以了解特定产品相关的信息。这些网站可能包括社交媒体和评论站点。团队可以与社交媒体的 API 进行交互来处理数据源，或爬取页面并且使用产品名字作为关键字来获取原始数据。在这个过程中，通常使用正则表达式来识别匹配特定模式的文本。可以在原始数据上应用额外的过滤器来进行更细致的研究。例如，只获取来自纽约而不是整个美国的评论可以让 ACME 对产品进行区域研究。通常来说，在数据收集阶段应用过滤器是一个好的做法。它们可以减低 I/O 工作负载和最小化存储需求。

2. 表示文本（9.4 节）。将每个评论转换为包含合适索引的文档表述，然后基于被索引的评论建立语料库。这个步骤对应于数据分析生命周期的第 2 和第 3 阶段。

3. 使用诸如 TFIDF 的方法（9.5 节）来计算评论中每个词的作用。这一步以及接下来的两步对应于数据分析生命周期中的第 3 到第 5 阶段。

4. 根据主题对文档分类（9.6 节）。这可以通过主题模型来实现（比如 latent Dirichlet allocation）。

5. 确定评论的情感倾向（9.7 节）。确定评论是正面还是负面的。许多产品评论站点的每个评论都提供了对产品的评分。如果这类信息不可用，那么可以对文本数据使用情感分析这样的技术来推断内在的情绪。人们可以表达许多种情感。为了保证过程的简单性，ACME 将情绪分为正面、中性、负面。

6. 审查结果然后获得更好的见解（9.8 节）。这一步对应于数据分析生命周期中的第 5 阶段和第 6 阶段。市场部门从之前的步骤中收集结果，找出是什么让人们喜欢或者讨厌产品，使用一种或多种可视化技术来报告调查结果，并测试结论的合理性并实施结果（如果适用）。

这个流程汇总了本章后续小节的主题，并指出了文本分析中一些独有的难点。

9.3 收集原始数据

在第 2 章中讲解数据分析生命周期时，我们知道第 1 阶段是发现数据。这个阶段中，数据科学团队调查问题，理解必要的数据源，并形成初步的假设。相应地，对于文本分析，进行任何事情前必须先收集数据。数据科学团队在许多网站上对用户生成的内容开始积极的监控。这类被收集的用户生成的内容可以是新闻门户和博客上相关的文章、在线商店或评论网站上的 ACME 产品评论，也可以是社交媒体上包含 bPhone 或者 bEbook 关键词的帖子。无论数据是从哪里来，团队很有可能处理的是半结构化数据，如 HTML 网页、聚合内容（RSS）源、XML 或者 JSON 文件。需要为数据形成足够的结构来找到团队真正关心的原始文本。在品牌管理的示例中，ACME 感兴趣的是，与 bPhone 或 bEbook 有关的评论以及评论发表时间。因此，团队会积极收集此类信息。

许多网站和服务为第三方开发人员提供了公开的 API[4, 5]来访问它们的数据。比如，Twitter API[6]允许开发人员选择 Streaming API 或者 REST API 来获取 Twitter 上包含关键字 bPhone 或 bEbook 的公开 Tweet。开发人员也可以实时读取特定用户的 tweet 或特定地点附近的 tweet。抓取的 tweet 是 JSON 格式。

举个例子，使用 Twitter Streaming API 1.1 版本抓取的包含关键字 bPhone 的 tweet 示例如下所示。

```
01 {
02   "created_at": "Thu Aug 15 20:06:48 +0000 2013",
03   "coordinates": {
04       "type": "Point",
05       "coordinates": [
06           -157.81538521787621,
07           21.3002578885766
08       ]
09   },
10     "favorite_count": 0,
11     "id": 368101488276824010,
12     "id_str": "368101488276824014",
13     "lang": "en",
14     "metadata": {
15         "iso_language_code": "en",
16         "result_type": "recent"
17     },
18     "retweet_count": 0,
```

```
19      "retweeted": false,
20      "source": "<a href=\"http://www.twitter.com\"
21              rel=\"nofollow\">Twitter for bPhone</a>",
22      "text": "I once had a gf back in the day. Then the bPhone
23              came out lol",
24      "truncated": false,
25      "user": {
26          "contributors_enabled": false,
27          "created_at": „Mon Jun 24 09:15:54 +0000 2013",
28          "default_profile": false,
29          "default_profile_image": false,
30          "description": "Love Life and Live Good",
31          "favourites_count": 23,
32          "follow_request_sent": false,
33          "followers_count": 96,
34          "following": false,
35          "friends_count": 347,
36          "geo_enabled": false,
37          "id": 2542887414,
38          "id_str": "2542887414",
39          "is_translator": false,
40          "lang": "en-gb",
41          "listed_count": 0,
42          "location": "Beautiful Hawaii",
43          "name": "The Original DJ Ice",
44          "notifications": false,
45          "profile_background_color": "C0DEED",
46          "profile_background_image_url":
47  "http://a0.twimg.com/profile_bg_imgs/378800000/b12e56725ee.jpeg",
48          "profile_background_tile": true,
49          "profile_image_url":
50          "http://a0.twimg.com/profile_imgs/378800010/2d55a4388bcffd5.jpeg",
51          "profile_link_color": "0084B4",
52          "profile_sidebar_border_color": "FFFFFF",
53          "profile_sidebar_fill_color": "DDEEF6",
54          "profile_text_color": "333333",
55          "profile_use_background_image": true,
56          "protected": false,
57          "screen_name": "DJ_Ice",
58          "statuses_count": 186,
59          "time_zone": "Hawaii",
60          "url": null,
61          "utc_offset": -36000,
62          "verified": false
63      }
64  }
```

在上面这个 tweet 中，第 2 行的 created_at 和第 22 行的 text 字段提供的信息引起了 ACME 的兴趣。created_at 条目存储了 tweet 发布的时间戳，text 字段存储了 tweet 的主要内容。其他字段也是有用的。比如，使用 coordinates（第 3 到第 9 行）、用户本地语言（lang，第 40 行）、用户 location（第 42 行）、time_zone（第 59 行）和 utc_offset（第 61 行）字段，可以使分析着重于特定区域的

tweet。因此，团队可以从更细粒度地来研究人们关于 ACME 产品的言论。

很多新闻门户和博客站点都能提供具有开放标准格式的数据源，比如 RSS 或者 XML。例如，一个电话评论博客的 RSS 源如下所示。

```
01 <channel>
02     <title>All about Phones</title>
03     <description>My Phone Review Site</description>
04     <link>http://www.phones.com/link.htm</link>
05
06     <item>
07        <title>bPhone: The best!</title>
08        <description>I love LOVE my bPhone!</description>
09        <link>http://www.phones.com/link.htm</link>
10        <guid isPermaLink="false">1102345</guid>
11        <pubDate>Tue, 29 Aug 2011 09:00:00 -0400</pubDate>
12     <item>
13 </channel>
```

其中 title（第 7 行）、description（第 8 行）和发布日期（pubDate，第 11 行）中的内容都是 ACME 感兴趣的。

如果计划从在线商店和评论站点上收集与 ACME 产品相关的用户评论，但是在线商店和评论站点不提供 API 或数据源，团队可能不得不编写网页爬虫来解析网页，然后从这些 HTML 文件中自动提取感兴趣的数据。网页爬虫（web scraper）是一个软件程序（bot），它能系统地浏览 WWW、下载网页、提取有用的信息然后存储在某个地方供将来研究。

不幸的是，写一个通用的网页爬虫几乎是不可能的。这是因为像在线商店和评论网站这样的站点都有不同的结构。通常需要为特定的网站定制一个网页爬虫。另外，网站的格式会随着时间变化，这需要网页爬虫时常更新。为了构建一个针对特定网站的网页爬虫，在提取任何有用的内容之前，必须研究网页的 HTML 源代码，以寻找模式。比如，团队可能发现 HTML 中的每一个用户评论都使用 ID usrcommt 封闭在一个 DIV 元素中，而且该 DIV 位于另外一个 DIV 内部，或者用户评论使用 CLASS commtcls 封闭在 DIV 元素中。。

团队可以根据已识别的模式来构建网页爬虫。爬虫可使用 curl[7]工具来提取已给定的特定 URL 的 HTML 源代码，使用 XPath[8]和正则表达式来选择和提取与模式匹配的数据，然后将它们写入数据存储。

正则表达式可以有效且高效地在文本中找到匹配特定模式的单词和字符串。表 9.3 罗列了一些正则表达式。总体思路就是一旦从感兴趣的字段中获得了文本，正则表达式就有助于识别文本是否真的是项目所感兴趣的。在本例中，字段中是否提到了 bPhone、bEbook 和 ACME？在匹配文本时，正则表达式还能够考虑大小写、常见的拼写错误、常见的缩写，以及电子邮件地址的特殊格式、日期、电话号码等。

表 9.3 正则表达式示例

正则表达式	匹配	注释
b(P|p)hone	bPhone, bphone	管道 "|" 表示 "or"
bEbo*k	bEbk, bEbok, bEbook, bEboook, bEbooook, bEboooook, …	"*" 可以匹配前一个字符 0 次或多次
bEbo+k	bEbok, bEbook, bEboook, bEbooook, bEboooook, …	"+" 匹配前一个字符 1 次或多次
bEbo{2,4}k	bEbook, bEboook, bEbooook	"{2,4}" 匹配前一个字符 "o" 2～4 次
^I love	以 "I love" 开始的文本	"^" 匹配一个字符串的开头
ACME$	以 "ACME" 结束的文本	"$" 匹配一个字符串的末尾

本节讨论了原始数据 3 种可能的不同来源：包含关键字 bPhone 或者 bEbook 的 tweet、新闻门户或博客上的相关文章、在线商店或者评论网站上 ACME 产品的评论。

如果不打算从头开始创建一个数据收集器，许多公司，例如 GNIP[9]和 DataSift[10]，可以提供数据收集或数据倒卖服务。

取决于如何使用已获取的原始数据，数据科学家团队在数据收集期间需要小心，不要侵犯信息所有人的权利和与网站相关的用户协议。许多网站在根目录中放了一个 robots.txt 文件——http://.../robots.txt（比如，http://www.amazon.com/robots.txt）。它列出允许或拒绝访问的目录和文件，让网页爬虫知道如何正确地处理网站。

9.4 表示文本

在先前的步骤之后，现在团队有了一些原始文本。在数据表示阶段，首先使用文本规范化技术（比如断词和大小写转换[case folding]）对原始文本进行转化，并用更加结构化的方法来表示，以供分析。

分词（tokenization）是从文本正文中分离（也叫做标记）单词。原始文本在分词后转换为一组标记（token）的集合，每个标记通常是一个词。

一种常见的方法是按空格来分词。比如，在下面的 tweet 中：

```
I once had a gf back in the day. Then the bPhone came out lol
```

基于空格分词后会输出一系列标记：

```
{I, once, had, a, gf, back, in, the, day.,
Then, the, bPhone, came, out, lol}
```

注意 "day." 标记包含了一个点号。这是只使用空格作为分隔符的结果。因此，标记 "day." 和 "day" 在后续的分析中会被认为是不同的项，除非提供一个附加的查找表。不使用查找表的一种解决方法是，如果点号位于句子的末尾，则将其删除。另一种方法是使用标点符号和空格进行文本分词。在这种情况下，之前的 tweet 会成为：

```
{I, once, had, a, gf, back, in, the, day, .,
Then, the, bPhone, came, out, lol}
```

　　然而，基于标点符号的分词在特定情形下可能不太适合。例如，如果文本包含像是 we'll 这样的缩写，基于标点的分词会把它们分离成分开的单词 we 和 ll。对于 can't 这种词，输出会变成 can 和 t。不将它们分词或者把 we'll 标记成 we 和'll，把 can't 标记成 can 和't，会更加合适。与 t 标记相比，'t 更加容易被识别成为负面的。如果团队在处理特定任务的时候，比如信息提取和情感分析，完全基于标点符号和空格的分词可能会模糊甚至歪曲文本的意思。

　　分词是一个比我们想象的更为困难的任务。比如，像 state-of-the-art、Wi-Fi 和 San Francisco 这种词语是应该当做一个还是多个标记呢？像 Résumé、résumé 和 resume 这样的单词是否应该映射到同一个标记呢？分词甚至比英语本身更难。在德语中，有许多没有分段的复合名词。在中文里，词和词之间就没有空格。日语中也混合进了几个字母。这样的示例不胜枚举。

　　可以说，没有一个分词器可以适合每一种情形。团队需要根据任务的领域来决定什么可以算作一个标记，并选择能够符合大多数情况的合适的分词技术。现实中，通常会将标准分词技术和查找表来匹配使用，以解决那些不应该被标记的缩写和项。有时候，全新开发一个自己的分词方法也不是一个坏主意。

　　另一个文本规范化技术叫做大小写转换（case folding），它将所有的字母都变成小写（或者都变成大写）。对于先前的 tweet，在大小写转换后会变成这样：

```
i once had a gf back in the day. then the bphone came out lol
```

　　当遇到比如信息提取、情感分析和机器翻译之类的任务时，需要谨慎应用大小写转换。如果应用不正确，大小写转换会削弱或者改变文本的意思并带来额外的噪声。比如，当 General Motors 变成 general 和 motos，后续分析可能会把它们认作是分开的单词而不是公司名字。当世界健康组织（World Health Organization）的缩写 WHO 或者摇滚乐队 The Who 变成了 who 时，它们都可能被解释为代词 who。

　　如果必须使用大小写转换，减少这种问题的一种方法是对不进行大小写转换的单词建立一个查找表。或者，团队可以针对大小写转换想出一些启发式或基于规则的策略。例如，程序能够学会忽略句子中间的大写单词。

　　文本在通过分词和大小写转换规范化以后，需要以更加结构化的方式来表示。一个简单且广泛被使用的文本表示方法叫做词袋法（bag-of-words）。对于一个给定的文档，词袋法把文档表示成一组项，同时忽略顺序、上下文、推论和语篇等信息。每个单词都被认为是一个项或标记（通常是分析中最小的单元）。在许多情况下，词袋法额外假设文档中的每个项是独立的。文档然后成为一个向量，每个不同的项在空间中具有一个维度，而且项也是未排序的。文档 D 的排列 D*包含了相同的单词，他们出现的次数相同但顺序不同。因此，使用词袋法表示，文档 D 及其排列 D*会共享相同的表示形式。

词袋法相当得朴素，因为顺序在文本的语义中扮演了重要的角色。通过词袋法，许多不同意思的文本合并成为一种形式。例如，"dog bites a man"和"a man bites a dog"的意思完全不同，但是在词袋法中它们是同一种表示。

尽管词袋法技术过分简单化了问题，但它依旧是一种好的入门方法，且广泛应用于文本分析。Slaton 和 Buckly 发表的论文[11]陈述了使用单个词作为标识符的有效性，并与使用多个词作为标识符（且保留了单词顺序）进行了对比：

> 在回顾过去 25 年期间在检索系统评价领域中积累的大量文献时，有压倒性的证据表明，在将从文本自身提取出的或从可用词汇表中获得的更为复杂的条目进行合并时，使用单个词作为标识符的方法更为可取。

尽管 Salton 和 Buckley 的工作是于 1988 年发布的，但是几乎没有确切证据来反驳这种论点。词袋法使用单个词作为标识符（而非多个词作为标识符），对于本文分析来说这足够了。

在词袋法表示中使用单个词作为标识符，可以计算每个单词的词频（term frequency，TF）。词频表示文档中每个单词的权重，它与该词在文档中出现的次数成正比。图 9.2 显示了莎士比亚的《哈姆雷特》中出现频率最高的 50 个单词。词频的分布大致遵循齐普夫定律（Zipf's Law）[12,13]。也就是说，第 i 个最常出现单词的词频大约为总体最常出现单词的词频的 $1/i$。换句话说，单词的频率与它在词频表中的排名成反比。词频会在本章后面再详细介绍。

除了词袋法之外，还有什么？

词袋法是一种入门的技术。但是有些时候数据科学团队倾向于使用其他更先进的文本表示方法。这些更高级的方法考虑到词序、上下文、推论和语篇等因素。例如，一种方法可以跟踪每个文档中单词的顺序，然后比较它与规范化后词序的差异[14]。这些高级技术不在本书讨论的范围。

除了提取词语之外，可能还需要包含它们在语法上的形态特征（morphological feature）。形态特征指定了关于词语的额外信息，可能包括词根、词缀、词性标记、命名实体或语调等（语音语调的变化）。这一步骤所获得的特征会用于后续的分类或情感分析。

需要提取和存储的特征高度依赖于所执行的特定任务。如果任务是标记（label）和辨别语言的一部分，特征需要包括文本中的所有单词以及相关的词性标记（tag）。如果任务是注释类似名字和组织的已命名实体，则该特征需要凸显在文本中出现的这些信息。特征的构建并不简单，它通常需要完全手动进行，有时还需要用到领域专业知识。

有时候创建特征就是文本分析任务的全部工作。一类示例就是主题建模（topic modeling）。主题建模提供了一种快速地分析大量原始文本和确定潜在主题的方法。主题建模可能不要求标记（label）或注释文档。它可以直接从原始文本的分析中发现主题。主题包括频繁一起出现的且共享同一题材（theme）的一组单词。概率主题建模（在 9.6 节详细讲解）是一组针对解析大量文档归档并发现、注释主题的算法。

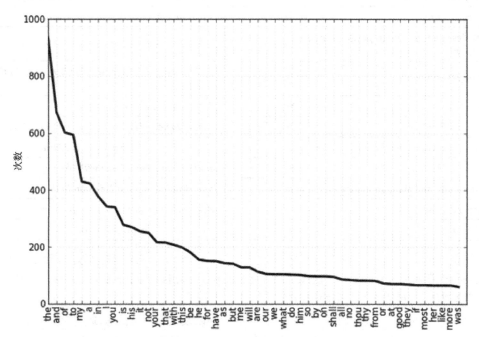

图 9.2　莎士比亚的《哈姆雷特》中频率最高的 50 个单词

　　重要的是，不仅要创建文档的一种表示，还要创建一个语料库的表示。如本章前文所述，语料库是文档的集合。语料库可以大到包括一种或多种语言的所有文档，也可以小到仅限于特定领域，诸如技术、医疗或者法律之类。对于网络搜索引擎，整个万维网是它的相关语料库。不过绝大多数的语料库相对小一些。布朗语料库[15]是一个百万单词级别的英语电子语料库，由布朗大学于 1961 年所创建。它包括了大约 500 个文本来源，而且这些来源已经被分类成了 15 个分类（genre），比如新闻、期刊、小说等。表 9.4 列出了布朗语料库的分类，作为在语料库中如何组织信息的示例。

表 9.4　布朗语料库分类

分类	来源编号	来源示例
A. Reportage	44	*Chicago Tribune*
B. Editorial	27	*Christian Science Monitor*
C. Reviews	17	*Life*

续表

分类	来源编号	来源示例
D. Religion	17	*William Pollard: Physicist and Christian*
E. Skills and Hobbies	36	*Joseph E. Choate: The American Boating Scene*
F. Popular Lore	48	*David Boroff: Jewish Teen-Age Culture*
G. Belles Lettres, Biography,Memoirs, and so on	75	*Selma J. Cohen: Avant-Garde Choreography*
H. Miscellaneous	30	*U. S. Dep't of Defense: Medicine in National Defense*
J. Learned	80	*J. F. Vedder: Micrometeorites*
K. General Fiction	29	*David Stacton: The Judges of the Secret Court*
Mystery and Detective Fiction	24	*S. L. M. Barlow: Monologue of Murder*
M. Science Fiction	6	*Jim Harmon: The Planet with No Nightmare*
N. Adventure and Western Fiction	29	*Paul Brock: Toughest Lawman in the Old West*
P. Romance and Love Story	29	*Morley Callaghan: A Passion in Rome*
R. Humor	9	*Evan Esar: Humorous English*

很多语料库关注的都是特定的领域。例如，BioCreative 语料库[16]是来自于生物学，Switchboard 语料库[17]包含了电话谈话，以及 European Parliament Proceedings Parallel 语料库是从欧洲会议的 21 种语言的记录中提取的。

大多数的语料库都有元数据，比如语料库的大小以及文本提取的领域。某些语料库（例如布朗语料库）包含了文本中出现的每个词的信息内容。信息内容（information content，IC）是用来表示语料库中词语重要性的度量。衡量 IC 的传统方式[19]是将来自本体的层次结构知识与本体在文本（文本源于语料库）中的实际利用率的统计结合起来。IC 值较高的词语的重要性要比 IC 值较低的词语高。例如，词语 necklace 在英语的语料库中通常比 jewelry 拥有更高的 IC 值，因为 jewelry 更加广义且比 necklace 更经常出现。研究表明 IC 可以帮助衡量词语的语意相似度[20]。除此之外，这样的衡量不需要一个已标注的语料库，而且通常与人们的判断有很强的强相关性[20,21]。

在品牌管理的示例中，团队已经收集了 ACME 产品的评论，然后用之前介绍的技术将它们转换成了适当的表示。下一步，这些评论和表示需要存储成可搜索的归档，供未来参考和研究使用。这种归档可以是 SQL 数据库、XML 或者 JSON 文件，或者一个或多个目录下的纯文文本文件。

IC 这样的语料库统计信息有助于识别被分析文档中词汇的重要性。然而，如果 IC 值包含在作为外部知识库的传统语料库（比如布朗语料库）的元数据中，则无法用来分析网页中动态变化的非结构化数据。问题是两方面的。首先，传统语料库和 IC 元数据不会随着时间而改变。任何语料库中不存在的词汇和任何新发明的词汇都会自动得到为零的 IC 值。其次，对于下游分析中使用的算法，语料库代表整个知识库。而非结构化文本的本质决定了被分析的数据可以包含任何主题，很多主题可能在给定的知识库中是缺失的。例如，如果任务是研究人们对音乐家的态度，一个于 50 年前构建的传统语料库不会知道 U2 是一个乐队；因此，U2 乐队得到的 IC 值为零，这意味着它不是一个重要词汇。一个更好的方式是遍历所有已获得的文档，然后发现它们大多数与音乐相关，且 U2 的出现频率相当高，不应该是一个非重要的词。因此，有必要提出一种度量，可以容易地适应文本的上下文及其性质，而不是依靠传统语料库。下一节中我们会讨论这样一种度量。它称为词频-逆文档频率（Term Frequency-Inverse Document Frequency，TFIDF），基于已获得的所有文档，并对每个文档中出现的词的重要性进行记录。

注意，已获得的文件可能会随着时间不断改变。考虑网络搜索引擎的示例，其中每一个已获得的文档对应于搜索结果中的一个匹配页面。当文档被添加、修改或者移除时，度量和指标也需要做相应更新。另外，词的分布也可能随着时间而改变，从而降低分类器和过滤器（如垃圾邮件筛选器）的效力，除非对它们进行重新训练。

9.5　词频-逆文档频率（TFIDF）

本节介绍 TFIDF，这是一种在信息检索与文本分析中广泛使用的方法。与使用传统语料库作为知识库不同，TFIDF 直接工作于已获得的文档之上并将这些文档本身作为"语料库"。TFIDF 对动态内容的处理也是相当强大和有效的，因为文档变化只需要更新频率计数。

对于给定的词 t 和包含 n 个词的文档 $d = \{t_1, t_2, t_3, \dots t_n\}$，d 中 t 最简单的词频形式可以定义为 t 在 d 中出现的次数，如公式 9.1 所示。

$$TF_1(t,d) = \sum_{i=1}^{n} f(t, t_i) \qquad t_i \in d; |d| = n$$

其中

$$f(t, t') = \begin{cases} 1, & \text{如果 } t = t' \\ 0, & \text{其他情况} \end{cases} \tag{9.1}$$

为了理解词频是如何计算的，考虑一个有 10 个单词的词袋向量空间：i、love、acme、my、bebook、bphone、fantastic、slow、terrible、terrific。给定在 9.3 节中从 RSS 源提取的文本 I love LOVE my bPhone，表 9.5 显示了在转换大小写与分词之后的相应词频向量。

表 9.5　一个词频向量的示例

词语	频率
i	1
love	2
acme	0

续表

词语	频率
my	1
bebook	0
bphone	1
fantastic	0
slow	0
terrible	0
terrific	0

可以对词频函数取对数。在第 3 章的图 3.11 和图 3.12 中，提到可以对长尾分布取对数，以获得更多数据细节。类似地，对数也可以应用到那些含有长尾的词频分布中，如公式 9.2 所示。

$$TF_2(t,d) = \log[TF_1(t,d)+1] \tag{9.2}$$

因为文档越长包含的词语就越多，它们往往有更高的词频值。它们还往往包括更多不同的词语。这些因素似乎共同导致了长文档的词频值的提升，以至于人们对长文档产生了偏见。为了解决这个问题，可以对词频进行规范化。例如，文档 d 中的词语 t 的词频可以基于 d 中词的数量来规范化，如公式 9.3 所示。

$$TF_3(t,d) = \frac{TF_1(t,d)}{n} \qquad |d| = n \tag{9.3}$$

除了先前所提到的三种常见定义，词频还有其他不常见的变体[22]。实际上，需要选择最适合数据以及能够解决问题的词频定义。

由于词袋向量空间可能大幅度增长以涵盖英语中所有的词汇，从而使得一个词频向量可能具有很高的维度（见表 9.5）。高维度使得文本难以存储和解析，同时也带来了与文本分析相关的性能问题。

为了降低维度，没有必要将给定语言中的所有词汇都包含在词频向量中。例如，在英语中，通常会移除例如 the、a、of、and、to 这类冠词以及对理解语义没有多大帮助的其他冠词。这些常见词汇被称为停止词（stop word）。停止词的列表在很多语言中都有，它们用来自动化识别停止词。其中 Snowball 停止词列表[23]包含了超过 10 种语言的停止词。

另一个降低维度的简单而有效的方法是只存储文档中至少出现过一次的词语及它的词频。任何不在词频向量中出现词的频率在默认情况下为 0。因此，上述的词频向量会简化为表 9.6 所示。

表 9.6 词频向量的简化形式

词	频率
i	1
love	2
my	1
bphone	1

有一些自然语言处理技术，例如词形还原（lemmatization）和词干提取（stemming）也可以降低高维度。词性还原和词干提取是结合词汇不同形式的两种不同的技术。通过这些技术，例如 play、plays、played 和 playing 这类词可以被映射到同一个词。

词频的定义表明词频是基于一个词在独立文档中出现次数的原始计数。词频本身存在一个关键问题：那就是单个文档就是全世界。一个词的重要性完全是基于它存在的那个特定文档。停止词，例如 the、and 和 a，不应该被当做最重要的词，因为它们在每个文档中都有最高的词频。例如，在莎士比亚的《哈姆雷特》中，频率最高的三个词都是停止词（the、and 和 of，如图 9.2 所示）。除了停止词，那些有更通用意义的词也往往出现得比较频繁，因此拥有更高的词频。在一篇有关电信消费的文章中，phone 这个词可能会得到一个较高的词频。这样一来，重要的关键词，比如 bPhone 和 bEbook 以及它们相关的，看起来就没有那么重要了。考虑一个搜素引擎，它对一条搜索查询做出响应，然后提取相关文档。只使用词频的搜索引擎会不能正确评估每个文档与搜索查询的相关性。

这个问题的一个快速解决方法是引入一个有更开阔视野的额外变量——不但要考虑一个词在一个文档中的重要性，还要考虑它在一个文档集合或者一个语料库中的重要性。因为词语会出现在更多的文档中，因此这个额外的变量会降低词频的影响。

实际上，这也是逆文档频率（IDF）的目的。IDF 与文档频率（DF）成反比。文档频率被定义为语料库中包含一个词语的文档的数目。假设语料库 D 包含 N 个文档。语料库 $D=\{d_1,d_2,\dots d_N\}$ 中的词语 t 的文档频率的定义如公式 9.4 所示。

$$DF(t) = \sum_{i=1}^{N} f'(t,d_i) \qquad d_i \in D; |D| = N$$

其中

$$f'(t,d') = \begin{cases} 1, & \text{如果} t \in d' \\ 0, & \text{其他情况} \end{cases} \qquad (9.4)$$

词语 t 的逆文档频率是由 N 除以词语文档频率，然后对这个商取对数得到，如公式 9.5 所示。

$$IDF_i(t) = \log \frac{N}{DF(t)} \qquad (9.5)$$

如果词语不在语料库内，会导致分母为零。快速解决的方法是在分母上加上 1，如公式 9.6 所示。

$$IDF_2(t) = \log \frac{N}{DF(t)+1} \qquad (9.6)$$

精确的对数底对词语的排名无关紧要。在数学上，底是整体结果的一个常数倍增因子。

图 9.3 所示为布朗语料库新闻类别中的 50 个单词，它们分别具有（a）最高的语料库级别的词频（TF）、（b）最高的文档频率（DF），以及（c）最高的逆文档频率（IDF）。停止词往往有比较高的 TF 和 DF，因为它们在绝大多数文档中都频繁出现。

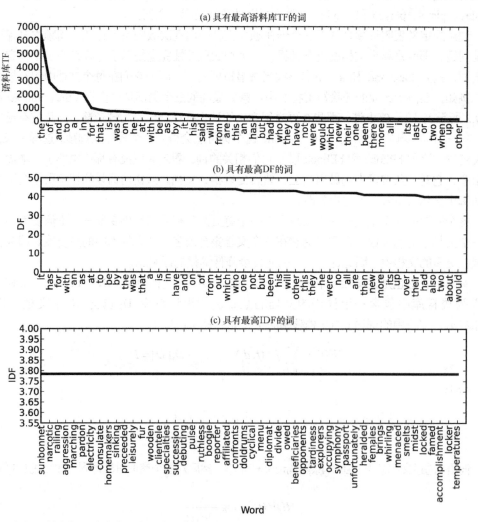

图 9.3　布朗语料库新闻分类中具有最高语料库 TF、DF 及 IDF 的词

拥有较高 IDF 的词往往在整个语料库中更重要。换句话说，罕见词汇的 IDF 会高，常用词的 IDF 会低。例如，如果语料库中包含了 1000 个文档，其中 1000 个文档都包含了词 the，而其中的 10 个包含了词 bPhone。根据公式 9.5，the 的 IDF 是 0，bPhone 的 IDF 是 log100，这比 the 的 IDF 大。如果语料库中大多数都是对于电话的评论，词 phone 会可能会有较高的 TF 和 DF，但是 IDF 会较低。

尽管 IDF 偏向那些更有意义的词，但也带有一个警告。因为语料库的所有文档数目（N）是保持恒定的，因此 IDF 仅仅取决于 DF。所有的词都有一样的 DF 值，因此获得一样的 IDF 值。IDF 较高的词在文档中出现的频率较低。那些 DF 值最低的词获得相同的最高 IDF。在图 9.3 的（c）中，sunbonnet 和 narcotic 在布朗语料库中出现的次数一样，因此它们得获得了相同的 IDF 值。许多情况下，有必要对文档中出现次数相同的两个词进行区分，那么就需要引入更多的权重词来改善 IDF 值。

TFIDF（或 TF-DIF）是一种既考虑词在文档中的普及率（TF）还考虑它在整个语料库里的稀缺程度（IDF）的评估方法。词语 t 在文档 d 中的 TFIDF 定义为 d 中 t 的词频乘以语料库中 t 的文档频率，如公式 9.7 所示。

$$TFIDF(t,d) = TF(t,d) \times IDF(t) \tag{9.7}$$

一个词的 TFIDF 的值越高，它在一个文档中出现的越频繁，但在语料库的所有文档中出现得就少。注意 TFIDF 应用于特定文档中的词语，所以同一个词在不同的文档中很可能得到不同的 TFIDF 值（因为 TF 的值可能不同）。

TFIDF 在简单和直接的计算中是很有效的，因为它不需要文本含义的相关知识。但是这个方法也很难揭示文档间或文档内的统计结构。下一节中将介绍主题模型是如何解决这个 TFIDF 的不足的。

9.6 通过主题来分类文件

通过对评论的收集和表示，ACME 的数据科学团队想要根据主题来分类评论。如本章前文所述，一个主题是由一组经常一起出现且分享同一个题材（theme）的词组成的。

一个文档的主题可能不像它们最初看起来的那么直接。考虑下面两个评论。

1. bPhone5x 信号到处都有覆盖。它比我的老 bPhone4G 更纤薄。

2. 尽管我喜欢 ACME 的 bPhone 系列，但是我对 bEbook 很失望。bEbook 上的文字难以辨认，而且使得我的老 NBook 看起来异常得快。

第一个评论是关于 bPhone5x 还是 bPhone4G？第二个评论是关于 bPhone、bEbook，还是 NBook？对于机器来说，这些问题很难回答。

直观地说，如果一个评论是谈论 bphone5x，词语 bphone5x 和相关词语（如 phone 和 ACME）

可能会频繁出现。一个文档通常包含多个题材，而且这些题材在文本中的比例并不相同，例如 30%关于 phone 的主题，15%关于 appearance 的主题，10%关于 shipping 的主题，5%关于 service 的主题，等等。

可以用聚类方法（比如 k 均值聚类）或分类方法（比如支持向量机[25]、k 近邻[26]或朴素贝叶斯）对文档分组。然而，一个更可行和普遍的方法是使用主题建模（topic modeling）。主题建模提供了自动组织、搜索、理解，并汇总大量信息的工具。主题模型[28,29]是统计模型，它研究一组文档中的单词，确定文本的主题，并发现主题是如何相关或者如何随时间变化。主题建模的过程可简化为如下。

1. 揭开语料库中隐藏的主题模式。

2. 根据这些主题注释文档。

3. 使用注释来组织、搜索、汇总文本。

主题（topic）被正式定义为词在固定词汇上的分布[29]。不同的主题在相同的词汇上会有不同的分布。主题可以看作具有相关含义的一组词，每个词在这个主题中有着相应的权重。注意，词汇中的某个词可以在多个主题中有不同的权重。主题模型并不一定需要文本的先验知识。主题可以完全基于分析文本来形成。

最简单的主题模型是潜在狄利克雷分配（latent Dirichlet allocation，LDA）[29]，它是 David M. Blei 和其他两位研究人员提出的语料库生成概率模型。在生成概率建模中，数据被当做包含了隐藏变量的生成过程的结果。LDA 假定有一个固定的词汇，潜在主题的数目是预定义的而且保持不变。LDA 假设每个潜在主题在词汇上都服从狄利克雷分布（Dirichlet distribution）[30]，则每个文档就被表示为潜在主题的一个随机混合。

图 9.4 说明了 LDA 背后的直觉。图的左边显示了从一个语料库构建的 4 个主题，其中每个主题包含词汇中最重要的一组关键词。这 4 个主题分别与 problem、policy、neural 以及 report 相关。如图右则的直方图中显示，每个文档有一个在主题上的分布。接下来，为文档中的每个词分配一个主题，并且选中相应的主题（色盘）中的词。在现实中，只有文档（如图的中间所示）是可用的。LDA 的目标是为每一个文档推断潜在的主题、主题比例以及主题分配。

读者可以参考原始文献[29]了解 LDA 的数学细节。基本上，LDA 被视为使用后验分布对数据（比如具有相似主题的文档）进行分组的层次贝叶斯估计案例。

许多编程工具都提供了可以在数据集上执行 LDA 的软件包。R 语言有 lda 包[31]，它有内置函数和样本数据集。lda 包由 Davic M. Blei 的研究组开发[32]。图 9.5 显示了 10 个主题在 9 个科学文档上的分布，这 9 个科学文档是从 lda 包中的 cora 数据集随机抽取的。cora 数据集是一个从 Cora 搜索引擎[33]中提取的 2410 个科技文档的集合。

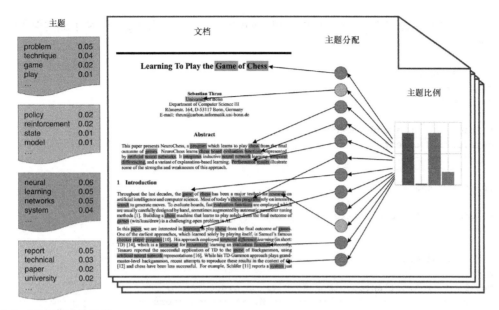

图 9.4　LDA 背后的直觉

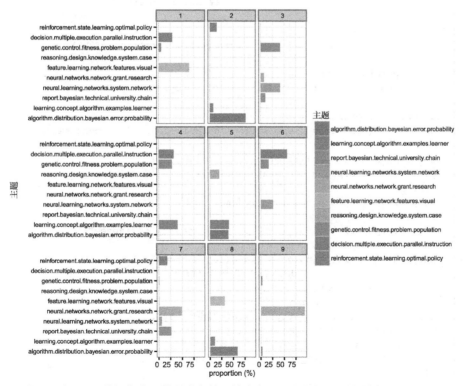

图 9.5　10 个主题在 Cora 数据集中 9 篇科学文档上的分布

下面的代码显示了如何使用 R 语言和其插件包（比如 lda 和 ggplot）来生成类似于图 9.5 所示的图。

```
require("ggplot2")
require("reshape2")
require("lda")

# load documents and vocabulary
data(cora.documents)
data(cora.vocab)

theme_set(theme_bw())

# Number of topic clusters to display
K <- 10

# Number of documents to display
N <- 9
result <- lda.collapsed.gibbs.sampler(cora.documents,
                                      K, ## Num clusters
                                      cora.vocab,
                                      25, ## Num iterations
                                      0.1,
                                      0.1,
                                      compute.log.likelihood=TRUE)

# Get the top words in the cluster
top.words <- top.topic.words(result$topics, 5, by.score=TRUE)

# build topic proportions
topic.props <- t(result$document_sums) / colSums(result$document_sums)

document.samples <- sample(1:dim(topic.props)[1], N)
topic.props <- topic.props[document.samples,]

topic.props[is.na(topic.props)] <- 1 / K

colnames(topic.props) <- apply(top.words, 2, paste, collapse=" ")

topic.props.df <- melt(cbind(data.frame(topic.props),
                             document=factor(1:N)),
                       variable.name="topic",
                       id.vars = "document")
qplot(topic, value*100, fill=topic, stat="identity",
      ylab="proportion (%)", data=topic.props.df,
      geom="histogram") +
theme(axis.text.x = element_text(angle=0, hjust=1, size=12)) +
coord_flip() +
facet_wrap(~ document, ncol=3)
```

　　主题模型可用于文档建模、文档分类与协同过滤[29]。主题模型不仅可以应用于文本数据，它们还可以帮助注释图像。如同可以将一个文档当做一个主题集合，图像也可以被当做是图像特征的一个集合。

9.7　情感分析

　　除了 TFIDF 和主题模型外，数据科学团队还想要识别用户评论和 ACME 产品评论中的情感。情感分析（sentiment analysis）是指使用统计和自然语言处理来挖掘个人意见，以从文本中识别并抽取主观信息。

　　情感分析的早期工作集中于从文档层面检测 Epinions[34]中产品评论和 IMDB[35]中电影评论的两极性。后来的工作则是在语句层面来进行情感分析[36]。最近，情感分析的焦点已转移到短语（phrase）层面[37]和短文形式，以应对流行的微博客服务，如 Twitter[38,39,40,41,42]。

　　从直观上讲，要进行情感分析，可以使用正面情绪（如 brilliant、awesome、spectacular）和负面情绪（如 awful、stupid、 hideous）来手动构建词汇表。相关研究指出，这种方法可以达到大约 60%的准确度[35]，并可能通过检查语料统计[43]超过这个准确度。

　　朴素贝叶斯（第 7 章）、最大熵（MaxEnt）和支持向量机（SVM）等分类方法经常用来提取语料库统计，以用于情感分析。相关研究发现，这些分类器在处理非结构化数据的情感分析时，可达到 80%左右的准确度[35,41,42]。一个或多个这样的分类器可以用于非结构化数据，比如电影评论或 tweet。

　　Pang 等人构建的电影评论语料库[35]包含从 rec.arts.movies.reviews 新闻组[43]的 IDMb 文档中收集的 2000 条电影评论。这些电影评论已被手动标记成 1000 个正面评价和 1000 个负面评价。

　　取决于分类器，数据可能需要被分成训练集和测试集。在第 7 章中讲到，用来分割数据的一条有用的经验规则是，让训练集远大于测试集。例如，80/20 分割会将 80%的数据作为训练集，20%的数据作为测试集。

　　接下来，需要在训练集上训练一个或多个分类器，以学习数据中的特征或模式。测试数据中的情感标签对分类器来说是隐藏的。训练之后，在测试集上测试分类器，用以推断情感标签。最后，通过与原始的情感标签进行对比，来评估分类器的整体性能。

　　接下来的 Python 代码使用了自然语言处理工具集（NLTK）库（http://nltk.org/）。它显示了如何使用朴素贝叶斯分类器对电影评论语料进行情感分析。

　　这段代码将 2000 条评论分为 1600 条评论的训练集和 400 条评论的测试集。朴素贝叶斯分类器通过训练集来学习。测试集的情感对分类器来说是隐藏的。针对训练集中的每条评论，分类器学习每个特征是如何影响结果情绪的。随后，将分类器用于测试集。对测试集中的每条评论，分类器会预测与该评论的特征相对应的情感。

```
import nltk.classify.util
from nltk.classify import NaiveBayesClassifier
```

```
from nltk.corpus import movie_reviews
from collections import defaultdict
import numpy as np

# define an 80/20 split for train/test
SPLIT = 0.8

def word_feats(words):
    feats = defaultdict(lambda: False)
    for word in words:
        feats[word] = True
    return feats


posids = movie_reviews.fileids('pos')

negids = movie_reviews.fileids('neg')

posfeats = [(word_feats(movie_reviews.words(fileids=[f])), 'pos')
            for f in posids]
negfeats = [(word_feats(movie_reviews.words(fileids=[f])), 'neg')
            for f in negids]

cutoff = int(len(posfeats) * SPLIT)

trainfeats = negfeats[:cutoff] + posfeats[:cutoff]
testfeats = negfeats[cutoff:] + posfeats[cutoff:]

print 'Train on %d instances\nTest on %d instances' % (len(trainfeats),
                                                        len(testfeats))
classifier = NaiveBayesClassifier.train(trainfeats)
print 'Accuracy:', nltk.classify.util.accuracy(classifier, testfeats)

classifier.show_most_informative_features()

# prepare confusion matrix

pos = [classifier.classify(fs) for (fs,l) in posfeats[cutoff:]]
pos = np.array(pos)
neg = [classifier.classify(fs) for (fs,l) in negfeats[cutoff:]]
neg = np.array(neg)

print 'Confusion matrix:'
print '\t'*2, 'Predicted class'
print '-'*40
print '|\t %d (TP) \t|\t %d (FN) \t| Actual class' % (
        (pos == 'pos').sum(), (pos == 'neg').sum()
print '-'*40
print '|\t %d (FP) \t|\t %d (TN) \t|' % (
        (neg == 'pos').sum(), (neg == 'neg').sum())
print '-'*40
```

接下来的输出显示了朴素贝叶斯分类器针对电影语料库中的 1600 个实例进行了训练，针对 400 个实例进行了测试。分类器达到了 73.5% 的准确度。语料库中正面评论的大多数信息特征包括这样的词：outstanding、vulnerable 和 astounding；而负面评论的大多数信息特征包含这样的词：insulting、ludicrous 和 uninvolving。最后，输出还显示了与分类器相对应的混淆矩阵，该矩阵可用于进一步评估分类器的性能。

```
Train on 1600 instances
Test on 400 instances
Accuracy: 0.735
Most Informative Features
            outstanding = True          pos : neg = 13.9 : 1.0
               insulting = True          neg : pos = 13.7 : 1.0
              vulnerable = True          pos : neg = 13.0 : 1.0
               ludicrous = True          neg : pos = 12.6 : 1.0
             uninvolving = True          neg : pos = 12.3 : 1.0
              astounding = True          pos : neg = 11.7 : 1.0
                  avoids = True          pos : neg = 11.7 : 1.0
             fascination = True          pos : neg = 11.0 : 1.0
               animators = True          pos : neg = 10.3 : 1.0
                  symbol = True          pos :neg = 10.3 : 1.0
Confusion matrix:
          Predicted class
    -------------------------------------
    |   195 (TP)   |     5 (FN)     | Actual class
    -------------------------------------
    |   101 (FP)   |    99 (TN)     |
    -------------------------------------
```

在第 7 章中讲到，一个混淆矩阵（confusion matrix）是一个特定的表格，它能够可视化一个模型在测试集上的性能。每行和每列都对应于数据集中一个可能的类。矩阵中的每个单元格显示测试案例的数量，其中单元格所在的行是实际的类，所在的列是预测类。主对角线上的较大的数字（TP、TN），以及较小的（理想情况下为零）非对角线元素（FP 和 FN），代表着好的结果。表 9.7 中显示了前面程序输出中由 400 条评论所构成的测试集的混淆矩阵。因为一个良好的分类器的混淆矩阵应该具有较大 TP 和 TN，并且 FP 和 FN 在理想情况下接近于 0，由此推断，这个朴素贝叶斯分类器有许多伪阴性，它在这个测试集上的性能一般。

表 9.7 示例测试集上的混淆矩阵

		预测类	
		阳性	阴性
实际类	阳性	195 (TP)	5 (FN)
	阴性	101 (FP)	99 (TN)

除了混淆矩阵之外，第 7 章还介绍了可以评估分类器性能的其他一些度量。准确率

（Precision）和召回率（Recall）是经常用来评估文本分析相关任务的两种方法。公式 9.8 和公式 9.9 给出了准确率和召回率的定义。

$$Precision = \frac{TP}{TP + FP} \tag{9.8}$$

$$Recall = \frac{TP}{TP + FN} \tag{9.9}$$

准确率被定义为结果中有相关性文档的百分比。如果输入关键词 bPhone 后，搜索引擎返回 100 个文件，其中 70 个是相关的，则搜索引擎的准确率就是 0.7。

召回率是返回的相关文档与语料库中所有相关文档的百分比。如果输入关键词 bPhone 后，搜索引擎返回 100 个文档，其中只有 70 是相关的，同时未能返回另外 10 个相关的文档，召回率就是 70/（70+10）= 0.875。

因此表 9.7 中的朴素贝叶斯分类器得到 195/（195+5）=0.975 的召回率和 195／（195+101） ≈ 0.659 的准确率。

无论是搜索引擎的信息检索还是有限语料库上的文本分析，准确率和召回率都是重要的概念。在理想情况下，一个好的分类器的准确率和召回率应该接近 1。在信息检索中，一个完美的准确率 1，意味着搜索检索到的每一个结果都是相关的（但无法说明是否所有相关的文档都被检索），一个完美的召回率 1，意味着所有的相关文档都被搜索到了（但无法说明有多少个不相关的文档也被检索到）。因此，准确率和召回率都是对相关性的理解与衡量。在现实中，一个分类器很难同时实现高准确率和高召回率。对于表 9.7 中的示例，朴素贝叶斯分类器有一个较高的召回率，但是准确率较低。因此，数据科学团队需要检查数据的清洁度，优化分类器，并找到方法来提高准确率，同时还要保持一个较高的召回率。

分类器完全基于训练数据集来确定情感。数据集的领域以及特征（feature）的特点（characteristic）决定了分类器可以学习到什么。例如，lightweight（轻量化）对笔记本评论来说是一个正面特征，但对于手推车或教科书的评论来说，不见得是正面的。此外，训练集和测试集应该有相似的特征（trait），以保证分类器的性能。例如，在电影评论上训练的分类器一般不应该在 tweet 或博客评论上进行测试。

注意，一个绝对意义的情感水平并不一定非常有用。相反，应该建立一条基线，然后将其与观察值比较。例如，一个产品的正面 tweet 有 40%，负面 tweet 有 60%，如果其他类似的成功产品也有类似的正负面百分比，则不应该认为该产品是不成功的。

前文的示例演示了如何使用朴素贝叶斯进行情感分析。通过将电影评论语料库替换为预先标记的 tweet，这个示例可以应用到与 ACME 的 bPhone 和 bebook 相关的 tweet 上。也可以使用其他分类器来取代朴素贝叶斯。

电影评论语料库只包含 2000 条评论，因此，比较容易手动标记每一条评论。对于大量流数据上的情感分析，比如百万或数十亿级的 tweet，不太可能收集和构建一个足够大的 tweet 数据集，或者手工标记每条 tweet，用于训练和测试一个或多个分类器。有两种流行的方法来应对这个问题。如 Go 等人［41］与 Pak 和 Paroubek [42]在最近工作中所展示的那样，构建预先标记的数据的第一种方式是应用监督，并使用表情符号，例如：）和：（，以表示 tweet 是否包含正面或负面情绪。这些 tweet 中的词可以被用作线索，以对后续 tweet 的情感进行分类。Go 等人［41］在训练集和测试集上使用包括朴素贝叶斯、最大熵和 SVM 等在内的分类方法进行情感分类。可以在 http://www.sentiment140.com 查看他们的演示。图 9.6 中显示了在一组 tweet 上对词语"Boston weather"进行查询后的情感结果。观察者可以将结果标记为准确或不准确，这样的反馈可以合并到算法的后续训练中。

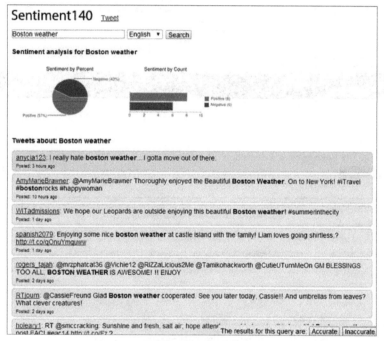

图 9.6　Sentiment 140[41]，一个用于 Twitter 情感分析的在线工具

　　使用表情符号可以很容易和快速地检测数百万或数十亿的 tweet 情感。然而使用表情符号作为情感的唯一指标有时会产生误导，因为表情符号不一定与相应文本的情绪相对应。例如，图 9.7 中显示的 tweet 包含：）表情符号，但文字并没有表达正面情绪。

图 9.7　带有：）表情符号的 tweet 不一定对应正面情绪

为了解决这个问题，相关的研究通常使用亚马逊（Amazon） Mechanical Turk，MTurk[44] 来收集由人工标记的评论。MTurk 是一个互联网众包市场，它能使个人或企业协同使用人类智慧来执行电脑难以胜任的任务。在许多情况下，MTurk 已被证明收集人类输入的速度远快于传统渠道（比如挨家挨户调查）。对情感分析的案例来说，数据科学团队可以把 9.3 节收集到的 tweet 作为人类智能任务（Human Intelligence Task，HIT）发布到 MTurk。团队可以要求人类工人（human worker）将每个 tweet 标记为正面的、中性的或负面的。由此生成的结果可以用来训练一个或多个分类器，或者测试分类器的性能。图 9.8 显示了与情感分析有关的一个 MTurk 任务示例。

图 9.8　亚马逊 MTurk

9.8　获得洞察力

到目前为止，本章已经讨论了几个文本分析任务，包括文本收集、文本表示、TFIDF、主题模型和情感分析。本节将说明 ACME 如何使用这些技术从客户对其产品的看法中获得洞察力。

为了保持示例简单，本节只使用 bPhone 来演示步骤。

在相应的数据收集阶段，数据科学团队用 bPhone 作为关键词从一个流行的技术评论网站上收集了 300 多条评论。

在移除了停止词之后，这 300 条评论可以被可视化为单词云（word cloud）。单词云（或标记云 [tag cloud]）是文本数据的一种可视化表示形式。标记一般都是单个单词，每一个单词的重要性由字体大小或颜色体现。图 9.9 所示为由 300 条评论构建的单词云。评论已经被转换为小写，而且移除了停止词。在图 9.9 中，出现越频繁的词会以相对较大的字体来显示。每个单词的布局只是为了美观。图的大部分由单词 phone 和 bPhone 组成，这两个词频繁发生但并不非常具有信息量。总体而言，该图几乎没有显示任何信息。团队需要对数据进行进一步的分析。

图 9.9　与 bPhone 有关的 300 条评论形成的单词云

幸运的是，技术评论网站允许用户在发布评论时进行打分，其分值范围为 1～5。团队可以使用这些评分把评论分为不同的组。

为了揭示更多的信息，团队可以删除诸如 phone、bPhone 和 ACME 这样的词，这些词对于研究不是很有用。相关研究往往将这些词称为特定领域的停止词（domain-specific stop word）。图 9.10 所示为与 50 个 5 星评论相对应的单词云。注意，灰色的色调也只是为了美观。结果表明顾客对 seller、brand 和 product 满意，他们会向朋友和家人 recommend（推荐）bPhone。

图 9.10　5 星评论的单词云

图 9.11 所示为与 70 个 1 星评论相对应的单词云。单词 sim 和 button 频繁发生，建议将包含这些词语的评论作为样本，来确定针对按钮和 SIM 卡的看法。单词云可以揭示最重要词语以外的有用信息。例如，图 9.11 很奇怪地包含了 stolen、Venezuela 等单词。当数据科学团队

去调查这些单词背后的故事时，发现这些词出现在 1 星评论中，原因是位于委内瑞拉的一些未经授权的销售商会出售偷来的 bPhone。ACME 可以从这一点上采取进一步的行动。这是一个文本分析和可视化如何有助于获得洞察力的案例。

图 9.11　1 星评论的单词云

TFIDF 可以用来凸显评论中有信息量的单词。图 9.12 所示为评论的一个子集，其中具有较大字号的每个单词对应于一个较大的 TFIDF 值。每条评论被当做一个文档。数据分析师使用 TFIDF 可以很快地检查这些评论，然后识别可以决定 bPhone 是好是坏的那些方面。

图 9.12　突出 TFIDF 值的评论

LDA 这样的主题模型可以把评论归类为主题。图 9.13 和图 9.14 中显示的主题圆图为 LDA 的结果。这些图形是由 Python、NoSQL 和 D3.js 等工具和技术生成的。图 9.13 可视化了从 5 星评论中建立的 10 个主题。每个主题专注于描述评论的一个不同侧面。圆盘的大小代表一个词的权重。在一个交互式环境中，将鼠标悬停在一个主题上就可以显示其所有单词以及相应的权重。

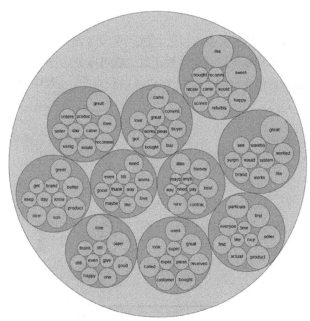

图 9.13 5 星评论的 10 个主题

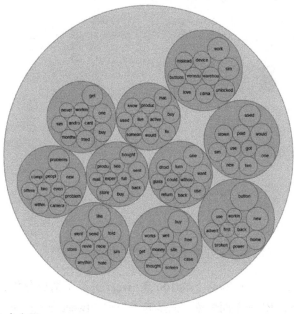

图 9.14 1 星评论的 10 个主题

图 9.14 可视化了从 1 星评论建立的 10 个主题。例如，右下角的主题包含诸如 button、power 和 broken 这样的单词，这可能表明 bPhone 有按钮与电源相关的问题。数据科学团队可以跟踪

这些评论并确定是否真的如此。

　　图 9.15 中提供了一种不同的方式来可视化主题。分别从 5 星评论和 1 星评论中提取 5 个主题。在一个交互式环境中，当鼠标悬停在一个主题上时，就可以突出这个主题中相应的词。图 9.15 所示的屏幕截图是将鼠标悬停到这两个组的 Topic 4 时获得的。主题中单词的权重由圆盘大小来表示。

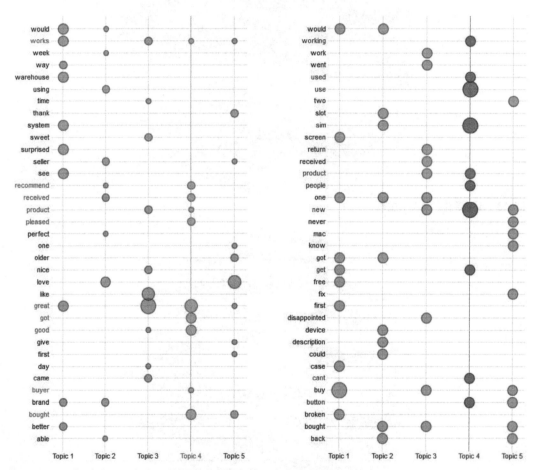

图 9.15　5 星评论（左图）和 1 星评论（右图）的 5 个主题

　　数据科学团队还对 Twitter 网站上的 100 条 tweet 进行了情感分析，结果如图 9.16 所示。左侧代表负面情感，右侧代表正面情感。只是为了美观，tweet 被随机地垂直摆放。每条 tweet 表示为一个圆盘，其大小表示原 tweet 作者的粉丝数量。圆盘的色彩明暗则代表这条 tweet 被转发的频率。图 9.16 表明大多数客户都满意 ACME 的 bPhone。

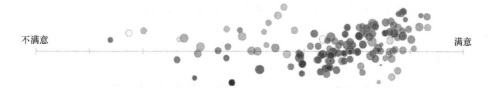

图 9.16　与 bPhone 相关的 tweet 的情感分析

9.9　总结

本章介绍了文本分析的子任务，包括句法分析、搜索和检索、文本挖掘。借助于品牌管理的示例，本章讨论了一个典型的文本分析流程：（1）收集原始文本；（2）表示文本；（3）使用 TFIDF 来计算文本中每个词的有用性；（4）使用主题建模按照主题进行文档分类；（5）情感分析；（6）获取更好的洞察力。

总体上，文本分析并不简单。与数据分析生命周期相对应，文本分析项目中最耗时的部分常常不是执行统计计算或实现算法。团队可能会花费绝大多数时间来对问题建模、获取数据和准备数据。

9.10　练习

1. 文本分析的主要挑战是什么？
2. 什么是语料库？
3. 常用词（例如 a、and、of）叫做什么？
4. 为什么不能只使用 TF 来衡量词的有用性？
5. IDF 中的警告是什么？TFIDF 是如何解决这个问题的？
6. 列出三个使用 TFIDF 的好处。
7. 情感分析可以使用什么方法？
8. 主题模型中主题的定义是什么？
9. 解释准确率和召回率之间的权衡。
10. 使用 Python 和 LDA 对 Reuters-21578 语料库进行 LDA 主题建模。Reuters-21578 已经自带了 NLTK。为了导入这个语料库，在 Python 中输入下面的语句：

```
from nltk.corpus import reuters
```

LDA 在几个 Python 库（如 gensim[45]）中都实现。在对 Reuters-21578 进行主题建模时，可以利用一个现有库，也可以自行实现 LDA。

11. 选择一个你感兴趣的话题，如电影、一个名人，或任何词，然后收集 100 个与这个主题相关的 tweet。将它们手动标记为正面的、中立的或者负面的。接下来，将其中 80 条 tweet 作为训练集，其余 20 条 tweet 作为测试集。在这些 tweet 上运行一个或多个分类器进行情感分析。这些分类器的准确率和召回率是多少？哪个分类器的性能最好？

参考书目

[1] Dr. Seuss, "Green Eggs and Ham," New York, NY, USA, Random House, 1960.

[2] M. Steinbach, G. Karypis, and V. Kumar, "A Comparison of Document Clustering Techniques," *KDD Workshop on Text Mining,* 2000.

[3] "The Penn Treebank Project," University of Pennsylvania [Online]. Available: http://www.cis.upenn.edu/~treebank/home.html. [Accessed 26 March 2014].

[4] Wikipedia, "List of Open APIs" [Online]. Available: http://en.wikipedia.org/wiki/List_of_open_APIs. [Accessed 27 March 2014].

[5] ProgrammableWeb, "API Directory" [Online]. Available: http://www.programmableweb.com/apis/directory. [Accessed 27 March 2014].

[6] Twitter, "Twitter Developers Site" [Online]. Available: https://dev.twitter.com/. [Accessed 27 March 2014].

[7] "Curl and libcurl Tools" [Online]. Available: http://curl.haxx.se/. [Accessed 27 March 2014].

[8] "XML Path Language (XPath) 2.0," World Wide Web Consortium, 14 December 2010. [Online]. Available: http://www.w3.org/TR/xpath20/. [Accessed 27 March 2014].

[9] "Gnip: The Source for Social Data," GNIP [Online]. Available: http://gnip.com/. [Accessed 12 June 2014].

[10] "DataSift: Power Decisions with Social Data," DataSift [Online]. Available: http://datasift.com/. [Accessed 12 June 2014].

[11] G. Salton and C. Buckley, "Term-Weighting Approaches in Automatic Text Retrieval," in *Information Processing and Management*, 1988, pp. 513-523.

[12] G. K. Zipf, *Human Behavior and the Principle of Least Effort*, Reading, MA: Addison-Wesley, 1949.

[13] M. E. Newman, "Power Laws, Pareto Distributions, and Zipf's Law," *Contemporary Physics,* vol. 46, no. 5, pp. 323-351, 2005.

[14] Y. Li, D. McLean, Z. A. Bandar, J. D. O'Shea, and K. Crockett, "Sentence Similarity Based on Semantic Nets and Corpus Statistics," *IEEE Transactions on Knowledge and Data Engineering,* vol. 18, no. 8, pp. 1138-1150, 2006.

[15] W. N. Francis and H. Kucera, "Brown Corpus Manual," 1979. [Online]. Available: http://icame. uib.no/brown/bcm.html.

[16] "Critical Assessment of Information Extraction in Biology (BioCreative)" [Online]. Available: http://www.biocreative.org/. [Accessed 2 April 2014].

[17] J. J. Godfrey and E. Holliman, "Switchboard-1 Release 2," Linguistic Data Consortium, Philadelphia, 1997. [Online]. Available: http://catalog.ldc.upenn.edu/LDC97S62. [Accessed 2 April 2014].

[18] P. Koehn, "Europarl: A Parallel Corpus for Statistical Machine Translation," *MT Summit,* 2005.

[19] N. Seco, T. Veale, and J. Hayes, "An Intrinsic Information Content Metric for Semantic Similarity in WordNet," *ECAI,* vol. 16, pp. 1089-1090, 2004.

[20] P. Resnik, "Using Information Content to Evaluate Semantic Similarity in a Taxonomy," In *Proceedings of the 14th International Joint Conference on Artificial Intelligence (IJCAI '95),* vol. 1, pp. 448-453, 1995.

[21] T. Pedersen, "Information Content Measures of Semantic Similarity Perform Better Without Sense-Tagged Text," *Human Language Technologies: The 2010 Annual Conference of the North American Chapter of the Association for Computational Linguistics,* pp. 329-332, June 2010.

[22] C. D. Manning, P. Raghavan, and H. Schütze, "Document and Query Weighting Schemes," in *Introduction to Information Retrieval,* Cambridge, United Kingdom, Cambridge University Press, 2008, p. 128.

[23] M. Porter, "Porter's English Stop Word List," 12 February 2007. [Online]. Available: http://snowball. tartarus.org/algorithms/english/stop.txt. [Accessed 2 April 2014].

[24] M. Steinbach, G. Karypis, and V. Kumar, "A Comparison of Document Clustering Techniques," *KDD workshop on text mining,* vol. 400, no. 1, 2000.

[25] T. Joachims, "Transductive Inference for Text Classification Using Support Vector Machines," *ICML,* vol. 99, pp. 200-209, 1999.

[26] P. Soucy and G. W. Mineau, "A Simple KNN Algorithm for Text Categorization," *ICDM,* pp. 647-648, 2001.

[27] B. Liu, X. Li, W. S. Lee, and P. S. Yu, "Text Classification by Labeling Words," *AAAI,* vol. 4, pp. 425-430, 2004.

[28] D. M. Blei, "Probabilistic Topic Models," *Communications of the ACM,* vol. 55, no. 4, pp. 77-84, 2012.

[29] D. M. Blei, A. Y. Ng, and M. I. Jordan, "Latent Dirichlet Allocation," *Journal of Machine Learning Research,* vol. 3, pp. 993-1022, 2003.

[30] T. Minka, "Estimating a Dirichlet Distribution," 2000.

[31] J. Chang, "lda: Collapsed Gibbs Sampling Methods for Topic Models," *CRAN*, 14 October 2012. [Online]. Available: http://cran.r-project.org/web/packages/lda/. [Accessed 3 April 2014].

[32] D. M. Blei, "Topic Modeling Software" [Online]. Available: http://www.cs.princeton.edu/~blei/ topicmodeling.html. [Accessed 11 June 2014].

[33] A. McCallum, K. Nigam, J. Rennie, and K. Seymore, "A Machine Learning Approach to Building Domain-Specific Search Engines," *IJCAI,* vol. 99, 1999.

[34] P. D. Turney, "Thumbs Up or Thumbs Down? Semantic Orientation Applied to Unsupervised Classification of Reviews," *Proceedings of the Association for Computational Linguistics,* pp. 417-424, 2002.

[35] B. Pang, L. Lee, and S. Vaithyanathan, "Thumbs Up? Sentiment Classification Using Machine Learning Techniques," *Proceedings of EMNLP,* pp. 79-86, 2002.

[36] M. Hu and B. Liu, "Mining and Summarizing Customer Reviews," *Proceedings of the Tenth ACM SIGKDD International Conference on Knowledge Discovery and Data Mining,* pp. 168-177, 2004.

[37] A. Agarwal, F. Biadsy, and K. R. Mckeown, "Contextual Phrase-Level Polarity Analysis Using Lexical Affect Scoring and Syntactic N-Grams," *Proceedings of the 12th Conference of the European Chapter of the Association for Computational Linguistics,* pp. 24-32, 2009.

[38] B. O'Connor, R. Balasubramanyan, B. R. Routledge, and N. A. Smith, "From Tweets to Polls: Linking Text Sentiment to Public Opinion Time Series," *Proceedings of the Fourth International Conference on Weblogs and Social Media, ICWSM '10,* pp. 122-129, 2010.

[39] A. Agarwal, B. Xie, I. Vovsha, O. Rambow and R. Passonneau, "Sentiment Analysis of Twitter Data," *In Proceedings of the Workshop on Languages in Social Media,* pp. 30-38, 2011.

[40] H. Saif, Y. He, and H. Alani, "Semantic Sentiment Analysis of Twitter," *Proceedings of the 11th International Conference on The Semantic Web (ISWC'12),* pp. 508-524, 2012.

[41] A. Go, R. Bhayani, and L. Huang, "Twitter Sentiment Classification Using Distant Supervision," *CS224N Project Report, Stanford,* pp. 1-12, 2009.

[42] A. Pak and P. Paroubek, "Twitter as a Corpus for Sentiment Analysis and Opinion Mining," *Proceedings of the Seventh International Conference on Language Resources and Evaluation (LREC'10),* pp. 19-21, 2010.

[43] B. Pang and L. Lee, "Opinion Mining and Sentiment Analysis," *Foundations and Trends in Information Retrieval,* vol. 2, no. 1-2, pp. 1-135, 2008.

[44] "Amazon Mechanical Turk" [Online]. Available: http://www.mturk.com/. [Accessed 7 April 2014].

[45] R. Řehůřek, "Python Gensim Library" [Online]. Available: http://radimrehurek.com/gensim/. [Accessed 8 April 2014].

第 10 章

高级分析技术与工具：
MapReduce 和 Hadoop

关键概念

- Hadoop
- Hadoop 生态系统
- MapReduce
- NoSQL

第 4 章到第 9 章讲解了几种有用的分析方法来分类、预测和检查数据中的关系。本章和第 11 章将分别讲解收集、存储、处理非结构化与结构化数据的相关内容。本章介绍了一些与 Apache Hadoop 软件库相关的关键技术和工具，"Hadoop 是一个在计算机集群上使用简单的编程模型对大数据集进行分布式处理的框架"[1]。

本章将重点介绍 Hadoop 如何在分布式系统中存储数据，以及 Hadoop 如何实现一个名为 MapReduce 的简单编程模型。本章虽然涉及一些 Java 代码，但是读者仅需对编程有一个基本的理解。此外，使用 Java 为 Apache Hadoop 编写一个 MapReduce 程序的细节超出了本书的范围。省略这些细节可能会带来一些麻烦，但 Hadoop 生态系统中的工具，比如 Apache Pig 和 Apache Hive，经常可以避免手工编写 MapReduce 程序。本章在讲解 Hadoop 生态系统时，会讲解 Pig、Hive 以及其他的 Hadoop 相关工具。

为了展示 Hadoop 在处理非结构化数据方面的强大，下面的讨论提供了几个 Hadoop 用例。

10.1 非结构化数据分析

在进行数据分析之前，必须收集和处理所需数据以提取有用的信息。初始数据处理与准备的程度取决于数据量大小，以及数据的构造有多直观。

在第 1 章中讨论了 4 种类型的数据。

- **结构化**：一种特定和一致的格式（例如，一个数据表）。
- **半结构化**：一种自描述的格式（例如，XML 文件）。
- **准结构化**：一种有些不一致的格式（例如，一个超链接）。
- **结构化**：一种不一致的格式（例如，文本或视频）。

结构化数据，如关系数据库管理系统（RDBMS）的表，是典型的最容易解释的数据格式。然而在实践中，仍然有必要理解可能出现在某个特定列中的不同的值，以及这些值在不同情况下表示什么（例如，基于同一记录的其他列的内容）。此外，一些列可能还包含非结构化文本或存储对象，如图片或视频。虽然在本章介绍的工具重点关注的是非结构化数据，但这些工具也可以被用于更为结构化的数据集。

10.1.1 用例

下文提供了 MapReduce 的几个用例。MapReduce 计算模型提供了一些方法，可以将一个大任务分解成比较小的任务且并行地运行，然后将每个任务的输出结果合并到最终的输出结果中。Apache Hadoop 包含了 MapReduce 的一个软件实现。本章后面将提供关于 MapReduce 和 Hadoop 更多的细节。

1. IBM Waston
在 2011 年，IBM 的计算机系统 Watson 参加了美国电视游戏节目 *Jeopardy*，对抗 *Jeopardy*

节目史上最好的两个冠军。在比赛中，会提供给参赛者一条线索，如"He likes his martinis shaken, not stirred"，而正确的答复以问题的表述形式可能是"Who is James Bond?"。在为期三天的比赛中，Watson 击败了两个人类参赛者。

为了教育 Waston，Hadoop 用于处理各种数据源，如百科全书、字典、新闻资料、文学和维基百科的全部内容[2]。对于游戏中提供的每条线索，Waston 必须要在不到 3 秒的时间里执行以下任务[3]。

- 把线索解构为单词和短语。
- 建立单词和短语之间的语法关系。
- 创建一组相似词语，以在 Waston 搜索答复时使用。
- 使用 Hadoop 在数百万兆字节（TB）的数据上搜索答复。
- 确定可能的答复并确定其正确的可能性。
- 启动蜂鸣器。
- 用英语提供一个语法上正确的响应。

在其他应用中，Waston 在医疗行业中用于诊断患者和提供治疗建议[4]。

2. LinkedIn

LinkedIn 是一个在线职业社交网络，其在 2014 年早期就在 200 个国家拥有 2.5 亿用户[5]。LinkedIn 提供多个免费和订阅服务，例如公司信息页面、职位招聘、人才搜索、个人联系人的社交图谱、个人定制的新闻资料、以及访问讨论组（包括一个 Hadoop 用户组）。LinkedIn 出于如下目的来使用 Hadoop[6]。

- 处理日常的生产数据库的事务日志。
- 检测用户行为，如浏览和点击。
- 将提取的数据反馈到生产系统。
- 重构数据并将其添加到分析数据库。
- 开发和测试分析模型。

3. Yahoo!

截至 2012 年，Yahoo!有着公开的最大之一的 Hadoop 集群，部署在 42000 个节点上并拥有 350 PB 的原始存储[7]。Yahoo!的 Hadoop 应用包括以下几种[8]。

- 搜索索引的创建与维护。
- 网页内容的优化。
- 网站广告放置的优化。
- 垃圾邮件过滤器。
- 即席分析及分析模型开发。

在部署 Hadoop 之前，Yahoo!花了 26 天来处理三年的日志数据。使用 Hadoop 后，处理时间缩短至 20 分钟。

10.1.2 MapReduce

如前文所述，MapReduce 计算模型将一个大任务分解成较小任务然后并行地运行，最后将每个任务的输出结果整合到最终结果中。顾名思义，MapReduce 是由两个基本部分组成——Map 步骤和 Reduce 步骤——细节如下。

Map：

- 对一块数据应用一个操作；
- 输出一些中间结果。

Reduce：

- 合并从 Map 步骤得出的中间结果；
- 输出最终的结果。

每一步都使用键/值对（表示为<key，value>）作为输入和输出。可以把键/值对想象为一个简单的有序对。然而，键/值对的形式也可以相当复杂。例如，键可以是一个文件名，值可以是该文件的全部内容。

一个最简单的 MapReduce 示例是单词计数，即计算每个单词在文档集合中出现的次数。在实际中，其目的是建立单词列表和对应词频，以供搜索使用或者是确立某些单词的相对重要性。第 9 章中提供了更多文本分析的细节。图 10.1 所示为 MapReduce 处理单个输入（在这里为一行文本）的情况。

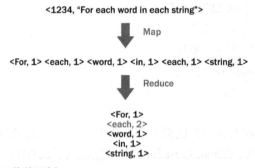

图 10.1 MapReduce 如何工作的示例

在这个例子中，Map 步骤将给定的文本字符串解析为一个个的单词，然后以<word，1>的形式输出一组键/值对。对于每一个独特的键值——在本例中为 word——Reduce 步骤算出其出现次数的总和 count，然后输出<word，count>键/值对。因为单词 each 在给定的文本行中出现两次，因此 Reduce 步骤输出了相应的键/值对<each，2>。

应该注意到，在这个例子中，原始键 1234，在处理过程中被忽略了。在一个典型的单词计数应用中，Map 步骤可应用于数百万行文字并在 Reduce 步骤中汇总所有 Map 步骤所生成的键/

值对。

对单词计数的例子进行扩展，将 MapReduce 过程应用到一组文档中，其输出结果中 key 为有序对，values 为长度为 2n 的一个有序元组。这样的一个键/值对可能具有如下的表示形式。

```
<(filename, datetime),(word1,5, word2,7,... , wordn,6)>
```

在这种结构中，键是 filename 和 datetime 的有序对。值由 n 对单词和它们在相应文件中的计数所组成。

当然，单词计数问题可以用 MapReduce 以外的许多其他方法来解决。然而 MapReduce 的优势是能够将工作负载分布到计算机集群上，然后并行运行任务。在单词计数中，文档甚至是文档的一部分都可以在 Map 步骤中同时处理。MapReduce 的一个关键特点是对部分输入的处理，可以独立于其他输入的处理来进行，因此，工作负载可以很容易地分布到一个计算机集群中。

美国海军少将 Grace Hopper（1906 年~1992 年）是计算机领域中的先驱，她很好地解释了为什么要使用计算机集群。在前工业化时期，牛被用来拖运重物，但是当一头牛拉不动的时候，人们并没有尝试换一只更大的牛，而是选择增加更多的牛。她的观点是，随着计算问题的增长，与其建造更大、更强、更昂贵的计算机，不如建立一个由许多计算机组成的系统来分担工作负载。因此在 MapReduce 环境中，大量的处理任务会被分布到许多计算机上。

尽管 MapReduce 的概念已经存在了几十年，但是直到 2004 年，Google 的 Dean 和 Ghemawat[9]发表的论文才引起了大众对 MapReduce 的兴趣以及采纳。该论文描述了 Google 抓取网页和构建 Google 搜索引擎的方法。正如论文所述，MapReduce 已被用于函数式编程语言，如 Lisp（它因用来处理列表而得名[list processing]）。

在 2007 年，一个广为人知的 MapReduce 用例是把纽约时报从 1851 年到 1980 年的 1100 万篇新闻文章转成了 PDF 文件。其目的是把这些 PDF 文件公开给互联网用户访问。经过在本地机器上开发和测试 MapReduce 代码之后，1100 万个 PDF 文件在一个 100 节点的集群上用了约 24 小时便生成完毕[10]。

MapReduce 计算模型已经在 Apache Hadoop 中实现，这使得人们可以很容易地开发和运行 MapReduce 代码。

10.1.3 Apache Hadoop

尽管 MapReduce 很容易理解，但是它并不容易实现，特别是在分布式系统中。执行一个 MapReduce 任务（即在特定数据上运行 MapReduce 代码）需要管理和协调多个活动。

- MapReduce 任务需要根据系统负载来调度。
- 需要对任务进行监控和管理，以确保能妥善处理遇到的任何错误，使得在系统部分失效的情况下任务依然可以继续执行。
- 输入数据需要分布到集群节点上。
- 处理输入数据的 Map 步骤需要分布式地来进行，最好是在存放输入数据的相同机器上。

- 众多 Map 步骤的中间结果需要被收集起来，并提供给适当的机器以执行 Reduce 步骤。
- 最终结果需要可以被其他用户、其他应用程序，或者其他 MapReduce 任务所使用。

幸运的是，Apache Hadoop 可以做到以上这些。此外，许多的细节是对开发者/用户透明的。接下来讲解 MapReduce 在 Hadoop 中的实现，Hadoop 是一个由 Apache 软件基金会管理并许可的开源项目[11]。

Hadoop 起源于一个叫做 Nutch 的搜索引擎，由 Dog Cutting 和 Mike Cafarella 开发。基于 Google 的两篇论文[9][12]，MapReduce 和 Googl 文件系统（File System）的实现于 2004 年被添加到了 Nutch 中。2006 年，Yahoo!雇佣了 Cutting，他基于 Nutch 的代码开发了 Hadoop[13]。Hadoop 的名字来自 Cutting 孩子的毛绒玩具大象，Hadoop 的项目图标也源自这只大象。

1．Hadoop 分布式文件系统（HDFS）

基于 Google File System [12]，Hadoop 分布式文件系统（Hadoop Distributed File System，HDFS）是一个能够将数据分布到集群中，以利用 MapReduce 并行处理能力的文件系统。HDFS 不是常见文件系统（比如 ext3、ext4 和 XFS）的替代。事实上，HDFS 依赖于每个磁盘驱动器的文件系统来管理被存储到驱动器介质中的数据。Hadoop Wiki[14]给出了磁盘配置选项与考量的更多细节。

对于一个给定的文件，HDFS 把文件分为 64MB 大小的块并存储在集群中。如果文件大小为 300MB，则该文件被存储在 5 个块中：4 个 64MB 块和一个 44MB 块。如果文件小于 64MB，那么该块大小等于文件大小。

只要有可能，HDFS 就会试图把文件块存储在不同机器上，这样 Map 步骤可以并行地操作一个文件的每个块。而且在默认情况下，HDFS 为每个块创建三个分散在集群中的副本，以在发生故障时提供必要的冗余。如果一个机器出现故障，HDFS 将相关文件块的可访问副本复制到另一台可用的机器上。HDFS 也是机架感知的，这意味着它可以把文件块分布到多个机架设备上，以防止整个机架故障而导致数据不可用。此外，每个文件块的三个副本使得 Hadoop 可以灵活地确定在 Map 步骤使用哪个机器来处理特定的块。例如，一个闲置或未充分利用的机器包含了要被处理的文件块，则可以调度这台机器来处理这个数据块。

为了管理数据访问，HDFS 采用三个 Java 守护进程（后台进程）：NameNode、DateNode 和 Secondary NameNode。NameNode 守护进程在单台机器上运行，确定并跟踪一个数据文件的不同块被存储的位置。DataNode 守护进程管理每台机器上存储的数据。如果客户端应用程序要访问存储在 HDFS 上的一个特定文件，该应用程序可以联系 NameNode，然后 NameNode 为该应用程序提供这个文件的不同块所在的位置。然后应用程序就可以与相应的 DataNode 通信来访问文件了。

每个 DataNode 定期生成关于存储在 DataNode 上的文件块的报告，并将报告发送给 NameNode。如果 DataNode 上的一个或多个块不可访问，那么 NameNode 需要确保不可访问块的一个可访问副本被复制到另一台机器上。出于性能原因，NameNode 驻留在机器的内存中。

因为 NameNode 对于 HDFS 的运行是至关重要的，所以 NameNode 不可用或损坏会导致集群上的数据都不可用。因此 NameNode 可能造成 Hadoop 环境中的单点故障[15]。为了将 NameNode 失效的几率降至最低并提高性能，NameNode 通常运行在专用机器上。

第三个守护进程 Secondary NameNode，提供了执行某些 NameNode 任务的功能，以减轻 NameNode 的负担。这样的任务包括用文件系统编辑日志的内容来更新文件系统映像。需要重点注意的是，Secondary NameNode 不是 NameNode 的备份或冗余。当 NameNode 瘫痪时，必须重新启动 NameNode，并使用最近的文件系统映像文件和编辑日志的内容来初始化。Hadoop 最新版本提供了 HDFS 的高可用性（High Available，HA）特性。该特性可以允许两个 NameNode：一个处于活动状态；另一个处于待机状态。如果活动的 NameNode 出现故障，待机的 NameNode 会进行接管。使用 HDFS 的 HA 功能时，就不需要 Secondary NameNode [16]。

图 10.2 中是一个有 10 台机器的 Hadoop 集群，存储了一个有 3 个 HDFS 数据块的大文件。此外，文件块有三个副本。运行 NameNode 和 Secondary NameNode 的机器被认为是主节点（master node）。因为 DataNode 会接受来自主节点的命令，所以运行 DataNode 的机器被称作工人节点（worker node）。

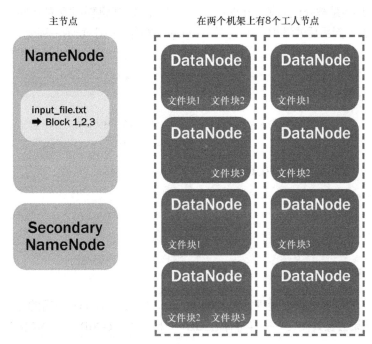

图 10.2　存储在 HDFS 的文件

2. 在 Hadoop 中构建一个 MapReduce 任务

在 10.1.2 节中简要地描述了 Hadoop 能够运行 MapReduce 任务。本节将详细讲解如何在

Hadoop 中运行 MapReduce 任务。以 Java 编写的一个典型的 MapReduce 程序包含 3 个类：driver、mapper 和 reducer。

driver 类提供了诸如输入文件的位置、将输入文件添加到 map 任务的规定、mapper 和 reducer Java 类的名称，以及 reduce 任务输出的位置之类的一些细节。可以在 driver 中指定各种任务配置选项。例如，在 driver 中可以手动指定 reducer 的数量。取决于 MapReduce 任务的输出如何在后续的过程中使用，这样的选项是相当有用的。

mapper 类提供了处理 driver 代码中指定的输入文件的每个数据块的逻辑。例如在之前提到的单词计数的 MapReduce 示例中，会在数据块驻留的工人节点上运行一个 map 任务。每个 map 任务逐行处理一段文字，把行解析为单词，对于每个词输出<word，1>键/值，而不管该单词在文本行里出现了多少次。键/值对被临时存储在工人节点的内存中（或缓存到节点的磁盘上）。

接下来，根据要运行的 reducer 的数量，由内置的 shuffle 和 sort 功能来处理键/值对。在这个简单的例子中，只有一个 reducer。所以，所有的中间数据都要传递给它。从各个 map 任务的输出中，针对每个唯一的键，构建由其在原键/值对中对应出现的值组成的数组（在 Java 中为列表），形成新的键/值对（值为数组）。同时，Hadoop 会按顺序将键传递给每个 reducer。在图 10.3 中，<each，（1,1）>是被处理的第一个键/值对，随后是按字母顺序排列的<For，（1）>，然后是剩余的键/值对，直到最后的键/值对传递给 reducer。括号"（ ）"表示一列值，这个例子中它是一个数组。

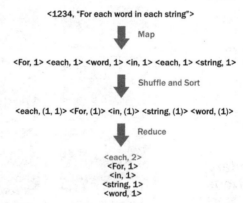

图 10.3　shuffle 和 sort

一般情况下，每个 reducer 处理每个键的所有值，并根据 reducer 逻辑的定义输出一个键/值对。然后输出结果会像其他文件一样存储在 HDFS 上，分成 64MB 大小的数据块，并跨节点间复制三次。

3. 在构建 MapReduce 任务时的其他注意事项

前面的讨论阐述了在 Hadoop 集群上构建和运行 MapReduce 任务的基本知识。若干 Hadoop 特性为 MapReduce 任务提供了更多的功能。

首先，combiner 是一个可能应用到 map 任务和 shuffle/sort 之间的有用选项。通常情况下，combiner 具有和 reducer 相同的处理逻辑，只是将逻辑应用到每个 map 任务的输出。在单词计数的例子中，combiner 计算了从 mapper 的输出中每个词出现次数的总和。图 10.4 所示为 combiner 是如何在简单的单词计数示例中处理一个字符串的。

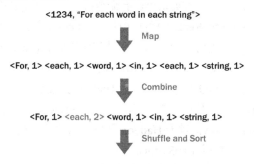

图 10.4 使用 combiner

因此，在生产环境中，不是把一万个可能的<the，1 >键/值对从 map 任务输出到 shuffle 和 sort 中，而是由 combiner 输出一个<the，10000 >键/值对。reducer 步骤仍然接收到每个单词的值列表，但是键不会有一个长度高达 100 万的值列表（1,1，…，1）。对于一个键，reducer 得到的值列表，其长度最多和运行的 map 任务的数量一样，如列表（10000，964，…，8345）。使用 combiner 可以最大限度地减少必须由 reducer 存储、通过网络传输和处理的中间 map 输出。

另一个有用的选项是 partitioner。它决定了每个 reducer 接收到的键和相应值列表。借助于前面那个简单的单词计数例子，图 10.5 所示为 partitioner 可以把以元音字母开头的每个单词发给一个 reducer，而其他以辅音开头的单词发送给另一个 reducer。

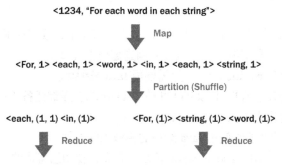

图 10.5 使用一个自定义的 partitioner

作为一个更实际的例子，用户可以自定义 partitioner 把结果按照每一日历年分成单独的文件，供后续分析使用。同时，partitioner 可以用来确保工作量被均匀地分布到 reducer 上。例如，如果已知某些键与很大一部分数据相关联，那么 partitioner 可以用来确保这些键会被分配给不同的 reducer 来实现更好的整体性能。否则，一个 reducer 可能被分配绝大多数的数据，而 MapReduce

任务在一个长期运行的 reducer 任务完成之前不会结束。

4. 开发和运行 Hadoop MapReduce 程序

开发 Hadoop MapReduce 程序的一种常见方法是使用交互式开发环境（IDE）工具来编写 Java 代码，比如 Eclipse[17]。相比于纯文本编辑器或者命令行界面，使用 IDE 工具能更方便地编写、编译、测试和调试代码。典型的 MapReduce 程序包括三个 Java 文件，它们分别对应于 driver 代码、map 代码、reduce 代码。另外，也可以为 combiner 或自定义的 partitioner 编写 Java 文件。Java 代码被编译并存储为 Java Archive（JAR）文件。该 JAR 文件然后针对指定的 HDFS 输入文件运行。

除了了解提交 MapReduce 任务的机制以外，Hadoop 开发新人遇到的 3 个关键挑战分别为：定义使用 MapReduce 计算模型的代码逻辑；学习 Apache Hadoop Java 类、方法和接口；在 Java 中实现 driver、map 和 reduce 函数。对于 Hadoop 开发新人来说，拥有一些 Java 的相关经验可以使其更专注于学习 Hadoop 和编写 MapReduce 任务。

对于偏好 Java 之外的其他编程语言的用户来说，还有一些其他选择。一个选择是使用 Hadoop Steaming API，它允许用户不需要懂 Java[18]就可以编写和运行 Hadoop 任务。然而一些其他编程语言的知识，例如 Python、C 或 Ruby，还是必要的。Apache Hadoop 提供了 Hadoop-Streaming.jar 文件，它接收输入/输出文件的 HDFS 路径，以及实现了 map 和 reduce 函数的文件路径。

在准备和运行 Hadoop streaming 任务时，还有下面一些重要的考虑因素。

- 虽然 shuffle 和 sort 的输出按照键排序的顺序发给了 reducer，但是 reducer 并不会将相应的值作为列表来接收；相反，它接收的是单独的键/值对。reduce 代码必须监控键的值变化并适当地处理新的键的值。
- map 和 reduce 代码必须已经是可执行的形式，或者必要的解释器必须已经安装到了每个工人节点上。
- map 和 reduce 代码必须已经驻留在每个工人节点上，或者在提交任务时必须提供代码的位置。在后一种情况下，代码被复制到每个工人节点。
- 有些函数，比如 partitioner，仍然需要用 Java 来编写。
- 输入和输出都通过 stdin 和 stdout 处理。stderr 能够跟踪任务的状态，实现计数器功能，以及向前端显示报告执行问题 [18]。
- steaming API 的性能比使用 Java 编写的相似功能要差。

一个替代的方法是使用 Hadoop pipes 机制，它允许使用已编译的 C++代码来实现 map 和 reduce 函数。使用 C++的优势是，有大量现成的数值库（numerical library）[19]可以直接在代码中使用。

为了直接处理 HDFS 里的数据，一个选择是使用 Apache Hadoop 提供的 C API（libhdfs）或 Java API。这些 API 允许在 MapReduce 程序之外读写 HDFS 数据文件[20]。这种方法在下面情况下可能比较有用：通过检查输入来尝试调试 MapReduce 程序，或者目标是在运行 MapReduce

任务之前先转换 HDFS 数据。

5. Yet Another Resource Negotiator（YARN）

Apache Hadoop 一直在持续开发与频繁更新。一个重要的改变是将 MapReduce 的功能从分布式环境中管理任务运行和相关责任的功能中分离出来。这个重写有时称为 MapReduce 2.0，或是 Yet Another Resource Negotiator（YARN）。YARN 把集群的资源管理从对运行在集群上任务的调度和监控中分离了出来。YARN 的实现使得在 Hadoop 环境中运行非 MapReduce 计算模型成为可能。例如整体同步并行（Bulk Synchronous Parallel，BSP）[21]模型可能比 MapReduce[22]更适合图形处理。实现了 BSP 模型的 Apache Hama 是使用 YARN 功能的其中一个应用。

YARN 接替了 JobTracker 和 TaskTracker 守护进程的功能。在 Hadoop 的早期版本中，MapReduce 任务被提交给 JobTracker 守护进程。JobTracker 和 NameNode 通信来决定哪个工人节点存储 MapReduce 作业所需的数据块。JobTracker 然后将 map 和 reduce 任务分配给运行在工人节点上的 TaskTracker。为了优化性能，每个任务最好是分配给存储输入数据块的工人节点。TaskTracker 与 JobTracker 定期通信，以了解其执行任务的状态。如果一个任务显示已经失败，JobTracker 可以将任务分配给另一个不同的 TaskTracker。

10.2　Hadoop 生态系统

到目前为止，本章已经概述了 Apache Hadoop，包括其 HDFS 实现，以及 MapReduce 计算模型。Hadoop 的普及催生了许多专有的和开源的工具，从而使得 Apache Hadoop 更容易使用，并提供了额外的功能和特性。本节将介绍下列与 Hadoop 相关的 Apache 项目。

- **Pig**：高级数据流编程语言。
- **Hive**：类 SQL 数据访问。
- **Mahout**：分析工具。
- **HBase**：实时数据读写。

通过隐藏 MapReduce 程序开发的细节，Pig 和 Hive 允许开发人员编写高层次代码，然后后续转换成一个或多个 MapReduce 程序。因为 MapReduce 是专门针对批处理的，因此 Pig 和 Hive 也专门针对批量处理用例。

当 Hadoop 处理完一个数据集，Mahout 提供了一些能够在 Hadoop 环境中分析数据的工具。例如，第 4 章中讲解的 k 均值聚类分析就可以使用 Mahout 执行。

不同于 Pig 和 Hive 的批量处理，HBase 能够实时地读写存储在 Hadoop 环境中的数据。这种实时访问的能力部分是通过将数据存储于内存和 HDFS 中实现的。同时，HBase 无需依赖 MapReduce 来访问 HBase 中的数据。HBase 的设计和操作明显不同于关系数据库和其他的 Hadoop 工具，稍后会具体描述。

10.2.1 Pig

Apache Pig 由数据流语言 Pig Latin 和一个执行 Pig 代码的环境所组成。使用 Pig 的主要好处是可以在分布式系统中使用 MapReduce 的强大功能，同时简化开发和执行 MapReduce 任务。在执行 Pig 命令时，后台运行的是 MapReduce 任务，而这在大多数情况下对用户来说是透明的。这个位于 Hadoop 之上的抽象层可以简化 Hadoop 程序开发，从而让 MapReduce 获得更多的用户。

与 Hadoop 一样，Pig 于 2006 年起源于 Yahoo!，于 2007 年转移到 Apache 软件基金会，并于 2008 年作为 Apache Hadoop 子项目发布了第一个版本。随着时间推移，Pig 不断发展，并一贯具有三个主要特点：易编程、后台代码优化和可扩展性[24]。

在安装完 Apache 和 Pig 后，Pig 的基本操作包括在命令行提示符下输入 pig 进入到 Pig 的执行环境，然后在 grunt 提示符下输入一系列指令。

这里显示了一个 Pig 的命令示例。

```
$ pig
grunt> records = LOAD '/user/customer.txt' AS
                     (cust_id:INT, first_name:CHARARRAY,
                      last_name:CHARARRAY,
                      email_address:CHARARRAY);
grunt> filtered_records = FILTER records
                     BY email_address matches '.*@isp.com';
grunt> STORE filtered_records INTO '/user/isp_customers';
grunt> quit
$
```

在第一个 grunt 提示符下，Pig 变量 records 读入一个有 4 个字段：cust_id、first_name、last_name 和 email_address 的文本文件。接下来，records 中 email_address 以 @isp.com 结尾的记录被分配给变量 filtered_records，指代邮件地址来自特定 ISP 的客户。使用 STORE 命令，把过滤后的记录写入到 HDFS 目录 isp_customer。最后，执行 QUIT 命令退出 Pig 交互环境。或者，这些单独的 Pig 命令也可以写入到 filter_script.pig，然后在命令行中提交，如下所示。

```
$ pig filter_script.pig
```

Pig 命令会在后台转换为一个或多个 MapReduce 任务。因此，Pig 简化了 MapReduce 任务的编写，可以让用户快速地开发、测试和调式 Pig 代码。在这个特定的例子中，MapReduce 任务会在 STORE 命令运行以后被初始化。在 STORE 命令之前，Pig 已经建立了一个执行计划，但是还没有初始化 MapReduce 进程。

Pig 提供了几种常见的数据操作的执行语句，比如两个或多个文件（表）之间的内连或外连，这与典型的关系数据库一样。在 Hadoop MapReduce 中实现这些连接（join）是相当复杂的。Pig 还提供了 GROUP BY 功能，该功能与 SQL 中的 GROUP BY 功能类似。第 11 章会介绍使用 Group BY 和其他 SQL 语句的更多细节。

Pig 的另外一个特点是提供了很多内置函数，可以在 Pig 代码中直接使用。表 10.1 按分类列出了几个有用的函数。

表 10.1　内置的 Pig 函数

求值	读取/存储	数学	字符	日期时间
AVG	BinStorage()	ABS	INDEXOF	AddDuration
CONCAT	JsonLoader	CEIL	LAST_INDEX_OF	CurrentTime
COUNT	JsonStorage	COS、ACOS	LCFORST	DaysBetween
COUNT_STAR	PigDump	EXP	LOWER	GetDay
DIFF	PigStorage	FLOOR	REGEX_EXTRACT	GetHour
IsEmpty	TextLoader	LOG、LOG10	REPLACE	GetMinute
MAX	HBaseStorage	RANDOM	STRSPLIT	GetMonth
MIN		ROUND	SUBSTRING	GetWeek
SIZE	SIN、ASIN	TRIM	GetWeekYear	
SUM	SQRT	UCFIRST	GetYear	
TOKENIZE	TAN, ATAN	UPPER	MinutesBetween	
				SubtractDuration
				ToDate

这些内置函数和其他函数的细节可以在 **pig.apache.org** 网站上找到[25]。

就扩展性而言，Pig 允许在其环境中执行用户定义函数（UDF）。因此，一些复杂的操作可以使用用户选择的语言进行编码，然后在 Pig 环境中执行。用户可以在托管在 Apache 站点上的资源 Piggybank 代码库中共享他们的 UDF[26]。随着时间的推移，最有用的 UDF 有可能会被包含到 Pig 的内置函数中。

10.2.2　Hive

与 Pig 类似，Apache Hive 允许用户无需编写 MapReduce 代码就可以处理数据。Hive 与 Pig 的一个关键区别是，Hive 语言 HiveQL（Hive Query Language）类似于结构化查询语句（SQL），而不是脚本语言。

Hive 表的结构由行和列构成。行通常对应于一些记录、事务或者特定实体（例如客户）的详细内容。相应的列值代表每行的不同属性或特征。Hadoop 及其生态系统可以为非结构化数据生成某种结构。因此，如果表结构是一种重新结构化数据的适当方式，那么 Hive 是一个好工具。

另外，如果用户具有 SQL 使用经验而且数据已经在 HDFS 中，则他可以考虑使用 Hive。使用 Hive 的另一个考虑可能是，如何将数据添加到 Hive 表中或者做更新。如果数据只是定期地添加到表中，Hive 可以胜任该工作，但是如果还需要在表中更新数据，则有必要考虑其他工具，例如 HBase。HBase 会在下一节中讨论。

尽管在某些应用中,Hive 的性能可能好于常规的 SQL 数据库,但 Hive 不适用于实时查询。一个 Hive 查询首先要转换成一个 MapReduce 任务,然后该任务被提交给 Hadoop 集群。因此,查询在执行时不得不与其他提交的任务竞争资源。与 Pig 一样,Hive 也适用于批量处理。再次强调,HBase 可能是实时查询的更好选择。

对上述的讨论进行总结,在下列情况存在的时候,可以考虑使用 Hive。

- 数据很适合表结构。
- 数据已经存在于 HDFS 中 (注意,非 HDFS 文件也可以加载到 Hive 表中)。
- 开发人员熟悉 SQL 编程与查询。
- 希望基于时间来划分数据 (例如,将日常更新添加到 Hive 表中)。
- 可接受批量处理。

接下来的讨论涵盖一些 HiveQL 的基础。在命令行提示符下,用户直接输入 hive 进入到 Hive 交互环境:

```
$ hive
hive>
```

在这个环境中,用户可以定义新表、对其进行查询,或者汇总其内容。为了演示如何使用 HiveQL,以下的例子定义了一个新的 Hive 表来存放客户数据,将现有的 HDFS 数据载入到 Hive 表中,然后查询表。

第一步是创建 customer 表,用来存放客户详情。因为该表会用一个现有的 HDFS 文件 (该文件上会用制表符来分割) 来填充,因此在创建表查询中对格式进行了指定。

```
hive> create table customer (
              cust_id bigint,
              first_name string,
              last_name string,
              email_address string)
              row format delimited
              fields terminated by '\t';
```

执行下列的 HiveQL 查询,对新创建的 customer 表中的记录进行计数。因为表在当前是空的,因此查询返回的结果是 0 (输出最后一行)。该查询在转换为一个 MapReduce 任务并运行时,会生成一个 map 任务和一个 reduce 任务来执行。

```
hive> select count(*) from customer;

Total MapReduce jobs = 1

Launching Job 1 out of 1
Number of reduce tasks determined at compile time: 1
Starting Job = job_1394125045435_0001, Tracking URL =
    http://pivhdsne:8088/proxy/application_1394125045435_0001/
Kill Command = /usr/lib/gphd/hadoop/bin/hadoop job
    -kill job_1394125045435_0001
```

```
Hadoop job information for Stage-1: number of mappers: 1;
    number of reducers: 1
2014-03-06 12:30:23,542 Stage-1 map = 0%, reduce = 0%
2014-03-06 12:30:36,586 Stage-1 map = 100%, reduce = 0%,
    Cumulative CPU 1.71 sec
2014-03-06 12:30:48,500 Stage-1 map = 100%, reduce = 100%,
    Cumulative CPU 3.76 sec
MapReduce Total cumulative CPU time: 3 seconds 760 msec
Ended Job = job_1394125045435_0001
MapReduce Jobs Launched:
Job 0: Map: 1 Reduce: 1 Cumulative CPU: 3.76 sec HDFS Read: 242
    HDFS Write: 2 SUCCESS
Total MapReduce CPU Time Spent: 3 seconds 760 msec
OK
0
```

　　当查询大型表的时候，Hive 的性能和扩展性要比大多数常规数据库查询好。如上文所述，Hive 将 HiveQL 查询转换为 MapReduce 任务，然后把大型数据集切片进行并行处理。

　　要将 HDFS 文件 customer.txt 中的内容加载到 customer 表，只需要提供文件的 HDFS 目录路径即可。

```
hive> load data inpath '/user/customer.txt' into table customer;
```

　　下面的查询显示了 customer 表的前三行。

```
hive> select * from customer limit 3;

34567678      Mary        Jones       mary.jones@isp.com
897572388     Harry       Schmidt     harry.schmidt@isp.com
89976576      Tom         Smith       thomas.smith@another_isp.com
```

　　经常需要基于一个或多个列来连接一个或多个 Hive 表。下面的示例提供了将 customer 表连接到另外一个存储客户订单详情的 orders 表的机制。orders 表中没有存所有的客户详情，而是只存了相应的 cust_id。

```
hive> select o.order_number, o.order_date, c.*
            from orders o inner join customer c
            on o.cust_id = c.cust_id
            where c.email_address = 'mary.jones@isp.com';

Total MapReduce jobs = 1
Launching Job 1 out of 1
Number of reduce tasks not specified. Estimated from input data size: 1
Starting Job = job_1394125045435_0002, Tracking URL =
    http://pivhdsne:8088/proxy/application_1394125045435_0002/
Kill Command = /usr/lib/gphd/hadoop/bin/hadoop job
    -kill job_1394125045435_0002
Hadoop job information for Stage-1: number of mappers: 2;
    number of reducers: 1
2014-03-06 13:26:20,277 Stage-1 map = 0%, reduce = 0%
2014-03-06 13:26:42,568 Stage-1 map = 50%, reduce = 0%,
    Cumulative CPU 4.23 sec
```

```
2014-03-06 13:26:43,637 Stage-1 map = 100%, reduce = 0%,
    Cumulative CPU 4.79 sec
2014-03-06 13:26:52,658 Stage-1 map = 100%, reduce = 100%,
    Cumulative CPU 7.07 sec
MapReduce Total cumulative CPU time: 7 seconds 70 msec
Ended Job = job_1394125045435_0002
MapReduce Jobs Launched:
Job 0: Map: 2 Reduce: 1 Cumulative CPU: 7.07 sec HDFS Read: 602
    HDFS Write: 140 SUCCESS
Total MapReduce CPU Time Spent: 7 seconds 70 msec
OK
X234825811 2013-11-15 17:08:43 34567678 Mary Jones mary.jones@isp.com
X234823904 2013-11-04 12:53:19 34567678 Mary Jones mary.jones@isp.com
```

连接的用法和 SQL 概览会在第 11 章中讲解。要退出 Hive 交互环境，使用 quit 命令。

```
hive> quit;
$
```

在交互环境中运行 Hive 的另一种方法是把 HiveQL 语句写入到脚本中（例如，my_script.sql），
然后执行脚本文件，如下所示。

```
$ hive -f my_script.sql
```

上述的 Hive 介绍简单讲解了基本的 HiveQL 命令和语句。建议读者适时研究和利用其他
Hive 功能，例如外部表（external table）、解释计划（explain plan）、分区（partition），以及将数
据添加到 Hive 表中的 INSERT INTO 等命令。

以下是一些 Hive 用例。

- **HDFS 数据的探索性或即席分析**：数据可以进行查询、转换，并导出到分析工具，比如
  R 语言。
- **报表系统、仪表盘或数据仓库（比如 HBase）的数据馈入**：可以定期运行 Hive 查询，
  来提供这类定期的数据馈入。
- **将外部的结构化数据与 HDFS 中的数据合并**：Hadoop 非常适合处理非结构化数据，但
  是 RDBMS（比如 Oracle 或 SQL Server）中经常会存在结构化数据，这些数据需要与
  HDFS 中的数据连接。RDBMS 中的数据可以定期添加到 Hive 表，与 HDFS 现有的数
  据一起用于查询。

10.2.3 HBase

与面向批处理应用的 Pig 和 Hive 不同，Apache HBase 能够实时读写具有数十亿行、数百
万列的数据集。为了描述 HBase 和关系数据库的区别，本节介绍了 HBase 实现和使用方面的
细节。

HBase 是基于 Google 2006 年的 Bigtable 论文设计的。该论文将 Bigtable 描述为"用于管理
结构化数据的分布式存储系统"。Google 使用 Bigtable 存储其网站产品相关的数据，比如提供全

世界卫星图像的 Google Earth。Bigtable 还用来存储网页爬虫的搜索结果、个人搜索优化数据，以及网站点击流数据。Bigtable 建立在 Google File System 的上层，它同样使用了 MapReduce 来处理数据的出入。例如，把点击流的原始数据存储在 Bigtable 中。然后定期运行一个 MapReduce 任务来处理和汇总新添加的点击流数据，并把结果存储到第二个 Bigtable 中[27]。

Hbase 的开发始于 2006 年，2007 年末作为 Hadoop 发布版的一部分被纳入其中。在 2010 年 5 月，HBase 成为 Apache 顶级项目。2010 年晚些时候，Facebook 开始在其用户消息基础架构中使用 HBase，以支持 3 亿 5 千万用户每月发送 150 亿条消息[28]。

1. HBase 架构与数据模型

HBase 是一个分布于集群节点上的数据存储。与 Hadoop 以及许多相关的 Apache 项目一样，HBase 建立在 HDFS 之上，并通过将工作负载分散到分布式集群中的大量节点来实现实时的访问速度。一个 HBase 表包含行和列。然而，一个 HBase 表还包含了一个第 3 维度：版本，用来保持列随时间变化的不同值。

为了描述这第三个维度，来看一个简单的例子。对于在线客户，他可能保存了几个收货地址。所以，行由客户编号来表示。表中的一个列表示收货地址。一个客户的收货地址的值会添加到客户所在行的收货地址列，同时还要添加一个时间戳，这个时间戳代表客户上一次使用该收货地址的时间。

客户在一个线上零售商结账时，网站可以使用这样的一个表来获取与显示客户先前的收货地址。如图 10.6 所示，客户可以选择合适的地址、添加新地址或删除任何不再相关的地址。

当然，除了客户的收货地址以外，其他的客户信息，比如账单地址、首选项、账单信用/欠款和客户优惠（比如，免运费）也必须被存储。对于此类应用，需要实时访问。因此，使用 Pig、Hive 或 Hadoop MapReduce 的批量处理功能并不是一个合理的实现方法。下面将介绍 HBase 是如何存储数据和提供实时读写访问的。

图 10.6　在结账时选择一个收货地址

之前提到，HBase 建立在 HDFS 之上。HBase 使用键/值结构来存储 HBase 表的内容，其中每个值是某行的某个特定版本的列值，每个键包括如下元素 [29]：

- 行长度；
- 行（有时候也称为行键）；
- 列族长度；
- 列族；
- 列限定符；
- 版本；
- 键类型。

行（row）是用来访问 HBase 表内容的主要属性。行是数据在集群中进行分布和对 HBase 表的查询能快速获取所需元素的基础。因此，行的结构或布局需要根据数据访问的模式来专门设计。所以，一个 HBase 表不会适合所有的即席查询和分析。换句话说，了解 HBase 将会如何使用很重要；理解了表的使用方式后，有助于更好地定义行结构和表。

例如，如果 HBase 表用来存储电子邮件的内容，行可以构造为电子邮件地址和发送时间的串接。因为 HBase 会是基于行存储的，对于给定的电子邮件地址来获取电子邮件的内容会相当有效，但是获取指定日期范围内的电子邮件时，将花费相当长的时间。稍后有关区域（region）的讨论会提供更多 HBase 如何存储数据的详细内容。

HBase 表中的列（column）是由列族（column family）与列限定符（column qualifier）联合指定的。列族提供了高层次的列限定符分组。在前面的收货地址示例中，行可以包含 order_number，订单细节可以使用诸如 shipping_address、billing_address、order_date 等列限定符存储到列族下。在 HBase 中，列被表示为列族:列限定符。这个示例中，列 orders:shipping_address 指的是订单收货地址。

单元格（cell）是指表中某行的某列。版本（version）有时候称为时间戳（timestamp），它可以用来保持 HBase 表中一个单元格内容的不同值。在将一个记录写入到表中时，尽管用户可以自定义一个版本值，但是一个典型的 HBase 实现是使用 HBase 的默认值，即当前的系统时间。在 Java 中，时间戳是通过 System.getCurrentTimeMillis()获取的，即自 1970 年 1 月 1 日以来的毫秒数。因为很可能只需要一个单元格的最近版本，所以单元格按照版本的降序进行存储。如果应用程序要求单元格按照其创建时间升序来存储和检索，那么方法是使用 Java 的 Long.MAX_VALUE - System.getCurrentTimeMillis()作为版本号。Long.MAX_VALUE 对应于 Java 中最大的长整型值。这个示例中，版本值还是按照降序来存储和排序。

键类型（key type）用来识别一个特定的键是对应于 HBase 表的写操作，还是删除操作。从技术上来说，HBase 表的一个删除操作是通过对表的写入来完成的。键类型表示写入的目的。删除操作将一个逻辑删除标记（tombstone marker）写入到表中，表示对于相应的行和列来说，所有等于或旧于指定时间戳的单元格版本都需要被删除。

一旦安装完 HBase 环境，用户可以通过在命令提示符下输入 hbase shell 进入到 HBase shell 环境。然后创建一个 HBase 表 my_table，如下所示。

```
$ hbase shell
hbase> create 'my_table', 'cf1', 'cf2',
                {SPLITS =>['250000','500000','750000']}
```

表中定义了 **cf1** 和 **cf2** 两个列族。SPLITS 选项指定了表是如何基于键的行部分来划分的。这个例子中，表被划分为 4 个部分，称为区域（region）。小于 250000 的行添加到第一个区域，从 250000 到 500000 添加到第二个区域，其余划分类似。这些划分提供了实现实时读写访问的基本机制。在这个例子中，my_table 被划分为 4 个区域，每个区域位于 Hadoop 集群中各自的工人节点上。因此，随着表的增大或者用户负载的增加，可以增加额外的工人节点和区域划分，以适当地扩展集群。读和写是基于行中的内容进行的。HBase 可以快速地确定合适的区域来执行读或写的命令。关于区域及其实现的更多细节将会在后文讨论。

只有列族（不是列限定符）需要在创建 HBase 表时定义。新的列限定符可以在数据写入到 HBase 表的时候定义。在大多数关系数据库中，数据库管理员需要事先定义列及其数据类型，而 HBase 表的列可以随着需求的出现随时进行添加。这种灵活性是 HBase 的强项之一，在处理非结构化数据时很有用。随着时间的变化，非结构化数据很可能会发生变化。因此具有新列修饰符的新内容必须被提取出来，添加到 HBase 表中。

列族有助于定义表在实际中如何存储。HBase 表会按区域划分，每个区域会划分成分别存储在 HDFS 中的列族。在 Linux 命令行提示符下，运行 hadoop fs -ls -R /hbase，将显示 HBase 表 my_table 在 HBase 中是如何存储的。

```
$ hadoop fs -ls -R /hbase

  0 2014-02-28 16:40 /hbase/my_table/028ed22e02ad07d2d73344cd53a11fb4
243 2014-02-28 16:40 /hbase/my_table/028ed22e02ad07d2d73344cd53a11fb4/
                     .regioninfo
  0 2014-02-28 16:40 /hbase/my_table/028ed22e02ad07d2d73344cd53a11fb4/
                     cf1
  0 2014-02-28 16:40 /hbase/my_table/028ed22e02ad07d2d73344cd53a11fb4/
                     cf2
  0 2014-02-28 16:40 /hbase/my_table/2327b09784889e6198909d8b8f342289
255 2014-02-28 16:40 /hbase/my_table/2327b09784889e6198909d8b8f342289/
                     .regioninfo
  0 2014-02-28 16:40 /hbase/my_table/2327b09784889e6198909d8b8f342289/
                     cf1
  0 2014-02-28 16:40 /hbase/my_table/2327b09784889e6198909d8b8f342289/
                     cf2
  0 2014-02-28 16:40 /hbase/my_table/4b4fc9ad951297efe2b9b38640f7a5fd
267 2014-02-28 16:40 /hbase/my_table/4b4fc9ad951297efe2b9b38640f7a5fd/
                     .regioninfo
  0 2014-02-28 16:40 /hbase/my_table/4b4fc9ad951297efe2b9b38640f7a5fd/
                     cf1
  0 2014-02-28 16:40 /hbase/my_table/4b4fc9ad951297efe2b9b38640f7a5fd/
                     cf2
  0 2014-02-28 16:40 /hbase/my_table/e40be0371f43135e36ea67edec6e31e3
267 2014-02-28 16:40 /hbase/my_table/e40be0371f43135e36ea67edec6e31e3/
```

```
                          .regioninfo
0 2014-02-28 16:40 /hbase/my_table/e40be0371f43135e36ea67edec6e31e3/
                          cf1
0 2014-02-28 16:40 /hbase/my_table/e40be0371f43135e36ea67edec6e31e3/
                          cf2
```

可以看到，在/hbase/mytable 目录下面创建了 4 个子目录。每个子目录使用各自的区域名称（包括起始行和结束行）的哈希值来命名。在这些目录下面是列族的目录，这个例子中是 cf1 和 cf2，以及.regioninfo 文件，该文件中包含有关区域维护的几个选项和属性。列族的目录存储了相应的列限定符的键和值。一个列族中的列限定符应该很少与另外一个列族中的列限定符一起被读取。之所以将列族分离，是为了找到所请求的数据时，能够最小化 HBase 不得不访问的无关数据量。从两个列族中读取数据意味着必须扫描多个目录来找出所有需要的列，这违背了创建列族的最初目的。在这样的情况下，只用一个列族可能是更好的表设计。在实践中，列族的数量应不超过两个或三个。否则，可能会产生性能问题[30]。

下面的操作使用 put 命令将数据添加到表中。在这 3 个 put 操作中，data1 和 data2 分别被加入到列族 cf1 中的列限定符 cq1 和 cq2。data3 被加入到列族 cf2 中的列限定符 cq3。在每个操作中，使用行键 000700 指定了列。

```
hbase> put 'my_table', '000700', 'cf1:cq1', 'data1'

0 row(s) in 0.0030 seconds

hbase> put 'my_table', '000700', 'cf1:cq2', 'data2'

0 row(s) in 0.0030 seconds

hbase> put 'my_table', '000700', 'cf2:cq3', 'data3'

0 row(s) in 0.0040 seconds
```

通过使用 get 命令可以从 HBase 表中获取数据。前面提到，时间戳默认为自 1970 年 1 月 1 日起的毫秒数。

```
hbase> get 'my_table', '000700', 'cf2:cq3'

COLUMN CELL
cf2:cq3 timestamp=1393866138714, value=data3
1 row(s) in 0.0350 seconds
```

在默认情况下，get 命令返回最近的版本。为了进行演示，在同样的行和列上执行第二次 put 操作后，紧接着的 get 命令提供了最近添加的 data4 的值。

```
hbase> put 'my_table', '000700', 'cf2:cq3', 'data4'

0 row(s) in 0.0040 seconds

hbase> get 'my_table', '000700', 'cf2:cq3'
```

```
COLUMN CELL
cf2:cq3 timestamp=1393866431669, value=data4
1 row(s) in 0.0080 seconds
```

通过指定要获取的版本数量，get 操作可以返回多个版本。这个示例演示了单元格按照版本号进行降序排列。

```
hbase> get 'my_table', '000700', {COLUMN => 'cf2:cq3', VERSIONS => 2}

COLUMN   CELL
cf2:cq3 timestamp=1393866431669, value=data4
cf2:cq3 timestamp=1393866138714, value=data3
2 row(s) in 1.0200 seconds
```

一个与 get 命令类似的操作是 scan。一个 scan 命令获取 STARTROW 和 STOPROW 之间的所有行，但是不包含 STOPROW。注意，如果 STOPROW 设置为 000700，那么只有行 000600 会被返回。

```
hbase> scan 'my_table', {STARTROW => '000600', STOPROW =>'000800'}

ROW        COLUMN+CELL
  000600 column=cf1:cq2, timestamp=1393866792008, value=data5
  000700 column=cf1:cq1, timestamp=1393866105687, value=data1
  000700 column=cf1:cq2, timestamp=1393866122073, value=data2
  000700 column=cf2:cq3, timestamp=1393866431669, value=data4
2 row(s) in 0.0400 seconds
```

下一个操作是通过指定时间戳来删除行为 000700 列为 cf2：cq3 的最老条目。

```
hbase> delete 'my_table', '000700', 'cf2:cq3', 1393866138714
0 row(s) in 0.0110 seconds
```

重复前面获取两个版本的 get 操作，结果只返回了单元格的最新版本。毕竟，旧版本已经被删除了。

```
hbase> get 'my_table', '000700', {COLUMN => 'cf2:cq3', VERSIONS => 2}

COLUMN   CELL
 cf2:cq3 timestamp=1393866431669, value=data4
1 row(s) in 0.0130 seconds
```

然而，将 RAW 选项设置为 true 后运行 scan 操作，显示已删除的条目依然存在。着重显示的行演示了如何创建逻辑删除标记，用来通知默认的 get 和 scan 操作忽略特定行和列的所有较老的单元格版本。

```
hbase> scan 'my_table', {RAW => true, VERSIONS => 2,
          STARTROW => '000700'}

ROW      COLUMN+CELL
 000700 column=cf1:cq1, timestamp=1393866105687, value=data1
```

```
000700 column=cf1:cq2, timestamp=1393866122073, value=data2
000700 column=cf2:cq3, timestamp=1393866431669, value=data4
000700 column=cf2:cq3, timestamp=1393866138714, type=DeleteColumn
000700 column=cf2:cq3, timestamp=1393866138714, value=data3
1 row(s) in 0.0370 seconds
```

什么时候被删除的条目会永久移除呢？为了理解这个过程，有必要理解 HBase 如何处理操作以及如何实现实时读写访问。前面提到，一个 HBase 表会基于行划分成多个区域。每个区域由一个工人节点来维护。在对特定区域进行 put 和 delete 操作的过程中，工人节点首先将命令写入到区域的预写式日志（Write Ahead Log，WAL）文件。WAL 能够确保在系统发生故障时操作不丢失。下一步，操作的结果会存储在工人节点内存中的 MemStore 仓库[31]。

将条目写入 MemStore 保证了所需的实时访问。只要已经写入，任何客户端都可以访问 MemStore 中的条目。当 MemStore 尺寸增大或是到达预定的时间间隔，已排序的 MemStore 会写入（刷新）到 HDFS 中的一个 HFile 文件，它也位于同一个工人节点。一个典型的 HBase 实现在 MemStore 的内容略小于 HDFS 块的大小时，就会刷新 MemStore。随着时间的推移，这些刷新文件会积累起来，工人节点会执行次压缩（minor compaction）来对大量的刷新文件进行排序合并。

与此同时，工人节点收到的任何 get 或 scan 请求会检查这些可能的存储位置。

- MemStore。
- MemStore 刷新产生的 HFile。
- 次压缩产生的 HFile。

因此，在同一行上进行一个 delete 操作，紧接着进行一个 get 操作，会在 MemStore 中和在相应的先前版本（存在于比较小的 HFile 或是先前已合并的 HFile 中）中发现逻辑删除符。get 命令能够被瞬间处理然后返回适当的数据给客户端。

随着时间的推移，较小的 HFile 会不断累积，工人节点运行主压缩（major compaction），将较小的 HFile 合并到一个大 HFile 中。在主压缩期间，已删除的条目和逻辑删除标记会从文件中永久移除。

2. HBase 的用例

如 Google 的 Bigtable 论文所述，数据存储（比如 HBase）的一个常见用例是存储网页爬虫的结果。使用该论文中的示例，行 com.cnn.www 对应于站点的 URL：www.cnn.com。一个 anchor 列族被用来保存含有行中站点链接的所有站点的 URL。一个不太明显的实现是，这些 anchor 中的站点 URL 是作为列限定符来使用的。例如，如果 sportsillustrated.cnn.com 提供了 www.cnn.com 的链接，则列限定符就是 sportsillustrated.cnn.com。包含 www.cnn.com 链接的其他网站则作为额外的列限定符。单元格中存储的值是与包含链接的网站相关的文本。以下在 HBase 中对 CNN 数据执行 get 操作。

```
hbase> get 'web_table', 'com.cnn.www', {VERSIONS => 2}

COLUMN                          CELL
```

```
anchor:sportsillustrated.cnn.com timestamp=1380224620597, value=cnn
anchor:sportsillustrated.cnn.com timestamp=1380224000001, value=cnn.com
anchor:edition.cnn.com           timestamp=1380224620596, value=
```

针对每个包含 www.cnn.com 链接的网站会返回额外的结果。最后，需要解释一下行使用 com.cnn.www，而不是 www.cnn.com 的原因。通过翻转 URL，那些与互联网顶级域名对应的后缀（.com、.gov 或.net）可以按序存储。同样，域名的后面部分（cnn）也按序存储。所以，所有 cnn.com 网站都可以通过使用扫描（带有 com.cnn 的 STARTROW 和适当的 STOPROW）来获取。

这个简单的用例说明了几个重点。首先，HBase 中可以拥有十亿行、百万列的表格。截至 2014 年 2 月，已经识别出了 9 亿 2 千万个站点[32]。其次，行需要根据数据的访问方式来定义。一个 HBase 表需要基于特定目的和数据的读写模式来合理地计划和设计。最后，使用列限定符来存储数据要比将其直接存储到单元格中更有好处。在这个例子中，当有新的托管网站建立起来时，它们就成为了新的列限定符。

第二个用例是消息的存储与搜索。在 2010 年，Facebook 使用 HBase 实现了这样一个系统。当时，Facebook 的系统每个月处理超过 150 亿的用户到用户消息，以及 1200 亿的聊天消息[33]。以下描述了 Facebook 为用户收件箱建立搜索索引的方法。使用每个用户消息中的每个词，设计了如下所示的一个 HBase 表。

- 行被定义为用户的 ID。
- 列限定符被设置为消息中出现的一个单词。
- 版本是消息 ID。
- 单元格内容是单词在消息中的偏移量。

这种实现可以允许 Facebook 在搜索框中提供自动完成功能，并快速地返回查询结果，而且最新的消息显示在最顶端。只要消息 ID 随着时间不断增长，以降序存储的版本可以确保最新的电子邮件最先返回给用户[34]。

这两个用例有助于说明基于数据的访问模式来预先设计 HBase 表的重要性。此外，这些例子还说明了能够通过添加新列限定符的方式来按需添加新列的好处。而在典型的 RDBMS 实现中，要想添加新的列，则需要 DBA 来调整表的结构。

3．使用 HBase 的其他考量

除了示例中提到的 HBase 表设计以外，以下的考量对于成功使用 HBase 也是至关重要的。

- **Java API**：前文中介绍了几种 HBase 的 shell 命令和操作。shell 命令可用于在 HBase 环境中探索数据，以及说明命令的用处。然而，在生产环境中，可以使用 HBase Java API 来编写所需的操作和执行操作的条件。
- **列族和列限定符的名字**：确保列族和列限定符的名字越短越好很重要。尽管短名字往往违背了一个传统观点，即要使用有意义的描述性名字，但是列族和列限定符的名字是作为每个键/值对中的键的一部分来存储的。因此，为每一行中的名字每添加一个额外的字节，都会导致其所需的存储空间猛增。而且在默认情况下，每一个 HDFS 块会

在 Hadoop 集群上复制三次，因此所需要的存储空间也会增加 3 倍。

● **定义行**：行的定义是 HBase 表设计的最重要方面之一。一般情况下，这是在 HBase 表上执行读/写操作的主要机制。在构建行时，需要让所请求的列可以被轻易而快速地检索到。

● **避免创建连续行**：一种自然的倾向是按顺序创建行。例如，如果行键是客户识别号码，而且客户识别号码是按顺序创建，那么 HBase 可能会遇到这样一种情况，即所有的新用户和他们的数据都被写入到同一个区域，而不是如预期的那样，将工作负载分布到集群上[35]。解决这类问题的一个方法是给顺序号随机分配一个前缀。

● **版本控制**：表创建期间或后期修改时定义的 HBase 表选项可以控制单元格内容的某个版本的存在时长。存在选项来定义生存时间（TimeToLive，TTL），版本号旧于该选项值的所有版本将被删除。也存在用来维护最大版本号和最小版本号的选项。

● **Zookeeper**：HBase 使用 Apache Zookeeper 来协作和管理在分布式集群上运行的多个区域。总的来说，Zookeeper 是"一个维护配置信息、命名、提供分布式同步和组服务的集中式服务。所有这类服务以某种形式被分布式应用程序使用"[36]。HBase 使用了 Zookeeper，而不是自行构建协作服务。有一些与 HBase 相关的 Zookeeper 配置事项也需要注意[37]。

10.2.4　Mahout

本章的大部分内容关注的是使用 Apache Hadoop 及其生态系统来处理、结构化和存储大型数据集。数据集存储在 HDFS 中后，下一步就是对其应用第 4 章到第 9 章中介绍的分析技术。诸如 R 语言这类工具可以用于分析相对较小的数据集，但是对存储在 Hadoop 中的大型数据集可能会遇到性能问题。为了在 Hadoop 环境中应用分析技术，一种选择是使用 Apache Mahout。这个 Apache 项目提供了 Java 库，以便以可扩展的方式将分析技术应用到大数据中。mahout（驯象师）是指能控制大象的人。Apache Mahout 就是一个引导 Hadoop 这个大象产生有意义的分析结果的工具集。

Mahout 提供的 Java 代码实现了若干种技术的算法，这些技术分为如下三个类别[38]。

分类：

● 逻辑回归；

● 朴素贝叶斯；

● 随机森林；

● 隐马尔科夫模型

聚类：

● 冠层聚类；

● k 均值聚类；

- 模糊 k 均值；
- 期望最大化（EM）。

推荐系统/协同过滤：

- 非分布式推荐系统；
- 基于项的分布式协同过滤。

带有 HAWQ 的 Pivotal HD Enterprise

用户可以直接从 www.apache.org 网站下载并安装 Apache Hadoop 和 Hadoop 生态系统。另一种选择是下载各种 Apache Hadoop 项目的商业发行版。这些发布版通常包括额外的用户功能以及集群管理工具。Pivotal 是一家提供名为 Pivotal HD Enterprise 的 Hadoop 商业发行版的公司，如图 10.7 所示。

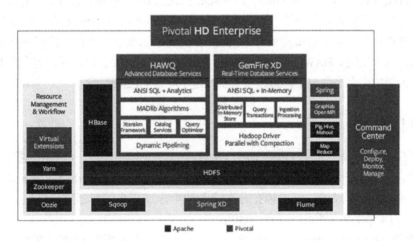

图 10.7　Pivotal HD Enterprise 组件

Pivotal HD Enterprise 中包含了本章介绍过的几个 Apache 系统组件，也包含如下的 Apache 软件。

- **Oozie**：管理 Apache Hadoop 任务的工作流调度系统。
- **Sqoop**：高效地在 Hadoop 与关系数据库之间移动数据。
- **Flume**：收集与聚合流数据（例如，日志数据）。

Pivotal 提供的额外功能如下[39]。

- **Command Center** 是一个允许用户通过 Web 图形界面安装、配置、监控与管理 Hadoop 组件和服务的强大的集群管理工具。它通过能即时查看集群健康状况和关键性能度量的综合仪表盘，简化了 Hadoop 集群的安装、升级和扩展。用户可查看整个 Pivotal HD 集群中关于主机、应用程序和任务指标的实时与历史信息。Command Center 还提供了命令行（CLI）与 Web 服务 API，以集成到企业监控服务中。
- 基于 **Open MPI（Message Passing Interface，消息传输接口）的 Graphlab** 是一个广泛

使用和成熟的高性能分布式图计算框架，它可以处理具有数十亿顶点和边的图。它现在可以原生地运行在 Hadoop 集群内，避免了昂贵的数据移动代价。这使得数据科学家和分析师可以在 Hadoop 中利用流行的算法（比如 Page Rank、协同过滤，以及计算机视觉）来进行数据分析，而不用把数据复制到其他地方导致延长数据科学周期。通过与用于关系型数据的 MADlib 机器学习算法相结合，Pivotal HD 成为世界上领先的机器学习高级分析平台。

- **Hadoop 虚拟化扩展（Hadoop Virtualization Extensions，HVE）** 插件可以让 Hadoop 感知虚拟化的拓扑结构，并能在虚拟环境中动态扩展 Hadoop 节点。Pivotal HD 是第一个包含 HVE 插件的 Hadoop 发行版，这使得可以在企业环境中轻松部署 Hadoop。通过 HVE，Pivotal HD 可以在云中实现真正弹性的可扩展性，并加强前置应用的部署选项。

- **HAWQ（HAdoop With Query）** 将 SQL 加入到 Hadoop 中，以加速数据分析项目、简化开发，同时可以提高生产力、扩展 Hadoop 的功能，并降低成本。HAWQ 通过添加丰富成熟的 SQL 并行处理组件来实现 Hadoop 查询，而且比市面上任何一种基于 Hadoop 的查询都更快。HAWQ 利用现有的商业智能和分析产品，以及用户现有的 SQL 技能，为大量的查询类型与工作负载带来了超过 100 倍的性能改善。

10.3　NoSQL

NoSQL(Not only Structured Query language)是一个用来描述那些非结构化数据存储的术语。如前面所述，HBase 是一种将键/值存储在列族中的理想工具。一般情况下，随着数据的增加，NoSQL 的解决方案可以通过简单地在分布式系统中添加更多的机器进行扩展。以下讲述了 NoSQL 工具的 4 个主要分类和一些例子[40]。

键/值存储（key/value store）包含的数据（值）可以简单地通过一个给定的标识符（键）来访问。在讲解 MapReduce 时提到，键可以很复杂。在键/值存储中，没有限定如何使用数据；键/值存储的用户需要自己维护和利用处理逻辑来从键和值中提取有用的元素。下面是一些键/值存储的用例。

- 使用客户登录 ID 作为键，值包含客户的首选项。
- 使用 Web 会话 ID 作为键，值包含会话期间捕获的所有信息。

当键/值对的值是一个文件而且该文件是自描述型的时（例如，JSON 或 XML），文档存储（document store）就非常有用。文档自身的结构可以帮助查询或自定义展现文档内容。因为文档是自描述型的，所以文档存储提供的功能比键/值存储更多。例如，文档存储可以创建索引来加速搜索文档，否则就要检查存储中的每一个文档。文档存储可用于以下操作。

- 网页的内容管理。
- 对日志数据进行网站分析。

列族存储（column family store）对稀疏数据集非常有用。稀疏数据集中的记录具有数千列，但往往仅有几列有条目。键/值概念在这里仍然适用，但在这种情况下，键是与一个列的集合进行关联。在该集合中，相关的列被分组为列族。例如，年龄、性别、收入和教育列可以被分组为人口列族。列族存储在下列情况下很有用。

● 存储和呈现博客条目、标记、阅读者的反馈。
● 存储和更新各种网页度量和计数器。

图数据库（graph database）适用于例如网络这样的用例，在网络中存在一些项（人或者网页链接），而且这些项之间也存在关系。虽然也可以在关系数据库中将图存储为树，但是在浏览、缩放和添加新的关系时会相当麻烦。图数据库有助于克服这些障碍，经过优化可以快速地遍历图（从网络中的一项移动到到网络中的另一项）。下面是图数据库实现的例子。

● Facebook 和 LinkedIn 等社交网络。
● 需要优化去往一个或多个地点所用时间的地理空间应用，例如快递和交通系统。

表 10.2 包括了使用 NoSQL 数据存储的几个例子。和通常一样，对特定数据存储的选择应该基于功能和性能上的需求。一种特定的存储可能具备某方面的优秀功能，但是该功能可能是以损失其他功能或性能为代价的。

表 10.2　NoSQL 数据存储例子

分类	数据存储	网站
键/值	Redis	redis.io
	Voldemort	www.project-voldemort.com/voldemort
文档	CouchDB	couchdb.apache.org
	MongoDB	www.mongodb.org
列族	Cassandra	cassandra.apache.org
	HBase	hbase.apache.org/
图	FlockDB	github.com/twitter/flockdb
	Neo4j	www.neo4j.org

10.4　总结

本章讨论了 MapReduce 计算模型及其在大数据分析中的应用。具体而言，本章讨论了 MapReduce 在 Apache Hadoop 中的实现。在 Hadoop 中，MapReduce 和用于分布式数据存储的 Hadoop 分布式文件系统（HDFS）配合使用。在集群上运行 MapReduce 任务使得人们可以并行处理 PB 级或 EB 级的数据。此外，通过在集群中添加额外的机器，Hadoop 可以随着数据量的增长而扩展。

本章讨论了 Hadoop 生态系统内的若干 Apache 项目。通过提供高层次的编程语言来执行常见的数据处理任务，比如筛选、连接数据集和重构数据，Apache Pig 和 Hive 对用户隐藏了底层的 MapReduce 逻辑，从而简化了代码的开发。一旦数据在 Hadoop 集群中就绪，就可以使用 Apache Mahout 执行诸如聚类、分类和协同过滤这样的数据分析。

Apache Hadoop 中的 MapReduce 和目前为止所提到的 Hadoop 生态系统中的项目在批量处理方面相当强大。当需要实时处理时（包括读写操作），HBase 是一种选择。HBase 使用 HDFS 在集群中存储大量的数据，但它在内存中维护数据最新的更新，以确保最新数据的实时可用性。Hadoop 的 MapReduce、Pig 和 Hive 是可以处理各种任务的通用工具，而 HBase 更多地是一个专用的工具。数据可以以一种易于理解的方式从 HBase 中获取，或写入到 HBase。

HBase 属于 NoSQL 数据存储，它当前仍处于开发之中，旨在解决具体的大数据用例。维护和遍历社交网络图的需求印证了关系数据库有时候并不是数据存储的最佳选择。然而，关系数据库和 SQL 仍然是强大且常用的工具，第 11 章中将更详细地介绍。

10.5　练习

1. 研究并记录 Hadoop 的其他用例和实际的实施。

2. 比较和对比 Hadoop、Pig、Hive 和 HBase。列出每个工具集的优点和缺点。研究并总结每个工具集已经公开的三个用例。

练习 3 到练习 5 个需要一些编程的背景以及一个 Hadoop 工作环境。*War and Peace* 小说可从 http://onlinebooks.library.upenn.edu 下载，将其作为这些练习的数据集。然而，也可以使用其他数据集代替。记录所有的数据处理步骤。

3. 在 Hadoop 中使用 MapReduce 对指定的数据集执行单词计数。

4. 使用 Pig 对指定的数据集执行单词计数。

5. 使用 Hive 对指定的数据集执行单词计数。

参考书目

[1] Apache, "Apache Hadoop," [Online]. Available: http://hadoop.apache.org/. [Accessed 8 May 2014].

[2] Wikipedia, "IBM Watson," [Online]. Available: http://en.wikipedia.org/wiki/IBM_Watson. [Accessed 11 Februry 2014].

[3] D. Davidian, "IBM.com," 14 February 2011. [Online]. Available: https://www-304.ibm.com/connections/blogs/davidian/tags/hadoop?lang=en_us. [Accessed 11 February 2014].

[4] IBM, "IBM.com," [Online]. Available: http://www-03.ibm.com/innovation/us/watson/watson_in_healthcare.shtml. [Accessed 11 February 2014].

[5] Linkedin, "LinkedIn," [Online]. Available: http://www.linkedin.com/about-us. [Accessed 11 February 2014].

[6] LinkedIn, "Hadoop," [Online]. Available: http://data.linkedin.com/projects/hadoop.

[Accessed 11 February 2014].

[7] S. Singh, "http://developer.yahoo.com/," [Online]. Available: http://developer.yahoo.com/ blogs/ hadoop/apache-hbase-yahoo-multi-tenancyhelm-again-171710422.html. [Accessed 11 February 2014].

[8] E. Baldeschwieler, "http://www.slideshare.net," [Online]. Available: http://www.slideshare. net/ydn/hadoop-yahoo-internet-scale-data-processing.[Accessed 11 February 2014].

[9] J. Dean and S. Ghemawat, "MapReduce: Simplified Data Processing on Large Clusters," [Online].Available: http://research.google.com/archive/mapreduce.html. [Accessed11 February 2014].

[10] D. Gottfrid, "Self-Service, Prorated Supercomputing Fun!," 01 November 2007. [Online]. Available:http://open.blogs.nytimes.com/2007/11/01/selfservice-prorated-super-computing-f un/. [Accessed 11 February 2014].

[11] "apache.org," [Online]. Available: http://www.apache.org/. [Accessed 11 February 2014].

[12] S. Ghemawat, H. Gobioff, and S.-T. Leung, "The Google File System," [Online]. Available: http://static.googleusercontent.com/media/research.google.com/en/us/archive/gfs-sosp2003. pdf. [Accessed 11 February 2014].

[13] D. Cutting, "Free Search: Rambilings About Lucene, Nutch, Hadoop and Other Stuff," [Online].Available: http://cutting.wordpress.com. [Accessed 11 February 2014].

[14] "Hadoop Wiki Disk Setup," [Online]. Available: http://wiki.apache.org/hadoop/DiskSetup. [Accessed 20 February 2014].

[15] "wiki.apache.org/hadoop," [Online]. Available: http://wiki.apache.org/hadoop/NameNode. [Accessed 11 February 2014].

[16] "HDFS High Availability," [Online]. Available: http://hadoop.apache.org/docs/current/ hadoop-yarn/hadoop-yarn-site/HDFSHighAvailabilityWithNFS.html. [Accessed 8 May 2014].

[17] Eclipse. [Online]. Available: https://www.eclipse.org/downloads/. [Accessed 27February 2014].

[18] Apache, "Hadoop Streaming," [Online]. Available: https://wiki.apache.org/hadoop/HadoopStreaming. [Accessed 8 May 2014].

[19] "Hadoop Pipes," [Online]. Available: http://hadoop.apache.org/docs/r1.2.1/api/org/apache/ hadoop/mapred/pipes/package-summary.html. [Accessed19 February 2014].

[20] "HDFS Design," [Online]. Available: http://hadoop.apache.org/docs/stable1/hdfs_design.html. [Accessed 19 February 2014].

[21] "BSP Tutorial," [Online]. Available: http://hama.apache.org/hama_bsp_tutorial.html. [Accessed 20 February 2014].

[22] "Hama," [Online]. Available: http://hama.apache.org/. [Accessed 20 February 2014].

[23] "PoweredByYarn," [Online]. Available: http://wiki.apache.org/hadoop/PoweredByYarn. [Accessed 20 February 2014].

[24] "pig.apache.org," [Online]. Available: http://pig.apache.org/.

[25] "Pig," [Online]. Available: http://pig.apache.org/. [Accessed 11 Feb 2014].

[26] "Piggybank," [Online]. Available: https://cwiki.apache.org/confluence/display/PIG/PiggyBank. [Accessed 28 February 2014].

[27] F. Chang, J. Dean, S. Ghemawat, W.C. Hsieh, D.A. Wallach, M. Burrows, T. Chandra, A. Fikes, and R.E.Gruber Fay Chang, "Bigtable: A Distributed Storage System for Structured Data," [Online]. Available:http://research.google.com/archive/bigtable.html. [Accessed 11 February2014].

[28] K. Muthukkaruppan, "The Underlying Technology of Messages," 15 November 2010. [Online].Available: http://www.facebook.com/notes/facebook-engineering/the-underlying-technology- of-messages/454991608919. [Accessed 11February 2014].

[29] "HBase Key Value," [Online]. Available: http://hbase.apache.org/book/regions.arch.html. [Accessed 28 February 2014].

[30] "Number of Column Families," [Online]. Available: http://hbase.apache.org/book/number. of.cfs.html.

[31] "HBase Regionserver," [Online]. Available: http://hbase.apache.org/book/regionserver.arch. html. [Accessed 3 March 2014].

[32] "Netcraft," [Online]. Available: http://news.netcraft.com/archives/2014/02/03/february-2014-web-server-survey.html. [Accessed 21 February 2014].

[33] K. Muthukkaruppan, "The Underlying Technology of Messages," 15 November 2010. [Online].Available: http://www.facebook.com/notes/facebook-engineering/the-underlying-technology-of-messages/454991608919. [Accessed 2011February 2014].

[34] N. Spiegelberg. [Online]. Available: http://www.slideshare.net/brizzzdotcom/facebook-messages-hbase. [Accessed 11 February 2014].

[35] "HBase Rowkey," [Online]. Available: http://hbase.apache.org/book/rowkey.design.html. [Accessed 4 March 2014].

[36] "Zookeeper," [Online]. Available: http://zookeeper.apache.org/. [Accessed 11 Feb2014].

[37] "Zookeeper," [Online]. Available: http://hbase.apache.org/book/zookeeper.html. [Accessed 21 February 2014].

[38] "Mahout," [Online]. Available: http://mahout.apache.org/users/basics/algorithms.html. [Accessed 19 February 2014].

[39] "Pivotal HD," [Online]. Available: http://www.gopivotal.com/big-data/pivotal-hd. [Accessed 8 May 2014].

[40] P. J. Sadalage and M. Fowler, *NoSQL Distilled: A Brief Guide to the Emerging World of Polyglot*,Upper Saddle River, NJ: Addison Wesley, 2013.

第11章

高级分析技术与工具：
数据库内分析

关键概念

- MADlib
- 正则表达式
- SQL
- 用户定义函数
- 窗口函数

数据库内分析（in-database analytics）是一个用来描述在数据仓库中对数据进行处理的广义术语。在先前的许多 R 例子中，数据是从数据源中提取出来然后加载到 R 中。数据库内分析的一个优势是它不需要将数据移动到分析工具中。同时，通过在数据库内进行分析，有可能可以获得几乎实时的结果。数据库内分析的应用包括信用卡交易欺诈检测、产品推荐，以及针对特定用户的网页广告投放。

一个流行的开源数据库是 PostgreSQL。该名字引用了一个重要的称为结构化查询语言（Structured Query Language，SQL）的数据库内分析语言。本章主要介绍了 SQL 的基础和高级主题。本章提供的 SQL 示例代码通过了 Greenplum 数据库 4.1.1.1 的测试，该数据库基于 PostgreSQL 8.2.15。然而，本章所探讨的概念也适用于其他 SQL 环境。

11.1 SQL 基本要素

作为关系数据库管理系统（RDBMS）一部分的关系数据库，用相互之间存在关系的表来组织数据。图 11.1 显示了 5 张表之间的关系，这些表用于存储一家电子商务零售商的订单细节。

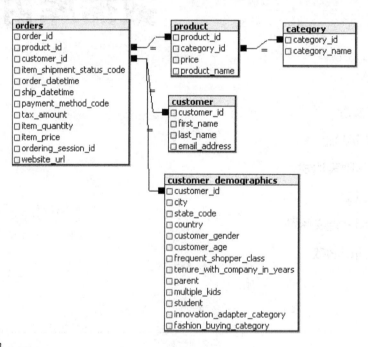

图 11.1 关系图

表 orders 包含了每个订单交易的记录。每条记录都包含了已下订单的 product_id、用来表示下单客户的 customer_id，以及 order_datetime 等数据元素。另外 4 张表提供了有关订购物品和客户的附加细节。在图 11.1 中，表之间的线说明了表之间的关系。例如，customer 表中的客户的 first name（名）、last name（姓）和 gender（性别）可以基于两表中相等 customer_id 的关系与 orders 记录相关联。

虽然我们可以建一张更大的表来存储所有的订单和客户细节，但是使用 5 张表有其优点。

第一个优点是节省存储空间。与其在 orders 表中存储长度可能有几百字节的产品名字，不如使用更短的 product_id（可能只有几个字节）来存储产品名字。

另一个优点是容易进行变更与修正。在这个例子中，表 category 用来对每个产品进行分类。如果发现一个错误的类别被分配到一个特定的产品，则只需要更新 product 表中的 category_id 即可。如果没有 product 和 category 表，就可能需要更新 order 表中成千上万条的记录。

第三个优点是，产品可以在订单生成之前添加到数据库中。与之相似，在预计到在线零售商后续需要添加全新的产品线时，可以为其创建新的类别。

在关系数据库的设计中，不倾向于跨多条记录复制数据，比如客户名称。减少这种重复的过程称为规范化（normalization）。重要的是，要认识到针对事务处理而设计的数据库在用于分析目的时，可能不是最佳的。事务型数据库常对处理插入新记录或更新现有的记录进行优化，但没有对执行即席查询进行特别优化。因此在设计分析数据仓库的时候，合并几个表然后创建一个更大的表是很常见的，即使一些数据可能是重复的。

无论数据库的使用目的是什么，SQL 通常用于查询关系数据库表的内容，以及插入、更新和删除数据。对 customer 表进行的基本 SQL 查询可能看起来如下所示。

```
SELECT first_name,
       last_name
FROM   customer
WHERE  customer_id = 666730

first_name last_name
Mason      Hu
```

该查询返回一个 customer_id 为 666730 的客户信息。这个 SQL 查询包含三个关键部分。

- **SELECT**：指定要显示的表列。
- **FROM**：指定要查询的表名。
- **WHERE**：指定要应用的标准或过滤条件。

在关系数据库中，经常有必要一次性跨多个表来访问相关数据。为了完成这一任务，SQL 查询语句使用 JOIN 语句来指定多个表之间的关系。

11.1.1　连接

连接（jion）使数据库用户能够从 2 个或多个表中选择适当的列。基于图 11.1 中的关系图，下面的 SQL 查询给出了一个最常见类型的连接示例：内部连接（inner join）。

```
SELECT c.customer_id,
       o.order_id,
       o.product_id,
```

```
            o.item_quantity AS qty
FROM orders o
      INNER JOIN customer c
              ON o.customer_id = c.customer_id
WHERE c.first_name = 'Mason'
      AND c.last_name = 'Hu'

customer_id order_id              product_id    qty
666730      51965-1172-6384-6923  33611          5
666730      79487-2349-4233-6891  34098          1
666730      39489-4031-0789-6076  33928          1
666730      29892-1218-2722-3191  33625          1
666730      07751-7728-7969-3140  34140          4
666730      85394-8022-6681-4716  33571          1
```

这个查询返回客户 Mason Hu 所下订单的详情。SQL 查询基于相等的 customer_id 值在 FROM 子句中连接了 2 张表。在这个查询中，程序员不需要知道 Mason Hu 的 customer_id 的具体值，只需要知道客户的全名即可。

这个 SQL 查询中介绍了一些 INNER JOIN 之外的额外功能。表 order 和 customer 分别定义具有别名 o 和 c。别名用来代替完整的表名以提高查询的可读性。SELECT 子句中指定的列名称也在输出中提供。然而，输出列的名称也可用 AS 关键字进行修改。在 SQL 查询中，显示了 item_quantity 的值，但是输出的列现在称为 qty。

INNER JOIN 从两个表中返回满足 ON 条件的那些行。从 customer 表之前的查询来看，只有表中的客户 Mason Hu 这一行返回。因为与 Mason Hu 对应的 customer_id 在 order 表中出现了 6 次，INNER JOIN 查询返回了 6 条记录。如果不包括 WHERE 子句，该查询将会根据所有具有一个匹配用户的订单返回数百万行。

假设一个分析师想知道有哪些客户已经创建了一个在线账户但没有下过订单。下一个查询使用 RIGHT OUTER JOIN 来识别没有下单过的前 5 名客户（按照字母顺序排序）。记录的排序是通过 ORDER BY 子句实现的。

```
SELECT c.customer_id,
       c.first_name,
       c.last_name,
       o.order_id
FROM orders o
      RIGHT OUTER JOIN customer c
                   ON o.customer_id = c.customer_id
WHERE o.order_id IS NULL
ORDER BY c.last_name,
         c.first_name
LIMIT 5

customer_id first_name last_name order_id
143915      Abigail    Aaron
965886      Audrey     Aaron
982042      Carter     Aaron
125302      Daniel     Aaron
103964      Emily      Aaron
```

在 SQL 查询中，RIGHT OUTER JOIN 用于指定位于 JOIN 右侧的 customer 表中的所有行应该被返回，而不管在 orders 表中是否有匹配的 customer_id。在这个查询中，WHERE 子句将结果限制为没有匹配的 order_id 的客户记录。NULL 一个特殊的 SQL 关键字，表示一个未知的值。如果没有 WHERE 子句，输出也将包含在 orders 表中有匹配的 customer_id 的所有记录，如下面的 SQL 查询所示。

```
SELECT c.customer_id,
       c.first_name,
       c.last_name,
       o.order_id
FROM orders o
    RIGHT OUTER JOIN customer c
                 ON o.customer_id = c.customer_id
ORDER BY c.last_name,
         c.first_name
LIMIT 5

customer_id   first_name last_name order_id
143915        Abigail    Aaron
222599        Addison    Aaron     50314-7576-3355-6960
222599        Addison    Aaron     21007-7541-1255-3531
222599        Addison    Aaron     19396-4363-4499-8582
222599        Addison    Aaron     69225-1638-2944-0264
```

在查询结果中，第一个客户 Abigail Aaron 没有下过订单，但下一个客户 Addison Aaron 已下了至少 4 个订单。

还有几个其他类型的连接语句。LEFT OUTER JOIN 执行的功能与 RIGHT OUTER JOIN 相同，唯一的区别是它考虑的是位于 JOIN 左侧的表中的所有记录。FULL OUTER JOIN 包括两个表中的所有记录，而不管在另外一个表中是否有匹配的记录。CROSS JOIN 通过匹配第一个表的每行和第二个表的每行，将两个表结合起来。如果这两张表分别 100 和 1000 行，则这两个表的 CROSS JOIN 的结果将有 100,000 行。

从任何连接操作返回的实际记录取决于 WHERE 子句所描述的条件。因此在使用 WHERE 子句时需要仔细考虑，尤其是使用外部连接的时候。否则，可能无法实现外部连接的预期用途。

11.1.2　set 运算符

SQL 提供了对数据行进行 set 操作的能力，比如并操作（union）和交操作（intersection）。例如，假设 orders 表中所有记录被拆分为两个表。orders_arch 表用来存储 2013 年 1 月之前下的订单。在 2013 年 1 月或以后交易的订单存储在 orders_recent 表中。然而，现在需要分析 product_id 等于 33611 的所有订单。一种方法是对这两张表编写和运行两个单独的查询。两个查询的结果可以稍后被合并到一个单独的文件或表中。另一种方法是，使用 UNION ALL 运算符编写一个查询，如下所示。

```
SELECT customer_id,
       order_id,
       order_datetime,
       product_id,
       item_quantity AS qty
FROM orders_arch
WHERE product_id = 33611
UNION ALL
SELECT customer_id,
       order_id,
       order_datetime,
       product_id,
       item_quantity AS qty
FROM orders_recent
WHERE product_id = 33611
ORDER BY order_datetime

customer_id order_id            order_datetime       product_id qty
643126      13501-6446-6326-0182 2005-01-02 19:28:08 33611      1
725940      70738-4014-1618-2531 2005-01-08 06:16:31 33611      1
742448      03107-1712-8668-9967 2005-01-08 16:11:39 33611      1
640847      73619-0127-0657-7016 2013-01-05 14:53:27 33611      1
660446      55160-7129-2408-9181 2013-01-07 03:59:36 33611      1
647335      75014-7339-1214-6447 2013-01-27 13:02:10 33611      1
.
.
.
```

　　输出中显示了每个表中的前三条记录。因为来自两个表的结果记录在输出中会被叠加在一起，因此列的先后顺序需要相同，以及列的数据类型需要是兼容的。UNION ALL 合并两个 SELECT 语句的结果，而不管两个 SELECT 语句中返回的任何重复记录。如果只使用 UNION，则所有重复记录会根据所有指定的列而被消除。

　　INTERSECT 运算符能判断被两个 SELECT 语句返回的相同记录。例如，如果有人想知道什么产品在 2013 年以前或 2013 以后都被购买，就可使用带有 INTERSECT 操作符的 SQL 查询。

```
SELECT product_id
FROM orders_arch
INTERSECT
SELECT product_id
FROM orders_recent

product_id
22
30
31
.
.
.
```

　　需要注意的是，交操作仅返回在两个表格中都出现的 product_id，并且仅返回同一个

product_id 的一个实例。因此，该查询只返回一个具有不同产品 ID 的列表。

要统计仅在 2013 年之前下单的产品数量，可以使用 EXCEPT 操作符将 orders_recent 表中的产品 ID 从 orders_arch 表中的产品 ID 排除，如下面的 SQL 查询显示。

```
SELECT COUNT(e.*)
FROM (SELECT product_id
      FROM orders_arch
      EXCEPT
      SELECT product_id
      FROM orders_recent) e

13569
```

前面的查询使用了 COUNT 聚合函数来确定从包括 EXCEPT 运算符的第二个 SQL 查询中返回的行的数量。这个查询中的 SQL 查询有时称为子查询（subquery）或嵌套查询（nested query）。子查询使我们在构建相当复杂的查询时无需先执行部分查询，将结果行存入临时表中，然后再执行另一个 SQL 查询处理那些临时表。子查询可以代替 FROM 子句内的表或者用于 WHERE 子句中。

11.1.3 grouping 扩展

此前的 COUNT()聚合函数是用来计算查询返回行的数量。在对一个数据集应用了某些分组（grouping）操作后，经常使用这样的聚合函数来进行汇总。例如，我们可能需要知道年利润或每周出货量。下面的 SQL 查询使用 SUM()聚合函数和 GROUP BY 运算符来给出基于 item_quantity 的订购前三名的商品。

```
SELECT i.product_id,
       SUM(i.item_quantity) AS total
FROM orders_recent i
GROUP BY i.product_id
ORDER BY SUM(i.item_quantity) DESC
LIMIT 3

product_id total
15072      6089
15066      6082
15060      6053
```

GROUP BY 可以使用 ROLLUP()运算符来计算小计（subtotal）和总计（grand total）。以下 SQL 查询将之前的查询作为子查询放在 WHERE 子句中，为总体订单排名前三的产品输出按年排序的产品数量。ROLLUP 运算符给出了小计，这与之前每个 product_id 的输出相符，此外还给出了总计。

```
SELECT r.product_id,
       DATE_PART('year', r.order_datetime) AS year,
       SUM(r.item_quantity)                AS total
```

```
FROM orders_recent r
WHERE r.product_id IN (SELECT o.product_id
                       FROM orders_recent o
                       GROUP BY o.product_id
                       ORDER BY SUM(o.item_quantity) DESC
                       LIMIT 3)
GROUP BY ROLLUP( r.product_id, DATE_PART('year', r.order_datetime) )
ORDER BY r.product_id,
         DATE_PART('year', r.order_datetime)


product_id year    total
15060      2013    5996
15060      2014    57
15060              6053
15066      2013    6030
15066      2014    52
15066              6082
15072      2013    6023
15072      2014    66
15072              6089
                   18224
```

通过为 CUBE 语句中指定的每一列提供小计, CUBE 运算符扩展了 ROLLUP 运算符的功能。修改之前的查询, 将 ROLLUP 运算符替换为 CUBE 运算符, 产生的结果相同, 同时该结果中还添加了每一年的小计。

```
SELECT r.product_id,
       DATE_PART('year', r.order_datetime) AS year,
       SUM(r.item_quantity) AS total
FROM orders_recent r
WHERE r.product_id IN (SELECT o.product_id
                       FROM orders_recent o
                       GROUP BY o.product_id
                       ORDER BY SUM(o.item_quantity) DESC
                       LIMIT 3)
GROUP BY CUBE( r.product_id, DATE_PART('year', r.order_datetime) )
ORDER BY r.product_id,
         DATE_PART('year', r.order_datetime)


product_id year    total
15060      2013    5996
15060      2014    57
15060              6053
15066      2013    6030
15066      2014    52
15066              6082
15072      2013    6023
15072      2014    66
15072              6089
           2013    18049      ← additional row
           2014    175        ← additional row
                   18224
```

因为输出中的 null 值表示小计和总计的行，因此 null 值出现在要分组的列中时，必须多加小心。例如，null 值可能是要分析的数据集的一部分。GROUPING()功能可以识别带有 null 值的哪些行能用于小计或总计。

```
SELECT r.product_id,
       DATE_PART('year', r.order_datetime)      AS year,
       SUM(r.item_quantity)                     AS total,
       GROUPING(r.product_id)                   AS group_id,
       GROUPING(DATE_PART('year', r.order_datetime)) AS group_year
FROM orders_recent r
WHERE r.product_id IN (SELECT o.product_id
                       FROM orders_recent o
                       GROUP BY o.product_id
                       ORDER BY SUM(o.item_quantity) DESC
                       LIMIT 3)
GROUP BY CUBE( r.product_id, DATE_PART('year', r.order_datetime) )
ORDER BY r.product_id,
         DATE_PART('year', r.order_datetime)
```

product_id	year	total	group_id	group_year
15060	2013	5996	0	0
15060	2014	57	0	0
15060		6053	0	1
15066	2013	6030	0	0
15066	2014	52	0	0
15066		6082	0	1
15072	2013	6023	0	0
15072	2014	66	0	0
15072		6089	0	1
	2013	18049	1	0
	2014	175	1	0
		18224	1	1

在前面的查询中，当按照 year 来计算总计的时候，group_year 设置为 1。与之相似，当按照 product_id 来计算总计的时候，group_id 设置也为 1。

ROLLUP 和 CUBE 函数可以通过 GROUPING SETS 来自定义。使用 CUBE 运算符的 SQL 查询可以被下列使用 GROUPING SETS 的查询来替代，并输出相同的结果。

```
SELECT r.product_id,
       DATE_PART('year', r.order_datetime)      AS year,
       SUM(r.item_quantity)                     AS total
FROM orders_recent r
WHERE r.product_id IN (SELECT o.product_id
                       FROM orders_recent o
                       GROUP BY o.product_id
                       ORDER BY SUM(o.item_quantity) DESC
                       LIMIT 3)
GROUP BY GROUPING SETS( ( r.product_id,
                          DATE_PART('year', r.order_datetime) ),
                        ( r.product_id ),
                        ( DATE_PART('year', r.order_datetime) ),
```

```
                                       ( ) )
    ORDER BY r.product_id,
            DATE_PART('year', r.order_datetime)
```

列出的分组集（grouping set）定义了小计所在的列。最后一个分组集（ ）说明在查询结果中输出按年份的总计。例如，如果只需要最终的总计（grand total），则可以采用以下使用了 GROUPING SETS 的 SQL 查询。

```
SELECT r.product_id,
        DATE_PART('year', r.order_datetime) AS year,
        SUM(r.item_quantity)                AS total
FROM orders_recent r
WHERE r.product_id IN (SELECT o.product_id
                       FROM    orders_recent o
                       GROUP   BY o.product_id
                       ORDER   BY SUM(o.item_quantity) DESC
                       LIMIT   3)
GROUP BY GROUPING SETS( ( r.product_id,
                          DATE_PART('year', r.order_datetime) ),
                        ( ) )
ORDER BY r.product_id,
         DATE_PART('year', r.order_datetime)

product_id year    total
15060     2013     5996
15060     2014     57
15066     2013     6030
15066     2014     52
15072     2013     6023
15072     2014     66
                   18224
```

因为 GROUP BY 子句可以包含多个 CUBE、ROLLUP 或列的指定（column specification），所以可能会有重复的分组集。GROUP_ID()函数可以用 0 识别唯一的行，用 1、2、……识别冗余的行。为了解释 GOURP_ID()函数，下面的查询在只检查一个特定的 product_id 时，同时使用了 ROLLUP 和 CUBE。

```
SELECT r.product_id,
        DATE_PART('year', r.order_datetime) AS year,
        SUM(r.item_quantity)                AS total,
        GROUP_ID()                          AS group_id
FROM orders_recent r
WHERE r.product_id IN ( 15060 )
GROUP BY ROLLUP( r.product_id, DATE_PART('year', r.order_datetime) ),
         CUBE( r.product_id, DATE_PART('year', r.order_datetime) )
ORDER BY r.product_id,
         DATE_PART('year', r.order_datetime),
         GROUP_ID()
product_id year    total   group_id
15060     2013     5996    0
15060     2013     5996    1
```

```
15060    2013    5996    3
15060    2013    5996    4
15060    2013    5996    5
15060    2013    5996    6
15060    2014    57      0
15060    2014    57      1
15060    2014    57      2
15060    2014    57      3
15060    2014    57      4
15060    2014    57      5
15060    2014    57      6
15060            6053    0
15060            6053    1
15060            6053    2
         2013    5996    0
         2014    57      0
                 6053    0
```

将 group_id 值等于零的值过滤，会输出不重复的记录。这个过滤可以使用 HAVING 来完成，如下面的 SQL 查询中所示。

```
SELECT r.product_id,
       DATE_PART('year', r.order_datetime) AS year,
       SUM(r.item_quantity)                 AS total,
       GROUP_ID()                           AS group_id
FROM orders_recent r
WHERE r.product_id IN ( 15060 )
GROUP BY ROLLUP( r.product_id, DATE_PART('year', r.order_datetime) ),
         CUBE( r.product_id, DATE_PART('year', r.order_datetime) )
HAVING GROUP_ID() = 0
ORDER BY r.product_id,
         DATE_PART('year', r.order_datetime),
         GROUP_ID()

product_id year    total   group_id
15060      2013    5996    0
15060      2014    57      0
15060              6053    0
           2013    5996    0
           2014    57      0
                   6053    0
```

11.2 数据库内的文本分析

SQL 提供了一些基本的文本字符串函数以及通配符的搜索功能。相关的 SELECT 语句以及封装在 SQL 注释分隔符/**/中的相应输出结果，如下所示：

```
SELECT SUBSTRING('1234567890', 3,2) /* returns '34' */
SELECT '1234567890' LIKE '%7%'      /* returns True */
SELECT '1234567890' LIKE '7%'       /* returns False */
SELECT '1234567890' LIKE '_2%'      /* returns True */
```

```
SELECT '1234567890' LIKE '_3%'     /* returns False */
SELECT '1234567890' LIKE '__3%'    /* returns True */
```

本节讨论文本分析所使用的更为动态和灵活的工具，称为正则表达式，以及它们如何在 SQL 查询中被用来进行模式匹配。表 11.1 包含了正则表达式使用的比较运算符的几种形式，以及产生 True 结果的相关 SQL 示例。

表 11.1 正则表达式运算符

运算符	描述	示例
~	包含正则表达式（区分大小写）	'123a567' ~ 'a'
~*	包含正则表达式（不区分大小写）	'123a567' ~* 'A'
! ~	不包含正则表达式（区分大小写）	'123a567' ! ~ 'A'
! ~*	不包含正则表达式（不区分大小写）	'123a567' ! ~* 'b'

在比较运算符右侧指定的更为复杂的模式，可以使用表 112.中的元素来构建。

表 11.2 正则表达式元素

元素	描述
|	匹配 a 项或者 b 项（a|b）
^	匹配字符串开始的位置
$	匹配字符串结束的位置
.	匹配任意单个字符
*	匹配前面的字符 0 或多次
+	匹配前面的字符 1 或多次
?	前面的字符是可选的
{n}	匹配前面的字符 n 次
()	完全匹配内容
[]	匹配内容中的任意字符，例如[0–9]
\\x	匹配名为 x 的非字母字符
\\y	匹配一个转义字符串\y

为了说明这些元素的使用，下面的 SELECT 语句包含了比较结果 True 或 False 的例子。

```
/* matches x or y ('x|y')*/
SELECT '123a567' ~ '23|b' /* returns True */
SELECT '123a567' ~ '32|b' /* returns False */

/* matches the beginning of the string */
SELECT '123a567' ~ '^123a' /* returns True */
SELECT '123a567' ~ '^123a7' /* returns False */
```

```
/* matches the end of the string */
SELECT '123a567' ~ 'a567$' /* returns True */
SELECT '123a567' ~ '27$' /* returns False */

/* matches any single character */
SELECT '123a567' ~ '2.a' /* returns True */
SELECT '123a567' ~ '2..5' /* returns True */
SELECT '123a567' ~ '2...5' /* returns False */

/* matches preceding character zero or more times */
SELECT '123a567' ~ '2*' /* returns True */
SELECT '123a567' ~ '2*a' /* returns True */
SELECT '123a567' ~ '7*a' /* returns True */
SELECT '123a567' ~ '37*' /* returns True */
SELECT '123a567' ~ '87*' /* returns False */

/* matches preceding character one or more times */
SELECT '123a567' ~ '2+' /* returns True */
SELECT '123a567' ~ '2+a' /* returns False */
SELECT '123a567' ~ '7+a' /* returns False */
SELECT '123a567' ~ '37+' /* returns False */
SELECT '123a567' ~ '87+' /* returns False */

/* makes the preceding character optional */
SELECT '123a567' ~ '2?' /* returns True */
SELECT '123a567' ~ '2?a' /* returns True */
SELECT '123a567' ~ '7?a' /* returns True */
SELECT '123a567' ~ '37?' /* returns True */
SELECT '123a567' ~ '87?' /* returns False */

/* Matches the preceding item exactly {n} times */
SELECT '123a567' ~ '5{0}' /* returns True */
SELECT '123a567' ~ '5{1}' /* returns True */
SELECT '123a567' ~ '5{2}' /* returns False */
SELECT '1235567' ~ '5{2}' /* returns True */
SELECT '123a567' ~ '8{0}' /* returns True */
SELECT '123a567' ~ '8{1}' /* returns False */

/* Matches the contents exactly */
SELECT '123a567' ~ '(23a5)' /* returns True */
SELECT '123a567' ~ '(13a5)' /* returns False */
SELECT '123a567' ~ '(23a5)7*' /* returns True */
SELECT '123a567' ~ '(23a5)7+' /* returns False */

/* Matches any of the contents */
SELECT '123a567' ~ '[23a8]' /* returns True */
SELECT '123a567' ~ '[8a32]' /* returns True */
SELECT '123a567' ~ '[(13a5)]' /* returns True */
SELECT '123a567' ~ '[xyz9]' /* returns False */
SELECT '123a567' ~ '[a-z]' /* returns True */
SELECT '123a567' ~ '[b-z]' /* returns False */

/* Matches a nonalphanumeric */
SELECT '$50K+' ~ '\\$' /* returns True */
SELECT '$50K+' ~ '\\+' /* returns True */
SELECT '$50K+' ~ '\\$\\+' /* returns False */
```

```
/* Use of the backslash for escape clauses */
/* \\w denotes the characters 0-9, a-z, A-Z, or the underscore(_) */
SELECT '123a567' ~ '\\w' /* returns True */
SELECT '123a567+' ~ '\\w' /* returns True */
SELECT '++++++++' ~ '\\w' /* returns False */
SELECT '_' ~ '\\w' /* returns True */
SELECT '+' ~ '\\w' /* returns False */
```

正则表达式可以用来识别邮寄地址、电子邮件地址、电话号码或货币金额。

```
/* use of more complex regular expressions */
SELECT '$50K+' ~ '\\$[0-9]*K\\+' /* returns True */
SELECT '$50K+' ~ '\\$[0-9]K\\+' /* returns False */
SELECT '$50M+' ~ '\\$[0-9]*K\\+' /* returns False */
SELECT '$50M+' ~ '\\$[0-9]*(K|M)\\+' /* returns True */


/* check for ZIP code of form #####-#### */
SELECT '02038-2531' ~ '[0-9]{5}-[0-9]{4}' /* returns True */
SELECT '02038-253' ~ '[0-9]{5}-[0-9]{4}' /* returns False */
SELECT '02038' ~ '[0-9]{5}-[0-9]{4}' /* returns False */
```

到目前为止，我们通过在 SELECT 语句中包含布尔比较（并将比较的结果作为一个列来返回）介绍了正则表达式的应用。在实践中，这些比较在 SELECT 语句的 WHERE 子句中使用，用来比较表中的列，以识别感兴趣的特定记录。例如，下面的 SQL 查询识别了那些在客户地址中不匹配#####-####的邮编。一旦识别出无效的邮编以后，就可以通过手动或自动的方法进行更正。

```
SELECT address_id,
       customer_id,
       city,
       state,
       zip,
       country
FROM customer_addresses
WHERE zip !~ '^[0-9]{5}-[0-9]{4}$'

address_id customer_id city         state    zip          country
7          13          SINAI        SD       57061-o236   USA
18         27          SHELL ROCK   IA       S0670-0480   USA
24         37          NASHVILLE    TN       37228-219    USA
.
.
```

SQL 函数能够使用正则表达式来提取匹配的文本（比如 SUBSTRING()函数）以及更新文本（比如 REGEXP_REPL()函数）。

```
/* extract ZIP code from text string */
SELECT SUBSTRING('4321A Main Street Franklin, MA 02038-2531'
FROM '[0-9]{5}-[0-9]{4}')

02038-2531

/* replace long format zip code with short format ZIP code */
```

```
SELECT REGEXP_REPLACE('4321A Main Street Franklin, MA 02038-2531',
    '[0-9]{5}-[0-9]{4}',
     SUBSTRING(SUBSTRING('4321A Main Street Franklin, MA 02038-2531'
FROM '[0-9]{5}-[0-9]{4}'),1,5) )

4321A Main Street Franklin, MA 02038
```

正则表达式在搜索和修改文本字符串方面提供了相当大的灵活性。然而，也很容易会创建一个不按照预期工作的正则表达式。例如，特定的操作可能在给定的数据集上能正常工作，对后续的数据集则可能会有新的情况需要处理。因此，要对使用了正则表达式的任何 SQL 代码进行彻底测试。

11.3 高级 SQL 技术

本节以前面的内容为基础，介绍可以简化数据库内分析的高级 SQL 技术。

11.3.1 窗口函数

在 11.1.3 节中，介绍了几个使用 SQL 聚合函数和分组选项对数据集进行汇总的 SQL 示例。窗口函数（window function）做数据聚合，但是依旧提供了整个数据集的汇总结果。例如，可以使用 RANK()函数基于某些属性对一组行进行排序。基于 11.1.2 节中介绍的 orders_recent SQL 表，以下 SQL 查询提供了基于客户总支出的排名。

```
SELECT s.customer_id,
       s.sales,
       RANK()
        OVER (
          ORDER BY s.sales DESC ) AS sales_rank
FROM (SELECT r.customer_id,
           SUM(r.item_quantity * r.item_price) AS sales
      FROM orders_recent r
      GROUP BY r.customer_id) s

customer_id    sales       sales_rank
683377         27840.00    1
238107         19983.65    2
661519         18134.11    3
628278         17965.44    4
619660         17944.20    5
.
.
.
```

FROM 子句中的子查询为每个客户计算总销量。在最外层的 SELECT 子句中，销量以降序排列。在窗口函数 RANK()之后的 OVER 子句指定了应该如何计算该函数。此外，通过使用

PARTITION BY 子句，窗口函数可以分别应用于给定数据集上的每个分组。下面的 SQL 语句基于产品类别的销量提供了客户的排名。

```
SELECT s.category_name,
       s.customer_id,
       s.sales,
       RANK()
        OVER (
         PARTITION BY s.category_name
         ORDER BY s.sales DESC ) AS sales_rank
FROM (SELECT c.category_name,
             r.customer_id,
             SUM(r.item_quantity * r.item_price) AS sales
      FROM orders_recent r
           LEFT OUTER JOIN product p
                     ON r.product_id = p.product_id
           LEFT OUTER JOIN category c
                     ON p.category_id = c.category_id
      GROUP BY c.category_name,
               r.customer_id) s
ORDER BY s.category_name,
         sales_rank
```

```
category_name                    customer_id   sales   sales_rank
Apparel                          596396        4899.93 1
Apparel                          319036        2799.96 2
Apparel                          455683        2799.96 2
Apparel                          468209        2700.00 4
Apparel                          456107        2118.00 5
  .
  .
  .
Apparel                          430126 2.20      78731
Automotive Parts and Accessories 362572 5706.48 1
Automotive Parts and Accessories 587564 5109.12 2
Automotive Parts and Accessories 377616 4279.86 3
Automotive Parts and Accessories 443618 4279.86 3
Automotive Parts and Accessories 590658 3668.55 5
  .
  .
  .
```

在这个例子中，子查询按照产品类别确定了每个客户的销量。外层的 SELECT 子句随后按每个类别对客户销售额进行排序。SQL 查询的部分输出显示每个分类中从 1 开始的排名，以及排名和 sales 之间的关系。

窗口函数的第二个用途是在一个滑动窗口时间上进行计算。例如，当周与周之间销量呈现出很大的差异时，可以使用移动平均线（moving averages）来平滑周销量图，如图 11.2 所示。

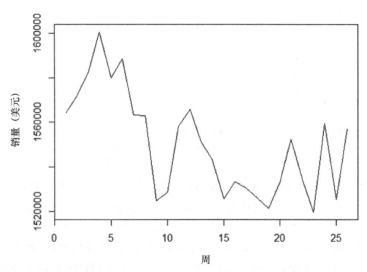

图 11.2 一个在线零售商的周销量

以下 SQL 查询说明了如何使用窗口函数计算移动平均线。

```
SELECT year,
       week,
       sales,
       AVG(sales)
         OVER (
         ORDER BY year, week
         ROWS BETWEEN 2 PRECEDING AND 2 FOLLOWING) AS moving_avg
FROM sales_by_week
WHERE year = 2014
      AND week <= 26
ORDER BY year,
         week
year week sales    moving_avg
2014 1    1564539  1572999.333   ←average of weeks 1, 2, 3
2014 2    1572128  1579941.75    ←average of weeks 1, 2, 3, 4
2014 3    1582331  1579982.6     ←average of weeks 1, 2, 3, 4, 5
2014 4    1600769  1584834.4     ←average of weeks 2, 3, 4, 5, 6
2014 5    1580146  1583037.2     ←average of weeks 3, 4, 5, 6, 7
2014 6    1588798  1579179.6
2014 7    1563142  1563975.6
2014 8    1563043  1553665
2014 9    1524749  1547534.8
2014 10   1528593  1548051.6
2014 11   1558147  1545714.2
2014 12   1565726  1549404
2014 13   1551356  1548812.6
2014 14   1543198  1543820.2
```

```
2014 15    1525636 1536767.6
2014 16    1533185 1531662.2
2014 17    1530463 1527313.6
2014 18    1525829 1528787.8
2014 19    1521455 1532649
2014 20    1533007 1533370
2014 21    1552491 1532116
2014 22    1534068 1539713.6
2014 23    1519559 1538199.6
2014 24    1559443 1539086.2      ←average of weeks 22,23,24,25,26
2014 25    1525437 1540340.75     ←average of weeks 23,24,25,26
2014 26    1556924 1547268        ←average of weeks 24,25,26
```

窗口函数使用了内置的聚合函数 AVG()，该函数会计算一组值的算术平均值。ORDER BY 子句按照时间顺序对记录进行排序，并指定在对当前行求平均过程中还要包含哪些行。这个 SQL 查询中，移动平均线是对当前行、前面 2 行和后面 2 行求平均值 。因为数据集没有包含 2013 年的最后两周，因此第一个移动平均值 1,572,999.333 是 2014 年前 3 周（当前周和接下来的两周）的平均值。第二周的移动平均值 1,579,941.75 是第 2 周和先前一周以及后来两周的销售额平均值。从第 3 周到第 24 周，移动平均线是基于 5 周的周期。在第 25 周，因为没有后面的周数据，所以窗口包含的周比较少。图 11.3 所示为对周销量图应用了平滑过程。

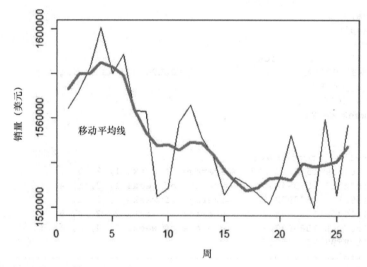

图 11.3   带有移动平均线的周销量

内置的窗口函数可能因不同的 SQL 实现而变化。表 11.3 来自于 PostgreSQL 文档，它包含了一系列通用的窗口函数。

表 11.3

函数	描述
row_number()	分区中当前行的行号，从 1 开始计数
rank()	当前行的排名，带间断；对等的行（peer）的排名等同于其中第一行的 row_number
dense_rank()	当前行的排名，不带间断；函数计算时以对等组（peer group）为单位进行排名
percent_rank()	当前行的相对排名：（rank-1）/（总行数-1）
cume_dist()	当前行的相对排名：（当前行之前的行数）/（总行数）
ntile(num_bucketsinteger)	范围为 1~参数值的整数，尽可能将分区平等划分
lag(value any [,offset integer [,default any]])	返回对分区内当前行之前的 offset 行计算的 value；如果没有这样的行，则返回 default。offset 和 default 都是根据当前行计算的。如果省略，则 offset 默认为 1，default 为 null
lead(value any [,offset integer [,default any]])	返回对分区内当前行之后的 offset 行计算的 value；如果没有这样的行，就返回 default。offset 和 default 都是针对根据行进行计算的。如果省略，则 offset 默认为 1，default 为 null
first_value(valueany)	返回窗口框架（widnow frame）内第一行的计算值
last_value(valueany)	返回窗口框架内最后一行的计算值
nth_value(valueany, nth integer)	返回窗口框架内第 n 行的计算值（从 1 开始计数）；如果没有该行，则为 null

http://www.postgresql.org/docs/9.3/static/functions-window.html

11.3.2 用户定义函数与聚合

当内置的 SQL 函数功能不足以应对特定任务或分析的时候，SQL 允许用户创建用户定义函数与聚合。这种自定义功能可以集成到 SQL 查询中，而且使用方式与内置函数和聚合相同。用户定义函数也可以用来简化用户可能经常遇到的处理任务。

例如，可以写一个用户定义函数，将 female 和 male 的文本字符串（分别为 F 和 M）相应地转换成 0 和 1。当对数据进行格式化以便在回归分析中使用时，这样的函数会很有用。fm_convert()函数可以按照如下的方式来实现。

```
CREATE FUNCTION fm_convert(text) RETURNS integer AS
'SELECT CASE
        WHEN $1 = ''F'' THEN 0
        WHEN $1 = ''M'' THEN 1
        ELSE NULL
        END'
LANGUAGE SQL
```

```
IMMUTABLE
RETURNS NULL ON NULL INPUT
```

在声明函数时，SQL 查询被置于单引号之内。第一个也是唯一的一个传递值由$1 来引用。SQL 查询后面紧接着一个 LANGUAGE 语句，它明确指出了前面的语句是在 SQL 中编写的。另外一个选择是用 C 语言编写代码。IMMUTABLE 表明该函数不会更新数据库，也不会查找数据库。IMMUTABLE 声明告诉数据库查询优化器如何最好地实现该函数。RETURNS NULL ON NULL INPUT 语句指定了函数如何解决输入为 null 的情况。

在在线零售商的例子中，fm_convert()函数可以应用到 customer_demographics 表的 gender 列，如下所示。

```
SELECT customer_gender,
       fm_convert(customer_gender) as male
FROM customer_demographics
LIMIT 5

customer_gender   male
M                    1
F                    0
F                    0
M                    1
M                    1
```

内置函数和用户定义函数可以被集成到用户定义的聚合，然后作为一个窗口函数来使用。在 11.3.1 节，使用了一个窗口函数来计算计算移动平均线，以平滑处理一个数据序列。在本节，可以创建一个用户定义聚合，来计算指数加权移动平均值（Exponentially Weighted Moving Average，EWMA）。对于一个给定的时间序列，EWMA 序列的定义如公式 11.1 所示。

$$EWMA_t = \begin{cases} y_t & t = 1 \\ \alpha.y_t + (1-\alpha).EWMA_{t-1} & t \geq 2 \end{cases} \tag{11.1}$$

其中，$0 \leq \alpha \leq 1$

在一个给定的时间序列中，平滑因子确定了为最近的时间点放置多少权重。通过反复将 EWMA 系列的先前值代入公式 11.1，可以看到，原始序列在时间上呈现指数级衰减。

为了将 EWMA 平滑作为一个用户定义聚合实现在 SQL 中，公式 11.1 需要先作为用户定义函数来实现。

```
CREATE FUNCTION ewma_calc(numeric, numeric, numeric) RETURNS numeric as
/* $1 = prior value of EWMA */
/* $2 = current value of series */
/* $3 = alpha, the smoothing factor */
'SELECT CASE
        WHEN $3 IS NULL /* bad alpha */
        OR $3 < 0
        OR $3 > 1 THEN NULL
        WHEN $1 IS NULL THEN $2 /* t = 1 */
```

```
       WHEN $2 IS NULL THEN $1 /* y is unknown */
       ELSE ($3 * $2) + (1-$3) *$1 /* t >= 2 */
       END'
LANGUAGE SQL
IMMUTABLE
```

通过接受在注释中定义的 3 个数字输入值，ewma_calc()函数解决了平滑因子可能为坏值的情况，以及其他输入可能为 null 的特殊情况。ELSE 语句执行 EWMA 计算。一旦该函数创建完毕，就可以在用户定义聚合 ewma()中引用。

```
CREATE AGGREGATE ewma(numeric, numeric)
       (SFUNC = ewma_calc,
       STYPE = numeric,
       PREFUNC = dummy_function)
```

在 ewma()的 CREATE AGGREGATE 语句中，SFUNC 指派了状态转移函数（这个例子中是 ewma_calc），STYPE 指派了变量的数据类型，用来存储聚合的当前状态。当前状态的变量作为第一个变量$1，可以用于 ewma_calc()函数。在本例中，因为 ewma_calc()函数需要三个输入，而 ewma()聚合只需要两个输入；状态变量对于聚合总是内部可用的。当在大规模并行处理（MPP）环境中使用 Greeplum 数据库时，则需要用 PREFUNC 指派。对于某些聚合，有必要为 MPP 环境中服务器上的当前状态变量执行一些初步的功能。在这个例子中，指派的 PREFUNC 函数是作为一个占位符被添加进来，在执行 ewma ()聚合函数时并没有用到。

作为一个窗口函数，其平滑因子为 0.1 的 ewma()聚合可以应用到周销售数据中，如下所示。

```
SELECT year,
       week,
       sales,
       ewma(sales, .1)
         OVER (
           ORDER BY year, week)
FROM sales_by_week
WHERE year = 2014
       AND week <= 26
ORDER BY year,
       week
year week sales    ewma
2014 1    1564539  1564539.00
2014 2    1572128  1565297.90
2014 3    1582331  1567001.21
2014 4    1600769  1570377.99
2014 5    1580146  1571354.79
.
.
.
2014 23   1519559  1542043.47
2014 24   1559443  1543783.42
2014 25   1525437  1541948.78
2014 26   1556924  1543446.30
```

图 11.4 将 EWMA 平滑序列包含到了图 11.3 中。

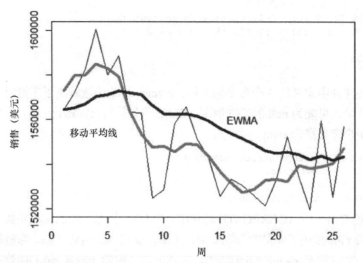

图 11.4 每周销售的移动平均线与 EWMA

从 0.1 开始增加平滑因子的值，使 EWMA 能更好地跟进实际数据，代价是数据的大幅波动会引起平滑序列的更大波动。用户定义聚合 ewma() 在 SQL 查询的窗口函数中的使用方式与所有其他窗口函数相同，即使用 OVER 子句规范。

11.3.3 排序聚合

有时候，聚合的值可能依赖于一组有序的值。例如，为了确定一组值的中位数，通常先按照从大到小的顺序对值进行排序，然后在排序值的中间位置找到中位数。排序可以通过使用 array_agg() 函数来实现。下面的 SQL 查询计算出了周销售数据的中位数。

```
SELECT (d.ord_sales[ d.n/2 + 1 ] +
                     d.ord_sales[ (d.n + 1)/2 ]) / 2.0 as median
FROM (SELECT ARRAY_AGG(s.sales ORDER BY s.sales) AS ord_sales,
             COUNT(*) AS n
      FROM sales_by_week s
      WHERE s.year = 2014
            AND s.week <= 26) d

median
1551923.5
```

一般来说，函数 **ARRAY_AGG()** 通过一个表的列来生成一个数组。针对前 5 周的销售数据执行上述 SQL 查询中的子查询解释了数组的创建过程，数组用括号包含排序后的周销售数据。

```
SELECT ARRAY_AGG(s.sales ORDER BY s.sales) AS ord_sales,
       COUNT(*) AS n
FROM   sales_by_week s
WHERE  s.year = 2014
       AND s.week <= 5
```

```
ord_sales n
{1564539,1572128,1580146,1582331,1600769} 5
```

除了创建数组，还可以使用 string_agg() 函数将这些数值串接成一个文本字符串。

```
SELECT STRING_AGG(s.sales ORDER BY s.sales) AS ord_sales,
       COUNT(*) AS n
FROM   sales_by_week s
WHERE  s.year = 2014
       AND s.week <= 5
```

```
ord_sales                              n
156453915721281580146158233116007695   5
```

然而，在这个特定的例子中，可以使用分号之类的分隔符将值进行分隔。

```
SELECT STRING_AGG(s.sales, ',' ORDER BY s.sales) AS ord_sales,
       COUNT(*) AS n
FROM sales_by_week s
WHERE s.year = 2014
       AND s.week <= 5
```

```
ord_sales                              n
1564539,1572128,1580146,1582331,1600769   5
```

尽管排序后的销售数据看起来是一个数组，但是输出的前后没有括号，所以显示的排序销售数据是一个文本字符串。

11.3.4　MABlib

SQL 的实现包含了许多基本的分析和统计内置函数，比如均值和方差。本章讲到，SQL 还允许开发用户定义函数和聚合来提供额外的功能。此外，SQL 数据库还可以利用外部的函数库。一个比较有名的库是 **MABlib**。包含在 **MABlib** 库中的描述文件[2]做了如下陈述：

> **MABlib 是一个开源的库，用于可扩展的数据库内分析。针对结构化和非结构化数据，它提供了数学、统计和机器学习方法的并行实现。**

在 2009 年，由 Cohen 等人[3]发表的一篇论文提出了 MAD（Magnetic/Agile/Deep）分析技巧的概念。论文对 MAD 的组件做了如下描述。

- **Magnetic**：传统的企业数据库仓库（EDW）方法"排斥"新的数据源，排斥数据的合并，除非数据被仔细地清理与整合过。由于在现代的组织中，数据无处不在，一个数据仓库只有是"magnetic"（有磁力的），才能跟上当今的步伐：吸纳组织中出现的所有数据源，而不考虑数据的质量品质。

- **Agile**：数据仓库的正统观念是基于长远的精心设计和规划的。鉴于数据源的数量越来越多，数据分析也日益复杂和关键，一个现代的数据仓库必须能让分析师轻松地摄入、消化、生产数据，并快速适应数据。这要求一个数据库的物理和逻辑内容必须能够持续发展演进。

● **Deep**：现代的数据分析涉及越来越复杂的统计方法，这些方法远远超出了传统商业智能（BI）的范畴。此外，分析师在运行这些算法时，常常需要即见树木，又见森林；他们想要在不借助于抽样和提取的情况下研究巨大的数据集。现代数据仓库应该既充当深度数据仓库，也充当复杂的算法运行引擎。

鉴于传统 EDW 不能很容易地适应新数据源，数据湖（data lake）的概念应运而生。数据湖代表一个收集与存储大量结构化与非结构化数据集的环境，而且非结构化数据集通常具有原始的未调整过的格式。数据湖不止是一个数据仓库，其架构允许不同的用户和数据科学团队进行数据探索和相关的分析活动。Apache Hadoop 通常被认为是构建一个数据湖的关键组成部分[4]。

因为设计和构建 MADlib 的目的是适应对数据的大规模并行处理，因此 MADlib 非常适合数据库内的大数据分析。MADlib 支持开源数据库 PostgreSQL 以及 Pivotal Greenplum 数据库和 Pivotal HAWQ。HAWQ 是一个 SQL 查询引擎，它主要用于处理存储在 Hadoop 分布式文件系统（HDFS）中的数据。Apache Hadoop 和 Pivotal 产品已经在第 10 章进行了介绍。

MADlib 版本 1.6 的模块[5]如表 11.4 所示。

表 11.4　MADlib 模块

模型	描述
通用线性模型	包括线性回归、逻辑回归、多项式逻辑回归
交叉验证	评估拟合模型的预测能力
线性系统	解决密集与稀疏的线性系统问题
矩阵分解	执行低秩矩阵分解和奇异值分解
关联规则	实现 Apriori 算法来确定频繁项集
聚类	实现 k 均值聚类
主题建模	提供一组文件的潜在狄利克雷分配预测模型
描述性统计	简化了汇总统计和相关性的计算
推断统计	进行假设检验
支持模块	提供通用的数组和概率函数供其他 MADlib 模块使用
降低维数	启用主成分分析和预测
时间序列分析	进行 ARIMA 分析

http://doc.madlib.net/latest/modules.html

在以下示例中，MADlib 用于对网络零售商的客户执行 k 均值聚类分析（见第 4 章）。两个客户属性（年龄和 2013 年以来的总销量）已经作为感兴趣的变量被识别出来，用于聚类分析的目的。客户的年龄可以在 customer_demographics 表中找到。从 orders_recent 表中可以计算出每个客户的总销量。因为要包括没有购买任何东西的客户，所以使用 LEFT OUTER JOIN 来包含所有的客户。客户的年龄与销量作为数组存储在 cust_age_sales 表中。MADlib k 均值函数接受数组形式的坐标输入。

```
/* create an empty table to store the input for the k-means analysis */
CREATE TABLE cust_age_sales (
customer_id integer,
coordinates float8[])

/* prepare the input for the k-means analysis */
INSERT INTO cust_age_sales (customer_id, coordinates[1], coordinates[2])
  SELECT d.customer_id,
         d.customer_age,
         CASE
           WHEN s.sales IS NULL THEN 0.0
           ELSE s.sales
         END
FROM     customer_demographics d
         LEFT OUTER JOIN (SELECT r.customer_id,
                                 SUM(r.item_quantity * r.item_price) AS sales
                          FROM orders_recent r
                          GROUP BY r.customer_id) s
         ON d.customer_id = s.customer_id

/* examine the first 10 rows of the input */
SELECT * from cust_age_sales
order by customer_id
LIMIT 10

customer_id coordinates
1           {32,14.98}
2           {32,51.48}
3           {33,151.89}
4           {27,88.28}
5           {31,4.85}
6           {26,54}
7           {29,63}
8           {25,101.07}
9           {32,41.05}
10          {32,0}
```

通过使用 MADlib 函数 kmeans_random()，下面的 SQL 查询在给定的数据集中识别出了 6 个组。查询还提供了关键输入变量的描述。

```
/*
K-means analysis

cust_age_sales - SQL table containing the input data
coordinates - the column in the SQL table that contains the data points
```

```
customer_id - the column in the SQL table that contains the
              identifier for each point
km_coord - the table to store each point and its assigned cluster
km_centers - the SQL table to store the centers of each cluster
l2norm - specifies that the Euclidean distance formula is used
25 - the maximum number of iterations
0.001 - a convergence criterion
False(twice) - ignore some options
6 - build six clusters
*/

SELECT madlib.kmeans_random('cust_age_sales', 'coordinates',
              'customer_id', 'km_coord', 'km_centers',
              'l2norm', 25 ,0.001, False, False, 6)
SELECT *
FROM km_coord
ORDER BY pid
LIMIT 10

pid coords           cid
1    {1,1}:{32,14.98} 6
2    {1,1}:{32,51.48} 1
3    {1,1}:{33,151.89} 4
4    {1,1}:{27,88.28} 1
5    {1,1}:{31,4.85}  6
6    {1,1}:{26,54}    1
7    {1,1}:{29,63}    1
8    {1,1}:{25,101.07} 1
9    {1,1}:{32,41.05} 1
10   {1,1}:{32,0}     6
```

输出由 km_coord 表组成。该表包含每个点（pid）的坐标、customer_id 和分配的集群 ID（cid）。坐标（coords）存储为稀疏向量。当数组中的值被重复许多次时，稀疏向量很有用。例如，{1, 200, 3}：{1, 0, 1}表示这样的向量，即包含 204 个元素{1, 0, 0, …0, 1, 1, 1}，其中 0 重复 200 次。

每个集群的中点或质心的坐标存储在 km_center 表中。

```
SELECT *
FROM km_centers
ORDER BY cords

cid coords
6 {1,1}:{44.1131730722154,6.31487804161302}
1 {1,1}:{39.8000419034649,61.6213603286732}
4 {1,1}:{39.2578830823738,167.758556117954}
5 {1,1}:{40.9437092852768,409.846906145043}
3 {1,1}:{42.3521947160391,1150.68858851676}
2 {1,1}:{41.2411873840445,4458.93716141001}
```

因为对每个质心来说，年龄值很相似，所以销量的值支配了距离的计算。在虚拟化集群并重新缩放后建议重复分析。

11.4　总结

本章讲解了利用 SQL 进行数据库内分析的若干技术和示例。一个典型的 SQL 查询涉及连接多张表，通过 WHERE 子句过滤返回的数据集以得到期望的记录，然后指定特定感兴趣的列。SQL 提供了 UNION 和 UNION ALL 等 set 运算符来合并两个或多个 SELECT 语句的查询结果，或者使用 INTERSECT 来找到公共的记录元素。其他 SQL 查询可以使用聚合函数（比如 COUNT()、SUN()和 GROUPBY 子句）来汇总数据库。分组扩展（比如 CUBE 和 ROLLUP 运算符）可用来计算小计和总计。

虽然 SQL 是最常应用于结构化数据的语言，但是 SQL 表中也常包含非结构化数据，例如评论、描述和其他自由格式的文本内容。可以在 SQL 中使用正则表达式和相关函数来检查和调整非结构化数据，供后续分析使用。

更复杂的 SQL 查询可以利用窗口函数计算数值，例如排名和原始数据集的滚动平均值。除了内置函数，SQL 也具有创建用户自定义函数的功能。虽然我们可以在数据库内处理数据，并将结果提取到诸如 R 之类的分析工具，但 SQL 也可以使用 MADlib 这样的外部代码库来进行数据库内的统计分析。

11.5　练习

1. 证明 EWMA 平滑相当于一个没有常量的 ARIMA（0,1,1）模型（在第 8 章中讲述）。
2. 参考公式 11.1，证明分配的权重在时间上呈指数衰减。
3. 开发和测试一个用户定义聚合，计算 N 的阶乘(n!)，其中 n 是一个整数。
4. 从一个 SQL 表或查询中随机选择 10%的行。提示：大多数 SQL 实现有一个 random()函数，它可以输出 0 和 1 之间的一个均匀随机数。讨论对 SQL 表中的记录进行随机抽样的可能原因。

参考书目

[1] PostgreSQl.org, "Window Functions" [Online]. Available: http://www.postgresql.org/docs/9.3/static/functions-window.html. [Accessed 10 April 2014].

[2] MADlib, "MADlib" [Online]. Available: http://madlib.net/download/. [Accessed 10 April2014].

[3] J. Cohen, B. Dolan, M. Dunlap, J. Hellerstein, and C. Welton, "MAD Skills: New Analysis Practices forBig Data," in *Proceedings of the VLDB Endowment Volume 2 Issue 2, August 2009.*

[4] E. Dumbill, "The Data Lake Dream," *Forbes*, 14 January 2014. [Online]. Available: http://www.forbes.com/sites/edddumbill/2014/01/14/the-data-lake-dream/. [Accessed 4 June 2014].

[5] MADlib, "MADlib Modules" [Online]. Available: http://doc.madlib.net/latest/modules.html. [Accessed 10 April 2014].

第 12 章

结尾

关键概念

- 沟通和实施一个分析项目
- 创建最终可交付的成果
- 对不同的受众使用一组核心素材
- 比较项目发起人和分析师的主要关注领域
- 理解基本的数据可视化原理
- 清理图表或可视化

本章主要介绍了数据分析生命周期的最后阶段：实施。在这个阶段，项目团队生成最终的报告、代码和技术文档。在这个阶段的结尾，团队通常会尝试建立一个试点项目并在生产环境中实施阶段 4 中的开发模型。如第 2 章中所述，团队可以进行精确的技术分析，但如果他们不能恰当地表述分析结果使其受众产生共鸣，那么别人也就看不到分析的价值，团队所付出的巨大努力和资源都会被浪费。本章重点关注如何构建一个清晰的工作叙述总结，以及可以向关键利益相关者传达的叙述框架。

12.1 沟通和实施一个分析项目

如图 12.1 所示，数据分析生命周期的最后阶段关注的是实施项目。在这个阶段，团队需要评估项目工作的益处，并在拓展工作和将其分享给企业或者用户生态系统之前，建立一个试点项目来以可控的方式部署模型。在这里，试点项目是指在全面部署新的算法或功能之前的项目。这个试点项目可以在一个更有限的范围内部署到受这些新模型影响的业务线、产品或服务部门。

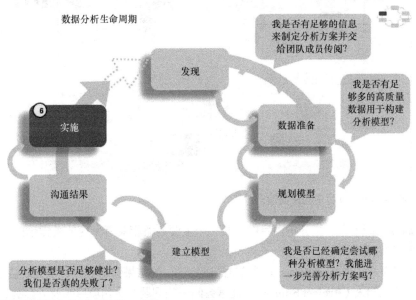

图 12.1 生命周期数据分的第 6 阶段：实施

项目工作是否能朝着试点项目推进并最终在生产环境中运行，要取决于团队量化工作的益处并以一种令人信服的方式共享给利益相关者的能力。因此，在最后的演示中明确地指出益处是至关重要的。

当团队界定作为试点项目来部署分析模型时所涉及的工作量时，要考虑到在生产环境中可能需要针对一组分散的产品或一条业务线来运行该模型，用来在现实设置中测试模型。这可以让团队从部署中学习经验，并且在将应用程序或代码部署到整个企业之前进行调整。该阶段可以引入一组新的团队成员——负责生产环境并且带来一些新的问题和顾虑的工程师。这个小组着重于确保运行中的模型可以平稳地进入生产环境，并且该模型能够集成到下游的业务流程中。在生产环境中执行模型时，团队应该致力于在异常现象进入模型前就能检测到它，并评估运行时间、衡量与生产环境中其他流程之间的资源竞争。

第 2 章深入讨论了数据分析生命周期，包含了对最后阶段给出的交付成果的综述。在最后阶段，建议团队考虑每个主要的利益相关者的需求和交付成果，以满足这些需求，如图 12.2 所示。

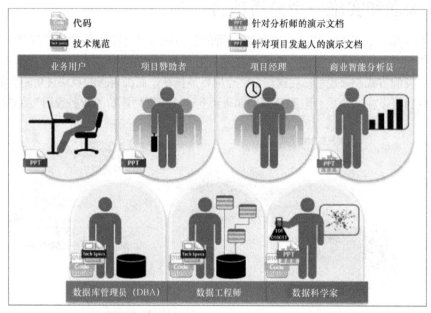

图 12.2   一个成功分析项目中的关键输出

下面简要回顾了在一个分析项目中为每一个主要利益相关者呈现的关键输出，以及他们在项目结束时的期望。

- **业务用户（Business User）**通常试图确定项目的结果会给业务带来的效益与影响。
- **项目发起人（Project Sponsor）**通常会问一些问题，比如项目的业务影响、风险和投资回报率（ROI）等，以及项目怎么才能在组织内推广，等等。
- **项目经理（Project Manager）**需要决定项目是否能按时和在预算内完成。
- **商业智能分析师（Business Intelligence Analyst）**需要知道他管理的报告和仪表板是否会被影响以及是否需要改变。
- **数据工程师和数据库管理员（Data Engineer and Database Administrator）**通常需要分享分析项目中的代码，并创建技术文档来介绍实现细节。
- **数据科学家（Data Scientist）**需要共享代码并向他的同伴、经理和其他利益相关者解释模型。

虽然这 7 个角色代表了一个项目中的许多利益方面，这些利益方面通常存在重叠，而其中大部分可以通过 4 个主要的交付成果来满足。

- **针对项目发起人的演示文档**包括给高管级别利益相关者的信息，其中有些关键信息可以帮助他们进行决策。文档要整洁、容易理解，以方便演示人员进行讲解，同时便于听众掌握。
- **针对分析师的演示文档**描述业务流程的变化和报告的变化。数据科学家在阅读该演示文档时想要看到细节以及技术图表（比如，接收者操作特征（ROC）曲线、密度图和直方图）。
- **代码**是给技术人员的，比如工程师和其他管理生产环境的人。
- **技术规范**用来实现代码。

一般而言，当受众越是高管，给项目发起者的演示文档就越要简洁。确保文档迅速切入要点，并表达研究结果对发起人组织的价值。当向具有定量背景的受众做介绍时，应该花更多的时间来介绍方法论和研究成果。在这种情况下，团队可以更加详细地描述成果、方法论，以及分析试验。这些受众对技术更感兴趣，尤其是在团队开发了一种新的方法来处理或分析数据，而且该方法在未来可以进行重用或者应用到类似的问题上。此外，尽量使用图像或数据可视化。虽然可能需要更多的时间来开发图像，但图片会更吸引人，更容易被记住，能更有效地提供关键信息。

12.2　创建最终可交付成果

在回顾了数据科学项目的关键利益相关者和主要可交付成果之后，本节将重点描述可交付成果的细节。为了说明这种方法，这里用一个虚构的案例研究用来让这些例子更具体。图 12.3 描述了一个虚构的银行场景，YoyoDync 银行将着手一个客户流失预测模型的项目。在这里，流失率（churn rate）是指客户终止与 YoyoDync 银行的关系或转投其他竞争银行的频率。

YoyoDync 银行研究案例的概要

- YoyoDync 银行是一个零售银行，它想要提升其净现值（NPV）和客户留存率
- 银行想要针对客户建立有效的市场营销活动，以降低至少 5% 的流失率
- 银行想要确定这些客户是否值得保留。此外，银行还想分析客户流失的原因，以及能做些什么来留住客户
- 银行要建立数据仓库来支持营销和其他相关的客户关怀计划

图 12.3　YoyoDync 银行研究案例的概要

基于这些信息，数据科学团队可以在项目中创建类似于图 12.4 的分析计划。

除了对模型规划和方法进行指导之外，分析计划还包含了项目限定范围、基本假设、建模技术、初始假设以及最终演示文档中的关键成果。在花费大量的时间进行建模和深入的数据分

析之后，体现项目的工作和考虑团队需要着手解决的问题的背景是至关重要的。审查在项目期间完成的工作，并识别观测到的模型输出、得分和结果。基于这些观测，开始识别的关键信息和任何超出预期的见解。

分析计划的构成	零售银行：YoyoDync 银行
发现要解决的业务问题	银行怎样才能识别出有高流失可能的客户？
初始假设	交易量和类型是流失率的关键预测
数据和范围	5 个月的客户账户历史
模型规划——分析技术	使用逻辑回归来识别最有影响的预测流失的因素
结果和关键发现	流失的关键预测： 1. 一旦客户停止使用其账户购买汽油和食品，则银行的开户数快速减少，客户流失 2. 如果客户每个月使用其借记卡的次数少于 5 次，那么他们可能会在 60 天内流失
业务影响	通过定位有高流失风险的客户，客户流失率能降低 23%。这可以降低 300 万美元的流失客户带来的收入损失，以及避免每年 150 万美元的获取新客户的花销

图 12.4　YoyoDync 银行案例研究的分析计划

此外，根据受众调整项目的结果很重要。对于项目发起人来说，需要向其显示团队完成了项目目标。要专注于做了什么、团队完成了什么、ROI 的预期是多少，以及可以实现什么样的商业价值。给项目发起人提供一些论据来帮助其推广项目工作。发起人需要向别人复述故事，所以需要降低发起人的难度，并且通过提供一些论据来确保信息是准确的。设法强调投资回报率和商业价值，并明确该模型是否可以部署在生产环境中并满足发起人的性能约束。

在有些组织中，可能并不期望数据科学团队给未来项目建立一个完整的业务案例且实现该模型。相反，数据科学团队需要能够提供关于该模型影响的指导，来使得项目发起人或其指定的人能够创建一个商业案例，并推动试点和后续部署。换句话说，数据科学团队可以协助用建模结果和数据科学的相关工作来评估该工作的实际价值和更为广泛地实现这项工作的成本。

当向诸如数据科学家和分析师等技术受众阐述时，要专注于工作是如何完成的。讨论团队如何完成目标，以及如何选择模型或如何数据分析的。分享分析方法和决策流程以便其他分析师可以从中学习，并用在他们日后的项目中。描述用到的方法、技巧和技术，因为受众会有兴趣学习这些细节并考虑该方法在这种情况下是否是合理的，是否可以扩展到其他类似的项目中去。提供与模型精度和速度相关的细节，比如该模型在生产环境中能多好地执行。

理想情况下，团队应该在项目过程中就考虑开始最终演示文档的开发，而不是通常的在项目结束时才考虑。这样可以确保团队始终有一个带有工作假设的演示文档版本可以显示给利益相关者，在需要时可以在短时间内展示阶段性项目进展。事实上，许多分析师会在一个项目开始时编写执行概要，然后随着时间推移不断地改进它，这样在项目的最后阶段，最后演示文档的大部分就已经完成了。这种方法也减少了团队成员忘记在项目中发现的关键论点或关键见解的几率。最后，它也减少了在项目结束时花在演示文档上的工作量。

12.2.1　为多个受众群体创建核心材料

因为项目的一些部分可以被不同的受众所用，因此创建项目相关的核心材料是很有帮助的，这可以用来为技术受众或执行项目发起人创建演示文档。

表 12.1 所示为分别为项目发起人和分析师所做的最终演示文档的主要部分。需要注意的是，团队可以针对这 7 个领域创建一组核心的材料。三个领域（项目目标、主要发现和模型描述）可以同时用在这两种演示文档。其他领域需要进一步的阐述，比如方法。在其他领域中，例如关键论点，需要为分析师和数据科学家以及为项目发起人提供不同级别的细节。最终演示文档中的每个主要部分会在后续小节进行讨论。

表 12.1　项目发起人演示文档和分析师演示文档的比较

演示文档的构成	项目发起人演示文档	分析师演示文稿
项目目标	列举最重要的 3～5 个商定的目标	
主要发现	强调关键信息	
方法	高层次方法	高层次方法 建模技术的相关细节
模型描述	建模技术的概述	
使用数据来支持的关键论点	用简单图表（例如条形图）和图形来支持关键论点	显示细节以支持关键论点 面向分析的图表和图形，如 ROC 曲线和直方图 关键变量的图形化及其含义
模型细节	省略这部分，或仅高层次讨论	显示模型的代码或主要逻辑，包括模型的类型、变量，和执行模型的技术与得分数据。 识别关键变量及其影响 描述预期的模型性能和任何警告 建模技术的详细描述 讨论变量、范围和预测能力
建议	专注于业务影响，包括风险和投资回报率 给发起人提供论据来帮助其在组织内进行推广	为建模或在生产环境中进行部署补充建议

12.2.2   项目目标

最终演示文档的项目目标部分对于项目发起人和分析师来讲通常是相同或类似的。对于每一个受众，团队需要重申项目的目标，来为之后演示文档中分享的解决方案和建议奠定基础。此外，文档的目标部分需要确保项目团队和项目发起人之间已达成共识，并确保双方随着项目向前推进始终保持一致。一般来说，目标在项目的早期就已经达成共识。最好把目标写下来并进行分享，以确保目标和目的都能很清楚地被项目团队和项目发起人所理解。

图 12.5 和图 12.6 所示为项目目标的两个幻灯片实例。图 12.5 所示为创建一个预测模型来预测客户流失的三个目标。这个版本的目标要点是强调需要做什么，而不是为什么要做，后者将包括在另一个版本中。

项目目标

1．开发一个预测模型来判断哪些客户在何时最有可能流失

2．模型的预测能力应该至少和银行现有的客户流失预测技术一样好

3．模型应该可以以周为基础，在生产环境中一个完整的数据集上运行

图 12.5   YoyoDyne 案例研究的项目目标幻灯片示例

现状和项目目标

现状

1．YoyoDyne 银行想要提升净现值（NPV）和客户流失率

2．最近 90 天内，YoyoDyne 失去了前 100 个主要客户中的 6 个，并且来自最大竞争对手的竞争正在加强

3．如果没有快速的补救方案，YoyoDyne 有失去其在三个主要市场中主导地位的危险

YoyoDyne "流失项目" 的目标

1．开发一个预测模型来判断哪些客户在何时最有可能流失

2．模型的预测能力应该至少和银行现有的客户流失预测技术一样好

3．模型应该可以以周为基础，在生产环境中一个完整的数据集上运行

图 12.6   YoyoDyne 案例研究的状况和项目目标幻灯片示例

图 12.6 所示为图 12.5 中的项目目标的一种变形。它在列出目标之前先总结了当前的现状。记住当提供最终演示文档时，这些交付成果是在组织内共享的，而且最初的背景很有可能会丢失，特别是最初的项目发起人离开组织或者改变了角色。在显示项目目标前先简要概括状况是很好的做法。给目标幻灯片增加现状概述会使它变得更加复杂。团队需要确定是将它分为两个单独的幻灯片还是放在一起，这取决于最后演示文档的受众和团队的风格。

一种撰写现状概述的简洁方式是按三步来总结，如下所示。

● **现状**：对导致分析项目的现状给出一句话概述。

- **复杂性**：给解决这一现状的必要性给出一句话概述。有些事情已经迫使组织在此时决定采取行为。例如，可能银行在过去的两个星期内失去了 100 个客户，而现在被指派解决该问题，或者可能银行在过去三个月内被最大的竞争对手抢走了 5 个百分点的市场份额。通常这句话表明了为什么要在这个时候开始一个特定的项目，而不是在将来的某个模糊时间开始。
- **意义**：对复杂性的影响给出一句话概述。例如，如果银行未能解决其客户流失问题，那么它将在三个主要市场中失去其市场主导地位。针对业务影响来说明所做项目的紧迫性。

12.2.3 主要发现

写一篇扎实的执行总结来描述一个项目的主要结果。在许多情况下，总结可能是演示文档中繁忙的经理们唯一会阅读的部分。出于这个原因，它必须是语言清晰、简洁和完整的。那些阅读执行总结的人应该能够在一页幻灯片里把握项目的全部情况和关键见解。此外，这是一个为执行项目发起人提供论据的机会，他们可以用来将项目工作推广到客户组织中。确保既定性又定量地衡量项目结果的商业价值。当演示文档是呈现给项目发起人时，这相当重要。对发起人和分析师来说，包含主要发现的执行总结幻灯片是一般相同的。

图 12.7 所示为 **Yoyodyne** 案例研究的执行总结的幻灯片示例。需要仔细斟酌幻灯片的内容以确保它是清晰的。记住，这不是表达执行总结的唯一格式；它根据作者的风格而变化，当然执行总结里的许多关键部分的格式是通用的。

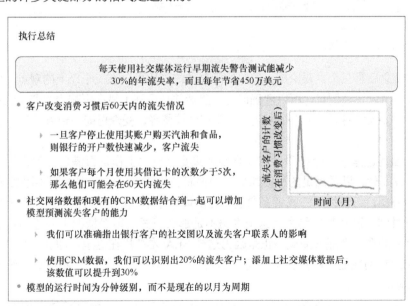

图 12.7 ToyoDync 案例研究的执行总结幻灯片示例

在幻灯片中，关键信息应该是清晰和明显的。它可以用颜色或底纹来区分，如图 12.8 所示；也可以使用其他技术吸引人们的注意力。管理人员或项目发起人从项目中获得的关键信息可能成为一个单独的论据，用来支持团队推荐的试点项目，所以需要是简洁和引人注目的。要使信息尽可能地掷地有声，需要衡量工作的价值，并量化节省的成本、收入、节省的时间或其他好处，来使业务影响具体化。

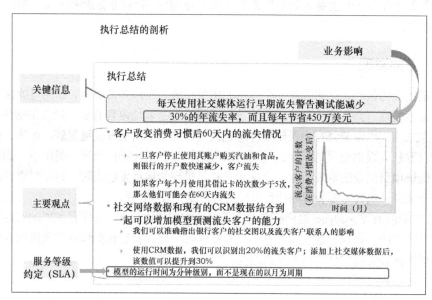

图 12.8　执行总结幻灯片剖析

关键信息之后是三个主要论据。虽然执行总结幻灯片可以有三个以上的观点，但是超过三个会使得人们难以记住要点，所以要确保要点清晰并且只列出最有影响力的和团队希望受众能记住的要点。如果作者列出了十个要点，信息就会被稀释，受众可能只记得了其中的 1 到 2 个要点。

此外，因为这是一个分析项目，因此要确保要点与"工作是否满足发起人的服务等级约定（SLA）或期望，以及满足的程度如何"相关联。传统上，SLA 是指提供服务的人，如 IT 部门或咨询公司，与最终用户或者客户之间的协议。在本例中，SLA 主要指系统性能、系统的期望运行时间，以及其他约束。这个术语不是那么正式，很多情况下表述的是通常与性能或及时性有关的系统性能或期望。正是因为这样 SLA 才被用在这里。即在这种情况下，SLA 指的是系统的预期性能，以及在将开发的模型集成到某个系统中时，不会对系统的预期性能产生不利影响。

最后，尽管这不是必需的，但是用可视化或图形来支持要点是一个很好的想法。可视化图像可以使信息相互关联并有助于读者获取主要信息。

12.2.4　方法

在演示文档的方法部分，团队需要解释项目中所使用的方法。这可以包括领域专家的访谈、组织内的团队协作，以及关于解决方案的一些陈述。这张幻灯片的目的是确保受众了解行动的过程。还应包括与团队遵循的工作假设有关的任何附加评论，因为这在为团队遵循的特定行动辩护时相当关键。

在向项目发起人解释解决方案的时候，讨论应该保持在一个高的层次。如果是向分析师或数据科学家阐述的话，就需要提供与所用模型类型有关的额外细节，包括技术以及模型在测试期间的真实性能。最后，作为方法描述的一部分，团队可能要提到系统、工具或现有流程的约束，以及在项目中更改约束的意义。

图 12.9 所示为在一个数据科学项目中如何向发起人描述所用方法的例子。

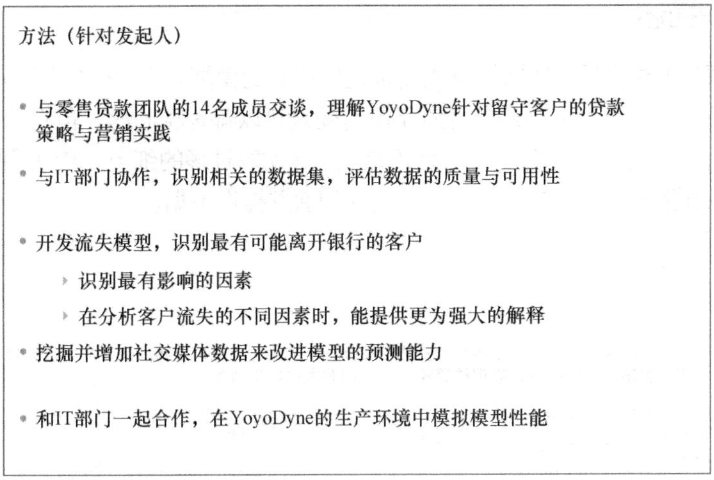

方法（针对发起人）

- 与零售贷款团队的14名成员交谈，理解YoyoDyne针对留守客户的贷款策略与营销实践
- 与IT部门协作，识别相关的数据集，评估数据的质量与可用性
- 开发流失模型，识别最有可能离开银行的客户
  - 识别最有影响的因素
  - 在分析客户流失的不同因素时，能提供更为强大的解释
- 挖掘并增加社交媒体数据来改进模型的预测能力
- 和IT部门一起合作，在YoyoDyne的生产环境中模拟模型性能

图 12.9　为项目发起人描述项目方法的例子

注意第三个条目概述了客户流失的模型。此外，其子条目通过非技术术语提供了更多的细节。将该方法与图 12.10 中的方法进行比较。

图 12.10 所示为在数据科学项目中使用方法和方法论的一种变体。在这个例子中，大多数语言和描述与图 12.9 中的例子相同。主要的区别是图 12.10 包含了更多模型本身以及对模型快速评估以满足 SLA 的方法的细节。这些区别在图 12.10 中以框图的形式来显示。

方法（针对分析师）

• 与零售贷款团队的14名成员交谈，理解YoyoDyne针对留守客户的贷款策略与营销实践

• 与IT部门协作，识别相关的数据集，评估数据的质量与可用性

• 使用通用附加建模（Generalized Addictive Modeling）技术用R语言开发流失模型
  ▸ 最小化变量转化和分箱（binning）
    ▸ 在分析客户流失的不同因素时，能提供更为强大的解释
• 检测社交网络变量的影响并发现它有助于识别潜在的流失客户

• 和IT部门一起合作，在YoyoDyne的生产环境中模拟模型性能

• 可以借助SQL在数据库中的大型数据集上快速评估该模型

图 12.10　为分析师和数据科学家描述项目方法的例子

12.2.5　模型描述

在描述了项目方法之后，团队通常需要描述所用到的模型。图 12.11 所示为 Yoyodyne 银行示例的模型描述。虽然模型描述幻灯片对于所有受众可以都是相同的，但是他们的关注点和目的是不同的。对发起人来说，需要知道大概的方法而无需过多的细节。传达团队工作中所遵循的基本方法可以让发起人更容易与组织内其他人沟通并提供论据。

模型描述

• **基本方法的概述**：预测每个客户流失的可能性。识别具有高流失可能性的客户，随后和真正流失结果进行比较，来训练算法，并对现有客户启用预测

• 模型：逻辑回归模型
• 因变量：二进制变量，表示流失/没有流失
• 范围
  ▸ 500000个Yoyodyne银行的客户，基于2011年1月31日之后的一个150天周期的流失情况
  ▸ 包含到2011年6月30日为止所有流失客户的500000个客户，加上45000个账户的随机抽样
  ▸ 截至2011年1月31日，所有选择的客户是活动（Active）、暂停（Suspended）或待定（Pending）
  ▸ 从通话数据记录仓库中抽取客户在2011年1月31日至2011年6月30日之间的通话历史细节数据
• 抽样
  ▸ 训练样本：50000签约者
  ▸ 测试样本：100000签约者
• 所开发建模的预测能力至少和银行现有的流失模型一样好
  ▸ 我们在没有社交网络变量的情况下生成了一个基线模型，银行的营销分析团队证实模型的预测能力至少和现有模型一样好
  ▸ 社交网络变量被加入模型后，预测能力增加

图 12.11　数据科学项目的模型描述示例

提到所用数据的范围是至关重要的。其目的是说明团队使用的方法能准确地刻画其问题，并尽可能不带有偏见。优秀数据科学家的一个重要品质是能够对自己的工作提出质疑。这是一个可以批判性地查看工作和可交付成果，并思考受众将如何接受数据科学家的工作的契机。试着确保项目和结果没有任何偏见。

假如模型能够满足约定的 SLA，那么提及模型在测试或部署（staging）环境中的性能满足 SLA。例如，我们可能想要表明模型能在 5 分钟内处理 500000 条记录，以让利益相关者对模型的运行速度有一个概念。分析师想要了解该模型的细节，包括在构建模型时的决策，以及供测试和训练使用的数据的提取范围。准备好解释团队的思考过程，以及模型在测试环境中的运行速度。

12.2.6　有数据支持的关键论点

下一步是根据从数据和模型评估结果得到的见解和观测来找出关键论点。使用图表和可视化技术阐述关键论点，针对项目发起人使用更为简洁的图，针对分析师和数据科学家使用更多的技术性数据可视化。

图 12.12 中的示例提供了不同月份银行客户流失率的相关细节。当建立关键论点时，要考虑对商业具有最大影响的和可以使用数据进行辩护的见解。对于项目发起人，使用例如条形图这样的简单图表，它们可以清楚地说明数据并使受众理解见解的价值。这也是很好的切入点，来预示团队的一些建议并开始集思广益地说明什么导致了这些建议，以及导致这些建议的原因是什么。换句话说，本节为后续的建议提供了数据和基础。创建清晰的、引人注目的幻灯片来显示关键论点，可以使得建议更可信，更可能被客户或发起人所采纳。

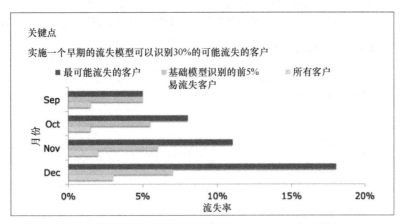

图 12.12　数据科学项目的关键论点示例，以条形图显示

为了给分析师演示，使用更为精细或技术性的图形和图表。在这种情况下，适当的可视化技术包括点图、密度图、ROC 曲线图或可以支持建模技术所做决策的数据分布直方图。数据可视化的基本概念在本章后面讨论。

12.2.7　模型细节

那些比发起人有更多技术背景的人，比如编写代码的人，或是分析团队中的其他同事，通常需要更多的细节。项目发起人通常对模型的细节不太感兴趣，他们更关注于分析工作的商业影响。演示文档中的模型细节部分需要显示代码或模型的主逻辑，包括模型类型、变量和用于执行模型和评估数据的相关技术。演示文档中的这部分应该关注描述模型的预期性能和与模型性能相关的注意事项。此外，这部分演示文档应该详细描述建模技术、变量、范围和模型的预期效果。

此时，团队可以提供与模型中使用的变量相关的讨论或书面细节，并解释如何或为何选择这些变量。此外，团队还应分享实际开发的代码（或至少是代码片段）来解释代码产生了什么以及它是如何运行的。这也会促进与任何附加限制有关的讨论和与模型主逻辑有关的影响。此外，借助于面向分析的图形和图表，如直方图、点图、密度图和 ROC 曲线等，团队还可以使用此部分来说明关键变量的细节和模型的预测能力。

图 12.13 所示为描述数据变量的幻灯片示例，而图 12.14 所示为辅助技术图表的幻灯片示例。

模型细节

- 候选变量：CRM中的22个、通话记录里的154个、社交网络变量里的12个

- 通过PCA和与领域专家的讨论，我们把近190个变量减少到了9个最能预测客户流失的变量

- 在R中构建通用附加模型：

```
gam.wsn.by2 <- bam(volchurn.120.p~
s(var1, bs="cs",by=c30,k=length(custom.knots))
+s(var2 , bs="cs",by=c30)
+s(var3 , bs="cs",k=5)
+s(var4 ,bs="cs",k=5,by=c30)
+s(tvar5 ,bs="cs",k=5)
+var6
+var7
+ s(var8)
+ s(var9) ,
knots=list(var1=custom.knots),
data=train.df, family=binomial, weight=weight, gamma=1.4)
```

图 12.13　带有模型类型和变量的模型细节示例

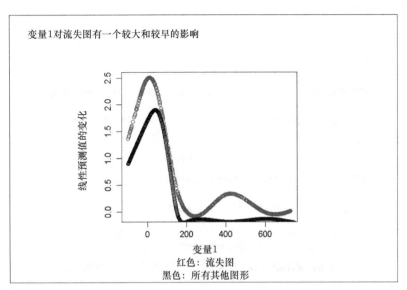

图 12.14 比较两个数据变量的模型细节

　　作为模型细节描述的一部分，应该就模型在测试环境中的运行速度、模型在真实生产环境中的预期性能以及所使用的技术方面提供指导。这类讨论解释模型如何满足组织的 SLA。

　　这部分的演示文档需要包含一些额外的警告、假设或模型及模型性能的约束，比如模型所需要交互的系统或数据、性能问题，以及将模型的输出导入到现有业务流程的方法。这部分演示文档的作者需要描述与项目目标相关的主要变量之间的关系，比如关键变量预测客户流失的效果、关键变量和和其他变量之间的关系。团队甚至可能要提出改善模型的建议，突出任何将偏见引入到建模技术中的风险，或者描述可能影响总体预测能力的数据段。

12.2.8 建议

　　演示文档的最后一个主要成分涉及创建一系列建议，包括如何从商业角度在组织内部署模型以及部署模型逻辑的其他建议。对于 **YoyoDyne** 银行的例子，图 12.15 描述了项目中给出的建议。在演示文档的这一部分，关键是衡量改进的影响并在建议中说明如何利用这些影响。例如，演示文档中可能会提到，每成功挽留一个客户代表为银行的一个客户经理节省了 6 个小时的时间，或者是节省了获取一名新客户所需要花费的 50000 美元，包括营销费用、销售和系统相关的成本。

　　对于要呈现给项目发起人的演示文档，要着重于项目的业务影响，包括风险和投资回报率。因为项目发起人最感兴趣的是项目对业务的影响，演示文档还应该为发起人提供可以在组织内推广工作的论据。当为分析师准备演示文档时，需要补充建模或在生产环境中部署模型的影响。无论是建模还是在生产环境中部署模型，团队都应该着重于工作实施所要采取的行动，以及客户采纳这些建议会得到的好处。

建议

- 在更大规模的部署之前，实现模型的试点项目——在试点项目中测试性能与准确度

  ▸ 迅速解决这些问题可以挽留住更多的客户，并防止可能导致更多客户流失的情况出现

  ▸ 可以基于该模型建立一个早期的流失警告触发器

- 每天或者每周运行预测模型可以积极防止客户流失

  ▸ 在数据库内可以以分钟级别评估大型数据集，而且可以每天运行

  ▸ 通过早期警告触发器保留的每个客户可以节省4小时的挽留账户的时间，以及用来获取每一位新账户所需的50000美元

- 开发目标客户调研来研究流失原因，这可以收集数据来研究早期流失的原因

图 12.15　数据科学项目的建议示例

12.2.9　关于最终演示文档的额外提示

当团队完成一个项目并移动到下一个的时候，必须记住在开发最终的演示文档时要花费足够的时间。为受众提供项目的上下文很重要。有时，团队太沉浸在项目中会使得它无法为其建议和模型的输出提供足够的上下文。团队需要罗列出术语和缩略词，避免过度使用行话。还应该牢记演示文档可能被广泛地分享，因此读者可能并不熟悉上下文和团队经历整个项目的过程。

项目的情况可能需要对不同的受众讲很多次，所以团队必须在重复一些关键信息时保持耐心。这些演示文档应该被看作完善关键信息和推广已完成工作的机会。截至目前，团队已经花了许多时间工作并发现了商业见解。这些演示文档是沟通这些项目并为后续项目获得支持的机会。与大多数的演示文档一样，要根据受众的背景来斟酌信息及其详细程度。下面是一些在开发文档时会用到的技巧。

- **使用图像和视觉呈现**：视觉效果往往能使演示文档更引人注目。同时，人们觉得图像比文字更好记，因为图像能有更多的视觉冲击。这些视觉呈现可以是静态的和交互式的数据。
- **确保内容是互不相交和没有遗漏的**：这意味着演示文档的文字会比较简练，并确保覆盖了关键论点，而且不重复。
- **衡量和量化项目的效益**：这相当有挑战性，而且需要时间和努力才能做得好。这种衡

量应该试图用特定的方法来量化财务收益和其他收益。与项目有"巨大的价值"相比，阐述该项目"每年能节省 850 万美元的成本"更引人注目。

- **使项目的效益清晰和突出**：在计算完项目的效益后，要确保在演示文档中清晰地表达出来。

12.2.10 提供技术规范和代码

除了编写最终的演示文档以外，团队也需要提供实际开发的代码和相关的技术文档。团队应该考虑项目将如何影响最终用户和需要实施代码的技术人员。建议该团队考虑其工作对代码接收者的影响、他们会提的各种问题，以及他们的利益。例如，如果模型需要执行实时监控，这可能导致 IT 运行环境需要做大量的改变，所以团队可能需要考虑一个折中——采用夜间批处理的方式来处理数据。此外，团队还需要让技术团队与项目发起人进行交流，以确保在技术部署时，实施和 SLA 能满足业务需求。

团队应该预见 IT 会提出有关在生产环境中运行模型的计算代价的问题。如果可能的话，说明该模型在测试场景中的运行情况以及是否有调整模型或环境的可能，以优化模型在生产环境中的性能。

团队应该以类似应用编程接口（API）的方式为其代码编写技术文档。很多情况下，模型被封装为函数，在生产环境中读取一组输入，对数据进行可能的预处理，并创建包括一组处理后结果的输出。

考虑一个过去与这个数据科学项目并无交集的技术人员为了能够实现分析模型所需知道的输入、输出和其他的系统限制。把文档作为介绍模型所需的数据、所用逻辑，以及其他相关模型如何在生产环境中与模型交互的方法。这种规范详细说明了代码所需的输入以及数据格式与结构。例如，可以指定是否需要结构化数据，或者预期数据应该是数值型还是字符型。描述在代码使用输入数据之前需要对输入数据所做的任何转换，以及是否创建了脚本来执行这些转换。如果和当环境发生变化，且其他工程师必须修改代码或使用不同的数据集和数据表时，这些细节变得相当重要。

关于异常处理，团队必须考虑代码应该如何处理模型参数预期数据范围之外的数据，以及代码将如何处理缺失的数据值（见第 3 章）、空值、零、NA，或是具有出乎意料的格式或类型的数据。技术文档描述了如何对待这些异常以及会对后续流程产生什么影响。对于模型输出，团队必须解释要对输出做何种程度的再加工。例如，如果模型返回的值表示客户流失的概率，那可能需要额外的处理逻辑来找到阈值，以确定哪些客户账户会被标记为有流失的风险。此外，无论是以自动学习的方式还是以人为干预的方式，都应该留有余地来调整阈值和训练算法。

虽然团队必须创建技术文档，但是很多情况下工程师和其他技术工作人员在拿到代码后，可能会在没有通读文档的情况下尝试使用它。因此，在代码中添加详细的注释也是十分重要的。注释可以指导人们如何执行代码、解释代码逻辑，并帮助他人阅读代码，直到熟悉为止。如果团队可以在代码中很好地添加注释，那么将会更便于别人维护代码和在运行环境中调试代码。此外，在环境发生变化时或者工程师需要修改代码的输入或输出部分时，注释将会很有帮助。

12.3   数据可视化基础

随着数据量的不断增加，更多厂商和社区正在开发工具来创建清晰有力的图形，以便在数据表示和应用中使用。表 12.2 列出了一些常见的工具。

表 12.2   数据可视化的常见工具

开源工具	商业工具
R（基础包、lattice、ggplot2（	Tableau
GGobi/Rggobi	Spotfire（TIBCO）
Gnuplot	QlikView
Inkscape	Adobe Illustrator
Modest Maps	
OpenLayers	
Processing	
D3.js	
Weave	

随着数据量与数据复杂度的增加，用户变得更加依赖使用清晰的视觉效果来说明主要观点，并以简单的方式来描述丰富数据。随着时间的推移，开源社区已经开发了许多库，为可视化地描述图形数据提供了更多选择。虽然本书中的示例主要使用了 R 的基础包，ggplot2 包为创建具有专业外观的数据可视化提供了额外的选择，lattice 库也是如此。

Gnuplot 和 GGobi 都以命令行驱动的方式来生成数据可视化。这些工具主要源于科学计算和对复杂数据的直观表达的需求。GGobi 还有一个变种叫做 Rggobi，它允许用户可以通过 R 语言调用 GGobi。许多开源绘图工具，包括 Modest Maps 和 OpenLayers，都是为希望创建交互地图并集成到他们的开发项目或者网页中的开发者所设计的。软件编程开发环境 Processing，采用了一种类似于 Java 的语言，让开发人员创建具有专业外观的数据可视化。因为它基于一种编程语言而不是 GUI，因此 Processing 语言可以允许开发人员创建健壮的可视化并精确地控制输出。D3.js 是一个 JavaScript 库，用于处理数据并创建基于 Web（例如 HTML、SVG 和 CSS 等标准）的可视化。关于使用开源可视化工具的更多示例，请参考 Nathan Yau 的网站 flowingdata.com[1]，或者他的书 *Visualize This*[2]，该书讨论了使用开源工具创建数据表示的其他方法。

就表 12.2 中所示的商业工具来说，Tableau、Spotfire（TIBCO）和 QlikView 既是数据可视化工具又是交互式的商业智能（BI）工具。由于数据在过去几年中的增长，许多公司开始重视 BI 的易用性和可视化，而且重视程度甚于传统的 BI 工具和数据库。比起它们的前辈，这些工具让可视化变得简单，而且其用户界面更加清晰与容易浏览。表 12.2 中列出的 Adobe Illustrator，虽然在传统意义上不被当做数据可视化工具，但是一些专业人士使用它来加强其他工具生成的可视化。例如，有些用户通过 R 语言开发了一个简单的数据可视化，将图像保存为 PDF 文件或者 JPEG，然后使用 Illustrator 这样的工具来提高图形的质量，或将多个可视化作品合并到一个信息图（infographic）中。Inkscape 是一个类似用途的开源工具，包含许多 Illustrator 具有的功能。

12.3.1　有数据支持的要点

当数据在表中而不是图中的时候，更难观察到重要的见解。为了强调这一点，Gene Zelazny 在 *Say it with Charts* 中提到[3]，为了突出数据，最好创建出数据的可视化表示，比如图表、图形，或其他数据可视化。反过来，假设一位分析员选择淡化（downplay）数据。以数据表的方式共享数据时，可以引起较少的关注，使得它难以被人挖掘。

可视化中配色方案、标签和信息顺序的选择会影响受众如何处理信息，以及受众会将什么当做图中的关键信息。图 12.16 中包含了许多数据点。由于信息的布局，很难对关键点一目了然。通过图 12.16 观察 45 年的开店数据是很大的挑战。

Year	1962	1963	1964	1965	1966	1967	1968	1969	1970	1971	1972	1973	1974	1975	1976	1977	1978	1979	1980	1981	1982	1983	1984	1985	1986	1987	1988	1989	1990	1991	1992	1993	1994	1995	1996	1997	1998	1999	2000	2001	2002	2003	2004	2005	2006	Total
SuperBox	1		1	1			5	4		14	13	14	20	14	17	29	24	37	33	117	42	65	79	81	90	92	82	86	106	72	62	62	40	49	22	26	33	47	78	71	67	64	91	91	33	1980
BigBox						1	1	4	1	4	5	5	5	10	10	10	6	21	33	21	22	20	29	31	50	43	45	72	91	76	94	67	80	31	34	33	33	27	35	47	32	39	27	4	1196
Total	1		1	1		2	5	5	5	15	17	19	25	19	27	39	34	43	54	150	63	87	99	110	121	142	125	131	178	163	138	156	107	129	53	60	66	80	105	106	114	96	130	118	37	3176

图 12.16　45 年的开店数据

即使显示少一些的数据，对很多人来说依然难以阅读。图 12.17 隐藏了前 10 年的数据，在表格内留下了 35 年的数据。

Year	1972	1973	1974	1975	1976	1977	1978	1979	1980	1981	1982	1983	1984	1985	1986	1987	1988	1989	1990	1991	1992	1993	1994	1995	1996	1997	1998	1999	2000	2001	2002	2003	2004	2005	2006	Total
SuperBox	13	14	20	14	17	29	24	37	33	117	42	65	79	81	90	92	82	86	106	72	62	62	40	49	22	26	33	47	78	71	67	64	91	91	33	1980
BigBox	4	5	5	5	10	10	10	6	21	33	21	22	20	29	31	50	43	45	72	91	76	94	67	80	31	34	33	33	27	35	47	32	39	27	4	1196
Total	17	19	25	19	27	39	34	43	54	150	63	87	99	110	121	142	125	131	178	163	138	156	107	129	53	60	66	80	105	106	114	96	130	118	37	3176

图 12.17　35 年的开店数据

大多数读者会观察到，即使在相对较小的规模，理解数据也很有挑战性。如果一个人仔细查看数据表，那么可能会有若干发现。

- BigBox 在 20 世纪 80 年代和 90 年代增长强劲。
- 在 20 世纪 90 年代之前，BigBox 在其连锁店体系中增加了更多的 SuperBox 店铺。
- SuperBox 的总数超过 BigBox，比例接近 2:1。

取决于试图突出的重点，分析师必须注意以一种直观的方式组织信息，使受众能够获得和作者意图相同的要点。如果分析师不能有效地做到这一点，数据的消费者就必须要猜测要点并且可能产生曲解。

图 12.18 中显示了一张美国地图，图中的点表示了店铺的地理位置。这张地图是一种比一张小表更有力的数据描述方式。这种方法非常适合项目发起人受众。基于颜色和底纹，这张图显示了哪里 BigBox 店铺已经饱和，哪里公司已经开拓了市场，以及哪里既有 SuperBox 店铺又有 BigBox 店铺。相较于图 12.16 和图 12.17 的密度表，图 12.18 中的数据可视化对沟通来说更为有效。对于项目发起人，分析团队还可以使用其他简易的可视化技术来描述数据，例如条形图和折线图。

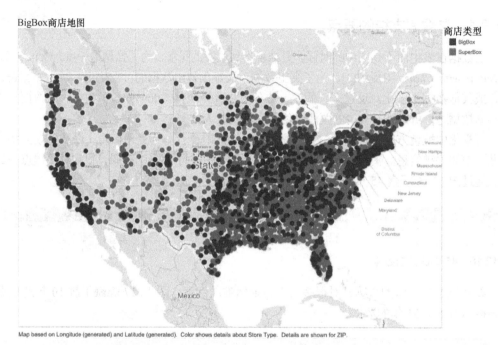

图 12.18 以地图形式显示的 45 年开店数据

12.3.2 图的演进

可视化允许人们以一种与数据表相比更有吸引力的方式以及在直观的、可预知的层面上描述数据。此外，分析师和数据科学家可以使用可视化来交互、探索数据。下面是数据科学家为了更好地理解数据、对数据建模，并评估当前定价模型的效果而对定价数据进行探索时经历的步骤示例。图 12.19 显示了一个随着反映价格敏感度的用户评分分布的定价数据。

数据科学家首先可能将数据视为用户定价水平的原始分布。由于在图 12.19 中右边的值有一个长尾，所以很难了解 0～5 之间的用户评分数据是如何紧密地聚集的。

为了更好地理解，数据科学家可以显示用户评分的对数分布（见第 3 章），如图 12.20 所示。

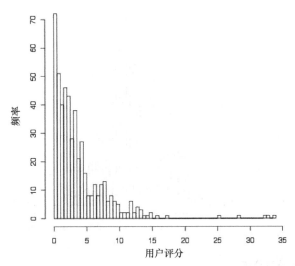

图 12.19　用户评分的频率分布

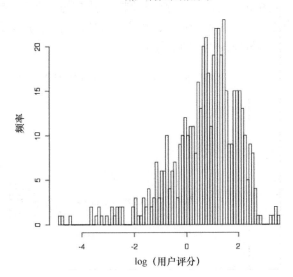

图 12.20　用户评分的对数的频率分布

　　图 12.20 中具有较少偏差的分布可以让数据科学家更方便地理解。图 12.21 所示为一个调整过的图 12.20 的视图，分布的中位数大约是 2.0。该图提供了一个新的用户评分（或指标）的分布，该评分可以衡量用户的价格敏感水平（当以对数表示）。

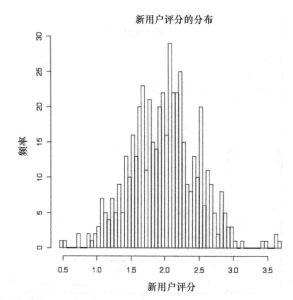

图 12.21 新用户评分的频率分布

另一个想法是分析一段时间内价格分布的稳定性，看看提供给客户的价格是否稳定。在图 12.22 中可以看到，价格是稳定的。在这个示例中，用户的定价评分与以天计的时间无关，保持在 2 到 3 的一个狭窄区间内。换句话说，用户评分体现出，客户购买给定产品的时机并不显著影响他们所愿意付出的价钱，如 y 轴上显示。

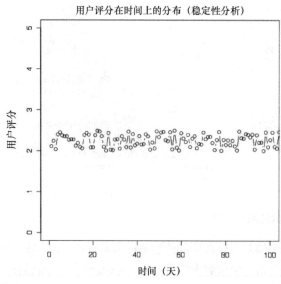

图 12.22 价格稳定性分析图

此时数据科学家已经掌握了关于本示例的下述信息，并对数据做出了一些观测。

● 大多数用户的价格敏感度评分都在 2 和 3 之间。

● 在对用户评分取对数后，创建了一个新的用户评分指标，将数据值围绕着分布中心重新定位。

● 定价评分似乎随着时间推移趋于稳定，所以作为客户的持续时间似乎并没有对用户定价评分有显著的影响。相反，用户评分随着时间相对稳定地保持在一个小范围内。

此时，分析师可能想要探索提供给客户的价格区间。图 12.22 和图 12.23 所示为当前在客户群内的价格分层示例。

图 12.23 所示为一个客户群的价格分布。在这个示例中，忠诚度得分和价格呈正相关性：当忠诚度得分增加，客户愿意支付的价格也增加。在这个例子中最忠诚的客户愿意支付更高的价格，这看起来像是一个奇怪的现象，但现实情况是非常忠诚的客户对价格的波动或增加的敏感度会比较低。然而，关键是要理解哪些客户是高度忠诚的，这样才能对正确的客户团体收取适当的价钱。

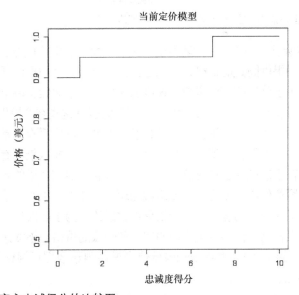

图 12.23　美元价格与客户忠诚得分的比较图

图 12.24 所示为图 12.23 的一个变体。在这种情况下，新图形描绘了相同的客户价格层，但这次在图的底部添加了反应数据点分布的地毯图（第 3 章）。

图底部的地毯图表示本示例中的大多数客户的忠诚得分位于 x 轴的大约 1~3 狭窄区间内，他们都被提供了同样的一组相当高的价格（y 轴上的 0.9~1.0）。本例中的 y 轴可以表示定价得分，或者在数以百万美元计的客户的原始值。这个示例中，一个重要的认识是定价很高，且被提供给绝大多数客户。

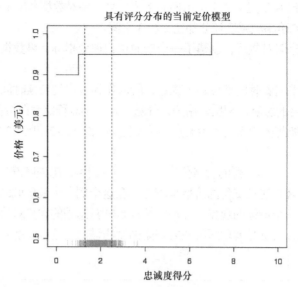

图 12.24　美元价格与客户忠诚得分的比较图（加上地毯表示）

基于图 12.25 中所显示的信息，团队可能会决定开发新的定价模型。相较于在不考虑客户忠诚度的情况下为客户提供固定的价格，新的定价模型可以为客户提供更为动态的价格。在这个可视化中，数据显示了价格相对于客户忠诚度的评分呈一个曲线斜率上涨，在图底部的地毯图表明大多数客户保持在 x 轴上的 1～3 之间，不同于为所有这些客户提供一样的价格，现在建议随着客户忠诚度的增加而逐步上涨价格。某种意义上说，这似乎有悖常理。理应为最忠诚的客户提供最优惠的价格。然而，在现实中经常是相反的情况，即以最具有吸引力的价格吸引最不忠诚的客户。原因在于忠诚的客户对价格并不那么敏感，他们享受的是产品本身，即使产品价格的小幅波动也会留住他们。相反，不太忠诚的顾客会流失，除非对他们提供更具有吸引力的价格。换句话说，不太忠诚的客户是对价格更加敏感的。为了解决这一问题，考虑了这一点的新的定价模型会提供较高的价格给更忠诚的客户和较低的价格给不太忠诚的客户，来最大化收益和最小化客户流失。相较于查看表和原始值来说，创建数据可视化可以让受众以更加具体的方式看到这些变化。

数据科学家通常有多种不同的方式来遍历和查看数据，制定假设并加以检验，然后探索给定模型的影响。这个可视化实例探索了定价分布、价格波动，以及在实施新模型来优化价格的前后在价格层面上的差异。可视化工作说明在实施模型后数据看起来是什么样的，可以帮助数据科学家迅速理解数据间的关系。

就基于一个客户群的定价分布来说，定价场景中的图看起来太过技术，因此适用于由数据科学家组成的技术受众。图 12.26 所示为一个人如何向其他数据科学家或者数据分析师受众展示这张图。这张图表明了价格层次与客户忠诚之间呈指数曲线关系。注意图右侧的注释与目标定价的精确度、模型稳健性方面的变数，以及模型在生产环境中运行时的速度预期有关。

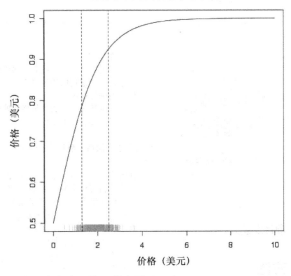

图 12.25 新的定价模型与美元价格的比较（带有地毯图）

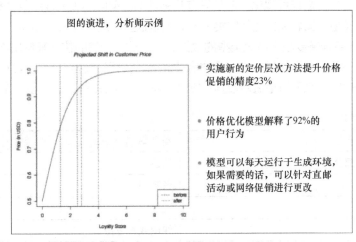

图 12.26 图的演进，包含支持观点的分析师示例

　　图 12.27 所示为另一个价格优化项目场景的结果示例，显示一个人如何向项目发起人展示。这张图显示了一个简单的条形图来描绘每个客户或用户段的平均价格。图 12.27 显示了比图 12.26 更简单的视觉效果。它清楚地描绘了忠诚得分较低的客户往往更容易获得更低的价格。注意图右侧关注的是业务影响和成本控制，而不是模型的详细特征。

　　图 12.27 右侧的注释描述了模型在高层次的影响与实施价格优化带来的成本控制。

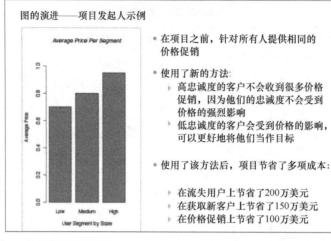

图 12.27 图的演进——项目发起人示例

12.3.3 通用表示方法

虽然有很多类型的数据可视化，但是只有几种基本类型的图表来描绘数据和信息。了解什么时候使用特定类型的图表来描述特定类型的数据是很重要的。表 12.3 所示为一些基本的图表类型，可以引导读者理解要根据特定类型的数据和团队试图传递的信息来使用不同类型的图表。对数据使用不合适的图表可能看起来有趣或者非同寻常，但这通常会让受众感到困惑。目的是要找到一种最好的图表来清晰地表示数据，使得可视化不掩盖消息，而是让读者能够获取信息。

表 12.3 数据和图表的常见表示方法

数据可视化	图表类型
组件（整个的一部分）	饼图
项目	条形图
时间序列	线图
频率	线图或直方图
关联	散点图、并排的条形图

表 12.3 中显示了最基本、最常见的数据表示方法，可根据情况和受众来合并、点缀、细化。建议团队考虑要沟通的信息，然后选择适当类型的可视化类型来支持论点。乱用图表往往会迷惑受众，所以在选择图表的时候考虑数据类型和希望传递的信息是很重要的。

饼图用来显示组成部分，或者与整体关联的部分。饼图也是图表中最常被误用的类型。如果有情况需要使用饼图，当图中只显示 2~3 个项目的时候才使用它，并且仅用于发起人受众。

条形图和线图更常用，可用于显示一段时间的比较和趋势。尽管人们更经常使用垂直条形图，但是水平条形图可以给作者更多的空间来放置文本标签。垂直条形图往往在标签比较小的时候表现得很好，例如显示基于年的比较。

对于频率，可用直方图向分析师或数据科学家显示数据的分布。如本章前面中的定价示例所示，在对数据进行可视化来为模型规划做准备时，数据分布通常是第一步。为了定性评价相关性，可使用散点图比较变量之间的关系。

对于任何演示文档，选择图表来传递信息时，要考虑受众和复杂程度。这些图表本身是简单的，但是在添加数据变量、组合图标或添加动画后，它们会变得更加复杂。

12.3.4　如何清理图形

很多时候，软件在为数据集生成图形时增加了太多的东西。这些增加的视觉干扰可能让可视化显得很乱，甚至会掩盖图中的要点。一般情况下，最好的做法是在创建图形和数据可视化时力求简单。知道如何简化图形或清理凌乱的图表有助于尽可能清晰地传达关键信息。图 12.28 所示为一个有几处设计问题的线图。

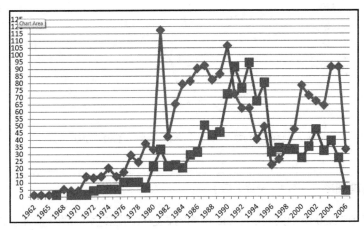

图 12.28　如何清理图形，例 1（清理之前）

1. 如何清理图形

图 12.18 所示的线图比较了两个随时间变化的趋势。图表看起来很乱且包含很多图表垃圾，分散了受众对主要信息的注意力。图表垃圾（chart junk）是指提供额外素材但是对图形的数据部分没有任何贡献的数据可视化元素。如果删除图表垃圾，图形的含义和理解也不会被削弱反而更清楚。图 12.28 中有 5 类"图表垃圾"。

- **水平网格线**：这些在该图中没有意义。它们不能为图表提供附加信息。
- **粗短的数据点**：这些用大方块表示的数据点会吸引受众对它们的注意，但是从数据点本身来说它们不代表任何特定的意义。

- **在线条和边界上过度使用强调颜色**：图形的边界是较粗的实线。这将受众的注意力引到图形的边界，但它不包含任何信息价值。此外，显示趋势的线相对较粗。
- **没有背景信息或标签**：图表中没有图例来提供所要展示的背景信息。线也缺乏标签来解释它们所代表的意义。
- **拥挤的轴标签**：图中有太多轴标签，所以显得很拥挤。没有必要在 Y 轴上每五个单位显示一个标签，或在 X 轴上每两个单位显示一个标签。以这种方式显示，轴标签会分散受众对图表中趋势线所代表的实际数据的关注。

如图 12.29 所示，图 12.28 中这 5 种形式的图表垃圾很容易被纠正。注意在图 12.28 中没有显示与图表相关的明确信息，也没有提供图例。

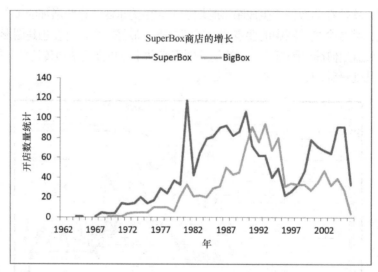

图 12.29　如何清理图形——例 1（清理之后）

图 12.29 和图 12.30 所示为对图 12.28 中的图表进行清理之后的两个版本。注意其中的图表垃圾问题已经解决了。每个图表都有清晰的标签和标题来增强信息，并且合理地使用颜色来突出作者想要表达的重点。在图 12.29 中，深绿色代表 SuperBox 商店的数量，因为这是受众所关注的地方，而 BigBox 商店数量则用浅灰色来显示。

此外，注意图 12.29 和图 12.30 中两个图形使用的白色空间。删除图表中的网格线、过多的轴、视觉噪声后使得强调颜色（绿线图）和标准色（BigBox 商店的浅灰色）之间有强烈对比。创建图表时，最好用标准色、浅色调或者颜色阴影来描绘最主要的画面，这样更强烈的强调颜色可以突出重点。在这种情况下，以浅灰色表示的 BigBox 商店的趋势融入了背景但没有消失，同时以深灰色来表示 SuperBox 商店的趋势（在线图中是亮绿色）可以使其更加突出，以支持作者想要传达的关于 SuperBox 商店增长的信息。

图 12.30 如何清理图形——例 1（清理之后的另一个图）

图 12.29 的一个代替如图 12.30 所示，如果主要信息是显示新店增长的差距，那么可以创建图 12.30，进一步简化图 12.28，只描绘 SuperBox 商店对比常规 BigBox 商店的差距。这两个例子说明了要基于这些图表的作者想要强调什么，然后以不同的方式将其表达出来。

2. 如何清理图形——第 2 个例子

图 12.31 描绘了另一个清理图表的例子。这个垂直条形图有着与图表垃圾相关的典型问题，包括滥用配色方案和缺乏背景。

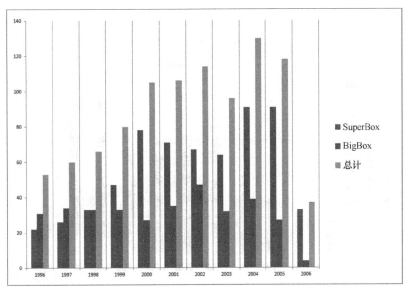

图 12.31 如何清理图形——例 2（清理之前）

图 12.31 中有 5 种主要类别的图表垃圾。

- **垂直网格线**：这个图形不需要这些垂直网格线。他们没有提供额外的信息来帮助受众理解数据中的信息。相反，这些垂直网格线只会扰乱受众观察数据。
- **强调颜色太过**：这个条形图使用了强烈的色彩和高对比度的暗灰度。在一般情况下，最好是使用不明显的色调，以及低对比度的灰色作为中性颜色，然后用黑色基调或浓厚色彩来强调数据和关键信息。
- **没有图表标题**：因为图形缺乏图表标题，受众不知他看到的是什么，也没有适当背景信息。
- **右侧的图例限制了图形的空间**：虽然该图中有图例，但是它显示在右侧，这会导致垂直条形图在水平上被压缩。图例应该放在图的顶部才更加合理，在那里它不会干扰到所要表达的数据。
- **小标签**：水平和垂直轴标签间有适当的间距，但它们上面的字体太小，不易阅读。它们应该稍微大一些同时不显得过于突出才容易阅读。

图 12.33 和图 12.32 中所示为对图 12.31 中的图表进行清理之后的两个版本。图表垃圾的问题已经得到解决。每个图表都有一个清晰的标签和标题来增强信息，并且合理使用颜色来突出作者想要表达的重点。图 12.32 和图 12.33 所示为根据表达者所要表达的要点来修改图形的两个选项。

图 12.32 使用强烈的强调颜色（深蓝色）来代表 SuperBox 商店，以支持图表的标题：SuperBox 商店的增长。

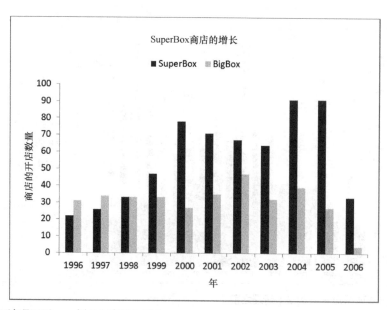

图 12.32　如何清理图形——例 2（清理之后）

假设演讲人想讨论关于 BigBox 商店的总增长。用图 12.33 所示的线图来显示 BigBox 商店随时间发展的趋势是一个比较好的选择。

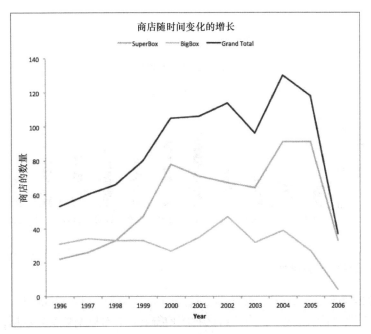

图 12.33　如何清理图形——例 2（清理之后的另一个图）

在这两种情况下，图表中的噪声和干扰已被删除。因此，条形图中用于提供背景信息的数据已被加强，而其他数据因为强调了图表标题中的关键点，显得更加突出了。

12.3.5　额外考虑

正如前面的例子所述，在创建图表图形时，重点应该是简单。应当创建没有垃圾图表的图形并且利用最简单的方法把图形清晰化。数据可视化的目标应该是尽可能清晰地支持关键信息，且几乎没有干扰。

数据-笔墨比率（data-ink ratio）是类似于删除图表垃圾的想法。数据-笔墨是图形中实际绘制数据的部分，而非数据笔墨是指标签、边缘、颜色和其他装饰。如果将所需的笔墨想象为在纸上打印数据的可视化，那数据-笔墨比率可以被认作为（数据-笔墨）/（用于打印图形的总笔墨）。换句话说，视觉上的数据-笔墨比率越高，那么数据就越丰富且干扰越少[4]。

在大多数图形中避免使用三维

再举个例子，人们通常会犯的错误是在图中增加不必要的阴影、深度或维度。图 12.34 所示为一个有 2 个可视维度的垂直条形图。这个例子简单且易于理解，重点在于数据而不是图形。图表的作者选择了用深蓝色的颜色来突出 SuperBox 商店，而图中的 SuperBox 使用了浅蓝色。标题是关于 SuperBox 商店的增长，图中的 SuperBox 条形图是深色的，高对比度阴影能更加吸引受众的注意力。

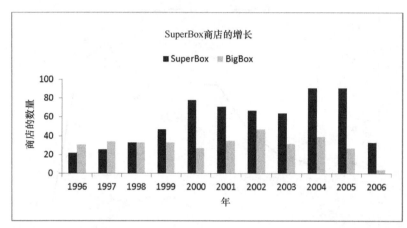

图 12.34   一个简单的二维条形图

比较图 12.34 和图 12.35，图 12.35 显示的是一个三维图表。图 12.35 以一定角度显示了原始条形图，用来尝试显示深度。这种三维透视图使得观看者难以衡量实际数据，且这种缩放具有欺骗性。三维图表经常会扭曲尺度和轴，这会阻碍观看者的认知。图 12.35 中为深度增加的第三维并没让它更好看，反而变得更难理解了。

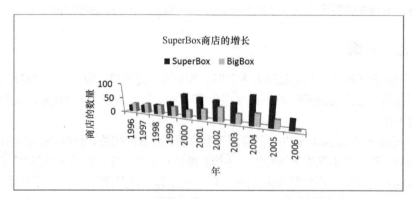

图 12.35   有误导性的三维条形图

图 12.34 和图 12.35 中描绘了相同的数据，但是很难判断图 12.35 中条形图的高度。此外，图形的阴影和形状导致大多数观看者要花时间看图表的角度而不是条形图的高度，而条形图的高度恰恰是关键信息和可视化数据的目的。

12.4 总结

沟通分析项目的价值对于维持一个项目的势头和得到组织内的支持是至关重要的。这种支持是有助于把一个成功的项目转化成系统或将其整合到一个现有的生产环境中。因为一个分析项目可能需要向具有各种背景的受众传达，所以本章建议创建 4 种不同的交付成果，以满足各种利益相关者的需求。

- 针对项目发起人的演示文档。
- 针对分析受众的演示文档。
- 技术规范文档。
- 有良好注释的产品代码。

生成这些交付成果可以使得分析项目团队沟通和推广他们已完成的工作，而当团队想要在生产环境中实施模型时，代码和技术文档可以提供帮助。

本章说明了选择清晰简单的可视化表示来支持最终演示文档中的要点或描述数据的重要性。大多数的数据表示和图形可以通过简单地去除视觉干扰来提高。这意味着要减少或删除图表垃圾。图表垃圾会分散受众的注意力，使其偏离图表或图形的主要目的，而且图标垃圾不添加信息价值。遵循在幻灯片或可视化中将干扰最小化的几个常识性原则，清晰简单地交流，以合适的方式使用颜色，并花时间来提供背景信息，可以解决图表和幻灯片中大多数常见问题。这几条指导方针为创建清晰明确的视觉效果来传达关键信息提供了支持。

在大多数情况下，最好的数据可视化使用最简单、最清晰的视觉图来说明关键论点。要避免画蛇添足的点缀，着重于找到最佳最简单的方法来传输信息。背景信息对于图表或图形的受众来说也是至关重要的，因为人们会对图像有直接的预知反应。为此，一定要周全地考虑颜色的使用，以及比例、图例和坐标轴。

12.5 练习

1. 描述用于一个分析项目的 4 种常见的交付成果。
2. 针对项目发起人的演示文档的重点是什么？
3. 创建适当的图表的例子作为面向其他数据分析师和数据科学家的演示文档的一部分。解释为什么这些图表适合向受众展示。
4. 解释什么类型的图形适用于显示随时间变化的数据，以及为什么？
5. 作为实施分析项目的一部分，你期望为商业智能分析师提供哪种交付成果？

12.6 参考文献与扩展阅读

通过下述这些额外的参考文献，可以获悉有关演示文档最佳实践的更多内容。

- *Say It with Charts*, by Gene Zelazny[3]：简单的参考图书，介绍了如何选择正确的图形化方式来描述数据，并确保能清楚地传达演示文档中的信息。
- *Pyramid Principle*, by Barbara Minto[5]：Minto 首创了构建演示文档逻辑结构的方法：将演示文稿分为 3 部分，每一部分带有 3 个要点。这可以教会人们如何将不同的内容编织为一个故事。
- *Presentation Zen*, by Garr Reynolds [6]：讲解了如何在演示文档中清晰、简洁地传达思想，以及如何使用图像。本书涵盖了很多图片和幻灯片在改造前后的不同版本。
- *Now You See It*, by Stephen Few [4]：提供了许多针对给定数据集匹配合适类型的数据可视化的例子。

参考书目

[1]　N. Yau, "flowingdata.com" [Online]. Available: http://flowingdata.com.

[2] N. Yau, *Visualize This*, Indianapolis: Wiley, 2011.

[3] G. Zelazny, *Say It with Charts: The Executive's Guide to Visual Communication*, McGraw-Hill, 2001.

[4] S. Few, *Now You See It: Simple Visualization Techniques for Quantitative Analysis*, Analytics Press,2009.

[5] B. Minto, *The Minto Pyramid Principle: Logic in Writing, Thinking, and Problem Solving*, PrenticeHall, 2010.

[6] G. Reynolds, *Presentation Zen: Simple Ideas on Presentation Design and Delivery*, Berkeley: New Riders, 2011.